植 物 学

胡金良 主编

中国农业大学出版社
· 北京 ·

内 容 简 介

本教材是徐汉卿教授主编《植物学》的继承和发展。全书共分十一章，通过对组成植物器官的细胞和组织，种子与幼苗，植物的营养器官——根、茎、叶，植物的生殖器官——花、种子和果实，植物的基本类群，被子植物的分科以及植物的系统演化的介绍，使学生对植物的组成、形态和结构、生长发育和繁殖以及植物的类型和系统演化有一个全面的了解。

植物学是一门经典的科学，主要内容早已成型，本教材与其他《植物学》教材一样包括了植物学的主要内容，但本教材也有自己的特点，主要表现在以下几个方面：①内容更精练，全书仅有30余万字。②本教材使用了大量编者自己拍摄的、具有自主知识产权的实物照片。③每章后面都有小结和思考题，便于学生自学。

本教材可供农林、师范和综合性大学的本、专科相关专业使用，亦可供上述院校的学生作为复习用书。

图书在版编目(CIP)数据

植物学/胡金良主编. —北京：中国农业大学出版社，2012.1(2020.11重印)
ISBN 978-7-5655-0440-2

Ⅰ.①植… Ⅱ.①胡… Ⅲ.①植物学 Ⅳ.①Q94

中国版本图书馆CIP数据核字(2011)第225988号

书　名　植物学
作　者　胡金良　主编

策划编辑　赵　中　　**责任编辑**　梁爱荣
封面设计　郑　川　　**责任校对**　陈　莹　王晓凤
出版发行　中国农业大学出版社
社　址　北京市海淀区圆明园西路2号　　**邮政编码**　100193
电　话　发行部 010-62818525,8625　　读者服务部 010-62732336
编辑部 010-62732617,2618　　出　版　部 010-62733440
网　址　http://www.cau.edu.cn/caup　　**e-mail**　cbsszs@cau.edu.cn
经　销　新华书店
印　刷　涿州市星河印刷有限公司
版　次　2012年1月第1版　2020年11月第4次印刷
规　格　787×1092　16开本　17.5印张　429千字
定　价　46.00元

编 写 人 员

主　编　胡金良

副主编　李新华

参　编　王庆亚　刘琳莉　成　丹

前　　言

植物学是研究植物的生命现象及其本质的科学，随着科学的发展，植物学产生了许多分支，如植物遗传学、植物生理学、植物生态学等，经典的植物学则主要研究植物的形态、器官构造及其发育规律、植物的繁殖过程和植物的类群与分类。南京农业大学在植物学教学和教材建设上有优良的传统，李扬汉教授和徐汉卿教授编写的《植物学》教材在全国产生了很大的影响，为我国植物学的发展做出了贡献。本书编者在两位前辈《植物学》教材的基础上，编写了本教材以寄托对他们的怀念。

植物体是由细胞和组织组成的，因此本教材将细胞和组织放在第一章和第二章，植物的器官最终都由种子萌发后发育而来，所以第三章为种子与幼苗。第四章到第八章是营养器官根、茎、叶的结构和发育以及生殖器官花、种子和果实的结构和发育。第九章植物的基本类群及分类，主要介绍植物在从低等到高等的进化过程中，出现的主要类群及其特征。被子植物与人类的关系密切，经济价值最大，种类也多，故将被子植物单独组成第十章。本教材的最后一章主要介绍植物界的进化的基本历程，植物进化的基本理论及被子植物主要的分类系统。与其他植物学教材一样，本教材包括了植物学的主要内容，但内容更精练。此外，本教材还有一个特点是使用了大量的实物照片。

本教材的编写人员分工如下：胡金良编写绪论、第二章、第三章、第四章、第七章、第八章、第九章除裸子植物以外的部分、第十章的第四节、第十一章，王庆亚编写第一章，成丹编写第五章，刘琳莉编写第六章，李新华编写第九章的裸子植物、第十章的第一、二、三节。胡金良、刘琳莉老师拍摄了书中部分实物照片，南京农业大学实验中心和贺子仪老师提供了部分透视电镜和扫描电镜照片，成丹老师承担了大部分图片处理工作。在编写过程中得到了南京农业大学有关部门、领导的协助，在此表示诚挚的谢意。

本教材力求做到吸收其他《植物学》教材的优点，全面反映植物科学的基本内容、基本观点、最新成就，并与生产实践相结合。但由于水平有限，书中出现的不足和错误，欢迎各位专家和使用本教材的老师、学生批评指正。

编　者

2011 年 10 月

目　录

绪 论

一、植物和植物学

植物(plant)是生物中属于植物界的那部分生物。生物的分界有不同的观点，18 世纪瑞典博物学家林奈将生物分为动物界和植物界两界。下列是植物区分于动物的若干主要特征：多数植物固定生活；多数植物具有相当坚固的纤维素结构的细胞壁；多数植物具有丰富、持久而活跃的胚性组织；植物细胞一般都有中央大液泡；大多数植物具有叶绿素，能进行光合作用自己养活自己。

随着人们对自然界认识水平的提高，生物学家先后将生物划分为三界(原生生物界、植物界和动物界)、四界(原核生物界、原生生物界、植物界和动物界)、五界(原核生物界、原生生物界、植物界、真菌界和动物界)和六界(古细菌界、真细菌界、原生生物界、植物界、真菌界和动物界)。有些较低等的生物兼有植物与动物的特征，难以将它们划分为植物或动物，因此常被称为"植物动物"(plantimals)，如眼虫藻，细胞内有叶绿体，这点与植物相同，但没有细胞壁，这又与动物相似，所以动物则称其为绿眼虫。这种情况是不难理解的，这些同时具有植物、真菌或动物特征的生物正说明生物在低级阶段是没有清楚界限的。

植物学就是研究分布在各种不同环境下的各种不同类型植物的生命现象、本质和生命活动规律的科学，特别以研究植物的形态结构和功能、发育规律、植物的多样性、植物的生长分布与环境的相互关系等为其主要方向。

二、植物的多样性和重要性

(一)植物的多样性

植物分布广泛，从热带到寒带的冻土高原，从平地到高山，从海洋到陆地，甚至两极都有植物生长；极端干旱的沙漠中也生活有各种耐旱植物。植物的种类繁多，已知植物总数达 50 万种，小的藻类植物以微米计，如螺旋藻，大的植物如巨杉(世界爷)高达 142 m，胸径 12 m；植物体可由一个细胞组成，也可由数个细胞组成，大型植物的细胞数有数百亿以上；从形态上看植物体有丝状、叶状、球状，低等植物无根、茎、叶分化，而高等植物大多是有根、茎、叶分化的；从营养方式上看，植物有自养的绿色植物和异养的非绿色植物；在生活周期方面，植物有一年生、二年生和多年生的，如世界爷可生长 3 500 年。植物的繁殖方式多样，低等植物、苔藓、蕨类植物以孢子繁衍后代，而裸子植物、被子植物以种子繁衍后代。在过去的几十亿年中，植物由简单到复杂，由低等到高等，由水生到陆生不断进化形成了多种多样、丰富多彩的植物世界。

中国物种多样性丰富，种子植物有 30 000 余种，仅次于巴西和哥伦比亚，居世界第三位。木本植物 8 000 种，占全世界木本植物的 40%，特有植物占植物种总数的 1/3；其中裸子植物 250 种，是世界上裸子植物最多的国家。中国栽培植物有 600 余种(世界栽培植物有 12 000 余种)，中国是水稻、大豆、谷子、黍、粟等农作物的主要原产地；中国的栽培和野生果树种类总数无疑居世界第一位，其中许多主要起源于中国或中国是其分布中心，如种类繁多的苹果、梨、李属以及柿、猕猴桃、多种柑橘类果树、荔枝、龙眼、枇杷和杨梅等。

（二）植物的重要性

1. 绿色植物光合作用产生物质、能量和氧气，推动了生物界的发展和繁荣

地球大约在47亿年前诞生，地球形成初期的大气层只有水、二氧化碳、氮、氢、甲烷等，而缺少与生命攸关的氧气，致使生命的形式还处于原始阶段。后来出现了体内含有光合色素的原始植物如蓝藻，才能以大气中的二氧化碳和水为原料，利用太阳的光能制造有机物，并释放出氧气。绿色植物光合作用产生的有机物糖类，在植物体内进一步转化为脂类、蛋白质和核酸等物质。这些物质除少部分用于进行本身的生命活动外，大部分以贮藏物的形式保存在细胞中。绿色植物产生的这些物质和释放的氧气是动物、人类、真菌和其他异养生物得以产生、生存和发展的基础。由此可见，绿色植物的出现，对于推动整个生物界的发展和繁衍有着极其重要的意义。

2. 促进物质循环，维持生态平衡

自然界的物质经常处于不断运动状态之中，一方面通过各种生物的呼吸、残体腐烂以及现代工业迅速发展依赖于对矿石燃料的大量的燃烧，使复杂的有机物分解成 CO_2 等简单的无机物，同时消耗大量的氧气；另一方面绿色植物进行光合作用时，需要吸收大量的二氧化碳以作为合成有机物的原料，同时释放出氧气。长期以来，能维持空气中的 CO_2 在0.03%和 O_2 在20%左右相对稳定的水平，显然与植物的合成和分解作用的相对平衡密切相关。营造更多的森林植被，对于减少 CO_2 排放，避免温室效应具有十分重要的意义。

茂盛的植被可以保持水土，植被被破坏将导致水土流失，土地沙漠化或荒漠化。利用植物修复技术，重建和恢复被污染、森林砍伐而破坏的生境的植物群落，是恢复生态学的主要研究领域，为当今重要的发展方向。在长城北面，有一道和长城同一走向的“绿色长城”——“三北”防护林，其东起黑龙江宾县，西至新疆维吾尔自治区的乌孜别里山口，东西长4 480 km，涵盖了13个省、市和自治区，被联合国环保官员称为“世界生态之最”，有效地控制了中国北部沙化的扩展速度。

3. 丰富的天然基因库

植物生存于自然界中，由于自然界中的环境变化极大，植物在长期的进化过程中，形成了适应不同环境的新陈代谢途径和方式，发育成各种不同的遗传性状，这些遗传性状保存在整个植物界的不同物种中。数十万种植物，犹如一个庞大的天然基因库，蕴藏着丰富的种质资源，是自然界留给人类的宝贵财富。植物种质资源的良好保存和合理开发利用，对于植物的引种驯化、品种改良和抗性育种等方面有着重要的意义。

4. 人类赖以生存的物质资源

植物不仅对自然界有重大作用，而且在人类的衣、食、住、行等方面都离不开植物。棉、亚麻、麻类是人类服装的重要原料，它们是植物直接或间接的产品；人们日常生活所需要的粮食、水果、蔬菜和油料主要来源于植物，如水稻、小麦、玉米、桃、苹果、梨、柑橘、香蕉、荔枝、龙眼、白菜、萝卜、辣椒、大蒜、韭菜、大豆、花生、油茶、油茶等。此外，在住的方面，木材可做建筑材料和装饰材料，许多观赏植物可用来美化人类居住环境；人类的出行也离不开植物，橡胶可用来制作汽车轮胎，化石能源如煤炭、石油和天然气也多数为不同地质年代地球古植物光合产物经地质矿化而形成，是维持人类文明的最重要的能源；许多工业上也离不开植物，如食品工业、油脂工业、制糖工业、建筑业、纺织工业、造纸工业、油漆工业、酿造工业、化妆品工业，甚至冶金工业、煤炭工业和石油工业都需要植物作为原料或参与作用。随着不可再生能源资源的逐步减少，人们探索利用植物作为可再生能源资源，如利用植物提炼石油或制造酒精作为汽车动力，已经受到普遍重视。

随着地球上的人口增加和人类生活水平的提高，对自然资源的需求不断增加，导致了对自然资源无节制地索取，自然植物资源正在枯竭，环境遭受前所未有的破坏。为了保护野生植物资源，人类必须改变对自然的依赖方式，从主要依赖对大量野生植物的采挖到利用植物的遗传多样性资源，通过对野生植物的人工栽培，实现对植物资源的可持续利用。人工栽培、标准化生产不仅可保护野生植物，还能保证植物产品的质量。

三、植物学的发展简史概述

植物学与其他科学一样，是随着人类的生产实践活动逐渐发展起来的一门学科。原始人类为了生存，需要采集植物食用和治疗疾病，在识别和了解这些食用和药用植物的过程中，人类逐渐积累了植物的大量的形态和分类知识。

我国是研究和利用植物最早的国家之一，远在四五千年前，我国就建立了农业，并通过人工培育了许多植物新品种。在长期的实践中，我国劳动人民积累了丰富的植物知识，春秋战国《诗经》中就已有记载。汉朝出版的《神农本草》中记载药物 365 种，公元 6 世纪后魏学者贾思勰在《齐民要术》一书中，总结了我国古代劳动人民改造植物的人工选择、人工杂交、嫁接和定向培育等科学原理。《本草纲目》是记述植物及其用途的重要代表著作，对动、植物作了详尽的分类，并包含进化思想。中草药利用是我国劳动人民的重要创造，也为现代医学发展提供了开发宝库。《中国植物志》是世界最大的植物巨著之一，共 80 卷，126 册，记载了 3 万种植物。

国外植物学的发展，最早可追溯到古希腊亚里士多德(Aristotle)，对数百种植物的观察研究工作。英国人 Hooker 于 1665 年首先发现木栓细胞，命名为 cell。18 世纪，瑞典科学家林奈创立双名法和人为植物分类系统，为植物分类学奠定了基础。19 世纪中叶，达尔文进化论以及细胞学说的确立，奠定了现代植物学的基础，对植物的认识统一到植物的个体发育和系统发育的主线上，推动了细胞—组织—器官—细胞的生长发育规律的认识、从低等植物到高等植物的演化规律的认识和自然植物分类系统的形成。实验仪器和手段的改进，从光学显微镜到利用透射电子显微镜以及扫描电子显微镜，扩大了人们认识微观植物世界的视野，生物化学和分子生物学相关理论和技术的发展，大大地丰富了对植物细胞结构与功能的认识和理解。回顾植物科学的发展历史，可以大体分为描述植物学、实验植物学和现代植物学 3 个主要时期。

(一)描述植物学时期

植物学的创立和发展是与人类对植物的利用程度密不可分的，随着植物学知识的不断积累，有关植物学的著作也不断问世。植物学的奠基著作一般认为是希腊人 Theophrastus 所著《植物的历史》和《植物本原》。

从这两本著作的问世，到 17 世纪近 2 000 年的时间内，植物科学从创始到不断地积累和发展，其研究的内容主要是认识和描述植物，积累植物学的基本资料和发展栽培植物。

(二)实验植物学时期

从 18 世纪特别是 19 世纪和 20 世纪初期的发展，已由描述植物学时期发展到主要以实验方法了解植物生命活动过程。

这一时期的主要植物学进展有：双名法的提出，光合作用的发现，细胞学说的提出，进化论的创立，遗传学理论体系的建立等。

（三）现代植物学时期

从20世纪初至今为现代植物学时期。这一时期的最大特点就是应用先进技术从分子水平上去研究生命现象，许多生命过程所显示的运动形式得到了解释，在阐明了DNA的双螺旋结构之后，分子遗传学带动了植物学和整个生物学的发展。同时，在生态学、植物多样性等宏观研究方面也取得了重大进展。进入21世纪，现代植物学的发展趋势主要表现在以下几个方面。

(1)代植物科学有向两极发展的趋势。在微观领域进一步探索生物分子的结构、过程与机理；在宏观方面人们对生态系统结构和功能的研究日益关注，对人与生物圈的关系问题特别重视。宏观研究与微观研究二者紧密结合，推动着植物科学的蓬勃发展。

(2)学科高度分化与高度综合的辩证统一。分子生物学只是当代植物学科的发展前沿，它不能代替植物各分支学科的研究。随着研究的进展，分支越来越多，产生高度分化。同时，各学科之间相互渗透，相互融合，相互推动，表现为高度综合。

(3)植物学科的研究方向与解决人类所面临的重大问题密切相关。随着人口的增加、经济的发展，人类正面临着粮食和能源短缺、环境污染、生物多样性减少等重大问题，植物学科的研究成果在解决这些重大问题中发挥积极的作用。

四、植物学的内容和分科

植物科学的研究对象是整个植物界，它的主要任务是认识和揭开植物形态结构、生长、发育、类群和分类等客观规律。植物的种类繁多，生命现象复杂奥秘，人类从多种不同的角度对植物的生命现象进行探索逐渐形成了多个分支学科，主要的有：

研究植物形态结构特点和形成规律，以及形态结构与周围环境条件关系的形态学(plant morphology)和解剖学(plant anatomy)；研究植物胚胎形成和发育规律的胚胎学(plant embryology)；研究植物个体发育和系统发育过程中生命活动的各种过程，以及变化规律性的生理学(plant physiology)；研究植物与环境相互关系的生态学(plant ecology)；研究各类植物的异同点、亲缘关系和演化规律的分类学(plant taxonomy)；研究植物遗传和变异以及进化的遗传学(plant genetics)等。

根据1993年第15届国际植物学大会学科分组情况，植物学科常分为植物系统与进化植物学、结构植物学、代谢植物学、发育植物学、植物遗传学、资源植物学与植物化学、生态学与环境植物学、生物技术8个分支学科。

随着研究方法和实验技术的发展，植物科学在光合作用、生物固氮、离子吸收、物质代谢，特别是对DNA的结构和功能的深入了解，对植物学的发展产生了重大影响。近十几年来，植物学各学科间相互渗透，植物学与其他有关学科之间相互交叉，相互融合，形成新的综合性领域，可以预期人类在探索植物的生长发育、遗传、进化以及植物与环境之间关系等生命奥秘和发展规律等方面将产生革命性突破。

五、学习植物学的目的和方法

学习植物学的主要目的是建立植物多样性的概念，从而能更有效地控制、保护、利用和改造植物，进一步为发展国民经济、改善人们生活服务。植物学是农学、园艺、植保等植物生产类各专业的一门基础课程，学好植物学是为进一步学好专业基础课和专业课程如植物生理、作物栽培和育种、植物病理、园艺、中草药等课程提供必要的理论基础；也为迎接并解决未来人类面临的许多挑战如环境污染、食物短缺、全球变暖、臭氧层破坏等奠定坚实的基础。

在学习过程中还需要注意以下几个方面：

(1)动态发展的观点　植物发育过程是一个动态的过程。植物细胞的结构是动态变化的，植物的演化过程是动态的。在对植物形态结构描述过程中常常是截取某一个时期的典型特征，将动态过程静态化了。因此，理解和掌握这些内容时需要将这些静态的瞬时画面串联起来，实现动态化。植物也不断在进化，植物的形态结构从适应水生环境进化到适应陆生环境，植物的生殖方式和过程从营养生殖进化到有性生殖，了解植物的进化趋势对掌握各类植物的特征有重要意义。

(2)局部和整体的观点　植物体是由细胞、组织、器官构成的一个整体。但每一个组成单元又是整体的一个主要部分。因此，在学习任何一个具体内容时，均要关注在整个植物体中所处的部位和彼此的联系。

(3)形态结构与功能相结合的观点　植物的形态结构与功能有密切的关系，有什么样的功能就必须有相应的形态结构来支撑。

(4)比较和归纳总结的观点　植物形态、结构特征和分类是建立在对植物特征差异性比较研究和对共性特征归纳总结基础上的。所以，在学习植物学的过程中，通过归纳紧紧抓住共性，这样可以使繁杂多样的内容简单化，便于把握重点。在此基础上，通过比较分析，举一反三，从而掌握不同对象的形态结构特征。

(5)理论与实践相结合的观点　植物学是一门实验性的科学，其基本内容都是人类通过科学实验或的生产活动总结出来的。学习植物学除了学好理论知识外，还要做好实验和植物野外实习。同时，注意观察和联系日常生活、生产实际，因为从日常生活和生产实践中可以揭示许多有趣植物学知识和现象。

第一章 植物细胞

地球上的植物形形色色，千差万别，但它们都是由细胞构成的(图 1-1)。细胞是构成植物体结构和生命活动的基本单位，是自然界长达数十亿年进化的产物。

细胞的发现与显微镜的发明是分不开的。1665 年英国人虎克(Robert Hooke)用经自己改进的显微镜观察软木的结构，发现了细胞。其实当时虎克看到的并不是完整的生活细胞，而是失去了生活内容物，仅留下细胞壁的木栓细胞。随着显微镜改进，到 1840 年前后已认识到细胞包含细胞核、细胞质和叶绿体等组成部分。1838—1839 年德国植物学家施莱登(M. Schleiden)和动物学家施旺(T. Schwann)根据对植物和动物观察的大量资料提出了生物体构成的"细胞学说"，其主要内容是：①一切动、植物有机体由细胞构成。②每个细胞是相对独立的单位，既有"自己"生命，又与其他细胞共同组成整体生命而起着应有的作用。③新细胞来源于老细胞的分裂。细胞学说从理论上确立了细胞在整个生物界的地位，把自然界中形形色色的有机体统一了起来，大大推动了生物科学的发展。

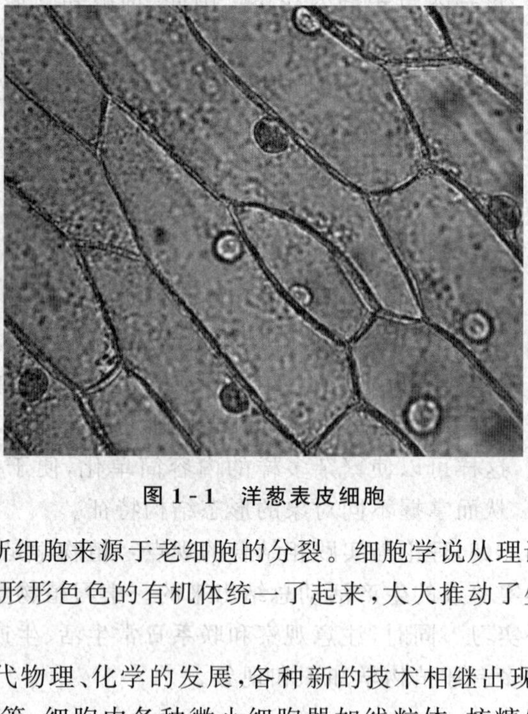

图 1-1 洋葱表皮细胞

20 世纪 20 年代以来，由于电子显微镜和近代物理、化学的发展，各种新的技术相继出现，如细胞数字图像处理技术、激光扫描共焦显微术等，细胞内各种微小细胞器如线粒体、核糖体等的超显微结构得到揭示，人类对细胞认识和研究也从静止的形态描述发展到把细胞看成是物质、能量、信息过程的综合体而进行深入研究。

第一节 细胞的形状、大小和类型

植物体可由一个或许多细胞组成。有些植物，如衣藻以及细菌，它们的个体只由一个细胞构成，植物的一切生命活动如生长、发育和繁殖等都由一个细胞来完成。多细胞植物的植物体则是由无数形态、大小不同的细胞构成，这些细胞的功能和特性不同，彼此独立，但细胞之间又互相联系，紧密配合，共同完成植物的生命活动，体现了植物体的整体性。这种整体性和独立性的对立统一是多细胞有机体的重要特征之一。

植物细胞的形状多种多样(图 1-2)，常常随植物的种类以及存在部位和机能不同而异。游离的或排列疏松的薄壁细胞多呈球形。多细胞植物体中，细胞是紧密排列在一起的，由于相互挤压，往往形成不规则的多面形。高等植物体内的细胞，具有精细的分化：执行输导输送水分和养料的细胞则多呈管状；起支持作用的细胞(纤维)，一般呈长梭形，细胞壁常增厚，并聚集成束，加强支持的功能；吸收水、肥的根毛细胞，向外产生一条长管状的突起，增大了它和土壤的接触面积。细胞形状的多样性反映了细胞形态与其功能相适应的规律。

植物细胞大小差别悬殊，一般来讲，细胞体积很小，多数细胞的直径为 10～100 μm，肉眼难以辨别。小的植物细胞常只有几 μm（1 mm = 1 000 μm）；大的植物细胞，如种子植物的薄壁细胞的直径在 20～100 μm，贮藏组织细胞的直径可达 1 mm，麻纤维一般长达 200 mm，有的甚至可达 550 mm。最长的细胞是无节乳汁管，长达数米至数十米。细胞体积小，则表面面积大，有利于细胞与外界进行物质交换。

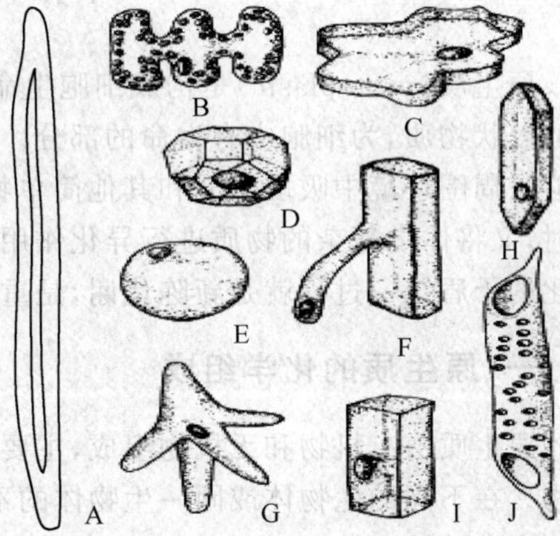

图 1-2　种子植物各种形状的细胞

A. 细长的纤维；B. 波状的小麦叶肉细胞；C. 扁平的表皮细胞；D. 十四面体的细胞；E. 球形的果肉细胞；F. 根毛细胞；G. 星状细胞；H. 纺锤形细胞；I. 长方形的薄壁细胞；J. 管状的导管分子

影响植物细胞体积大小的因素有：①物种差异，通常低等植物的细胞体积小，高等植物的细胞体积大。②细胞的生理年龄，生理活跃的细胞常常较小，而代谢活动弱的细胞，则往往较大；新产生的细胞小，成熟的细胞大。③细胞的功能，处于分裂的细胞小，仅几至几十微米，担任运输、支持或保护功能的细胞大，有几十至几千微米。

总之，细胞的遗传性、生理上所担负的功能、细胞核所能控制的范围和对环境条件的适应是决定细胞形状和大小的主要因素。

根据细胞的进化地位、结构的复杂程度、遗传装置的类型与生命活动的主要方式，可以将细胞分为原核细胞（procaryotic cell）和真核细胞（eucaryotic cell）（表 1-1）。

表 1-1　原核细胞与真核细胞的比较

细胞结构	原核细胞	真核细胞
大小	小直径改为 1～10 μm	大直径
染色体	由一个环状 DNA 分子构成的单个染色体	2 个染色体以上
核仁	无	有
线粒体	无	有
内质网	无	有
高尔基体	无	有
溶酶体	无	有
核蛋白体	70 S（包括 50 S 与 30 S 的大小亚单元）	80 S（包括 60 S 与 40 S 的大小亚单元）
光合作用结构	蓝藻含有叶绿素 a 的膜层结构，细菌具有细菌色素	具叶绿体，含叶绿素 a 和叶绿素 b
核外 DNA	细菌具裸露的质粒 DNA	叶绿体 DNA 线粒体 DNA
细胞壁	由特殊的糖及肽组成（肽聚糖）	动物细胞无细胞壁，植物具细胞壁，主要成分为纤维素和果胶
细胞增殖方式	直接分裂或出芽分裂	以有丝分裂为主

第二节 细胞生命活动的物质基础——原生质及原生质体

原生质(protoplasm)是构成细胞生命活动的物质基础,它是生活的细胞内所充满的半透明的胶状物质,为细胞中有生命的部分。由原生质组成的各种结构,统称为原生质体。原生质能够从周围环境中吸取水分和其他简单物质,并把这些简单的物质同化成为自己体内的物质。同时,又将体内复杂的物质进行异化作用,分解为简单的物质,并释放出能量。原生质同化和异化的矛盾统一过程就是新陈代谢,是重要的生命特征之一。

一、原生质的化学组成

原生质由有机物和无机物组成,主要包括水、无机盐、蛋白质、核酸、碳水化合物、脂类等化合物。在不同的生物体或同一生物体的不同细胞,以及同一细胞的不同发育时期,原生质的组成都存在差异。

(一)水和无机盐

水是原生质中含量最多的物质,细胞中水的含量因植物种类不同、个体发育阶段不同和所处环境不同而有很大变化,旺盛生长的幼苗和嫩叶含水量可达鲜重的 60%～90%,成长的树叶为 40%～50%,休眠的贮藏种子只有 10%～14%。水在原生质中以游离水和结合水的方式存在。游离水是代谢反应物的溶剂,占细胞水分的大部分;结合水是依靠氢键与有机大分子结合的水。水是极性分子,水分子中氧原子的一端带有负电,氢原子的一端带有正电。每个水分子带负电的氧都和它周围的另一些水分子的带正电的氢相吸引而形成氢键,因而水有较强的内聚力和吸附力。

水是植物体内大部分物质转运的溶剂,生命活动中各种化学反应的物质都必须溶解于水。水分子的吸附力使水分子附着在纤维素、淀粉和蛋白质等多种极性大分子上,为细胞中的生物化学反应提供了水溶液的环境。水的内聚力使植物体导管中能形成连续的水柱,保证水分运输的正常进行。

水具有高的比热容,这使水吸收较多热能而本身的温度上升不高,保证了细胞或植物体的温度相对稳定,也使得代谢速率保持相对稳定。水的汽化热也较高,在高温的夏季,植物体内大量水分散失到大气的过程须吸收大量热能,使得叶面温度低于环境。细胞中各种生化反应、物质运输、保持细胞膨压、调节体温都必须在有足够的水分情况下才能顺利进行。

原生质中含有某些无机盐类,通常以离子状态存在,如 Na^+、K^+、Ca^{2+}、Mg^{2+}、PO^{4-}、PO^{3-}、Cl^-等。原生质中无机盐的含量虽然很少,但在生命活动中是必需的,除作为某些高分子化合物的必要元素外,也是植物细胞生命活动中不可缺乏的物质,此外对维持细胞的酸碱度、调节细胞的渗透压等均起重要作用。

(二)蛋白质

蛋白质(protein)是构成原生质的极其重要的高分子有机化合物之一,原生质中蛋白质的含量占原生质干重的 60%。蛋白质不仅是原生质的结构物质,而且还以酶的形式参与调节各种代谢活动。蛋白质是由几百个甚至几万个氨基酸(amino acid)结合成的长链分子,氨基酸是蛋白质的组成单位。氨基酸的种类有 20 种,但由于合成蛋白质的氨基酸分子量不同,分了排列不同，可以形成极其多样的蛋白质。蛋白质除含碳、氢、氧、氮等四种元素外，还可含硫、碘、铁、锌等元素。蛋白质具有一定的结构，它们通过侧链彼此结合，也可通过侧链和其他物质结合。蛋白质在原生质中往往不是孤立地存在，它们还可与其他的物质或离子结合，如和脂类物质结合成脂蛋白，和核酸结合成核蛋白等。

构成蛋白质的 20 种氨基酸，有共同的基本结构，其分子结构式为：

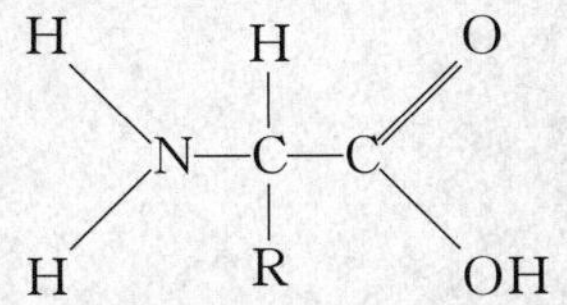

几乎所有的氨基酸都有一个氨基（$-NH_2$）、一个羧基（—COOH）和一个称为 R 基的侧链或环。基中 R 基在 20 种氨基酸中不同，因而才形成相互各异的 20 种氨基酸。一个氨基酸的羧基和另一个氨基酸的氨基之间，由于脱去一个分子的水所形成的键——肽键（—CO—NH—）而连接在一起，由两个氨基酸相连而成的化合物称为二肽，如为三个氨基酸相连称为三肽，更多个氨基酸相连形成一条长链则称为多肽。一种蛋白质分子就是由许多特定的氨基酸脱水缩合形成的多肽链。蛋白质分子可含一条或一条以上的多肽链。多肽链进一步折叠、卷曲和交联形成复杂的空间构型。按空间构型的不同，蛋白质可分为呈长线状或折叠成片状的纤维状蛋白和呈球状的球状蛋白。蛋白质的特定构象即蛋白质的三维空间结构和形态对蛋白质的功能起决定性作用，如果蛋白质变性（构象发生变化）则其特定的功能就会立即丧失。蛋白质按其功能不同可分为结合蛋白、酶蛋白和贮藏蛋白三类。结合蛋白是指氨基酸与糖、脂肪、核酸等结合而形成的糖蛋白、脂蛋白、核蛋白等，它们组成细胞的某些部分。酶蛋白是指组成酶的蛋白质，酶的主体是蛋白质。酶的种类很多，据估计一个生活细胞中约有 3 000 种酶，酶是细胞内生化反应的催化剂，本身具有专化、高效等特异性，在细胞代谢等生命活动过程中起重要作用。

（三）核酸

核酸（nucleic acid）是细胞中主要的遗传物质，它是遗传信息的携带者，核酸是由核苷酸（nucleotide）经脱水聚合形成的高分子有机化合物，其分子量比蛋白质还要大，核苷酸是核酸的组成单位，一个核酸分子少则由几十个核苷酸组成，多则有数百万个。核酸有两种类型：脱氧核糖核酸（DNA）和核糖核酸（RNA），它们在细胞遗传、生长发育、细胞分裂以及在蛋白质和其他细胞成分的合成中有重要的作用。

单个核苷酸是由一个戊糖、一个磷酸基团和一个含氮碱基组成。组成核苷酸的戊糖有两种，即脱氧核糖和核糖；含氮的碱基有五种，它们是腺嘌呤（A）、鸟嘌呤（G）、胞嘧啶（C）、胸腺嘧啶（T）和尿嘧啶（U）。由于碱基不同，组成核酸的核苷酸分子可以出现千变万化的碱基排列顺序。

脱氧核糖核酸是由两条互补的多核苷酸长链形成的双螺旋结构，主要存在于细胞核内的染色质中，线粒体和叶绿体中也有，是遗传信息的携带者，其中戊糖为脱氧核糖，在两条多核苷酸之间的碱基按照 A ═ T、G ═ C 的规律配对互补，这一特点决定了 DNA 能自我复制。DNA 分子的碱基顺序决定了细胞中蛋白质合成时氨基酸的顺序，因此，它是蛋白质合成的模板，DNA 双螺旋结构理论是 Watson 和 Crick 建立的（图 1-3），它奠定了现代分子生物学的基础。

RNA 不同于 DNA，它是由一条多核苷酸长链组成，其中戊糖为核糖，以尿嘧啶（U）代替胸腺嘧啶(T)。RNA 主要存在于细胞质中,直接参与蛋白质的合成(图 1-4)。

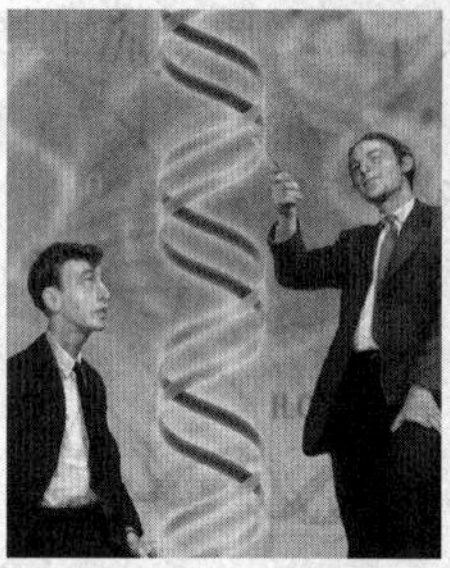

图 1-3 Watson 和 Crick 用金属线制出了新的 DNA 模型

(引自吴庆余.基础生命科学,2006)

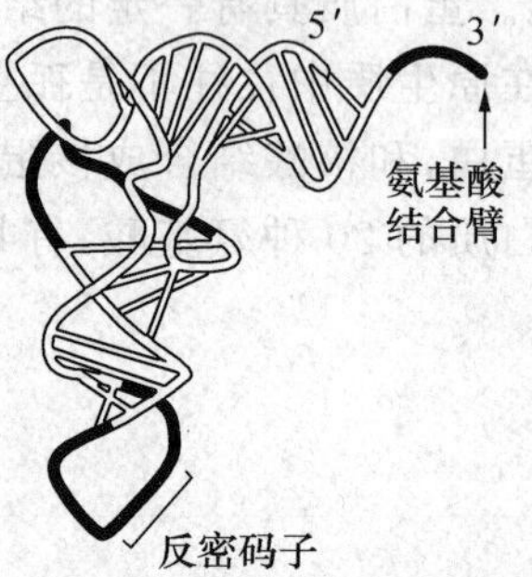

图 1-4 酵母苯丙氨酸的 tRNA 分子空间结构

(四)脂类

脂类(lipid)不溶于水,可溶于非极性溶剂。脂类除含 C、H、O 三种元素外,还含 P 和 N 等元素。脂肪分子是由一个甘油分子和三个脂肪酸脱水缩合而成。脂肪酸可用 RCOOH 表示,R 是一个长的碳氢链,它的一端有一个极性的羧基(—COOH),带有负电荷并溶于水,是亲水性的,而长链的另一端是非极性的,难溶于水,为疏水性的。磷脂分子中两个含烃链的部分是疏水的,但一个含磷酸的部分极性很强,是亲水的,这种极化特性对于细胞内各种膜结构的构造和功能来讲具有很重要的意义。

脂类在原生质中有的作为结构物质,如磷脂和蛋白质结合,构成细胞质表面的质膜和细胞内部的各种膜结构;有些脂类物质形成角质(cutin)、木栓质(suberin)和蜡(wax),参与细胞壁的形成。

(五)糖类

糖类(saccharide)是由 C、H、O 三种元素组成的一大类有机化合物,一般以$(CH_2O)_n$化学式表示。它是光合作用的产物,是细胞进行代谢活动的能源,同时也是构成原生质、细胞壁的主要物质和合成其他有机物的原料,糖类广布于生物细胞中,所有生物细胞皆含核糖。

细胞中重要的糖可分为单糖、双糖和多糖三类。单糖是一类简单的糖,即不能用水解的方法降解成更小的糖单位,细胞内最重要的单糖是五碳糖和六碳糖,前者如核糖和脱氧核糖,是核酸的组成成分之一;后者如葡萄糖,是光合作用的直接产物和细胞内能源的主要来源。双糖是由两个单糖分子脱去一分子的水聚合而成,其通式为$C_{12}H_{22}O_{11}$,植物细胞中最重要的双糖是蔗糖和麦芽糖,在细胞内成为糖类贮藏形式。多糖是由许多单糖分子脱去相应数目的水分子聚合而成,其通式是$(C_6H_{10}O_5)_n$,n 的数值很高。植物细胞中最重要的多糖有纤维素、淀粉、果胶物质等。纤维素是组成细胞壁的主要物质,淀粉是贮藏的营养物质。

(六)活性物质

原生质中除上述蛋白质、核酸、脂类、糖类四大类生物大分子化合物之外,还含有极微量但生理作用极其重要的有机物质,它们是生活细胞以至整个植物体正常生命活动必不可少的物质,这类物质统称为生理活性物质,主要有酶、维生素、激素、抗生素等。

二、原生质的胶体性质

原生质的物理性质表现为无色半透明半流动状态的黏稠液体，它的比重比水大，是一种亲水胶体，有极强的亲水性。原生质胶粒带有电荷，它使原生质具有很大的吸水力及对物质的吸附作用，给细胞进行物质交换及各种化学反应提供了极其有利的条件。如果胶体破坏，原生质也就丧失了活性，失去了生命的特性。

第三节　细胞的基本结构

植物细胞虽然大小不一，形状多种多样，但其基本结构是一致的。在植物细胞的外层为细胞壁，细胞壁里面是原生质体，原生质体是由原生质分化而来，包括细胞膜、细胞质和细胞核等结构（图 1-5）。

- 植物细胞
  - 原生质体
    - 细胞膜
    - 细胞质
      - 胞基质
      - 细胞器
        - 质体
        - 线粒体
        - 其他细胞器
    - 细胞核
      - 核膜
      - 核仁
      - 核质
  - 细胞壁
    - 胞间层
    - 初生壁
    - 次生壁
  - 后含物
    - 贮藏营养物质
    - 生理活性物质
    - 其他物质

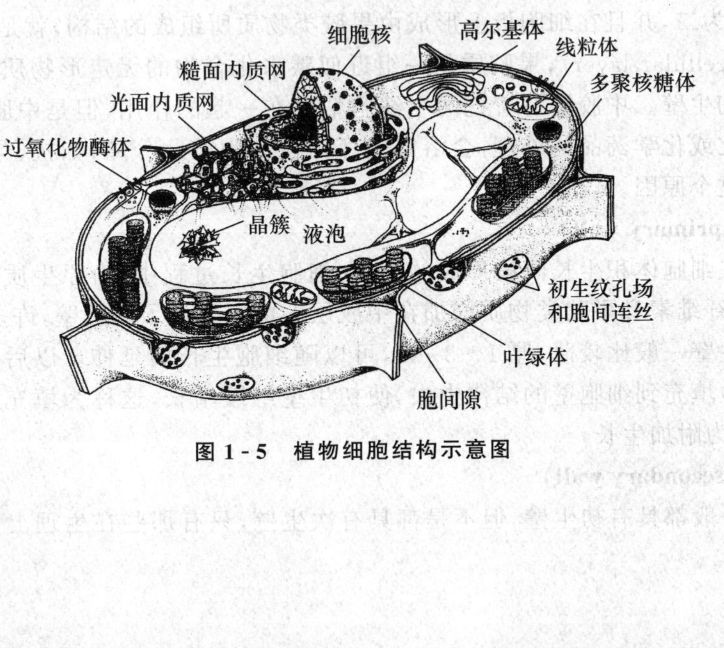

图 1-5　植物细胞结构示意图

一、植物细胞外被和细胞间的联络结构

植物细胞的外被结构指的是细胞壁和细胞膜，它有重要的作用，表现为对物质出入细胞的控制、刺激的感受和反应、信息的传递、细胞间的连接和相互识别、某些代谢活动的调控、对原生质体的保护等方面。

（一）细胞壁

细胞壁（cell wall）是原生质体生命活动过程中向外分泌的多种物质复合而成的结构，为植物细胞所特有。它使细胞保持一定的形态，与维持原生质体的膨压等方面有关。对于多细胞植物，其细胞壁有支持和巩固植物体的作用，特别是那些特化为机械组织细胞的细胞壁，这有利于植物营固着生活。

过去一直认为细胞壁是一种没有生命的保护构造，但是近年来发现细胞壁（初生壁）内含有蛋白质，其含量约为初生壁总量的10%。细胞壁内所含的蛋白质可分为两类：一类是壁的结构蛋白质，如伸展蛋白、植物凝激素等；另一类是酶，如过氧物酶、磷酸酶等。它参与许多生命活动过程，如植物细胞的生长，物质的吸收、运输、分泌，细胞间的相互识别，细胞分化时细胞壁的分解等。

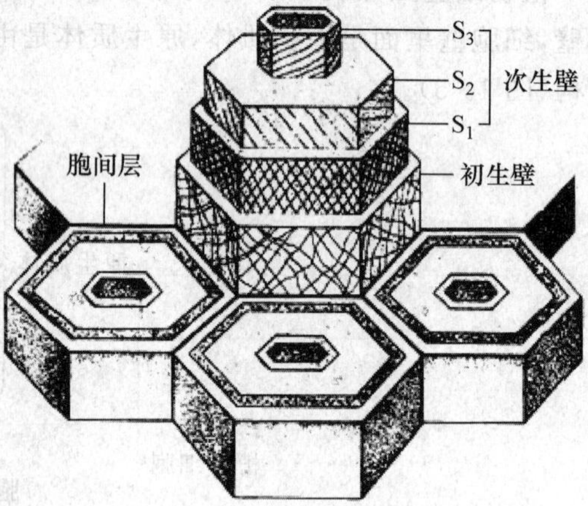

图1-6 细胞壁结构模型

细胞壁的结构和化学成分随植物种类、细胞年龄和功能的不同有较大差异。其结构大体可分为三层：胞间层、初生壁和次生壁（图1-6）。一般认为，细胞分化完成后，仍保持有生活原生质体的细胞不具有次生壁。

1. 胞间层（middle lamella）

胞间层是相邻的两个细胞所共有的薄层，当细胞分裂时，在细胞中部的赤道面产生细胞板，将细胞分隔为二，并且在细胞板上形成由果胶类物质所组成的结构，就是中胶层，又叫中层或胞间层（intercellular layer），果胶质是一组近似碳水化合物的无定形物质，有可塑性。在其两边分别形成初生壁。中胶层有着把两个细胞粘连在一起的作用，但是中胶层的果胶质由于自身的生理变化或化学药品的处理，会溶解破坏而使细胞彼此分离，如桃、梨等果实在成熟后逐渐变软就是这个原因。

2. 初生壁（primary wall）

初生壁是在细胞体积生长阶段形成的壁，在细胞生长过程中，由原生质体分泌的物质，主要是纤维素、半纤维素和果胶类物质增加在中胶层的内方形成了初生壁，许多植物细胞终生只具初生壁。初生壁一般比较薄，厚1～3 μm，可以随细胞生长而延伸。以后，原生质体的分泌物还可以不断地填充到细胞壁的结构中去，使初生壁继续增长，这称为填充生长；也可使初生壁略有增厚，称为附加生长。

3. 次生壁（secondary wall）

植物细胞一般都具有初生壁，但不是都具有次生壁，只有那些在生理上分化成熟后（如纤

维细胞、导管、管胞等),原生质体的分泌物继续在初生壁的地方填积,使细胞壁加厚,才形成次生壁。次生壁一般比较厚而且坚韧,厚度 5～10 μm。次生壁的基本成分是半纤维素和纤维素,缺乏果胶类物质,且常有木质素等物质填充其内。细胞具有次生壁以后,壁的牢固性大为加强。具有次生壁的细胞,其初生壁就很薄,并且两相邻细胞的初生壁和它们之间的中胶层三者已形成一种整体性的结构,称之为“复合中层”。

近年来对于细胞壁的细致结构曾进行了广泛的研究。研究结果表明,在细胞壁内纤维素分子排列成束。大约每 40 个纤维素分子排列成一束,叫做基本纤丝。在基本纤丝的一些段落纤维分子整齐地平行排列着,而在另一些段落则排列比较散乱。在细胞壁内基本纤丝聚集成较大的束,叫做微纤丝。微纤丝相互交织成网状,构成细胞壁的基本框架。在完整的细胞壁中,其他的细胞壁物质(半纤维素、木质等)填充于微纤丝“网”的空隙中。微纤丝又聚集成更大的束,叫做大纤丝,大纤丝在光学显微镜下可以看到。

由于环境的影响和细胞在植物体内担负的机能不同,在形成次生壁时,原生质体常分泌不同性质的化学物质填充在细胞壁内,与纤维素密切结合而使细胞壁的性质发生各种变化,常见的有木质化、木栓化、角质化、黏液化和矿质化等。

(1)木质化　木质素是苯丙烷残基的多聚体,为亲水物质。细胞壁内填充和附加了木质素,可使细胞壁内硬度增强,细胞群的机械力增加。但当木质化细胞加得很厚时,其细胞多趋于衰老或死亡,如导管、管胞、木纤维、石细胞等。

(2)木栓化　细胞壁中增加的木栓质是一种脂肪性化合物,木栓化的细胞不易透气透水,所以最后细胞内的原生质体完全消失,成为死细胞。木栓化细胞壁有保护作用,植物的木栓组织就是由木栓的细胞所组成,常呈黄褐色。

(3)角质化　原生质体产生的角质不但填充到细胞壁的本身使之角质化,并常积聚在细胞壁的表面形成一层无色透明的角质层。角质是脂肪性化合物,细胞壁的角质化或形成角质层,可防止水分过度蒸发和微生物的侵害。

(4)黏液化　细胞壁的黏液化,是指细胞壁中所含的果胶质和纤维素变成黏液和树胶的一种变化。亚麻、木瓜的种子和鼠毛草果实的表皮细胞中都具有黏液化的细胞。

(5)矿质化　有些植物细胞中含有硅质或钙质等,使植物的茎和叶变硬,增强其机械支持能力。常见的矿质有碳酸钙或二氧化硅。稻、麦、玉米等禾谷类作物的叶片和茎秆的表皮细胞常含有大量的二氧化硅,它们不仅存在于细胞壁中,还常与角质一起形成表皮细胞上的大小乳突,甚至还有特殊的表皮细胞,即硅细胞(含硅胶晶体)。

(二)植物细胞间的联络结构

植物体是一个有机的整体,细胞相互协调与分工合作主要借助细胞间的联络结构。细胞间的联络结构主要是纹孔和胞间连丝。

1. 纹孔(pit)

植物细胞初生壁的厚度往往是不均匀的,常有一些非常薄的凹陷区域,其内有许多胞间连丝通过,这个区域称初生纹孔场,相邻细胞原生质体的胞间连丝往往集中在这一区域,以后产生次生壁时,在初生纹孔场处往往不被次生壁所覆盖,这种只有中层和初生壁隔开,而无次生壁的较薄区域称为纹孔。相邻较薄的复合中层称纹孔膜,而其两侧没有次生壁的腔穴称纹孔腔,由纹孔腔通往细胞壁的开口称孔口。纹孔的存在有利于水和其他物质的运输。

纹孔具有一定的形状和结构,常见的有两种类型:单纹孔和具缘纹孔。

单纹孔(simple pit)结构简单,其构造是次生壁上未加厚的部分,多呈圆筒形,即从纹孔膜至纹孔口的纹孔腔直径大小几乎一致而呈圆筒状。纹孔对的中间即为初生壁和中胶层所构成的纹孔膜所隔离。单纹孔多存在于薄壁组织、韧皮纤维和石细胞中。

具缘纹孔(bordered pit)的次生壁在纹孔腔边缘向胞内延伸,成为穹形的延伸物,拱起在纹孔腔上,其顶部开口——纹孔口显著较小,这种纹孔叫具缘纹孔。因此,在显微镜下具缘纹孔从正面看起来是三个同心圆,外圈是纹孔腔的边缘,中间的一圈是纹孔塞的边缘,内圈是纹孔口的边缘。裸子植物管胞的具缘纹孔的纹孔膜中央特别加厚,形成纹孔塞。纹孔塞在具缘纹口上起活塞的作用,当水流很快时,水流压力会把纹孔塞推向一面,纹孔塞就把纹孔口堵塞起来,这样就能调节胞间液流(图 1-7)。

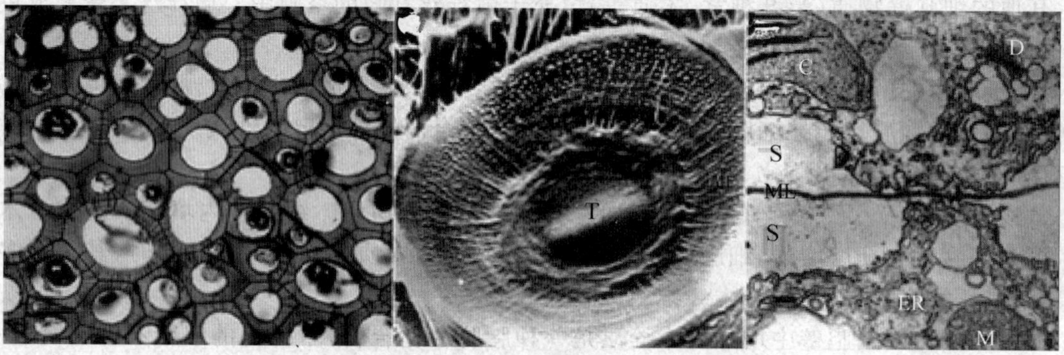

A.胞间连丝　B.具缘纹孔　C.单纹孔

图 1-7 纹孔与胞间连丝

ML. 胞间层;S. 次生壁;C. 叶绿体;M. 线粒体;D. 高尔基体和相连的囊泡;ER. 内质网;T. 纹孔塞

2. 胞间连丝(phasmodesma)

胞间连丝是连接相邻两个植物细胞间的细胞质细丝,是细胞间物质、信息和能量交流的直接通道,行使水分、营养物质、小的信号分子以及大分子的胞间运输功能。电子显微镜下观察到胞间连丝是质膜包围的直径为 40～50 nm 的小管道,相邻细胞的质膜和细胞质通过此管连接起来。所以植物细胞虽有细胞壁,实际上彼此连成一片,一些病毒也是通过胞间连丝扩大感染。柿、海枣、马钱子等种子内的胚乳细胞,由于细胞壁厚,胞间连丝较为显著。

胞间连丝使植物中的细胞连成一个整体,所以植物体可分成两个部分:通过胞间连丝结合在一起的原生质体称共质体(symplast);共质体以外的部分,称质外体(apoplast),包括细胞壁、细胞间隙和死细胞的细胞腔。

(三)细胞膜

细胞膜(cell membrane)又称质膜(plasma membrane),位于原生质体外围,与细胞壁紧密接触,质膜主要由蛋白质和脂类物质组成,还含有少量的多糖、微量的核酸、金属离子和水。质膜在光学显微镜下是看不到的,如果采用高渗溶液处理,原生质体则失水而收缩,细胞发生质壁分离,原来与细胞壁紧贴的质膜就会和细胞壁分离开来,这时能看到质膜的界线。细胞膜在电子显微镜下,用四氧化锇固定的细胞膜具有明显的"暗—明—暗"三条平行的带,即内外两层暗的带(由大的蛋白质分子组成)之间,有一层明亮的带(由脂类分子组成),三者的厚度分别约为 2.5 nm、3.5 nm 和 2.5 nm。三层结构组成的膜,称为单位膜(unit membrane)。细胞中除质膜外，细胞核的内膜和外膜，以及其他细胞器表面的包被膜一般也都是单位膜，但各自的厚度、结构和性质都有差异。曾经认为膜是由内外两层蛋白质分子和夹在中间的双层脂类分子所构成，但 Jon Singer 和 Garth Nicolson 在 1972 年提出流体镶嵌模型。按照这一假说，脂类物质分子的双层，形成了膜的基本结构的衬质，而蛋白质分子等镶在脂类双分子层表面、周边或嵌入其内。双分子中磷脂等脂类物质分布不一致，内外表面分布着不同结构和功能的蛋白质，而糖脂、糖蛋白等则多见于膜外表面。单位膜具流动性，使膜的结构处于不断变动状态（图 1-8）。流体镶嵌模型受到广泛的支持。

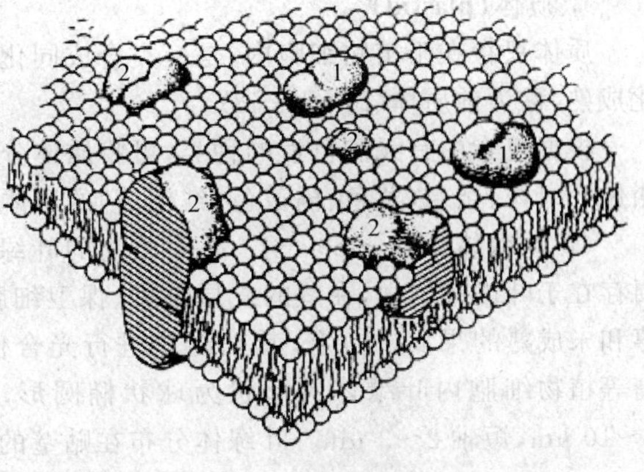

图 1-8　膜的液态镶嵌模型，示蛋白质在脂类双分子层上的分布状况

1. 外在蛋白质（位于脂类双分子层的表面）；2. 内在蛋白质（整个地或部分地嵌入脂类双分子层中）

膜中的蛋白质大多是特异酶类，在一定条件下具有“识别”、“捕捉”、“释放”某些物质的能力，从而对物质的透过起主动的控制作用。质膜的功能：①选择透性，对不同物质的通过具有选择性，它能阻止糖和可溶性蛋白质等许多有机物由细胞内渗出，同时又能使水、盐类和其他营养物质由细胞外进入。②质膜的透性还表现出一种半渗透现象，大分子物质不能任意进出，使细胞保持一个稳定的内环境，以便进行正常的生命活动。③质膜不仅能控制细胞内外的物质交换，还能接受和传递外界的信号，引起细胞内代谢和功能的改变，调节细胞的生命活动。此外，质膜与细胞壁的形成也有关系。

二、细胞质及其细胞器

真核细胞质膜以内、细胞核以外的原生质称为细胞质（cytoplasm）。细胞质可分为胞基质和细胞器两部分。

（一）胞基质（cytoplasmic matrix）

细胞质中除细胞器和后含物以外的部分，呈均质、半透明、胶网状的液态物质称为胞基质。胞基质是一种无结构的液态胶体物质，化学成分复杂，含有水、K、Na、Ca、Mg、Cl 等无机离子和气体等小分子；有机物质包括脂类、葡萄糖、果糖、蔗糖、氨基酸、核苷酸及其衍生物、游离的蛋白质、RNA 和多糖等大分子化合物。这些物质和水形成复杂的胶体。胞基质和细胞器关系密切：细胞器悬浮在胞基质中；胞基质能为维持细胞器的实体完整性提供所需要的离子环境，供给细胞器行使功能所必需的物质。同时，胞基质本身还进行某些生化反应。

细胞内的胞基质经常流动，在具单个液泡的细胞中，胞基质围绕液泡沿一个方向运动；在有多个液泡的细胞中，则有几个不同方向的运动。胞质运动对胞内各种物质转运交换有重要作用，体现着细胞的生命现象。

（二）细胞器（organelle）

细胞器是细胞内具有特定结构和功能的亚细胞结构，细胞质内的细胞器有很多种，主要的细胞器介绍如下。

1. 质体(plastid)

质体只存在于植物细胞内,是一类合成同化产物的细胞器。在幼龄的细胞中,质体尚未分化成熟,称为前质体(proplastid)。

根据色素的有无和色素的种类,可将质体分为三类:无色的质体叫做白色体,绿色的质体叫做叶绿体,杂色(黄色、橘黄色、红色等)的质体叫做有色体。

(1)叶绿体(chloroplast) 高等植物的叶绿体主要存在于叶肉细胞内,在茎的皮层细胞、保卫细胞、花萼和未成熟的果实中也有,其功能是进行光合作用。高等植物细胞内叶绿体的形状为球状椭圆形,长轴5~10 μm,短轴2~3 μm。叶绿体分布在贴壁的细胞质内,在细胞质内可以移动。一个细胞中的叶绿体数目一般为十多个至数十个,多的可达几百个。如菠菜叶的一个栅栏组织细胞内,有300~400个叶绿体;海绵组织细胞内,有200~300个叶绿体(图1-9)。

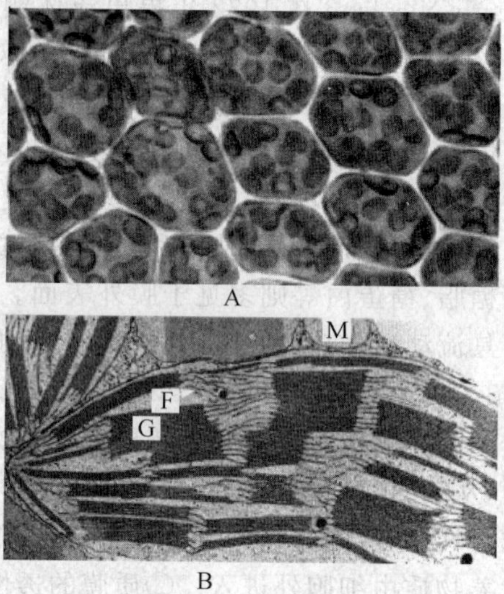

图1-9 叶绿体

A. 藓叶植物中的叶绿体(胡金良摄);B. 叶绿体超微结构 G. 基粒类囊体片层;F. 基质类囊体片层;M. 线粒体

高等植物叶绿体内含有两种绿色色素叫做叶绿素A($C_{55}H_{72}O_5N_4Mg$)、叶绿素B($C_{55}H_{70}O_6N_4Mg$);一类橘黄色的色素叫做胡萝卜素($C_{40}H_{56}$)和一类黄颜色的色素叫做叶黄素($C_{40}H_{56}O_2$)。叶绿体中所含色素的2/3是叶绿素,故呈现绿色。

在透射电子显微镜下,叶绿体结构复杂,由三部分组成。表面包被着一双层薄膜。双层薄膜之内充满一种无色的液态基质,即间质。在间质内分布着许多排列成堆的膜层,此为基粒。基粒是许多膜所构成的圆盘形扁囊上下平行排列而形成的柱状体,这种圆盘形扁囊叫做基粒类囊体。在间质内还分布着一种由膜所构成的大形的具有分枝的扁囊,这种具有分枝的大形扁囊叫做间质类囊体。间质类囊体横向地穿过间质将各个基粒连接起来,一个叶绿体可含有40~60个基粒,基粒的数量和大小随植物种类、细胞类型不同而变化,如烟草的基粒含10~15片,玉米为15~20片。基粒以外为基质,基质中含有与CO_2的同化有关的全套酶类,以及核糖体、DNA、淀粉粒、质体小球和植物铁蛋白等。在基粒和基质中分别完成光合作用不同的化学反应,光反应在基粒上进行,暗反应在基质中进行。

叶绿体基质中的双链DNA,能合成自身的蛋白质。

(2)有色体(chromoplast) 有色体由前质体发育而来,或由叶绿体失去叶绿素而成,是含有类胡萝卜素的质体。通常多为黄色或橘黄色,常存在于成熟果实、花瓣、衰老叶片中。例如,柑橘、番茄和辣椒的红色果实,胡萝卜橙红色的根,都是由于细胞中含有有色体的缘故。

有色体的结构较叶绿体简单,基质内的基粒和基质片层多已变形或解体。有色体的形状以及结构多种多样,有的呈球状(如柑橘的果实);有的含有同心排列的膜结构(黄水仙的花瓣);有的如管状(红辣椒果实)(图1-10)。有色体的生理机能还不是很清楚,但它赋予花、果以鲜艳的色彩,对吸引昆虫传粉和传播果实有利。

(3)白色体(leucoplast) 白色体是不含可见色素的质体。白色体近于球形,大小为2~

5 μm，主要分布在幼嫩或不见光的细胞中，在茎和叶的表皮细胞中也可见到，特别在贮藏组织的细胞中较多。白色体贮藏的物质是不同的，成为淀粉贮藏器官的白色体叫做造粉体，成为蛋白质贮藏器官的白色体叫做造蛋白质体，成为脂肪贮藏器官的白色体叫做造油体。

在一定条件下，不同的质体可以相互转化(图 1-11)。如果叶子在黑暗中生长或某些植物进行黄化栽培时，形成黄化苗。例如，黄豆、绿豆的发芽过程中，前质体发育成白色体。如果黄化的植物转入光照下，白色体又可发育成正常的叶绿体。发育中的番茄，最初含有白色体，以后转化成叶绿体，最后叶绿体失去叶绿素转化成有色体，果实的颜色从白色变成绿色，最后成为红色。

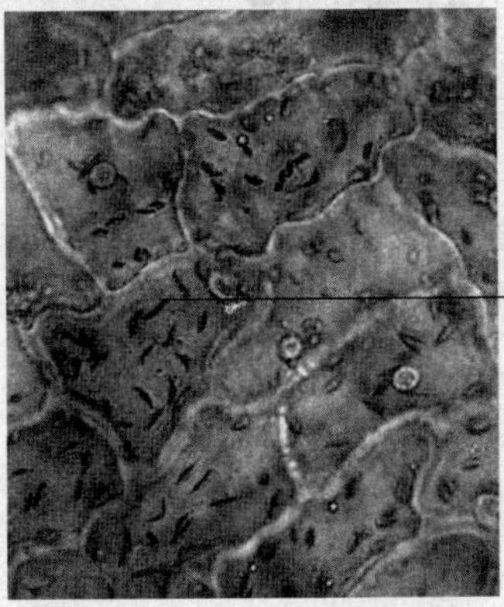

图 1-10　辣椒果肉细胞，示有色体

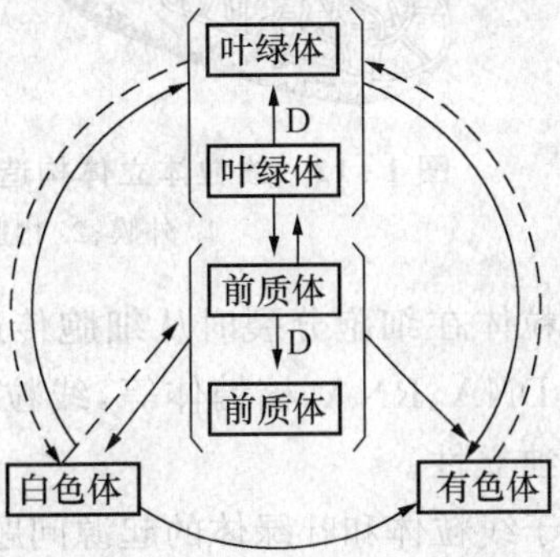

图 1-11　质体转化的图解

实线表示分化，虚线表示脱分化，

箭头 D 表示通过分裂增殖

2. 线粒体(mitochondrion)

除细菌、蓝藻和厌氧真菌外，生活的细胞一般都有线粒体。线粒体的形态与细胞类型和生理状况密切有关，一般呈球状、杆状、分枝等。线粒体直径一般为 0.5～1.0 μm，长 1～2 μm，有的直径可达 2～4 μm，长可达 7～14 μm。代谢旺盛的细胞中线粒体数目多，如玉米的一个根冠细胞中，有 100～3 000个线粒体。线粒体内含有参与呼吸作用的酶，它是细胞进行呼吸作用的主要场所和供能中心。线粒体在光学显微镜下不易辨认，但用染料詹纳斯绿 B(Janus green B)染色就能看到。

用透射电子显微镜观察，线粒体具有双层单位膜。外膜包被整个线粒体。内膜在许多部位向基质内褶叠，形成管状或片状突起，称为嵴。嵴间的空间称为基质，其中含 DNA、RNA、核糖体、蛋白质、脂类等。嵴增加了线粒体内酶的分布面积。嵴的多少能够说明线粒体活动的状况，嵴多表示线粒体活动旺盛，嵴少则表示不旺盛。

在线粒体的内层薄膜和由内层薄膜向内伸入的嵴上分布着很多圆球形带柄的颗粒，叫做基本颗粒。基本颗粒是产生腺苷三磷酸(简称 ATP)的场所，因此又称腺苷三磷酸复合体(ATPase)。腺苷三磷酸是一种含有高能量的化合物，它是细胞进行各种生命活动所需能量的主要供应者(图 1-12)。

内膜和基质中含有各种酶和辅酶 100 多种，主要有与物质氧化分解(三羧酸循环、脂肪酸氧化等)有关的酶类以及脂类、蛋白质、核蛋白体和含钙颗粒，它们绝大部分参与呼吸作用。因此，线粒体是细胞进行呼吸作用的场所，被喻为细胞中的“动力工厂”。利用定时摄影技术观察到，线粒体总是处在不断运动中，它们可以扭动、旋转，从细胞的一个地方运动到另一地方；并且线粒体在细胞内总是聚集在能量需要较多的地方。

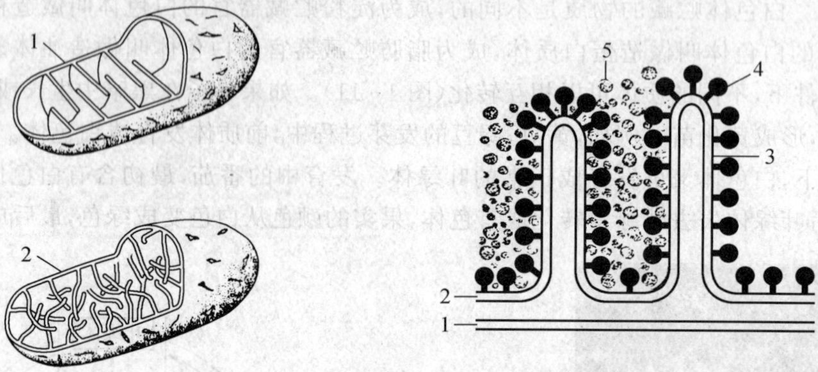

图 1-12 线粒体立体构造及一部分线粒体嵴切面观(图解),示基本颗粒的分布

1. 外膜;2. 内膜;3. 嵴;4. 基本颗粒;5. 含有蛋白质的基质

线粒体在细胞分裂时从细胞传递下来,然后以分裂的方式增加数量。在线粒体的基质内也含有 DNA、RNA、核糖体等,线粒体内含 DNA 等少量遗传物质,决定了线粒体具有遗传上的相对独立性。

关于线粒体和叶绿体的起源问题近年来引起广泛的评论。早在 20 世纪初就有人提出线粒体、叶绿体是由原核生物与真核生物的内共生演化而来的看法。认为线粒体由内共生的细菌演化而来,叶绿体由内共生的蓝藻演化而来,研究发现线粒体、叶绿体与原核生物有很多相似之点。

3. 内质网(endoplasmic reticulum,ER)

内质网是由单层膜围成的扁平的囊、槽、池或管形成的,相互沟通的网状管道系统。

内质网一方面与核膜相通,连接细胞质与细胞核;另一方面还可以穿过胞间连丝与相邻细胞的内质网相连接(图 1-13)。

内质网有两种:一种类型的内质网的外表面附着许多叫做核糖体的微小颗粒;另一种类型的内质网的外表面没有这种颗粒。附有核糖体的叫做粗糙内质网(rough endoplasmic reticulum,rER),没有核糖体的叫做平滑内质网(smooth endoplasmic reticulum,sER)。典型的粗糙内质网为扁囊形,典型的平滑内质网则为管形。

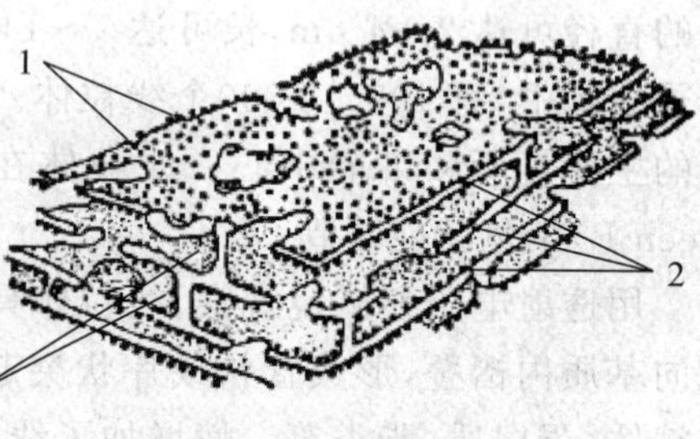

图 1-13 内质网的空间结构简图

1. 核糖体核蛋白小体;2. 膜;3. 基质

内质网是动态易变的结构,其形状、数量、类型以及在细胞内的分布位置,因细胞类型而异,并且随细胞的发育时期、生理状况而相应地变化。例如,在蚕豆种子成熟后期积累贮藏物质时 rER 增多;休眠的形成层细胞有 sER,而分裂活动的形成层细胞有 rER。

内质网在细胞内担负着许多功能,其中最主要的功能是:粗糙内质网参与了蛋白质的合成、运输和贮存,平滑内质网则具有合成脂类激素物质的作用。粗糙内质网合成的蛋白质运送到平滑型内质网的腔内进行初步加工,这些物质经包装后进入平滑内质网上缢缩出的一些小型囊泡中,通过这些小型囊泡的移动,将这类蛋白质运送给高尔基体,在高尔基体内还要再进行进一步地加工。

内质网也是许多细胞器的来源，如液泡、高尔基体、圆球体及微体都可由内质网特化或分离出的小泡形成。此外，内质网还有“分室”作用，将许多细胞器相对分隔开，便于各自的代谢顺利进行。

4. 高尔基体(Golgi body)

高尔基体是高尔基于1898年首先在动物神经细胞中发现的，后发现在植物细胞中也普遍存在。高尔基体是一叠由扁平、平滑、近圆形的单位膜围成的囊，其直径1～3 μm。高尔基体分布在细胞质中，似乎与细胞核有定向关系，主要分布在细胞核周围或上方。它是由单层膜所构成的平行排列的扁平囊泡和分泌小泡组成。这些结构常常由2～20个囊泡平叠在一起，其直径1～3 μm。它的化学成分是磷脂类物质。囊的边缘相互交织成网络状的管道与周围小泡相连。小泡是由管道顶端膨大而成的(图1-14)。

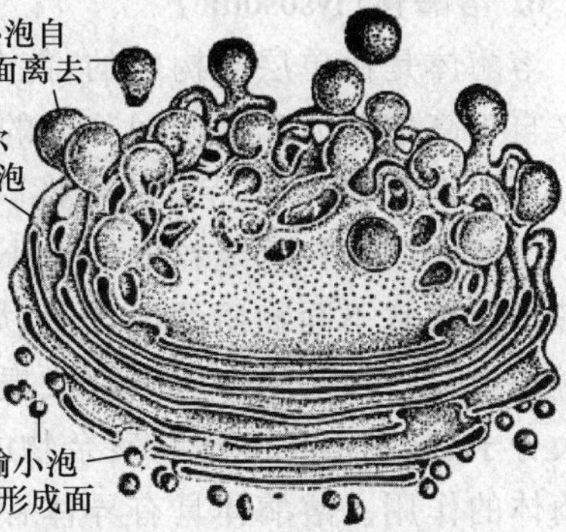

图1-14 高尔基体立体构造

(一些小形囊泡与高尔基体形成面的扁囊融合，一些膨大囊泡自高尔基体成熟面的边缘溢出)

高尔基体两面的形状是不一样的，一面微凹，另一面微凸。微凹的一面向着质膜，微凸的一面向着细胞核。前者叫做成熟面，后者叫做形成面，成熟面周围小泡脱落形成分泌小泡。

在植物细胞内，高尔基体的数量因细胞类型、发育时期和生理状态的不同而不同。分泌组织细胞和迅速生长的细胞内高尔基体的数量最多。

高尔基体的功能是合成多糖、糖蛋白、纤维素、半纤维素等，同时将多糖或糖蛋白以高尔基小泡的形式运输到细胞的某些部位，供细胞壁生长利用或分泌到细胞外面去，故它具有分泌作用，并参与细胞壁的形成。

5. 核糖体(核糖核蛋白体，ribosome)

核糖体是合成蛋白质的细胞器(图1-15)。没有膜结构，几乎存在于所有的生活细胞内，在电镜下成小而圆的颗粒，是由两个半圆形的亚单位组成，其直径为150～250 Å，主要成分为约占40%的蛋白质和约占60%的RNA。核糖体主要存在于胞基质中，但在细胞核、内质网外

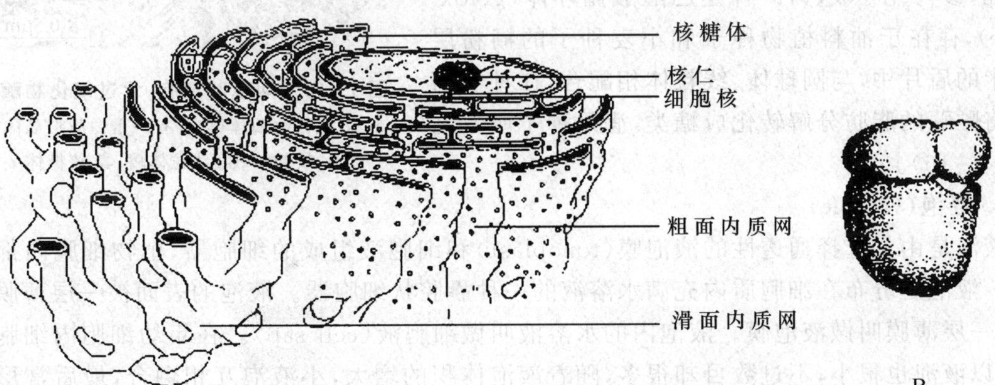

图1-15 核糖体

A. 内质网表面观图解；B. 核糖体的立体结构，示核糖体由两个不同的亚单位构成

表面及质体和线粒体的基质中也有分布。多个核糖体可结合到一个 mRNA 分子上，形成多聚核糖体(polyribosome)，它的合成效率比单个的更高。蛋白质合成旺盛的细胞，尤其在快速增殖的细胞中，含有较多的核糖体。

6. 溶酶体(lysosome)

溶酶体是由单层膜构成的，能分解蛋白质、核酸、多糖等生物大分子的细胞器。溶酶体主要来自于高尔基体和内质网分离的小泡。它的形态和大小差异较大，一般为球形，直径 0.2～0.8 μm。溶酶体除含特有的酸性磷酸酶外，还有许多其他的水解酶。

溶酶体同颗粒状线粒体的大小和形态相类似，分散在细胞质中。它只有一单层膜，膜内含有各种能水解不同物质的消化酶，如蛋白酶、核糖核酸酶、糖苷酶。这些酶贮藏在溶酶体膜内时，没有活性，在溶酶体膜破裂或损伤时，酶释放出来，同时也被活化。溶酶体的功能主要是分解大分子，起到消化和消除残余物的作用。经研究，在一些植物细胞中初形成的液泡可能也有溶酶体的作用。溶酶体具有异体吞噬、自体吞噬和自溶的作用。溶酶体分解从外界进入到细胞内的物质，称为异体吞噬。溶酶体消化细胞自身的局部细胞质或细胞器称为自体吞噬。自溶作用是指在植物发育进程中，有一些细胞会逐步正常地死亡，这是在基因控制下，溶酶体膜破裂，将其中的水解酶释放到细胞内，引起细胞自身溶解死亡，以利于个体发育。

7. 圆球体(spherosome)

圆球体也叫做油体(oil body，oleosome)，是一种球形细胞器。平均直径为 1 μm，具有积聚和贮藏脂肪的功能，分布在植物细胞，特别是贮藏脂肪的种子细胞中，如油菜籽、向日葵籽、落花生等的细胞内都含有大量的圆球体。圆球体仅存在于植物细胞内，动物细胞内没有圆球体。

圆球体的表面只包被着半层薄膜，这种薄膜只为一般生物膜厚度的一半，即只含有一层脂类分子。薄膜之内的大部分为贮藏的脂肪。在一定条件下，圆球体的脂肪酶也能将脂肪水解。

8. 微体(microbody)

微体是单层膜包围的小体，直径为 0.2～0.5 μm，呈球状或哑铃形的颗粒，普遍存在于植物细胞中。微体有两种类型：一种是过氧化物酶体(peroxisome)，存在于高等植物叶肉细胞内，常与叶绿体、线粒体相伴存在，参与光呼吸；另一种是乙醛酸循环体(glyoxysome)，存在于油料植物种子和小麦种子的糊粉层及玉米的盾片中，与圆球体、线粒体相配合，在种子萌发时将贮藏的脂肪分解转化成糖类，满足种子萌发之需(图 1-16)。

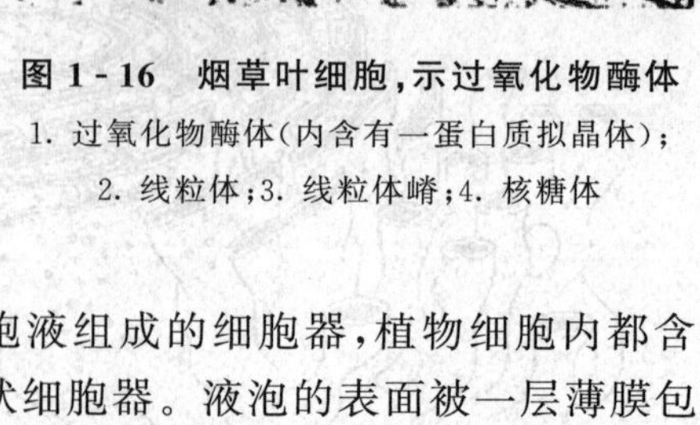

图 1-16 烟草叶细胞，示过氧化物酶体

1. 过氧化物酶体(内含有一蛋白质拟晶体)；2. 线粒体；3. 线粒体嵴；4. 核糖体

9. 液泡(vacuole)

液泡是由具选择通透性的液泡膜(tonoplast)和细胞液组成的细胞器，植物细胞内都含有液泡。液泡是分布在细胞质内充满水溶液的一种囊腔状细胞器。液泡的表面被一层薄膜包被着，这一层薄膜叫做液泡膜。液泡内的水溶液叫做细胞液(cell sap)。在年幼细胞内细胞液很少，所以液泡也很小，不过数目却很多，随着液泡体积的增大，小液泡互相融合，最后常形成为一个大液泡位于细胞的中央，细胞质被挤压成一薄层附贴在细胞壁的内表面(图 1-17)。

液泡的主要生理功能包括：①调节细胞水势和维持细胞的膨压，液泡吸水膨胀，是植物体保持挺立状态的根本因素；若液泡失水，植物就萎蔫，影响植物生长。②参与细胞内物质的积累、贮藏与转化。细胞液的化学成分因植物种类的不同而各异。细胞液内分散着各种不同的有机物质和无机物质，这些物质有的处于溶解状态，有的处于胶体状态。这些物质中有一部分是贮藏的营养物，也有一部分是新陈代谢作用所产生的代谢产品和废料。③隔离和防御作用，许多植物液泡中还有几丁质酶，它能分解破坏真菌的细胞壁，当植物体被真菌侵害时，几丁质酶合成增加，对病原体有杀伤作用。

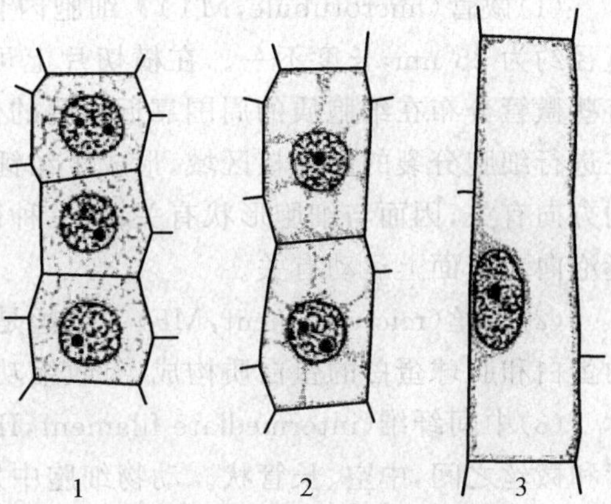

图 1 - 17　液泡的形成过程

1. 前液泡；2. 小液泡；3. 大液泡

细胞液内的有机物质以糖类（葡萄糖、果糖、蔗糖等）最为普遍；其次是有机酸（草酸、苹果酸、柠檬酸）、水溶性蛋白质、油滴、黏质、植物碱、鞣质、色素等。细胞液内的无机物质则以各种无机盐类和钾、钠、钙、镁的氯化物最为普遍，对细胞代谢起着调节和稳定的作用。液泡还能贮藏一些有害重金属离子和代谢终产物，如草酸等在液泡中形成草酸钙结晶，免除了毒害作用。

有些植物的果实是甜的或有酸味，就是因为果肉细胞液内含有糖或内含有有机酸；很多植物的细胞液内含有植物碱，如茶叶和咖啡含有咖啡碱，罂粟果实中含有吗啡碱，金鸡纳的树皮含有奎宁碱，许多药物也是利用植物碱制成的，如治喘病的麻黄碱（麻黄素）和治疟疾的奎宁等都是很富有盛名的药用植物碱。

10. 细胞骨架系统

细胞骨架是真核细胞细胞质内普遍存在的蛋白质纤维网架系统，包括微丝系统、微管系统和中间纤维系统。这三类骨架系统分别是不同蛋白质分子以不同方式装配成不同直径的纤维和许多连接蛋白相互连接形成既有柔韧性又有刚性的三维网架。细胞骨架把分散在细胞质中的细胞器及各种膜结构组织起来，相对固定在一定的位置，使细胞内新陈代谢有条不紊地进行。细胞骨架系统还是细胞内能量转换的主要场所。微丝系统和微管系统与相关的马达蛋白相互作用，将化学能直接转换为机械能，驱使细胞及细胞内组分的运动。近年来的研究表明，在植物细胞内也含有细胞骨架，不过对于植物细胞骨架的了解远不如对于动物细胞的清楚。植物细胞骨架由微管、中间纤维和微丝三者所共同构成（图 1 - 18），细胞的骨架系统在细胞质中互相交织形成复杂的网络系统（图 1 - 19）。

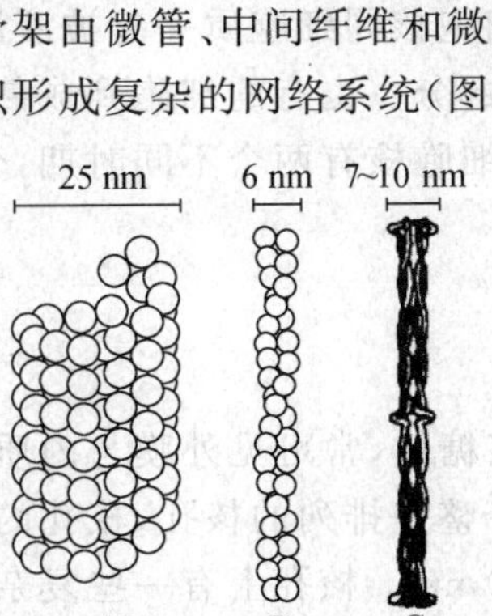

图 1 - 18　细胞质骨架的三种成分

A. 微管；B. 微丝；C. 中间纤维

图 1 - 19　细胞骨架结构示意图

（引自吴庆余．基础生命科学，2006）

(1)微管(microtubule,MT) 细胞内含有很多微细的管状结构,叫做微管。微管的平均直径约为25 nm,长度不一。在横切片上可以看到微管的管壁是由一圈球形蛋白质构成的。有些微管分布在细胞质的周围靠近质膜的位置,与正在生长着的细胞壁平行地排列;有些分布在进行细胞分裂的细胞核区域,形成了纺锤丝。前一种微管与细胞壁合成的纤维素分子的排列方向有关,因而与细胞形状有关;后一种微管与核分裂时染色体向两极移动和形成细胞板的囊泡向赤道面上运动有关。

(2)微丝(microfilament,MF) 微丝是比微管更细的纤维,直径为5~8 nm,由类似于肌动蛋白和肌球蛋白的蛋白质构成,有收缩功能,故与细胞内物质运输和原生质流动有关。

(3)中间纤维(intermediate filament,IF) 中间纤维又名中间丝,直径约为10 nm,介于微管和微丝之间,中空、长管状。动物细胞中发现较早,植物细胞发现较晚,具有骨架功能和信息功能。微管、微丝和中间纤维在细胞内形成错综复杂的立体网络,起着支架作用,维持细胞的形状,并与细胞内组分的运动和物质运输有关。

三、细胞核

细胞核(nucleus)是真核细胞遗传与代谢的控制中心,原核生物(细菌和蓝藻)没有细胞核。细胞的细胞核一般近于球形,其折光率和细胞质不同,所以在光学显微镜下容易看到。通常一个细胞只有一个核,但有些细胞也可以是双核或多核的,如乳汁管和绒毡层细胞常具有2个以上的核。维管植物中成熟的筛管细胞无细胞核,这是发育后期细胞核消失的缘故(图1-20)。

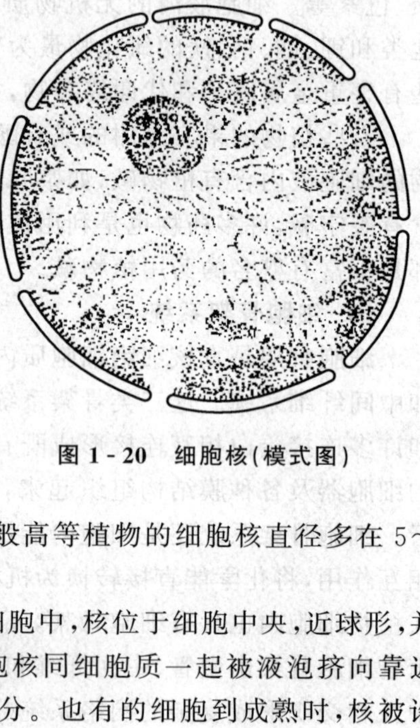

图1-20 细胞核(模式图)

细胞核通常为圆球形、椭圆球形,也有不规则的形状。细胞核的大小不一,有的较大,有的较小。苏铁卵细胞的核最大,直径可达1 mm,用肉眼就可以看到。真菌类细胞的细胞核最小,有些真菌的核直径只有1 μm。但一般高等植物的细胞核直径多在5~30 μm。

细胞核的位置和形状随着细胞的生长而变化,在幼期细胞中,核位于细胞中央,近球形,并占有较大的体积。随着细胞的生长和中央液泡的形成,细胞核同细胞质一起被液泡挤向靠近壁的部位,变成半球形或圆饼状,只占细胞总体积的一小部分。也有的细胞到成熟时,核被许多线状的细胞质丝吊在细胞中央。在细胞生活周期中,细胞核有两个不同时期:分裂期和间期。间期核的结构可分为核膜、核仁和核质三部分。

(一)核膜(nuclear membrane)

包括核膜和膜以内的核纤层(nuclear lamina)两部分。

核膜由两层膜组成。外膜面向细胞质,其外面附有核糖体,常可见外膜与内质网相通,内膜与染色质紧密接触,两层膜之间为膜间腔。核被膜上有整齐排列的核孔,核孔的数量不等,动植物细胞的核孔密度为40~140个/μm^2,直径50~100 nm。核孔上有一些复杂结构,称核孔复合体。核孔是核内外物质交换的通道,据计算,正在合成DNA的细胞核,每分钟每个核孔要有100个组蛋白分子从核孔进入核内。在细胞核中形成的核糖体也要通过核孔进入细胞质。核膜对大分子的出入是选择性的。例如,mRNA分子前体在核内产生后,并不能通过核孔，只有经过加工成为mRNA后才能通过。大分子出入细胞核也是与核孔复合体上的受体蛋白有关。

核膜内面有纤维质的核纤层，其厚薄随不同的细胞而异。核纤层的成分是一种属于中间纤维的蛋白，称核纤层蛋白。核纤层呈纤维网络状，与染色质上一些特别位点结合。核纤层与细胞有丝分裂中核膜崩解和重组有关。

（二）核仁(nucleolus)

核仁是细胞核中椭圆形或圆形的颗粒状结构，没有膜包围（图1-21）。在光学显微镜下核仁是折光性强、发亮的小球。细胞有丝分裂时，核仁消失，分裂完成后，两个子细胞核中分别产生新的核仁。核仁富含蛋白质和RNA。核糖体中的RNA来自核仁。蛋白质合成旺盛的细胞，常有较大的或较多的核仁。由某一个或几个特定染色体的一定片段构成为核仁组织者。核仁就是位于染色体的核仁组织者周围。如果将核仁中的rRNA和蛋白质溶解，即可显示出核仁组织区的DNA分子，这一部分的DNA正是转录rRNA基因，即rDNA所在之处。

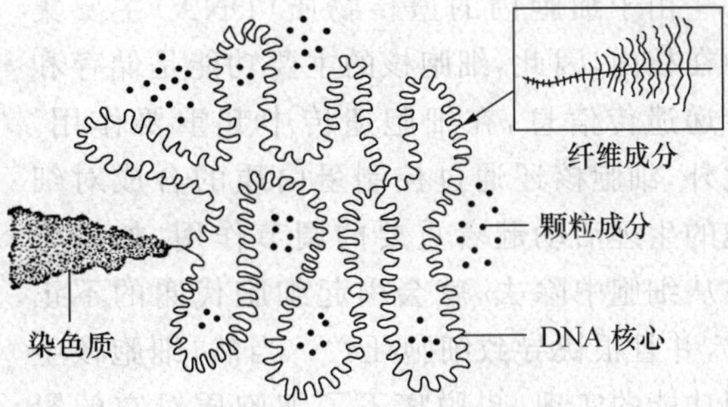

图1-21　核仁的结构

（三）核质(nucleoplasm)

核仁以外、核膜以内的物质称为核质。核质可分为核基质和染色质。

核基质是细胞核内的基质，过去称为核液，并认为是富含蛋白质的透明液体，染色质和核仁等都浸浮于其中。现在不再用核液一词，而称核基质，因为发现其不是无结构的液体，而是纤维状的网，布满于细胞核中，网孔中充以液体。网的成分是蛋白质。核基质是核的支架，有的研究者称之为核骨架。染色质和核仁悬浮在其中。近年来的研究提出，核基质也可能是DNA复制的基本位点，并与基因表达调控有关。它含有蛋白质、RNA和多种酶，保证DNA的复制和RNA的转录。

染色质是细胞中遗传物质存在的主要形式，易被碱性染料着色。染色质含有大量的DNA和组蛋白，较少量的RNA和非组蛋白。在间期核内，染色质常伸展成细长的纤丝。到有丝分裂时，染色质细丝高度螺旋化变粗成为光学显微镜下能看见的染色体。

细胞经固定和染色后，可看到细胞核中许多或粗或细的长丝交织成网状，网上还有较粗大、染色更深的团块，统称染色质(chromatin)。细丝状的部分是常染色质，较大的深染团块是异染色质。异染色质常附着在核膜的内面。

细胞化学和生物化学的研究表明，真核细胞染色质的主要成分是DNA和蛋白质，也含少量RNA。

DNA和蛋白质如何装配形成染色质？用一定的实验手段处理后用电子显微镜观察，可看到染色质成串珠状的细丝，这些小珠称为核小体(nucleosome)，其直径约为10 nm。核小体之间以长1.5～2.5 nm的细丝相连。由8个组蛋白分子构成核小体的核心部分。DNA分子链缠绕在这个由组蛋白构成的核心周围，并将各个核小体相连，连接核小体的部分细丝名为连接DNA。一个核小体上的DNA加上一段连接DNA共有约200个碱基对，构成染色质丝的一个单位。连接 DNA 上也有组蛋白(图 1-22),即 H_1 组蛋白,它的功能可能是促进各核小体的聚拢。非组蛋白能与碱性的组蛋白结合,其种类与结构复杂,它们在染色质中的结合方式与作用是科学家感兴趣的领域。

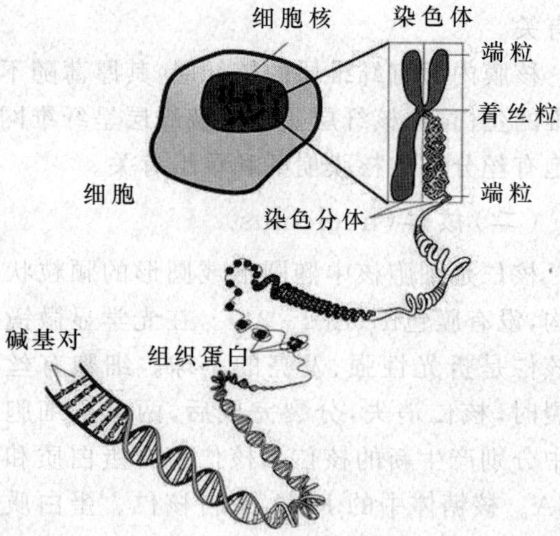

图 1-22 真核细胞染色体的组成

由于细胞内的遗传物质(DNA)主要集中在核内,因此,细胞核的主要功能是储存和传递遗传信息,在细胞遗传中起重要作用。此外,细胞核还通过控制蛋白质的合成对细胞的生理活动起着重要的调节作用,如果将核从细胞中除去,就会引起细胞代谢的不正常,并且很快导致细胞死亡。当然,细胞核生理功能的实现,也脱离不了细胞质对它的影响,细胞质中合成的物质以及来自外界的信号,也不断进入核内,使细胞核的活动作出相应的改变,因此,在细胞中,细胞核总是包埋在细胞质中的。

试验已经证明,除筛管细胞外,无核细胞不能长久生存。可见细胞核对于细胞的生理活动具有十分重要的作用。研究者认为,细胞核通过控制核糖核酸的形成从而指挥了蛋白质的合成,因为参与细胞内代谢活动的酶是蛋白质,核通过指挥酶(蛋白质)的合成,从而控制了细胞的代谢活动。

第四节 植物细胞的后含物

细胞中除含原生质体外,尚有许多非生命的物质,它们都是细胞代谢过程中的产物。一类是后含物(ergastic substance),它们有的是贮藏的营养物质,这些营养物质将来或作为形成新原生质的建筑材料,或作为植物生活中所必须进行的呼吸作用的原料,如淀粉、脂肪、蛋白质等;它们有的是代谢活动的产品,这些代谢产品有的可能是不再利用的废料,但也有的可能被再度转化而重新利用,如鞣质、植物碱、挥发油、树脂、黏质、花青素、草酸钙结晶体等。这些贮藏物质或废弃物质,以成形的或不成形的形式分布在细胞质或液泡内。另一类称之为生理活性物质,它们对细胞内生物化学反应和生理活动起着调节作用,它们的含量虽少,但效能很高。植物细胞常见的后含物介绍如下。

一、淀粉

淀粉以淀粉粒(starch grain)的形式贮藏于细胞质中。淀粉粒一般由白色体转化而成。淀粉贮积时先从一处开始,形成淀粉粒的核心,称为粒心,进而环绕此粒心继续积累,终于使整个白色体全为淀粉所充满,这样白色体就成为非生命的淀粉粒了。淀粉粒心可位居中央(如小麦)或偏居一侧(如马铃薯)。由于淀粉环绕粒心积累时在日夜之间有量的不同,因此在粒心周围可出现轮纹。淀粉粒的大小相差很大,稻米 3～5 μm、小麦 30～45 μm,马铃薯 70～100 μm。淀粉粒的形状不一,有圆形、卵形、椭圆形、多角形等。淀粉在人们食物中占有重要地位,马铃薯的块茎，甘薯的块根，稻、麦、玉米的颖果，蚕豆、荞麦等的种子，都是为人们提供淀粉的重要食粮。

淀粉粒不仅可在白色体内形成，也可在叶绿体内形成。在叶绿体内形成的淀粉粒叫做初生淀粉粒。初生淀粉粒是暂时的，不久就被转变成糖运送至白色体内，糖在白色体内又形成淀粉粒，这叫做次生淀粉粒。

当淀粉粒在白色体内形成时，白色体成为贮藏淀粉的器官。这种贮藏淀粉的器官叫做造粉体。当造粉体内的淀粉粒增大后，造粉体被撑为一层薄膜，包被着淀粉粒。但当贮藏淀粉的细胞死亡后，造粉体膜消失(图 1-23)。

在一个质体内可以形成一至数个淀粉粒。若形成数个淀粉粒时，这数个淀粉粒可能彼此互相分离，也可能彼此生长在一起，后者叫做复合淀粉粒。

二、脂肪和油

它是由脂肪酸和甘油结合而成的。在常温下呈固体或半固体的称为脂，如可可豆脂；呈液体的称为油，如大豆油、芝麻油等。脂肪和脂肪油通常呈小滴状分散在细胞质里，不溶于水，易溶于有机溶剂，比重比较小，折光性强，它常常存在于植物的种子里，有的种子所含脂肪可达种子干重的45％～60％。

脂肪是贮藏营养物质中最为经济的形式，在氧化时能放出较多的能量。树干的薄壁细胞中贮藏的淀粉，往往在冬季转化为脂肪，这样便可贮藏更多的能量，而在次年春天再将脂肪转化为淀粉。

脂肪普遍存在于种子细胞内，贮存在大量的圆球体内和形成为大小不同的油滴散布在种子细胞的细胞质中(图 1-24)。在室温条件下，若脂肪含有较多量的饱和脂肪酸，则为固体状态；若脂肪含有较多量的不饱和脂肪酸，则为液体状态(油)。动物细胞内贮藏的脂肪通常含有较多量的饱和脂肪酸，所以为固体状态；植物细胞内贮藏的脂肪通常含有较多量的不饱和脂肪酸，所以为液体状态(油)。

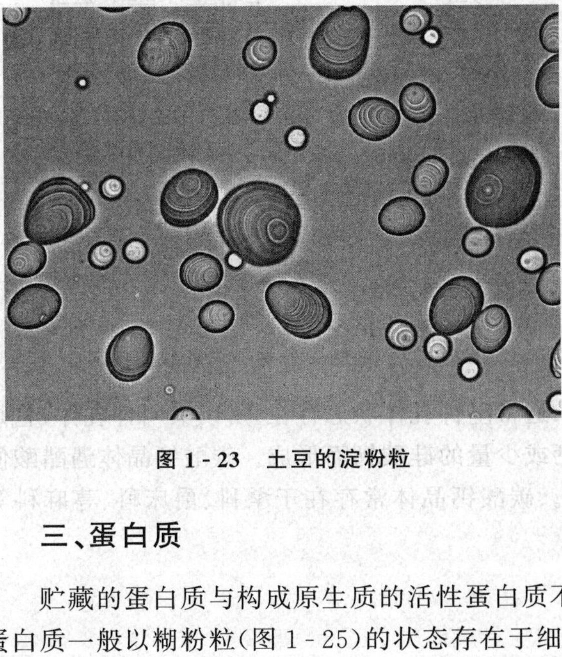

图 1-23　土豆的淀粉粒

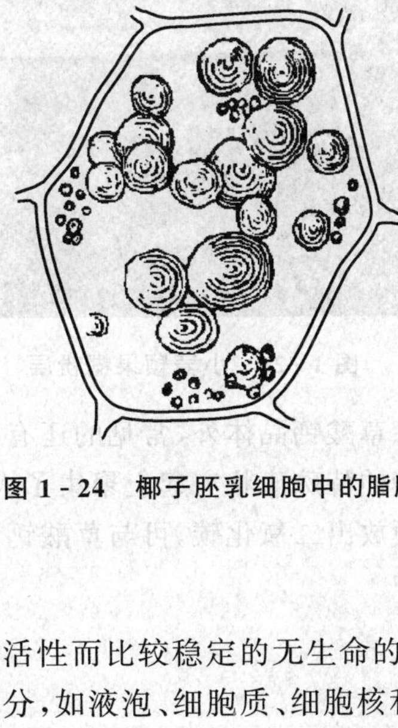

图 1-24　椰子胚乳细胞中的脂肪

三、蛋白质

贮藏的蛋白质与构成原生质的活性蛋白质不同，它是非活性而比较稳定的无生命的物质。蛋白质一般以糊粉粒(图 1-25)的状态存在于细胞的任何部分，如液泡、细胞质、细胞核和质体中，常呈无定形的小颗粒或结晶体，在种子的胚乳和子叶细胞内多含有丰富的蛋白质。在蓖麻胚乳细胞内糊粉粒较大，可见到1至多个圆形的球晶体、多角形的蛋白质结晶体。在玉米、小麦、水稻等胚乳的最外一层细胞中含有大量的蛋白质，这一层细胞称为糊粉层（aleurone layer）（图1-26）。

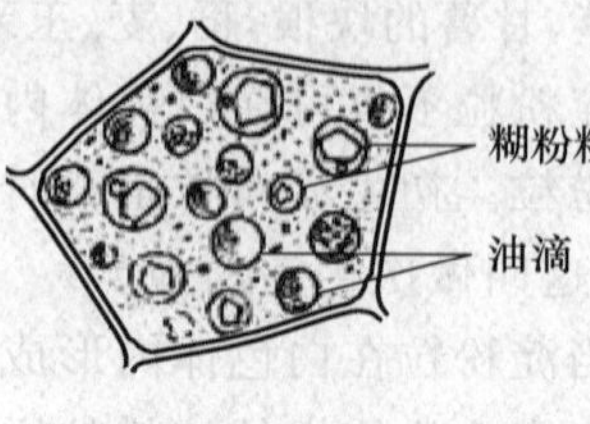

图1-25 胡桃种子的糊粉粒

四、单宁和色素

单宁是一类酚类化合物的衍生物。在许多植物细胞的细胞质基质、液泡或细胞壁中均有分布。在光学显微镜下，是一些黄、红或棕色粒状物，多见于树皮、木材和未成熟的果实（是其具涩味的原因）中。单宁可保护植物免于脱水、腐烂或遭受动物伤害。

植物细胞内的色素除存在于质体内的叶绿素和类胡萝卜素等外，还有存在于液泡内的一类水溶性色素为类黄酮色素（花色素苷和黄酮或典酮醇）。这类色素常分布于花瓣和果实内，有时与有色体、叶绿体并存于同一细胞内，花色素苷在酸性溶液中呈橙红到淡紫色；当溶液的pH值接近7.0时，不产生颜色，在碱性的溶液中呈蓝色。一些植物的花在同一天的不同时间或几天内颜色产生有规律的改变，就是因为含花色素苷的液泡中的细胞液pH改变的缘故。花有不同颜色，使传粉的昆虫易于发现。

五、晶体和硅质小体

晶体主要有草酸钙晶体和碳酸钙晶体。草酸钙晶体常积存在液泡里，一般认为是细胞生活中所产生的废物，它的形成可以减少过多的酸对植物所产生的毒害。常见的草酸钙晶体的形状如图1-27所示。

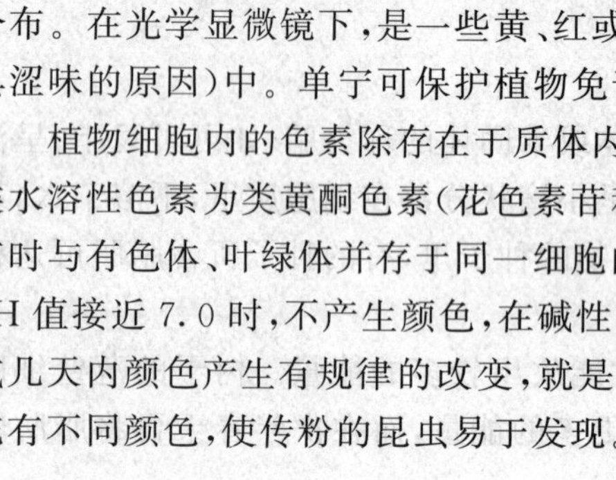
图1-26 小麦颖果糊粉层

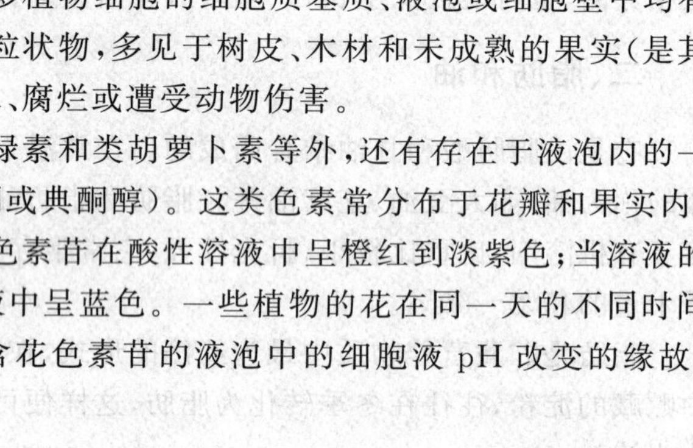

图1-27 细胞中各种不同形状的晶体

除草酸钙晶体外，常见的还有碳酸钙晶体，通常呈钟乳体状态存在，所以又叫钟乳体，它是细胞壁的特殊瘤状突起上聚集了大量的碳酸钙或少量的硅酸钙而形成。碳酸钙晶体遇醋酸便溶解而放出二氧化碳，可与草酸钙晶体相区别。碳酸钙晶体常存在于桑科、爵床科、荨麻科等植物中。

第五节　植物细胞的分裂

植物的生长是由于细胞数目的增加和每个细胞体积的增大以及功能分化的结果。植物细胞数量的增多就是繁殖，细胞的繁殖是以细胞的分裂进行的。细胞分裂具以下三种类型，即有丝分裂、减数分裂、无丝分裂。前二者属同一类型，可以说减数分裂只不过是有丝分裂的一种独特形式。

一、细胞周期

细胞分裂有自己的活动周期，细胞周期(cell cycle)是指从一次细胞分裂结束开始到下一次细胞分裂结束之间细胞所经历的全部过程，进一步划分为四个时期包括分裂间期的 G_1 期、S 期、G_2 期和细胞分裂的 M 期(图 1-28)。

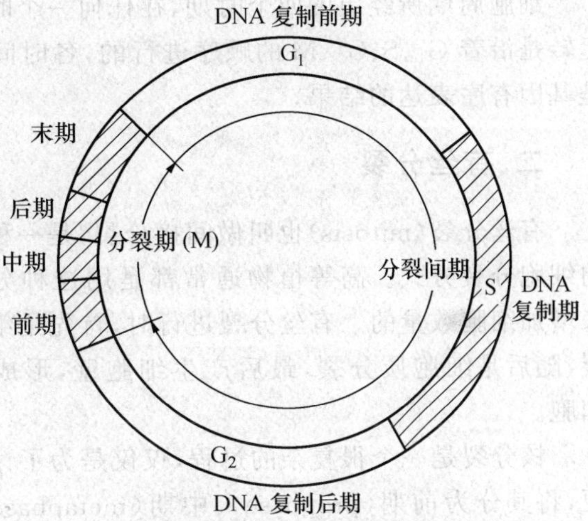

图 1-28　细胞同期

(一)G_1 期

G_1 期即 DNA 合成前期，是 DNA 合成前的准备时期，此时 DNA 合成尚未开始，细胞内 DNA 的相对含量保持原来二倍体细胞的量，此期细胞内各个染色体均处于含有一个 DNA 分子的染色质丝的阶段，G_1 期细胞极其活跃地合成 RNA、蛋白质和磷脂等。G_1 期细胞生理活动的主要特征是细胞体积增大，各种细胞器、内膜结构和其他细胞成分的数量迅速增加。

进入 G_1 期的细胞，一般有三种“前途”：一种是持续进行分裂，如分生组织的细胞；另一种暂不分裂，当植物体需要细胞分裂补充新细胞时，才离开 G_1 期参加细胞周期运行(如嫁接愈合、扦插生根等)；第三种是终生处于 G_1 期而不进入分裂，从而脱离细胞周期，进行生长和分化，如植物体的各种成熟组织。

(二)S 期

S 期为 DNA 合成期，细胞质中合成组蛋白，组蛋白合成后转运进入细胞核，与 DNA 链装配成核小体。

(三)G_2 期

G_2 期为 DNA 合成后期，也可称为有丝分裂的准备时期，时间相对较短，此期内 DNA 相对含量稳定，细胞中每条染色体具两条完全相同的 DNA 分子组成的染色质丝。RNA 和蛋白质合成继续进行。

微管蛋白以及一些与细胞分裂有关的物质也在此期大量合成，主要是合成纺锤丝的组成材料和 RNA，贮备染色体移动需要的能量，为分裂的准备期。

(四)M 期

M 期即有丝分裂期。

细胞周期中，各个时期所经历的时间，因植物种类和细胞种类的不同而异，但一般讲持续的时间可在十几个小时到几十个小时，S 期最长，M 期最短，G_1 和 G_2 期变动较大。外界条件，如温度等，对细胞周期的长短均可产生影响。

细胞在分裂中出现染色体和纺锤丝，因此称为有丝分裂期。此期的细胞，将 S 期中复制的 DNA 以染色体的形式平均分配到 2 个子细胞中去。有丝分裂一般包括核分裂和细胞质分裂。通过细胞质分裂，在两个子核间形成新细胞壁，但也有的细胞在核分裂以后不发生细胞质分裂而形成多核细胞，或者核分裂一定时间以后再进行细胞质分裂。

细胞周期所经历的四个时期，在任何一个时期受到抑制，都会阻碍细胞分裂。细胞周期的运转是沿着 G_1、S、G_2、M 的顺序进行的，各时间有不同的形态变化，是一个十分有序的过程，是基因有序表达的结果。

二、有丝分裂

有丝分裂(mitosis)也叫做间接分裂，是一种最普遍的细胞分裂方式。高等植物通常都是用这种分裂方式来增加细胞数量的。有丝分裂进行时，首先是细胞核分裂，随后是细胞质分裂，最后产生细胞壁，形成两个子细胞。

核分裂是一个很复杂的过程，仅仅是为了讨论的方便，将其分为前期(prophase)、中期(metaphase)、后期(anaphase)、末期(telophase)四个时期(图 1 - 29)。

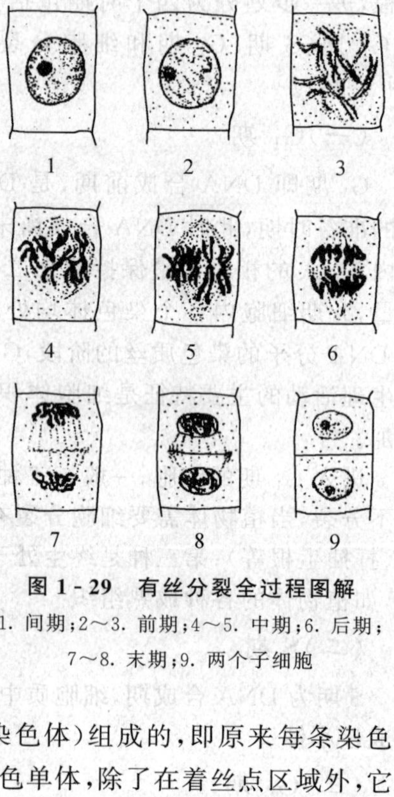

图 1 - 29 有丝分裂全过程图解

1. 间期；2～3. 前期；4～5. 中期；6. 后期；7～8. 末期；9. 两个子细胞

(一)前期

分裂开始时，细胞核内的染色质成为一些螺旋扭曲的染色线，进而形成了棒状的染色体(chromosome)。每种植物在细胞分裂过程中都形成一定数目和一定形状的染色体，例如，水稻有 24 个染色体，棉花有 52 个染色体等。染色体的聚集标志着有丝分裂的开始，在没有分裂的细胞核中，最初形成的染色体很细(不易观察到)，很长。随着前期的开始，染色体通过螺旋作用，逐渐地缩短并变粗。染色体越缩短，它们的形态就越清楚，此时的每个染色体是由两股染色单体(chromatid)(子染色体)组成的，即原来每条染色体已复制成了另一条染色体成为双股的染色单体。这两股染色单体，除了在着丝点区域外，它们是不相联系的，保持着一定的距离，着丝点在染色体上有一片染色较浅的缢痕，通常可以见到，随着核膜的瓦解和核仁的消失，标志着前期的终结。

在前期之末与中期的开始时，还可以看到许多由一些微管聚集而成的束所构成的无色的丝，叫做纺锤丝(spindle fiber)。纺锤丝从细胞的两极伸向赤道面，形成一种纺锤形构造，叫做纺锤体(spindle)。

(二)中期

已纵裂的染色体逐渐向中心移动，排列于近中心的赤道面上成为赤道板(equatoria

plane)。细胞两端各出现许多放射状的细丝，这些细丝在近细胞壁的一端聚为一点，叫做极，其中有的细丝的一端汇集于极，另一端与中心部分的染色体的着丝点相连，这种细丝称牵引丝；另一些细丝则是直接连着两极的，称连续丝。如果染色体是大的，仅仅是着丝点排列在赤道板上，如果染色体是小的，则整个染色体都可排列在赤道板上。

（三）后期

所有的着丝点排列到赤道板以后，每个染色体从着丝点分开，于是每个染色单体就成为独立的、新的染色体，由于纺锤体的牵引和着丝点的连接，新的子染色体向两极移动，如果细胞用某种药物处理（如秋水仙素），使其纺锤体解体，或根本不能形成纺锤体，则染色体的运动就不会发生，这样就会使细胞中的染色体集中而染色体加倍，如果没有着丝点，染色体也不能向两极移动。对染色体移动的机理，目前还不十分了解。

（四）末期

当染色体抵达两极后，它们就成为密集的一团，染色体开始解螺旋，越变越细，越变越长，转变成染色质丝，最后细胞两端重新出现核膜、核仁，子细胞核形成。

当核分裂开始进入末期时，紧跟着开始了胞质分裂。

靠近两极处的纺锤丝已经消失，但中部的纺锤丝却被保留下来，同时还形成了许多新丝。纺锤丝向外扩张，结果形成一种桶形构造，叫做成膜体（phragmoplast）。成膜体由很多微管和囊泡构成，囊泡是由附近的高尔基体所产生的。排列在成膜体的赤道面上。当细胞质开始分裂时，位于赤道面中心的囊泡成片地融合。形成了两个子细胞间的一层薄膜状构造，叫做细胞板（cell plate），将细胞质分裂为两部分，形成了两个子细胞。

有丝分裂各个时期持续时间是不同的，它们随着物种的不同和环境条件的不同而变化。前期的时间通常最长，可持续 1～2 h，甚至更长时间；中期时间较短，一般在 5～15 min；后期往往是最短，仅仅只有 2～10 min，末期则可在 10～30 min 之内完成。

三、无丝分裂

无丝分裂（amitosis）也叫做直接分裂，是一种简单的细胞分裂方式。分裂时核仁先分裂成两半，然后核分裂成两半，最后在细胞的中部从四周向内形成一层薄膜，将一个母细胞分裂成为两个子细胞。核仁与核分裂时，一般是先拉长，然后中部缢缩，最后分裂成两半，每一半分配到一个子细胞里去。无丝分裂没有纺锤丝与染色体的形成，因此遗传物质可能会不均等地分配给子细胞。

在子核间又产生新细胞壁，将一个细胞的细胞质和细胞核分成两部分。

以前认为无丝分裂在低等植物内较为常见，现代研究证实无丝分裂在高等植物体中也普遍存在，无论在未分化的组织和已分化的组织中都可见到，尤其是生长迅速的地方，如愈伤组织、不定芽、不定根的产生，及胚乳形成时，无丝分裂更是普遍（图1-30）。

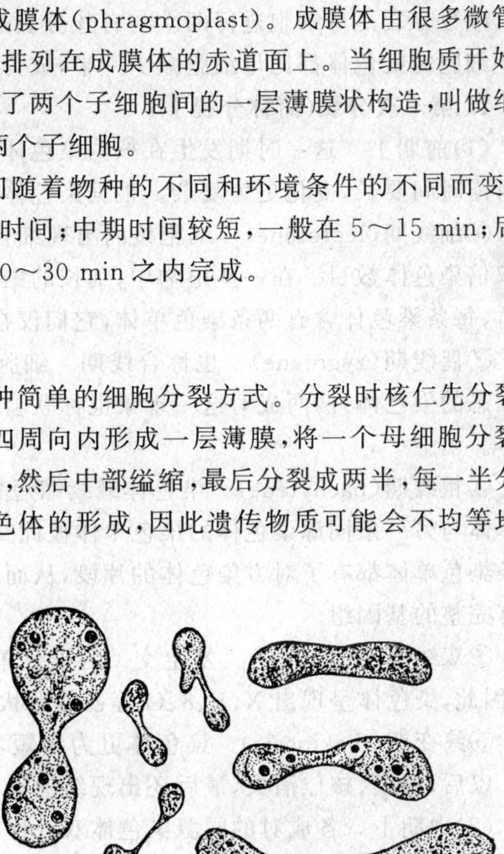

图 1-30 棉花胚乳游离核时期细胞核的无丝分裂

四、减数分裂

减数分裂(meiosis)与有性生殖有关。植物的孢子体是由雌雄配子相结合后发育而成的，配子(精子或卵细胞)染色体的数目是单倍数(n)，因此植物孢子体细胞中的染色体是2倍($2n$)。植物体细胞的有丝分裂进行使体细胞内的染色体数保持了恒定。但植物在有性繁殖过程中，二倍数染色体的孢子母细胞(花粉母细胞及胚囊母细胞)经过减数分裂，才能产生单倍染色体的花粉及胚囊，进而发育成精子和卵(图1-31)。

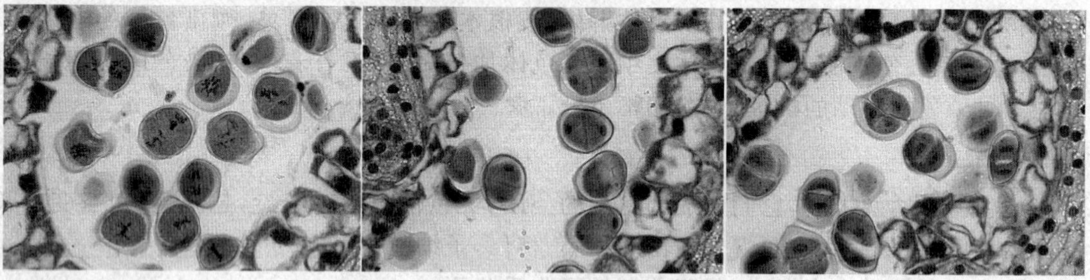

图1-31 减数分裂

减数分裂是母细胞进行两次与有丝分裂过程大致相似的细胞分裂，结果形成四个子细胞，每个细胞的染色体都比母细胞减少一半，成为单倍染色体(n)。

1. 第一次分裂(简称分裂Ⅰ)

(1)前期Ⅰ　这一时期发生在核内染色体复制已完成的基础上，整个时期比有丝分裂的前期所需时间要长，变化更为复杂。根据染色体形态，又被分为5个阶段。

①细线期(leptotene)　细胞核内出现细长、线状的染色体，细丝布满全核，数量为该植物的双倍染色体数目。在一些植物中，细长的染色体还要经过缠绕、缩短变粗，使轮廓清晰可见。这时，每条染色体含有两条染色单体，它们仅在着丝点处相连接。

②偶线期(zygotene)　也称合线期。细胞内的同源染色体(即来自父本和母本的两条相似形态的染色体)两两成对这一现象也称联会。每一对含4条染色单体，构成一个单位，称四联体。

③粗线期(pachytene)　染色体继续缩短变粗，同时，在四联体内，同源染色体上的一条染色单体与另一条同源染色体的染色单体彼此交叉，并在相同部位发生横断和片段的互换，使这两条染色单体都有了对方染色体的片段，从而导致了父母本基因的互换，但每个染色单体仍都具有完整的基因组。

④双线期(diplotene)　发生交叉的染色单体开始分开，由于交叉常常不止发生在一个位点，因此，染色体呈现出X、V、8、O等各种形状。

⑤终变期(diakinesis)　染色体更为缩短，达到最小长度，并移向核的周围靠近核膜的位置。以后，核膜、核仁消失，最后还出现纺锤丝。

(2)中期Ⅰ　各成对的同源染色体双双移向赤道面。细胞质中形成纺锤体。

(3)后期Ⅰ　由于纺锤丝的牵引，使成对的同源染色体各自发生分离，并分别向两极移动。这时，每一边的染色体数目只有原来的一半。

(4)末期Ⅰ　到达两极的染色体又聚集起来，重新出现核膜、核仁形成两个子核；同时，在赤道面形成细胞板，将母细胞分隔为两个子细胞。由上可知，这两个子细胞的染色体数目，只有母细胞的一半。然后，新生成的子细胞紧接着发生第二次分裂。也有新细胞板不立即形成，而连续进行第二次分裂的。

2. 第二次分裂(简称分裂Ⅱ)

分裂Ⅱ一般与分裂Ⅰ末期紧接，或出现短暂的间歇。这次分裂与前一次不同，在分裂前，核不再进行DNA的复制和染色体的加倍，而整个分裂过程与一般有丝分裂相同，分成前、中、后、末四个时期，前期较短，而不像分裂Ⅰ那样复杂。

(1)前期Ⅱ　核内染色体呈细丝状，逐渐变粗短，至核膜、核仁消失。

(2)中期Ⅱ　每个细胞染色体排列在赤道面上，纺锤体明显。

(3)后期Ⅱ　每条染色体的二条染色单体随着着丝点的分裂而彼此分开，由纺锤丝牵向两极。

(4)末期Ⅱ　核膜和核仁重新出现，染色体解螺旋，细胞质分裂，细胞壁形成，整个减数分裂过程正式完成。

由上可见，减数分裂中一个母细胞要经历两次连续的分裂，形成4个子细胞，每个子细胞的染色体数只有母细胞一半。染色体的减半实际上是发生在第一次分裂过程中。

减数分裂具有重要的生物学意义。减数分裂是与生物的有性生殖相联系的，而在以后发生有性生殖时，两个配子相结合，形成合子。合子的染色体重新恢复到亲本的数目，是保持物种稳定性的基础。同时，在减数分裂中，由于同源染色体发生联会、交叉和片段互换，从而使同源染色体上父母本的基因发生重组，使子代产生变异。

第六节　植物细胞的生长、分化及死亡

细胞的生长(growth)和分化(differentiation)是两个主要的发育过程，通常生长和分化是同时进行的。一般而言，所谓生长，是指细胞体积和重量增加的过程。而所谓分化，是细胞形态结构与功能的特化，即从年幼的形态构造简单的细胞发育成形态结构复杂的细胞。所以植物体的各种组织与器官的形成，都取决于细胞的分化。

一、细胞的生长

植物细胞经过分裂以后所产生的新细胞，体积较小，只有原来的母细胞的一半，子细胞不断地合成新的原生质，细胞不断长大，最后恢复到原来大小。生长期的细胞体积可增加几倍，几十倍或更多。例如，叶片中的栅栏组织，在生长过程中，宽度和厚度上增加5倍，而在长度方向上可增加20倍，总体积比原来扩大了500倍。

植物细胞在生长过程中，除了细胞体积明显扩大，在内部结构上也发生相应的变化，其中最突出的是液泡化程度明显增加。在液泡变化的同时，细胞内的其他细胞器，在数量和分布上也发生着各种变化，如内质网增加；质体逐渐发育，由幼小的前质体发育成各类质体等。原生质体在细胞生长过程中还不断地分泌壁物质，使细胞壁随原生质体长大而延展，细胞壁(初生壁)厚度增加，并且由原来含有大量的果胶和半纤维素转变成有较多的纤维素和非纤维素多糖。

二、细胞的分化

分化(differentiation)的意思是在有机体内,由一种比较均匀一致的情况,变为在功能和结构上特化的情况,是一种逐渐累进的变化。

分化是生理上分工的表现,存在于植物有机体的各部分。譬如说植物体分化为根、茎和叶;维管组织分化成木质部和韧皮部;木质部中分化出管状分子、纤维和薄壁细胞。

由细胞分裂所产生的子细胞都具有相同的遗传信息,为什么具有相同遗传信息的细胞而会发育成生理机能和形态构造截然不同的各种成熟细胞呢?这可能是由于在某种特定的条件下,细胞在发育过程中,只有一部分遗传信息被表达,另一部分遗传信息则被抑制。基因的有选择的表达可能与以下的因素有关。

(1)在细胞的发育过程中,某些特定外界环境条件的刺激可以促使细胞的某些遗传信息表达出来,而另外一些信息则被抑制。例如,一定时数的光照与黑暗的轮替可以促使植物从营养期进入繁殖期,分化出花芽来。

(2)细胞在植物体内所处的位置不同,其分化的途径也就不同。也就是说,细胞的分化是受"位置"制约的。在某一特定的位置,细胞的某一些遗传信息表达出来,另外一些信息则被抑制。这可能是由于处在某一特定位置的细胞与相邻的细胞之间相互提供某些物质的刺激所促成的。

(3)植物体或植物器官的顶端和基部无论是在形态构造上或生理机能上都有所不同。这种顶端和基部的差异性叫做极性现象(polarity)。由于极性现象的存在,使得构成植物体或植物器官两端的细胞朝着不同的样式分化。

三、植物细胞的衰亡

1. 细胞衰老的特征

细胞通过分裂、生长和分化,成为具稳定形态结构并执行相应功能的成熟细胞。成熟细胞最后衰老死亡。在生物体内总是有细胞在不断地衰老与死亡,同时又有新繁殖的细胞来代替它们。细胞在衰老过程中,细胞形态、生理与生化特性发生复杂变化,主要表现为以下几个方面。

(1)细胞膜体系的变化　衰老的细胞膜通常处于凝胶相或固相,从而干扰了膜的正常结构与功能;年老细胞表面的蛋白多糖组成发生明显变化,硫酸软骨素增加,引起膜的破坏和渗漏,最终导致细胞膜崩解。

(2)细胞骨架体系的变化　已有一些研究说明了微丝与细胞衰老的关系,在衰老细胞中,核骨架的二硫键含量更加丰富。

(3)线粒体的变化　多数研究工作表明,细胞中线粒体的数量随着年龄的增大而减少,其体积则随着年龄的增长而增大。

(4)细胞核的变化　衰老过程中细胞核的变化首先表现为体积增大,核膜内折,这种内折随年龄增长而增加,最后可能导致核膜崩解。其次是染色质固缩化。

(5)蛋白质合成的变化　衰老细胞中大多数蛋白质合成速度降低,但与控制细胞衰老直接相关蛋白质合成增多,如纤粘连蛋白的表达量增加。

此外,衰老细胞还常伴随着含水量的降低和一些细胞器的变化。如高尔基体数量明显增加，且可观察到有较多的与高尔基体相结合的囊泡；溶酶体的数量和体积也明显增加。

2. 细胞衰老的原因

关于细胞衰老的原因曾先后提出过许多假说，其中较为大家所公认的理论主要有两种：一是自由基理论。自由基理论认为，在生物体氧化过程的同时会产生一些高活性的化合物，它们是生物氧化过程的副产品或中间产物，这些物质与细胞衰老直接相关，它们能导致细胞结构和功能的改变。二是细胞的程序死亡理论，这属于细胞衰老的程序化理论（programmed theories）。细胞的程序死亡是一种主动的细胞代谢过程，大多数细胞在发育到一定阶段后出现正常的衰老和自然死亡。

细胞衰老后渐渐走向死亡，细胞死亡有一个细胞学标志，一般认为是可靠的，即用活性染料（中性红、次甲基蓝等）把细胞质或细胞作扩散性染色。用中性红作离体活体染色时，如果发现细胞内颗粒与液泡失色，细胞质与细胞核染色深，核膜特别清楚，细胞质与细胞核作扩散性染色，就可确定细胞已经死亡。

生物细胞的生长、分化、衰老与死亡是自然界的必然规律，研究并揭示这些规律，不仅对人类及其他生物的疾病防治和寿命延长等方面有重要的实际意义。

第七节　植物细胞的全能性和细胞工程

一、植物细胞的全能性

20 世纪 70 年代中期，F. C. Steward 等人，在人工培养基上，用胡萝卜成长的活细胞成功地培育出能开花的胡萝卜植株，发现了植物细胞的全能性。细胞全能性（totipotency），就是植物体每一个细胞都与合子一样，具有再生成完整植物体的遗传上的潜在能力。植物体的全部细胞，都是从合子的有丝分裂产生的。它们既具有完整的遗传信息，也具有一定的细胞质环境，还具备着遗传信息传递、转录和翻译的基本能力。已分化成熟的活细胞，如果一旦脱离其原来所在器官或组织的束缚，成为游离状态，那么在一定的营养和刺激因素的作用下，启动或关闭一定遗传信息的转录和翻译，就有可能经脱分化而恢复遗传全能性，起着类似合子的发育功能，由单细胞发育成胚状体，进而形成幼植物体。

二、细胞工程

细胞工程是指以细胞为基本单位进行培养、增殖或按照人们的意愿改造细胞的某些生物学特性，从而创造新的生物，以获得具有经济价值的生物产品。它主要包括上游工程（包含细胞培养、细胞遗传操作和细胞保藏三个步骤）以及下游工程（将已转化的细胞应用到生产实践中去，以生产生物产品的过程）。细胞全能性是植物细胞工程创立的重要理论基础。对植物的器官、组织、细胞甚至细胞器进行离体和无菌培养，是该技术的基础。细胞工程主要有植物组织培养、植物细胞培养、花药及花粉培养、离体胚培养以及原生质体培养等几个大类。

细胞的遗传操作是整个细胞工程中最为重要也最具挑战性的一环。涉及外源 DNA 导入（转基因技术）及 DNA 重组、细胞诱变、细胞融合（即植物体细胞杂交）等主要技术，转基因技术是将外源功能基因导入靶细胞，使之 DNA 重组并获得表达，实现相应功能，使植物获得新性状。通过化学、物理及环境生理胁迫等诱变技术，结合定向筛选，使基因发生突变，定向获得某一特性。植物体细胞杂交是将两个来自不同植物的体细胞融合成一个杂种细胞，并把杂种细胞培育成新的植物体的方法。

小结

细胞是构成植物体形态结构的基本单位，也是植物体生命活动的基本单位。

植物细胞的形态多种多样，细胞的形态主要与细胞的功能、细胞所处的位置以及细胞的遗传性有关。植物细胞大小差异很大，多数细胞的大小为十几个至几十个 μm，细胞的大小主要受表面积与体积之比、细胞核能控制的范围、细胞内能容纳细胞器的种类与数量等因素有关。根据细胞内有无细胞核，细胞可分为原核细胞和真核细胞。

植物细胞主要由细胞壁和原生质体组成。原生质体由原生质分化而来，是细胞内有生命的部分，包括细胞膜、细胞质和细胞核。原生质是细胞生命活动的物质基础，主要由水、无机盐、蛋白质、脂肪、糖类、核酸以及微量的生理活性物质组成。

细胞壁是植物细胞之间的隔层，由原生质体分泌产生。细胞壁可分为胞间层、初生壁和次生壁。胞间层的主要成分是果胶和果胶钙，功能是将细胞连接在一起。初生壁的主要成分是纤维素，次生壁除纤维素、半纤维素外，还常常进行木质化、木栓化、角质化和矿质化等特化。初生壁和次生壁主要有维持细胞形状、支持植物体重量等功能。在形成次生壁时，有些区域不形成次生壁，这些不形成次生壁的区域成为纹孔，在纹孔中间有胞间连丝通过。纹孔和胞间连丝将植物体连成一个有机整体。

细胞膜由磷脂和蛋白质组成，磷脂有两层，亲水基朝外，疏水基向内；蛋白质在细胞膜上的分布不均匀，有内在蛋白和表面蛋白之分。细胞膜的主要功能有选择透性、接受和传递外界信号等。

细胞膜以内，细胞核以外的原生质叫做细胞质。细胞质可分为细胞基质和细胞器两部分。细胞基质是一种无色透明的胶体，细胞内的各种生命活动均是以细胞基质为媒介进行的。细胞器主要有双膜细胞器、单膜细胞器和无膜细胞器。双膜细胞器又有质体和线粒体两类，它们都有双层生物膜组成，其内均有 DNA。质体分为白色体、有色体和叶绿体三种类型，其中叶绿体是进行光合作用的细胞器，它的外膜完整，内膜形成内囊体，再由内囊体组成基粒，基粒间有基质片层相连。线粒体的功能是进行呼吸产生能量，它的外膜包被整个线粒体，内膜向内产生一些嵴。单膜细胞器主要有内质网、高尔基体、溶酶体、液泡等。内质网可分为粗面内质网和滑面内质网，它们的功能是进行运输，粗面内质网还参与蛋白质的合成。高尔基体由平行排列的扁平囊泡和分泌小泡组成，具有分泌作用，并参与细胞壁的形成。溶酶体由单层膜围成，膜内有各种水解酶，功能是分解大分子，消除残余物。液泡也由单层膜围成，其内的水溶液叫细胞液，液泡有多种生理功能。无膜细胞器主要有核糖体，由蛋白质和 RNA 组成，功能是合成蛋白质。此外，植物细胞内还含有细胞骨架，细胞骨架由微管、中间纤维和微丝共同构成。细胞骨架维持细胞形状，并参与细胞内的运动和物质运输。

细胞在生命活动过程中还在细胞内产生各种后含物，后含物是细胞内非生命物质，主要包括蛋白质、淀粉、脂肪、植物碱和各种晶体等。

植物的生长是由于细胞数量的增加和细胞体积的增大的结果，有丝分裂和无丝分裂能增加细胞的数量，减数分裂与植物的有性生殖有关。

细胞的分化就是细胞产生差异化的过程，植物各种组织和新器官的形成都有赖于细胞的分化。

植物细胞具有遗传全能性，在一定的条件下可由单个细胞发育成一个新的植株。

思　考　题

1. 细胞壁可分为几层？它们主要由什么物质组成？各层的主要作用是什么？
2. 双膜细胞器有哪些共同特点？
3. 细胞核由几部分构成？各部分的功能是什么？
4. 有丝分裂和减数分裂有哪些异同点？
5. 细胞分裂、细胞生长和细胞分化对植物生长发育有何意义？
6. 细胞各个组成成分之间在功能上是如何有机联系在一起的？

第二章 植物组织

组织(tissue)是指多细胞植物体内形态结构相似,行使一定生理功能的细胞群。多细胞植物,其体内细胞的分化精细,各种生理功能都由专一类型的组织来承担。不同的组织在细胞构成及功能上具有相对独立性,但功能上又相互协调,共同保证植物体的各生理活动的完成。

第一节 组织的形成

组织来源于细胞的分化。植物体内的组织,最初来源于受精卵经过多次细胞分裂产生的一团没有分化的分生细胞。随着植物体的生长,除一定部位的细胞继续保持分裂能力外,其他大部分细胞逐渐丧失分裂能力,以后经过分化形成了与其生理功能相适应的多种专一类型的特化细胞。这些专一类型的特化细胞组合在一起,最终形成了组织。构成组织的细胞群可以来源于一个细胞,也可由一群分生细胞经生长、分化而形成。

组织是植物体复杂化和完善化的产物。早期的植物是由一个细胞组成的,单细胞植物在一个细胞内完成各种生命活动。随着植物的进化,由低等的单细胞植物体逐渐演化发展为高等的多细胞植物体。多细胞植物,特别是种子植物对环境有着高度的适应,其体内分化出各种生理功能的组织。通常植物的进化程度愈高,其体内各种生理分工愈精细,组织分化愈明显,内部结构也就愈复杂。

第二节 植物组织的类型

构成植物体的组织种类很多,根据其发育程度、生理功能和形态结构将组织分为分生组织和成熟组织两大类。

一、分生组织

位于种子植物的生长部位、具有持续或周期性分裂能力的细胞群,称为分生组织(meristem)。分生组织的细胞排列紧密,一般无细胞间隙,细胞壁薄,细胞核相对较大,细胞质丰富,有较多的细胞器和较发达的膜系统,通常缺乏贮藏物质和晶体,无质体分化(图 2-1)。分生组织的细胞保持胚性特点,能进行分裂活动,产生新细胞。分生组织产生的细胞经过生长、发育、分化进而形成种子植物体内的其他组织。

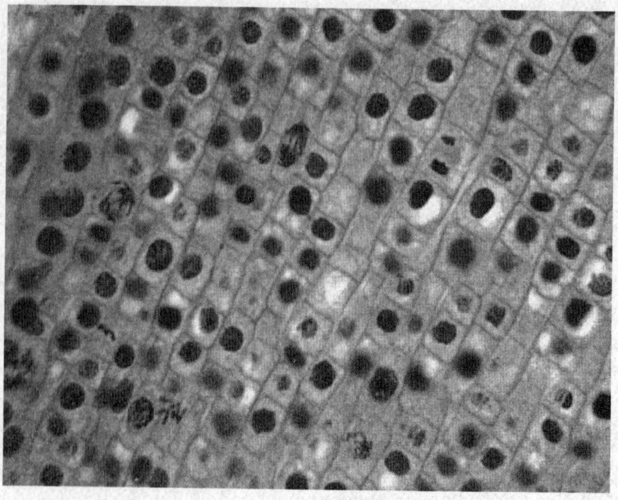

图 2-1 洋葱根尖的分生组织(胡金良摄)

根据在植物体内存在的部位不同，分生组织可划分为顶端分生组织、侧生分生组织和居间分生组织（图 2-2）。

（1）顶端分生组织（apical meristem）　顶端分生组织存在于根、茎或其分枝顶端的分生区，由短径或近等径的胚性细胞所构成，细胞分裂的方向主要是横分裂，其分裂的结果是使植物体不断伸长。顶端分生组织最先端的原始细胞能保持持续分裂能力，而由其分裂而来的细胞将来逐渐在生理上和形态上发生分化，形成各种成熟组织。

（2）侧生分生组织（lateral meristem）　侧生分生组织可分为维管形成层和木栓形成层，细胞具有不同程度的液泡化，除维管形成层中有部分近于等径的细胞外，大多为长轴扁平的细胞。侧生分生组织分布于裸子植物和双子叶植物根、茎的周侧，靠近器官的边缘，与所在器官的长轴成平行排列。

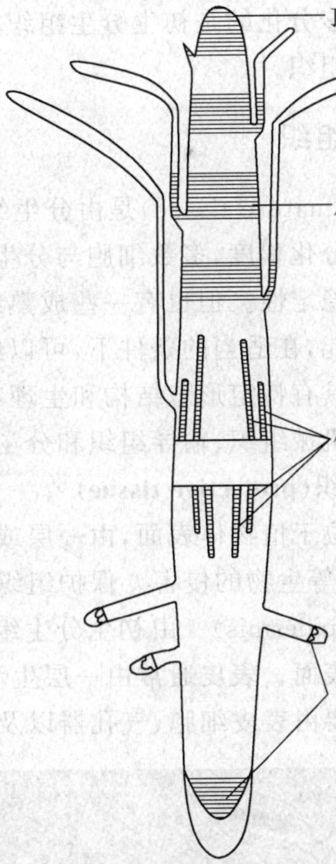

图 2-2　分生组织在植物体中的分布位置图解

维管形成层主要的活动是进行切向分裂，分裂的结果是使植物的根、茎横向增粗，小麦、水稻等单子叶植物没有侧分生组织，一般不会进行加粗生长。木栓形成层（phellogen 或 cork cambium）的活动结果是形成周皮，使长粗的根、茎表面或受伤器官表面形成新的保护组织。

（3）居间分生组织（intercalary meristem）　居间分生组织是分布于茎、叶、花梗等器官的成熟组织之间的分生组织，由顶端分生组织衍生而来，其分生能力只能保持一定时间，以后则完全转变为成熟组织。水稻、小麦、毛竹等植物茎的节间基部，葱、韭菜叶的基部均有居间分生组织分布，它与这些植物的拔节、抽穗、叶割后再生等现象有关。

分生组织按来源和性质又可分为原分生组织、初生分生组织和次生分生组织。

（1）原分生组织（promeristem）　原分生组织是由胚细胞直接遗留下来的分生组织，位于根和茎生长点的最先端，一般具有持久和强烈的分裂能力，它是产生其他组织的最初来源。

（2）初生分生组织（primary meristem）　初生分生组织由原分生组织分裂、衍生而来，位于原分生组织后部，两者无明显界限。初生分生组织细胞一方面继续进行细胞分裂，另一方面开始初步分化，是由完全未分化的原分生组织到分化完成的成熟组织之间的过渡类型。初生分生组织包括原表皮（protoderm）、基本分生组织（ground meristem）和原形成层（procambium）三类。

（3）次生分生组织（secondary meristem）　次生分生组织由某些成熟组织经过脱分化、恢复分裂功能转化而来，束间形成层和木栓形成层是典型的次生分生组织、次生分生组织活动的结果是产生次生结构。在单子叶植物中一般没有次生分生组织，在草本双子叶植物中只有微弱的活动或根本不存在。

就细胞分化程度来说，位于根茎最前端的顶端分生组织是原分生组织。原分生组织后部，细胞已出现初步分化的是初生分生组织；居间分生组织也属于初生分生组织；侧生分生组织则属于次生分生组织。

二、成熟组织

成熟组织(mature tissue)是由分生组织衍生的细胞，经过生长和分化后形成的。成熟组织具有不同的分化程度，多数细胞与分生组织的细胞差异很大，丧失分裂能力，功能趋向专一，并具有一定的稳定性。但也有一些成熟组织的细胞分化程度较低，一般保留着原生质体，具有一定的分裂潜能，在适当的条件下，可以经过脱分化恢复分裂活动。

成熟组织具有特定形态结构和生理功能。按照功能的不同，可以把成熟组织分为保护组织、营养组织、机械组织、输导组织和分泌结构。

1. 保护组织(protective tissue)

保护组织位于植物体表面，由一层或数层细胞构成，主要起保护作用，可以防止水分过度蒸腾，抵抗病虫等生物的侵害。保护组织包括初生保护组织—表皮和次生保护组织—周皮。

(1)表皮(epidermis)　由初生分生组织的原表皮分化而来，分布于植物幼嫩的茎、叶、花、果实和种子的表面。表皮通常由一层生活细胞组成，少数植物也可出现由多层细胞构成的复表皮。表皮主要由表皮细胞、气孔器以及毛状体等外生附属物组成(图 2-3 和图 2-4)。

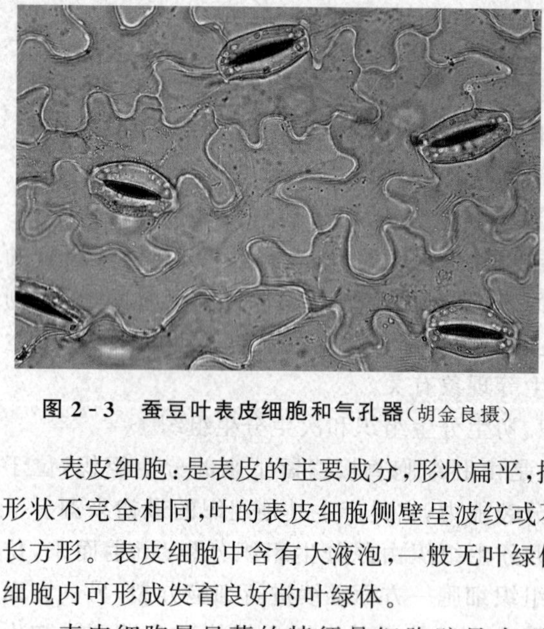

图 2-3　蚕豆叶表皮细胞和气孔器(胡金良摄)

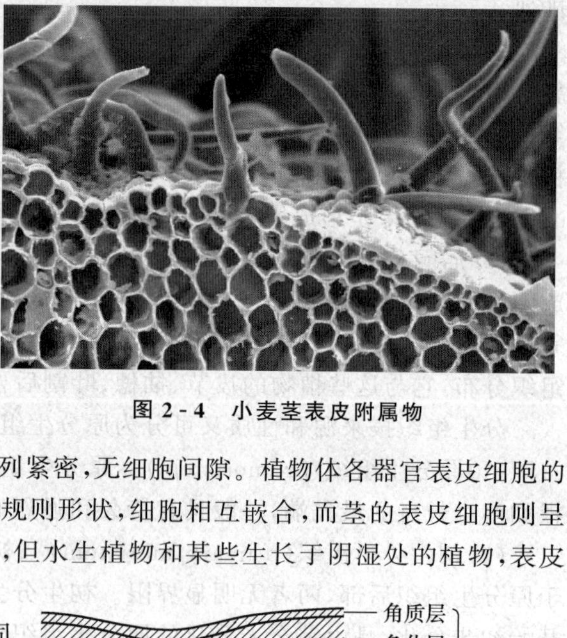

图 2-4　小麦茎表皮附属物

表皮细胞：是表皮的主要成分，形状扁平，排列紧密，无细胞间隙。植物体各器官表皮细胞的形状不完全相同，叶的表皮细胞侧壁呈波纹或不规则形状，细胞相互嵌合，而茎的表皮细胞则呈长方形。表皮细胞中含有大液泡，一般无叶绿体，但水生植物和某些生长于阴湿处的植物，表皮细胞内可形成发育良好的叶绿体。

表皮细胞最显著的特征是细胞壁具有不同程度的角质化，并在外壁的表面形成角质膜(cuticular membrane)。电镜下观察角质膜可明显分为两层：外层由角质和蜡质组成，称为角质层；内层则是由角质、纤维素和果胶构成的角化层(图 2-5)。某些植物表皮角质膜外面还覆盖着蜡被，如甘蔗、高粱的茎秆外表和葡萄、李的成熟果实的表面。此外，有些植物表皮细胞壁矿化，

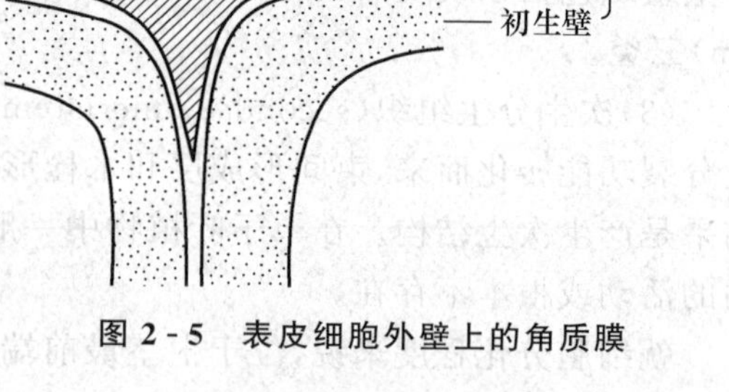

图 2-5　表皮细胞外壁上的角质膜

如禾本科植物的表皮细胞硅质化程度很高，使得器官外表粗糙坚实。角质膜和蜡被是高度不渗透的，可使植物体表不易浸湿，防止病菌孢子的附着及萌发，减低水分蒸腾，反射阳光避免被强光灼伤。因此，在生产实践中，植物表皮外层的结构是选育抗病品种、使用农药时必须考虑的因素。

气孔器(stomatal apparatus)：是调节水分蒸腾和进行气体交换的结构，它一般分布在植物体的气生部分，特别是叶片上气孔器的数量最多。气孔器由两个保卫细胞(guard cell)和由它们围成的气孔组成，多数植物气孔器的下面还有气孔下腔(图 2-6)。保卫细胞一般为肾形，细胞壁不均匀加厚，靠近开口一侧的壁厚，外侧较薄，这种结构与气孔的开闭有密切关系。保卫细胞内含有较多的叶绿体和淀粉粒。某些植物如禾本科、景天科植物，保卫细胞的侧面或周围，有 1 至数个与表皮细胞形状不同的细胞，称副卫细胞(subsidiary cell)(图 2-7)。

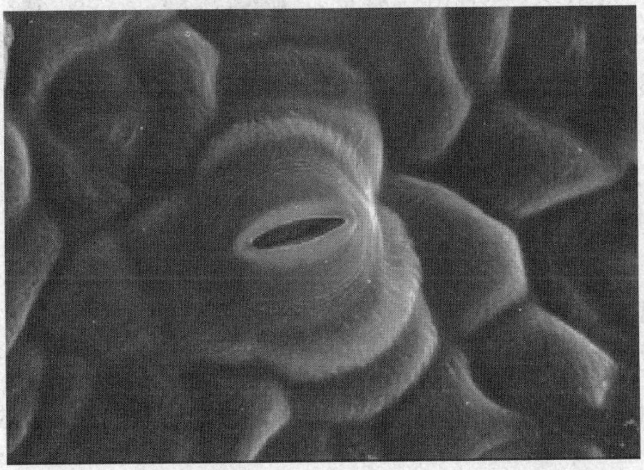

图 2-6　棉花叶的气孔

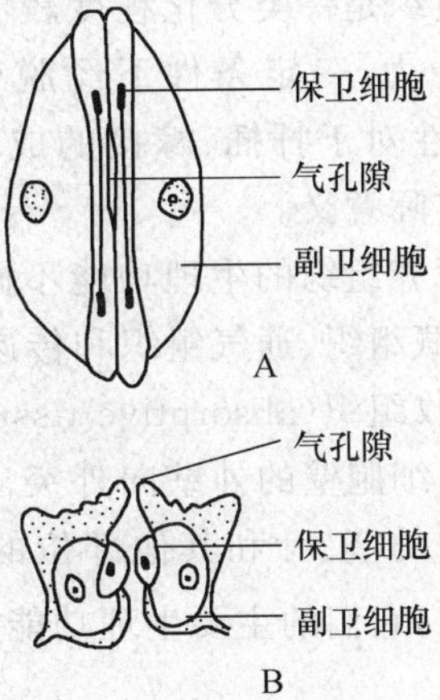

图 2-7　水稻的气孔器

A. 顶面观；B. 侧面观(气孔器中部横切)

表皮附属物：有些植物的表皮上具有形态各异的表皮毛、腺毛等附属物，这些附属物有的是单细胞的结构，也有的是由多细胞组成的。表皮毛一方面可防止生物侵害，另一方面可削弱强光和紫外线对植物的影响。

(2)周皮(periderm)　周皮存在于根、茎器官的外表，是裸子植物、双子叶植物的根、茎等器官在次生增粗生长后形成的取代表皮的复合次生保护组织。周皮是木栓形成层产生的，由木栓层、木栓形成层和栓内层共同构成(图 2-8)。

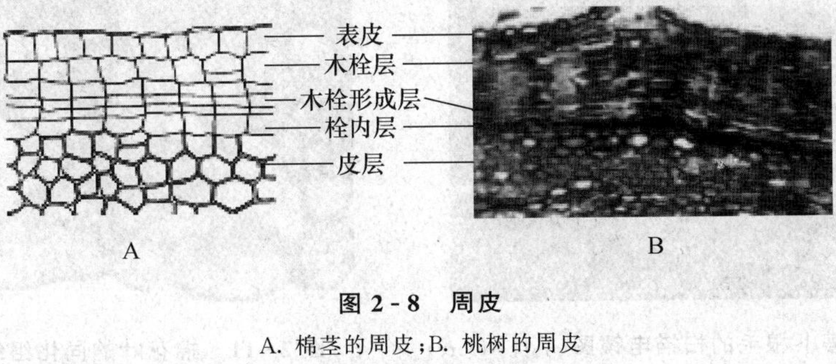

图 2-8　周皮

A. 棉茎的周皮；B. 桃树的周皮

木栓层是由木栓形成层向外分裂产生的，由多层细胞组成，细胞多扁平、无细胞间隙，成熟时是死细胞，细胞壁较厚且高度栓化，细胞腔内充满空气，高度不透水，并有抗压、隔热、绝缘、质地轻、有弹性等特征，对植物有较强的保护作用。栓内层是由木栓形成层向内分裂的薄壁组成，细胞中常含叶绿体。周皮也可发生于植物体因机械损伤或寄生生物侵入所形成的伤口附近，起保护作用，称创伤周皮。

2. 营养组织(vegetative tissue)

营养组织在植物体内所占分量最多，广泛存在于植物根、茎、叶、花、果实中，故又称为基本组织(ground tissue)(图 2-9)。由于营养组织的细胞壁较薄，一般只有初生壁而无次生壁，因此又称薄壁组织。营养组织的细胞形态差异较大，细胞排列疏松，一般都具有细胞间隙，细胞质较少，液泡较大。

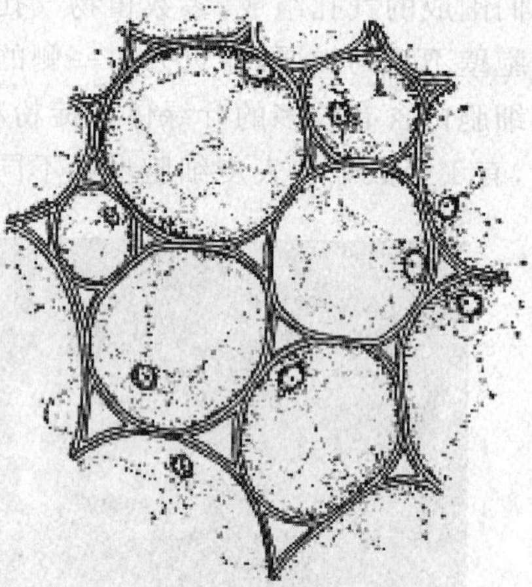

图 2-9 茎的基本组织

营养组织是一类分化程度较浅的成熟组织，具有潜在的分生能力，一定条件下经脱分化可转变为分生组织，这一特性对于扦插、嫁接的成活和进行离体组织的培养均有实际意义。

根据营养组织的生理功能不同可分为吸收组织、同化组织、贮藏组织、通气组织和传递细胞等类型。

(1)吸收组织(absorptive tissue) 根尖的根毛区的表皮细胞其细胞壁的外壁向外突出形成许多管状根毛，它们与植物的茎、叶和其他部位的表皮，在功能上都有很大的差异，它们的主要生理功能是吸收土壤中的水分和溶解在水中的矿物质，称为吸收组织(图 2-10)。

(2)同化组织(assimilating tissue) 能进行光合作用的营养组织称为同化组织，这类组织的细胞中含大量叶绿体。在植物体易受光的绿色部位均有同化组织分布，如叶片、幼茎和幼果近表皮的边缘部分(图 2-11)。

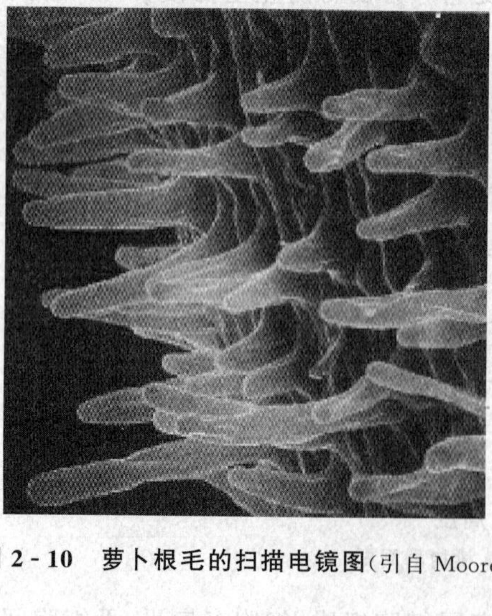

图 2-10 萝卜根毛的扫描电镜图(引自 Moore)

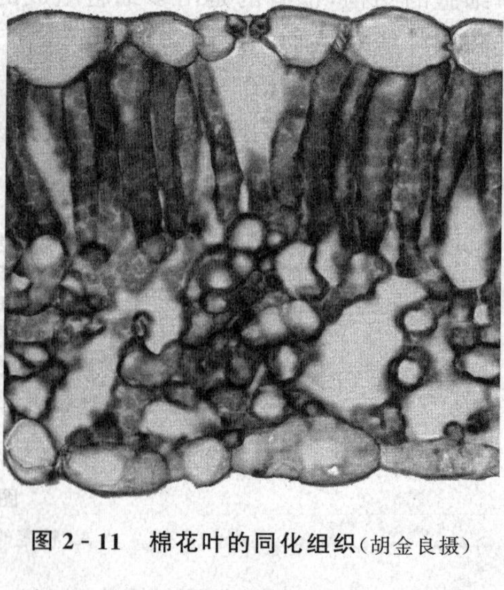

图 2-11 棉花叶的同化组织(胡金良摄)

(3)贮藏组织(storage tissue) 植物的根、茎、果实或一些变态营养器官中，常有大量贮藏营养物质的组织存在，这种组织特称为贮藏组织。这些细胞内部常见的贮存物质有蛋白质、油脂、淀粉和水分等。水稻、小麦种子中贮藏物有利于种子的萌发；马铃薯块茎中的贮存物有利于它的营养繁殖；肉质的旱生植物，如仙人掌等植物体内贮藏有大量水分，能使植物适应干旱环境（图 2－12）。

（4）通气组织（ventilating tissue）　水生植物和湿生植物如水稻、莲、金鱼藻等，植物体某些部位薄壁组织的细胞间隙发达，形成大小不等的气腔或互相贯通成气道（图 2－13），含蓄大量空气，称为通气组织。水中含氧较少，通气组织的存在有利于植物的呼吸，同时对水生植物适应水中的漂浮生活也有利。

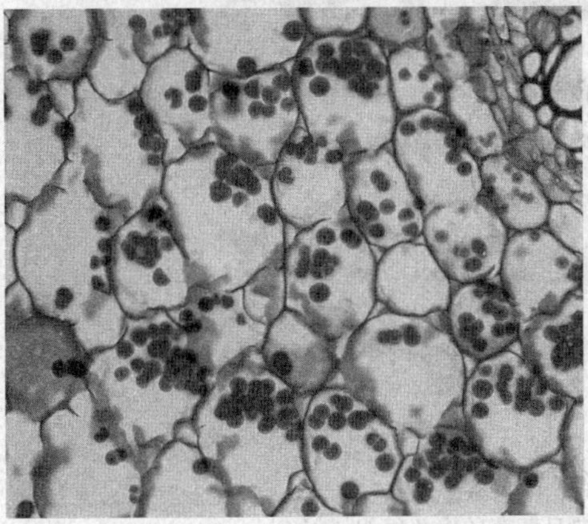

图 2－12　毛茛根的贮藏组织（胡金良摄）

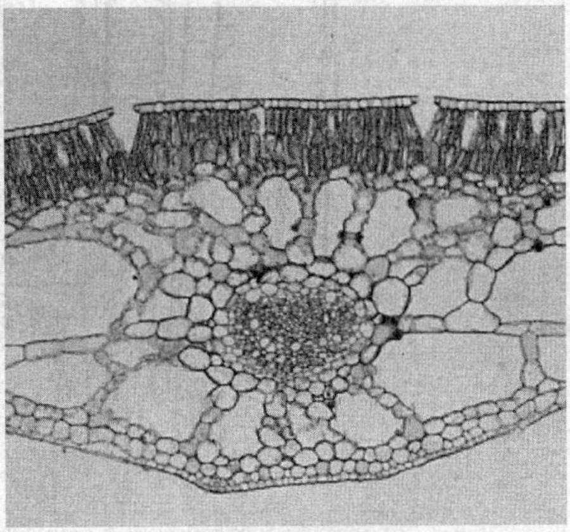

图 2－13　眼子菜的通气组织（胡金良摄）

（5）传递细胞（transfer cell）　是一类特化的薄壁细胞，它的最显著的特征是具有发达的胞间连丝和细胞壁内突生长，即向内突入细胞腔内，形成许多指状或鹿角状的不规则突起（图2－14）。内突壁的形成，使紧贴在壁内侧的质膜面积大大增加，从而有利于细胞内外物质释放与吸收，起到物质迅速传递的作用。传递细胞多出现在与大量溶质集中的、短途运输有关的部位，如叶的细脉周围、胚珠、种子的子叶、胚乳细胞等处均有传递细胞分布。

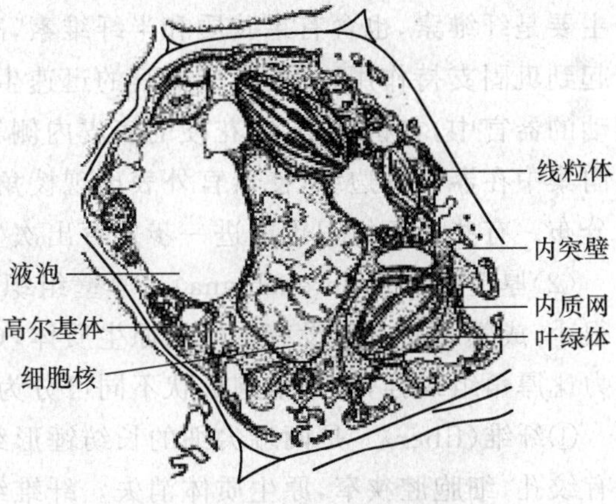

图 2－14　菜豆茎初生木质部中的一个传递细胞（仿 Esau）

3. 机械组织（mechanical tissue）

机械组织的主要功能是支持植物体的重量，它具有抗压、抗张和抗曲折的能力，该类组织最大的特点是细胞壁发生了不同程度的加厚。幼小的植物体或器官的幼嫩部位，机械组织不发达，植物体依靠细胞的膨压维持直立伸展状态。随着器官的发育及成熟，器官内部逐渐分化出机械组织。根据细胞的形态结构和细胞壁加厚的方式不同，机械组织可分为厚角组织和厚壁组织。

（1）厚角组织（collenchyma）　细胞呈长棱柱形，端壁平或偏斜，排列紧密，彼此重叠连接成束。厚角组织细胞壁增厚不均匀，增厚部分一般位于细胞的角隅部分（图 2－15）。

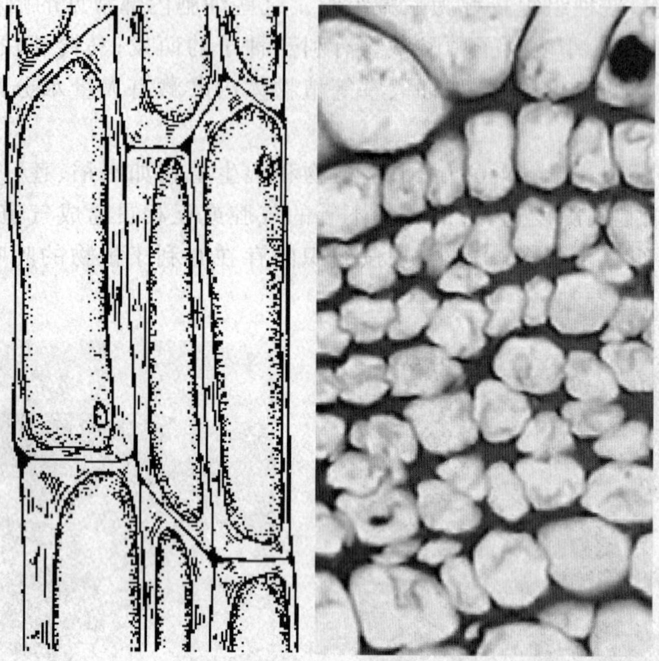

图 2-15 厚角组织(胡金良摄)

A. 薄荷茎的厚角组织(纵切);B. 向日葵茎的厚角组织(横切)

厚角组织的细胞都具有生活的原生质体,且含叶绿体,并有一定的分裂潜能。细胞壁的成分主要是纤维素,也含有果胶质和半纤维素,故有一定的坚韧性,并且具有可塑性和延伸性,既可起到巩固支持作用,又能适应器官的迅速生长。所以该类组织普遍存在于正在生长或经常摆动的器官中,如植物幼茎、花梗的表皮内侧等处常有成束的厚角组织分布。厚角组织有时也纵向集中在器官的边缘,使器官外表出现棱角,增强了支持力量,如芹菜的叶柄,南瓜的茎中均有分布。有些厚角组织也能进一步发育出次生壁并木质化,转变成厚壁组织。

(2)厚壁组织(sclerenchyma) 厚壁组织细胞的细胞壁全面增厚,并且常常木质化,细胞腔很小,成熟细胞一般没有生活的原生质体,成为只留有细胞壁的死细胞。厚壁组织机械支持能力比厚角组织强,根据细胞形状不同可分为纤维和石细胞。

①纤维(fiber) 是两端尖细的长纺锤形细胞,长度比宽度大许多倍。细胞壁强烈增厚,壁上有纹孔,细胞腔狭窄,原生质体消失。纤维细胞互以尖端穿插连接,多成束或成片分布于植物体中,对器官产生坚强支持。根据发生位置和木质化程度将纤维分成韧皮纤维和木纤维两种。

韧皮纤维指发生于韧皮部中的纤维,细胞的长度因植物种类不同而异,通常 1～2 mm,但麻类作物的纤维较长,如苎麻的较长可达 5～350 mm,最长的可达 550 mm。韧皮纤维主要由纤维素组成,无木质素或稍有木质素,故坚韧而有弹性,质地柔软,易弯曲,抗折叠,有重要的商业价值,苎麻是优质的纺织原料;黄麻的纤维,细胞壁有一定程度木质化且细胞较短,通常用来制绳索、麻袋或无纺布;许多木本植物如桑树、构树有发达的韧皮纤维,可制造高级纸张。

木纤维是发生于木质部的纤维,也是长纺锤形细胞,但较韧皮纤维细胞短,一般长约

1 mm,增厚的细胞壁高度木质化。木纤维壁厚而坚硬,抗压性强,增强了木材的机械巩固作用,但韧性降低,少有弹性,脆而易断,不宜直接用作纺织材料,而可供造纸(图 2-16)。

②石细胞(stone cell)　石细胞通常由成熟的薄壁组织细胞经过细胞壁的强烈增厚并木质化转化而来,也可由分生组织的衍生细胞产生。石细胞的细胞壁极度增厚、木化,有时也可栓化或角化,壁上具有很多单纹孔。有些石细胞因壁的过度加厚,使壁的内表面面积大大减少,形成极小的细胞腔,同时几个纹孔互相汇合,形成分枝纹孔。石细胞的形状差异较大,有等径的,也有形状较长的,或具有多分枝的,或呈不规则星状(图 2-17)。石细胞分布很广,在植物茎的韧皮部、果皮、种皮,甚至叶中均可见到。通常单个或数个集合成簇包埋于薄壁组织中,有时也可连续成片地分布。桃、李、梅、核桃、枣、椰子等果实的硬核便是多层石细胞组成的。

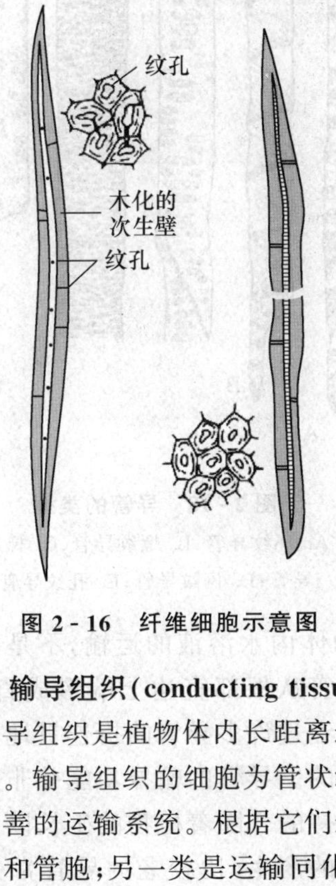

图 2-16　纤维细胞示意图

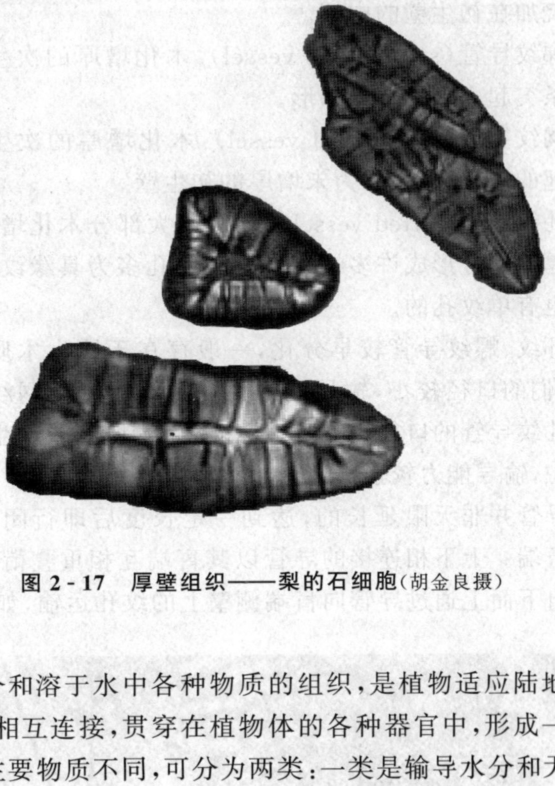

图 2-17　厚壁组织——梨的石细胞(胡金良摄)

4. 输导组织(conducting tissue)

输导组织是植物体内长距离运输水分和溶于水中各种物质的组织,是植物适应陆地生活的产物。输导组织的细胞为管状结构,并相互连接,贯穿在植物体的各种器官中,形成一个复杂而完善的运输系统。根据它们运输的主要物质不同,可分为两类:一类是输导水分和无机盐的导管和管胞;另一类是运输同化产物的筛管和筛胞。

(1)导管(vessel)　普遍存在于被子植物的木质部,由许多长管状的、细胞壁木化的死细胞纵向连接而成。组成导管的每一个细胞称为导管分子(vessel element)。导管分子的长度平均在 0.4～0.6 mm,由其连接成的导管长度通常在 20 cm 至 2 m,在高大的树木和一些攀缘植物中,导管可长达数米。

导管分子端壁上的穿孔是在个体发育过程形成的,在个体发育中,幼小的导管分子直径显著增大,细胞内出现大液泡,细胞的侧壁形成不同形式的次生加厚。当加厚完成时,导管分子发生胞溶现象,液泡膜破裂,释放出水解酶,原生质体分解,连接上下两个导管分子之间的端壁溶解消失,最终形成上下通达的连续长管——导管。

导管分子端壁消溶,结果形成不同形式的穿孔。有的端壁几乎完全消失,或多少剩下一圈痕迹，形成一个大的穿孔，称单穿孔；有的成为由数个孔穴组成的复穿孔。穿孔的出现有利于水分和溶于水中的无机盐类的纵向运输，单穿孔又比复穿孔的输导能力更强。此外，导管也可以通过侧壁上的未增厚部分或纹孔与相邻的其他细胞进行横向输导。导管分子的形态及其端壁穿孔的类型，常随植物种类而不同(图 2-18 和图 2-19)。

根据导管分子发育先后和次生壁木化增厚的方式不同，可将导管分子分为五种类型。

环纹导管(annular vessel)：木化增厚的次生壁呈环状，平行排列，其余未增厚的初生壁部分，还保持较大的伸延性。

螺纹导管(spiral vessel)：木化增厚的次生壁呈螺旋带状绕加在初生壁的内侧。

梯纹导管(scalariform vessel)：木化增厚的次生壁呈横条突起，间距短，似梯形。

网纹导管(reticulated vessel)：木化增厚的次生壁呈突起的网状，"网眼"为未增厚的初生壁。

孔纹导管(pitted vessel)：导管壁大部分木化增厚，未增厚的部分形成许多纹孔。这些纹孔多为具缘纹孔，不过也有单纹孔的。

环纹、螺纹导管较早分化，一般存在于原生木质部中，它们的口径较小，输导能力较弱；梯纹导管、网纹导管和孔纹导管的口径较大，出现在后生木质部或次生木质部中，输导能力较强。

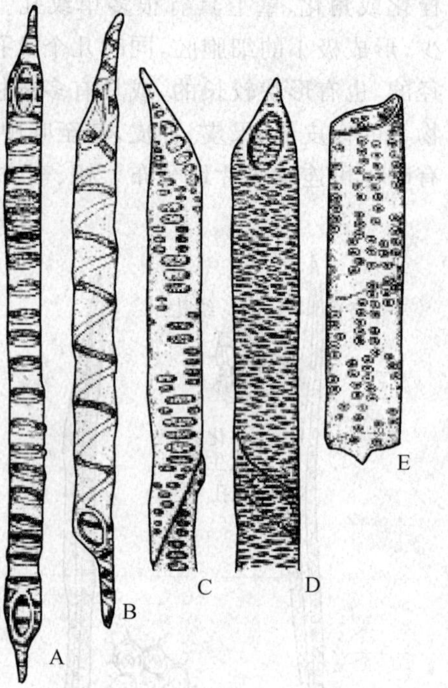

图 2-18 导管的类型

A. 环纹导管；B. 螺纹导管；C. 梯纹导管；D. 网纹导管；E. 孔纹导管

导管并非无限延长的，达到一定长度后即行闭合，形成盲端。上下相连接的导管以其盲端互相重叠衔接，液流自下而上通过导管向盲端侧壁上的纹孔运输，如此，植物体内水溶液的运输，不是由一根导管从根部直达上端形成直流，而是经过许多导管曲折连贯地向上运输的。导管的输导功能并非是永久保持的。随着植物的生长以及新导管的产生，比较老的导管常失去输导能力。

图 2-19 南瓜茎纵切示导管、筛管

(2)管胞(tracheid) 管胞是两端斜尖、长梭形的细胞，成熟时原生质体已解体，成为仅剩木化增厚细胞壁的死细胞。细胞壁的增厚也有环纹、螺纹、梯纹、网纹和孔纹五种类型。与导管不同，管胞直径较小，端壁不形成穿孔，而是相互以偏斜的末端穿插连接，水溶液主要通过侧壁上相邻的纹孔向上输送的，每一个管胞自成一个导水单位。管胞是绝大部分蕨类和裸子植物的唯一运输结构，既有输导功能又有较强的机械支持功能。随着植物的进化，被子植物木质部中又分化出了导管和木纤维，分别承担管胞的输导水分和机械支持的功能。

(3)筛管和伴胞　筛管(sieve tube)是运输叶所制造有机物质的一种输导组织，它由一系列长管形的生活细胞连接而成，每一细胞称为筛管分子。筛管分子的端壁特化为筛板(sieve plate)，在筛管分子的端壁上分布有许多小孔，称为筛孔(sieve pore)。穿过筛孔的原生质丝，称为联络索，它使上下相接和左右相邻的筛管分子的原生质体互相联系起来(图 2-20)。与胞间连丝不同，联络索较粗且被胼胝质围绕。筛管分子的细胞壁由纤维素和果胶构成，筛孔常集中位于端壁和侧壁的某些凹陷区域，形成一种筛状构造，称为筛域(sieve area)。只有一个筛域的筛板为单筛板，分布数个筛域的筛板称复筛板(图 2-21)。

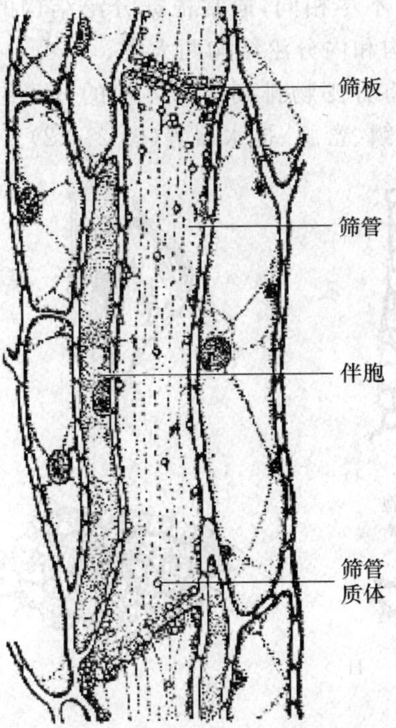

图 2-20　烟草茎韧皮部的筛管与伴胞

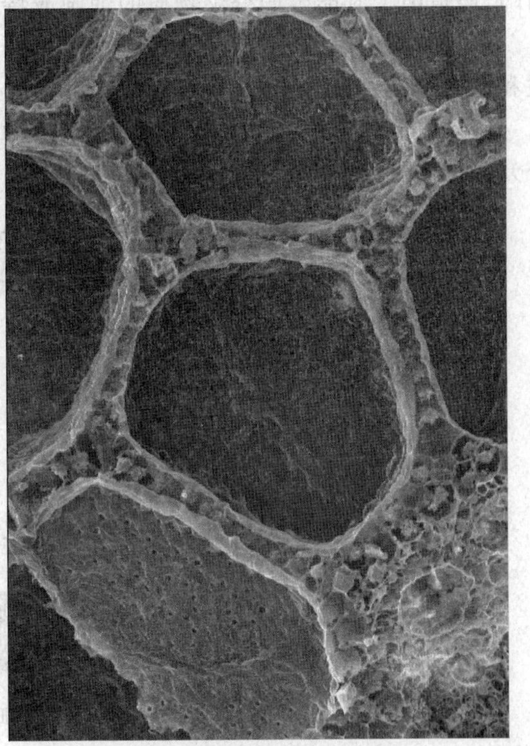
图 2-21　慈姑茎筛板扫描电镜图

筛管存在于被子植物韧皮部，成熟筛管分子是活细胞，没有细胞核。一些多年生的双子叶植物在冬季来临时，筛管分子的筛孔四周，围绕联络索逐渐积累一种特殊的碳水化合物——胼胝质。胼胝质不断增多，最终成为垫状沉积在整个筛板上，联络索则相应地收缩变细，直至完全消失，筛孔也被堵塞，暂时停止输导作用，这种由胼胝质在筛孔处形成的垫状物称为胼胝体(callosity)，到翌年春天，胼胝体消溶，筛管分子的功能又逐渐恢复。但较老的筛管分子老化形成胼胝体后，即失去输导能力，而被新的筛管分子所替代。

被子植物筛管分子的侧壁，往往紧邻着一至数个高度特化的狭长形薄壁细胞，称为伴胞(companion cell)。伴胞的原生质体具有代谢旺盛的细胞学特征，细胞核大，高尔基体、线粒体、质体、粗糙内质网等细胞器丰富，膜系统发达。伴胞与筛管分子有相同的起源，即同一母细胞(维管形成层细胞)不均等纵裂,形成一大一小或一大数小的细胞,较小的细胞发育成伴胞。

伴胞与筛管分子紧密连接,有胞间连丝相互贯通,担负着将物质运进或运出筛管、细胞间短距离横向运输作用。同时人们推测,具细胞核的伴胞对于维持无核的筛管分子的生理机能,有着重要的意义,它们共同构成一个复杂的功能单位。

(4)筛胞(sieve cell) 是仅存于蕨类和裸子植物韧皮部中输导同化产物的一种末端斜尖的细胞。筛胞是活细胞,成熟后无核,细胞壁上的筛域特化程度不大,多分布在侧壁上,不形成筛板。筛胞以斜壁或侧壁相连而纵向迭生,筛域上分布一些孔径较小的小孔,通过小孔的原生质丝也细,输导能力不及筛管,是比较原始的输导结构。

5. 分泌结构(secretory structure)

有些植物在新陈代谢中,细胞能合成一些特殊的有机物或无机物,它们聚积在细胞内,胞间隙、腔道中。凡能生产分泌物质的细胞或特化的细胞组合,称为分泌结构。

分泌结构的来源、形态、分布及所产生的分泌物质不尽相同,通常根据分泌结构的发生部位和分泌物是否排出体外,将分泌结构分为外分泌结构和内分泌结构两大类。

(1)外分泌结构(external secretory structure) 将分泌物排到植物体外的分泌结构称为外分泌结构。它们多分布于植物体的外表,如腺毛、腺鳞、蜜腺、排水器等(图 2-22)。

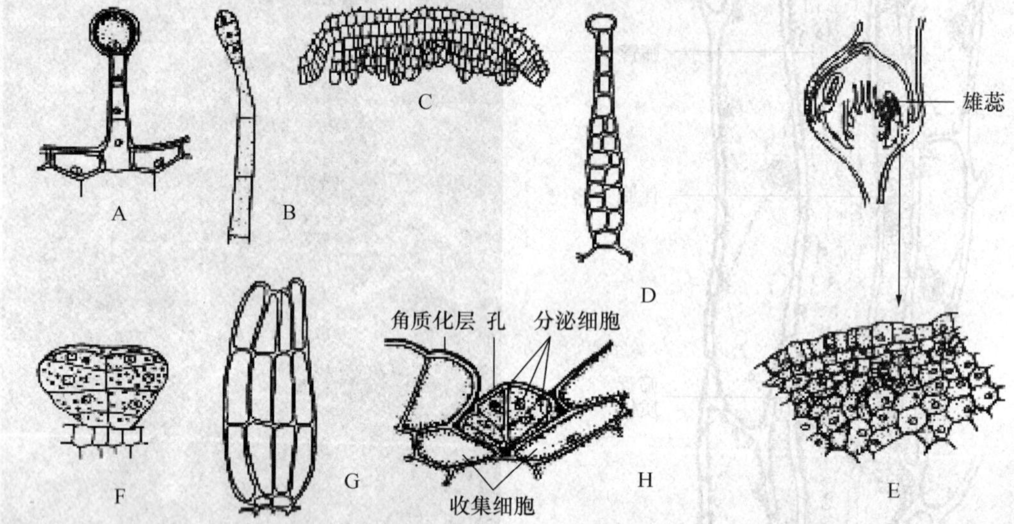

图 2-22 外分泌结构

A. 天竺葵属茎上的腺毛;B. 烟草具多细胞头部的腺毛;C. 棉叶主脉处的蜜腺;D. 荨麻属花萼的蜜腺毛;E. 草莓的花蜜腺;F. 薄荷属的腺鳞;G. 大酸模的黏液分泌毛;H. 柽柳属叶上的盐腺

腺毛(glandulalr hair)是具有分泌功能的表皮毛状附属物。一般具有头部和柄部,头部具有分泌作用,柄部细胞没有分泌能力。头部由单个或多个分泌细胞组成,分泌的主要物质是挥发油和黏液,如棉花、烟草等植物的茎和叶上均有腺毛分布。

蜜腺(nectary)是表皮或表皮及其内层细胞形成,分布于植物体外表的某些特定部位的具有分泌糖液的结构。蜜腺可分为两类:生长于花部的称为花蜜腺,如油菜、刺槐花托上的蜜腺,它们的分泌物有招引昆虫传粉的功能;生长于茎、叶等营养体部位上的称花外蜜腺,如棉花中脉、蔷薇科李属植物的叶缘上,均有花外蜜腺存在。

盐腺(salt gland)是分泌离子和矿物质的特化结构,盐生植物中较常见。柽柳的盐腺,其头部为数个分泌细胞，基部则由一至数个收集细胞组成。分泌细胞与收集细胞之间有胞间连丝相连，盐分由收集细胞进入分泌细胞，最后通过角质膜中的裂隙泌出体外，维持植物体内的盐分平衡。

排水器(hydathode)是一种能将水排出体外的结构，常位于植物的叶缘和叶尖。排水器主要由水孔(water pore)和通水组织(epithem)以及与它们相连脉梢的管胞构成。水孔位于排水器的表面，由一对丧失控制开闭作用的保卫细胞组成，其下方是一些排列疏松的小型薄壁细胞。当植物体内水分过多时，便可通过排水器排出体外。

(2) 内分泌结构(internal secretory structure) 是将分泌物积贮于植物体内的分泌结构。当植物受到创伤时，分泌物流出，将伤口封盖，从而起保护作用。常见的内分泌结构有分泌细胞、分泌腔、分泌道、乳汁管等(图 2-23)。

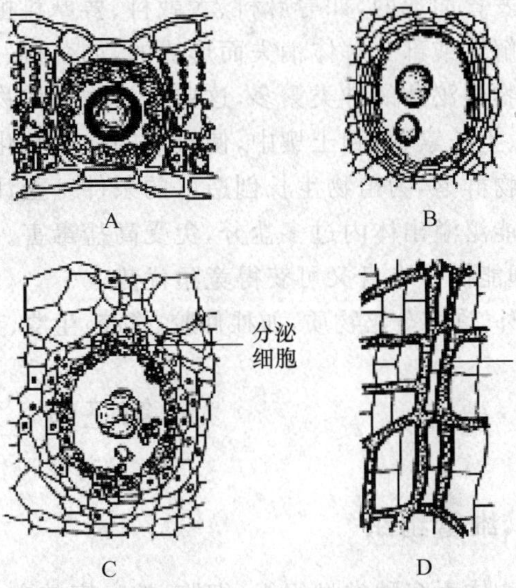

图 2-23 内分泌结构

A. 金丝桃叶中的裂生分泌腔(引自 Haberlandt)；
B. 柑橘属果皮中的溶生分泌腔(引自 Tschirfch)；
C. 漆树的漆汁道(引自陆时万等)；
D. 蒲公英的乳汁管(引自 Fitting)

分泌细胞(secretory cell)：单个细胞散布于植物各种器官的薄壁组织中，构成分泌细胞。与周围的薄壁细胞相比，分泌细胞一般体积较大，细胞壁稍厚，形成为伸长的囊形、管形或分枝形，各种特殊的分泌物积累在细胞或细胞腔内。根据分泌物质不同，分泌细胞可分为油细胞、黏液细胞、含晶细胞、鞣质细胞等。

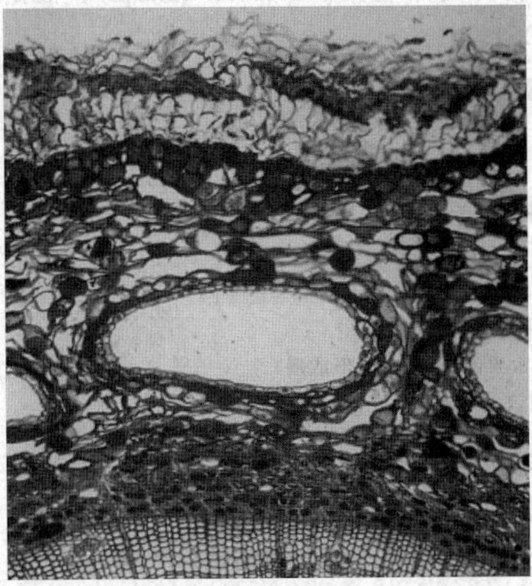

图 2-24 马尾松树脂道(胡金良摄)

分泌腔(secretory cavity)是植物体内由多细胞组成的贮藏分泌物的囊状结构，一般位于植物器官表皮之下或接近器官表面部位。分泌腔有两种形成方式：一种为溶生型，即由具有分泌能力的薄壁细胞群细胞壁破裂而形成一腔室，分泌物积贮在腔中。如柑、橘等植物的果皮和棉花的茎、叶中均有此类分泌腔。另一种为裂生型，是由有分泌能力的细胞群因胞间层溶解，细胞相互分开而形成。如桉树属植物的叶中有这种方式形成的分泌腔。

分泌道(secretory canal)是一种分枝复杂的管状构造，管道内贮存分泌物质，也可分为溶生型和裂生型两种。松柏类植物的分泌道称为树脂道(图 2-24)，其内周为一层具分泌作用的薄壁细胞(上皮细胞)，由它们向树脂道内分泌树脂。树脂的产生增强了木材耐腐性能。漆树的分泌道含漆汁,特称漆汁道。

乳汁管(laticifer)是植物体内能分泌乳汁的管状结构,通常分布在与韧皮部相邻的部位或韧皮部中。乳汁管可分为两种类型:无节乳汁管和有节乳汁管。无节乳汁管是由单个的长管状细胞发育而成的,如荨麻科、大戟科、萝藦科植物的乳汁管。有节乳汁管是由一列细胞之间的端壁解体或部分解体消失而形成的,如菊科、旋花科、罂粟科植物的乳汁管。

植物分泌物的种类繁多,这些分泌物在植物的生活中起着多种作用。例如,根的细胞分泌有机酸、生长素、酶到土壤中,使难溶的盐类转化为可溶性物质,被植物吸收利用,同时改善根际微生物群落,为植物生长创造好的条件。蜜汁和芳香油能引诱昆虫,有利于花粉的传播。盐生植物能泌溢出体内过多盐分,免受高盐毒害。有的分泌物能抑制或杀死某些病菌及其他植物,这即能保护自身又可获得竞争优势。

此外,许多分泌物质,如杜仲胶、橡胶、生漆、芳香油、蜜汁等,对人类生活有重要的经济价值。

第三节 复合组织

一、维管组织

植物体由多种类型组织(细胞)按一定的方式与规律相互结合,构成复合组织,如周皮、木质部、韧皮部等。木质部(xylem)由导管、管胞、木纤维和木薄壁细胞等组成;而韧皮部(phloem)一般包括筛管、伴胞、韧皮纤维、韧皮薄壁细胞等组成部分。木质部、韧皮部的组成包含输导组织、薄壁组织和机械组织等,所以它们被认为是一种复合组织。由于木质部或韧皮部的主要组成分子都是管状结构,因此,通常将木质部和韧皮部或其中之一称为维管组织(vasaular tissue)。维管组织的形成,是植物在系统进化过程中对陆生生活的适应。

二、维管束

木质部和韧皮部紧密结合,共同形成的束状结构称为维管束(vascular bundle)。根据维管束内形成层的有无,可将维管束分为两类(图 2-25)。

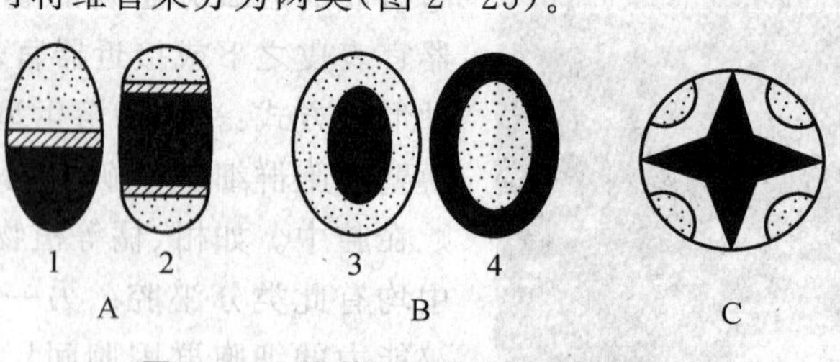

图 2-25 维管组织的排列类型图解

(缀点部分表示韧皮部,黑色部分表示木质部,斜线表示形成层)

A. 并生排列:1. 外韧维管束,2. 双韧维管束;B. 同心排列:1. 周韧维管束,2. 周木维管束;C. 辐射排列

有限维管束(closed bundle):是一类在木质部和韧皮部之间,没有留存形成层,不能产生次生组织的维管束,大多数单子叶植物中的维管束属有限维管束。

无限维管束(open bundle):在木质部和韧皮部之间还保留少量分生组织——束中形成层的维管束称为无限维管束。这类维管束可以一直保留不进行分裂活动的形成层(如双子叶植物叶的主脉)，或者以后通过形成层的分生活动，能产生次生韧皮部和次生木质部而继续扩大。很多双子叶植物和裸子植物的维管束即为此类维管束。

另外，在不同类群植物的不同器官中，木质部与韧皮部的位置和排列情况常有差异，形成的维管束有下列四种类型(图 2-25)。

外韧维管束(collateral bundle)：韧皮部排列在外侧，木质部在内侧，二者内外并生成束。根据束中形成层的有无，这类维管束又可分为有限外韧维管束和无限外韧维管束。前者如单子叶植物茎的维管束；后者如双子叶植物茎的维管束。

双韧维管束(bicollateral bundle)：木质部内、外两侧都有韧皮部的维管束。如瓜类、茄类、马铃薯、甘薯等茎的维管束。

周木维管束(amphivasal bundle)：木质部围绕韧皮部呈同心圆状的维管束。如芹菜、胡椒科的一些植物茎中，以及少数单子叶植物(如香蒲)的根状茎中有周木维管束。

周韧维管束(amphicribral bundle)：韧皮部围绕木质部呈同心圆状的维管束。被子植物的花丝，酸模、秋海棠的茎，以及蕨类植物根状茎中均有周韧维管束。

三、系统

植物器官或植物体中，由一些复合组织组成的结构和功能单位，称为组织系统(tissue system)。通常将植物体中的各类组织归纳为三种组织系统。

1. 皮系统

皮系统包括表皮和周皮。皮系统覆盖于植物体外表，对植物体起着不同程度的保护作用。

2. 维管系统

维管系统是植物全部维管组织的总称。维管组织错综复杂，贯穿于整个植物体中，组成一个结构和功能上的完整单位。

3. 基本组织系统

基本组织系统又称为基本系统，位于皮层的部位，包括各种薄壁组织、厚角组织、厚壁组织，分布于皮系统和维管系统之间，是植物体的基本组成部分。

维管植物的根、茎、叶等器官由皮系统、维管系统和基本组织系统组成，植物的整体结构表现为植物的表面覆盖着皮系统，各器官的维管组织连接成维管系统，体内的基本组织也连接成基本组织系统，并将维管系统包埋于其中。

小　　结

植物组织是指形态结构相似的细胞群所组成的结构和功能单位。植物组织是细胞分裂、生长、分化或脱分化形成的。

植物组织按其发育程度分为分生组织和成熟组织两大类。按在植物体内存在的部位不同，分生组织可划分为顶端分生组织、侧生分生组织、居间分生组织；按来源和性质可分为原分生组织、初生分生组织和次生分生组织。根据形态结构、执行的生理功能不同，将成熟组织分为保护组织、营养组织、机械组织、输导组织和分泌结构五种类型。

植物体内由导管、管胞、木纤维和木薄壁细胞等组成的结构，称为木质部；韧皮部则一般包括筛管(或筛胞)伴胞、韧皮纤维、韧皮薄壁细胞等部分。由于木质部或韧皮部的主要组成分子都是管状结构，因此，通常将木质部和韧皮部或其中之一称为维管组织。

在植物体中，木质部和韧皮部共同组成的束状结构称为维管束。根据维管束内形成层的有无，将维管束分为有限维管束和无限维管束；根据木质部与韧皮部的位置和排列情况，将维管束分为：外韧维管束、双韧维管束、周木维管束和周韧维管束。

植物个体发育中，凡由同种类型细胞构成的组织，称简单组织；而由多种类型细胞构成的组织，称复合组织或复合结构。植物器官或植物体中，由一些复合组织组成的结构和功能基本单位，称为组织系统。通常将植物体中的各类组织归纳为三种组织系统，即皮组织系统、维管组织系统、基本组织系统。

思 考 题

1. 根据木质部与韧皮部的位置和排列情况，可将维管束分为哪四种类型？举例说明它们的特征。
2. 试从输导组织的组成及结构说明被子植物是最进化的植物类群。
3. 试述植物组织系统的类型、分布及其功能。
4. 试分析植物组织的分化和功能的特化与植物的整体性有否矛盾。

第三章　植物的种子与幼苗

被子植物不仅具有各种不同的组织，而且这些组织还进一步组成器官。植物的器官具有特定的形态和结构，担负一定的生理功能，其中花、果实和种子与植物的生殖有关，称为生殖器官；而根、茎、叶担负植物营养物质的吸收、制造和运输等生理功能，称为营养器官。植物的营养器官由种子发育而来，种子在一定的条件下萌发，形成具有根、茎、叶等营养器官的幼苗。幼苗经过生长发育为成熟的植株，成熟的植物体再进一步形成花、果实和种子等生殖器官。

种子是植物最重要的器官之一，同时种子对人类也具有重要的意义，许多农作物是以种子为收获对象的，如油菜、芝麻、蚕豆等。

第一节　种　　子

一、种子的基本结构

种子是种子植物特有的结构，由受精的胚珠发育而来，不同植物所产生的种子在大小、形状、颜色、彩纹等方面有着较大的差异。种子的质量从数千克到不足 1 μg，大的种子如椰子，其直径可达 15～20 cm，油菜、芝麻的种子较小，兰花的种子则更小。种子的形状有肾形、圆球形、椭圆形和心形等。种子的颜色也有很多，有黄色、褐色、白色或黑色等。种子虽然在大小、形状、颜色等方面各不相同，但都由种皮、胚和胚乳三部分组成（图 3-1），其中胚是种子最重要的部分。

1. 胚（embryo）

胚是合子发育而来的，由胚芽（plumule）、胚轴（embryonal axis）、胚根（radicle）和子叶（cotyledon）四部分组成。胚根由根端生长点和根冠组成，胚芽由生长点和幼叶组成，胚轴介于胚根和胚芽之间，一般极短，不甚明显。胚轴一般可分为上胚轴（epicotyl）和下胚轴（hypocotyl）两部分，连接子叶节（胚轴上着生子叶的部位）和胚芽的部分为上胚轴，连接子叶节和胚根的部分为下胚轴。子叶着生在胚轴上，可以认为是植物体最早的叶子，被子植物的种子中有 1 片子叶的，也有 2 片子叶的。有 2 片子叶的植物称为双子叶植物，如蚕豆、黄瓜、棉花等；只有 1 片子叶的植物称为单子叶植物，如水稻、小麦、玉米、洋葱等。当种子萌发时，胚根和胚芽生长点细胞能很快分裂、长大，使胚根和胚芽分别伸长，突破种皮，长成新植物体的主根和茎、叶，同时，胚轴也随着一起生长，成为幼根或幼茎的一部分，因此可以说胚是植物新个体的原始体。此外，在禾本科植物的胚中，胚根和胚芽外面分别有套状的胚根鞘（coleorhiza）和胚芽鞘（coleoptile）包被，单片的子叶又称为盾

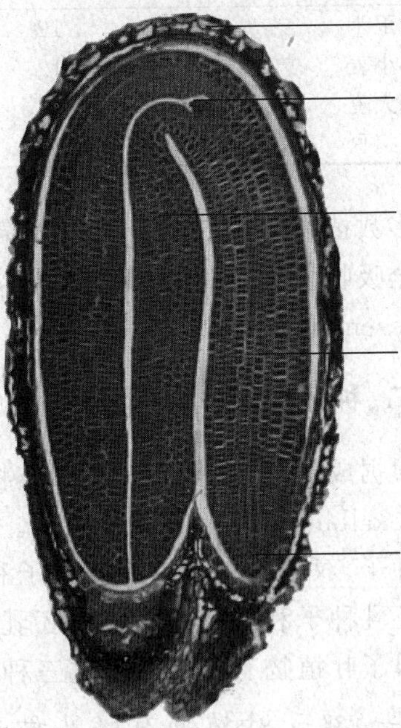

图 3-1　荠菜种子纵切（胡金良摄）

片(scutellum),由于有胚芽鞘的存在,芽鞘节(胚轴上着生胚芽鞘的部位)和盾片节(子叶节)之间的胚轴称为中胚轴(mesocotyl),上胚轴为芽鞘节至胚芽的一段,下胚轴与双子叶植物的一样,为盾片节至胚根的一段。

2. 种皮(seed coat)

种皮是包被于种子最外面的保护层,具有保护种子的胚不受机械损伤和防止病虫害入侵,避免水分丧失的作用。种皮常由几层细胞组成,最外是表皮层,表皮层以内的细胞类型与排列依植物种类不同而异,有的是薄壁细胞,有的是厚壁细胞。表皮以内的细胞一般含有色素,使种皮具有各种不同的颜色。

有的植物种子具有内、外两层种皮,如蓖麻、油菜、苹果等的种子;而另一些植物种子只有一层种皮,如大豆、蚕豆、菜豆等的种子。除了层数不同外,种皮的性质也不一样,有些种皮厚而硬,如红松;有些种皮很薄,如花生;还有一些种皮肉质可食,如石榴。

成熟的种子在种皮上通常可见种脐(hilum)、种孔(micropyle)和种脊。种脐是种子成熟后从果实上脱落后留下的痕迹;种孔是原来珠孔;种脊是倒生胚珠的外珠被与珠柄相愈合的部分。

3. 胚乳(endosperm)

胚乳是种子内贮藏营养物质的组织,由受精极核发育而来。有些种子在发育过程中胚乳内的营养物质被胚吸收到子叶中贮藏,所以成熟种子是没有胚乳的。

种子内贮藏的营养物质随植物种类而异,主要有糖类、脂类和蛋白质,以及少量无机盐和维生素。种子萌发时,这些营养物质被胚消化、吸收和利用。表 3-1 列出了几种常见植物种子内贮藏的主要养分的含量(以种子干重的百分比表示)。

表 3-1 几种常见植物种子中主要养分的含量

%

植物种类	淀粉	蛋白质	脂类	植物种类	淀粉	蛋白质	脂类
玉米	75	12	9	大豆	26	37	17
小麦	75	12	2	花生	12	31	48
大麦	76	12	3	油菜	19	21	48
豌豆	56	24	6				

多数植物以胚乳或子叶贮藏养分,但少数植物的种子在形成过程中,胚珠的珠心组织并没有完全吸收消失,而有一部分残留,形成类似胚乳的营养组织,用以贮藏种子的养分,称为外胚乳(prosembryum),如甜菜。此外,也有的植物种子胚乳和外胚乳并存,如睡莲、芡等。

二、种子的基本类型

根据成熟种子内胚乳的有无,将植物的种子分为有胚乳种子(albuminous seed)和无胚乳种子(exalbuminous seed)两大类。依据子叶数量不同,有胚乳种子可分为裸子植物多子叶有胚乳种子、双子叶植物有胚乳种子和单子叶植物有胚乳种子。无胚乳种子也可分为双子叶植物无胚乳种子和单子叶植物无胚乳种子。其中双子叶植物有胚乳种子、双子叶植物无胚乳种子和单子叶植物有胚乳种子这三种类型的种子较为常见,下面对此加以说明。

(一)双子叶植物有胚乳种子

此类种子由种皮、胚和胚乳三部分组成,其中胚乳占据了种子的大部分,胚具有 2 片子叶。蓖麻的种子是双子叶植物有胚乳种子的代表。

蓖麻的种子椭圆形，稍侧扁，外种皮坚硬光滑，大部分是黑色，具灰色或棕色斑纹，内种皮膜质。种子一端有海绵状隆起的种阜(caruncle)，是由外种皮延伸形成的突起；种孔被种阜遮盖；腹面中央有一长条形突起的种脊(rhaphe)。种皮以内是含有大量脂肪的白色胚乳。种子的胚成薄片状被包在胚乳的中央，其两片子叶大而薄，上有明显脉纹，两片子叶的基部与短短的胚轴相连，胚轴的下方是胚根，上方的小突起是胚芽，胚芽夹在两片子叶的中间(图 3-2)。

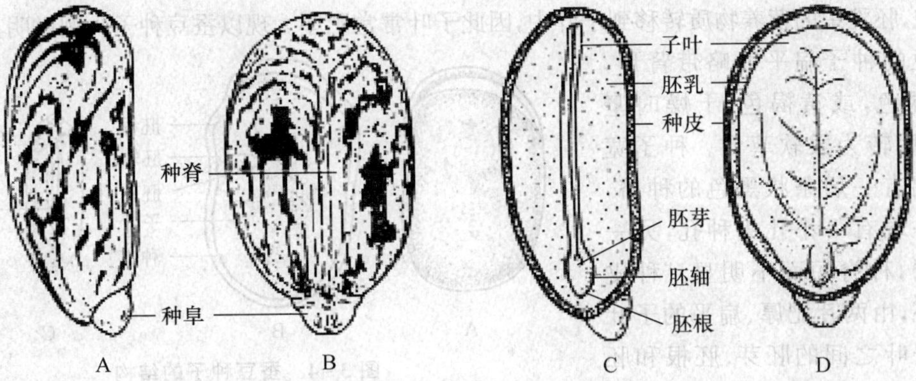

图 3-2　蓖麻种子的结构

A. 种子外形的侧面观；B. 种子外形的腹面观；C. 与子叶面垂直的正中纵切；D. 与子叶面平行的正中纵切

除蓖麻种子外，双子叶植物中的烟草、茄、辣椒、桑、柿等植物的种子属于此种类型的种子。

(二)单子叶植物有胚乳种子

此类种子也由种皮、胚和胚乳三部分组成，但胚只有 1 片子叶。单子叶植物大多具有此种类型的种子，如水稻、小麦、玉米等。现以小麦为例说明此类种子的结构。

麦粒较小的一端有果毛，腹面有一条纵行的腹沟。果皮和种皮包在子粒外方，二者合生不易分离，因此小麦的子粒实际上是内含单粒种子的果实(颖果)。胚处于子粒基部的一侧，体积较小，由胚芽、胚轴、胚根和子叶四部分构成。胚芽位于胚轴的上方，由顶端的生长点和周围的数片幼叶组成，幼叶外有胚芽鞘。胚根在胚轴的下方，由生长点和根冠所组成，外方包有胚根鞘。胚芽和胚根由极短的胚轴上下连接，胚轴的一侧与一片盾状的子叶相连，所以子叶也称为盾片。盾片在与胚乳相接近的一面，有一层排列整齐的细胞，称为上皮细胞或柱形细胞。当种子萌发时，上皮细胞分泌酶到胚乳中去，把胚乳内贮藏的营养物质加以分解，然后由上皮细胞吸收，并转运到胚的生长部位供利用。在胚轴与盾片相对处的另一侧，还有一小突起，称为外胚叶或外子叶(epiblast)，有人认为是另一片子叶退化的部分，亦有人认为是胚根鞘的延伸部分(图 3-3)。

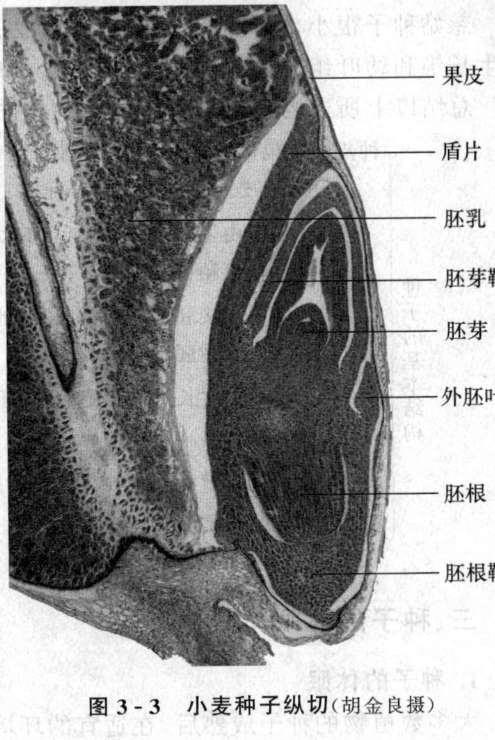

图 3-3　小麦种子纵切(胡金良摄)

胚乳占子粒的大部分，由两种类型的细胞组成，紧贴果皮的一层细胞是糊粉层，细胞内含蛋白质、脂肪等有机养料，营养价值较高；其余大部分的细胞是含淀粉的胚乳细胞，胚乳细胞为薄壁细胞，被糊粉层细胞包围。

（三）双子叶植物无胚乳种子

双子叶无胚乳种子由种皮和胚两部分组成，缺乏胚乳，胚具有 2 片子叶。这种类型的种子在成熟过程中，胚乳中的营养物质转移到子叶中，因此子叶常常肥厚。现以蚕豆种子为例说明其结构。

蚕豆的种子扁平而略带肾形，种皮淡绿色，或黄褐色，干燥时坚硬，浸水后转为柔软革质。种子宽阔的一端有一眉条状黑色的种脐，种脐的一端有一小孔为种孔，另一端是种脊，种脊短而不明显。种皮里面是胚，由两片肥厚、扁平的子叶和两片子叶之间的胚芽、胚根和胚轴组成。子叶白色肉质，相对叠合，几乎占有种子的全部体积。胚根为锥形的小突起，位于宽阔一端的子叶叠合处一侧；胚芽夹在两片子叶之间，状如几片幼叶；胚根与胚芽之间具有粗短的胚轴连接，两片子叶直接连在胚轴上（图 3 - 4）。

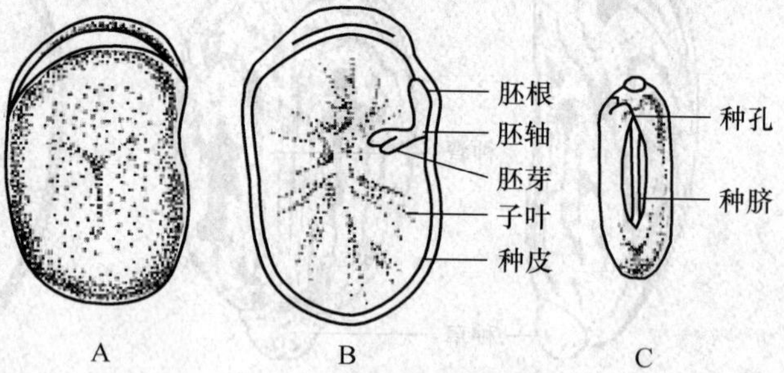

图 3 - 4　蚕豆种子的结构

A. 种子外形的侧面观；B. 切去一半子叶显示内部结构；C. 种子外形的顶面观

除蚕豆外，双子叶植物中的花生、棉花、油菜、瓜类的种子也都属于这一类型。

（四）单子叶植物无胚乳种子

水生单子叶植物眼子菜科和泽泻科具有无胚乳种子。其中泽泻科的慈姑是此类种子的代表。慈姑种子很小，由种皮和胚两部分组成。种皮薄，胚弯曲，子叶一片，着生在胚轴上；胚芽由生长锥和幼叶组成，胚根和下胚轴相连，与长筒形的子叶毗接。

总结以上所述内容，典型种子的基本结构可概括如下：

种子的基本结构
- 种皮——包被在种子外围，是种子的保护层。禾本科植物子粒的种皮和果实的果皮紧密愈合不能分开
- 胚
  - 胚芽——由生长点和幼叶（也有幼叶缺少的）组成，禾本科植物种子的胚芽被胚芽鞘包围
  - 胚轴——连接胚芽、胚根和子叶的短轴，可分为上胚轴和下胚轴，禾本科植物还有中胚轴
  - 胚根——由生长点和根冠组成，禾本科植物种子的胚根外有胚根鞘包围
  - 子叶——双子叶植物的胚有 2 片子叶，单子叶植物的胚只有 1 片子叶，禾本科植物种子的 1 片子叶称为盾片
- 胚乳——种子中贮藏营养物质的组织。有胚乳种子的胚乳发达；无胚乳种子的胚乳养料早期为胚吸收，养料转入子叶中贮藏。有些植物种子还具有外胚乳

三、种子的休眠与寿命

1. 种子的休眠

大多数植物的种子成熟后，在适宜的环境条件下，种子内部发生生理生化变化，胚开始生

长，种子进入萌发状态。但也有些植物的种子，即使是环境条件适合，也不能立即萌发，需要经历一段相对静止的阶段，才能萌发，这种现象叫做休眠(dormancy)。种子的休眠可以避免种子在不适宜的季节或环境里萌发，造成幼苗受到伤害或死亡的情况发生。

种子休眠有多种原因，有的植物种子脱离母体后，其内的胚没有发育完全，还要经过一段时期的形态和生理变化的后熟作用才能发育成熟，如银杏和人参的种子；有的植物种子，虽然胚已发育成熟，但由于种皮过厚，不易通气透水，限制了种子的萌发，如红松种子，在自然状态下通过微生物的作用使种皮软化，达到通气、透水目的，才能打破休眠；有的则由于种子内部产生抑制萌发的物质，如有机酸、植物碱和某些植物激素等，只有这些抑制物质消除后才能萌发，如番茄、黄瓜等。

2. 种子的寿命

种子的寿命是指种子在一定条件下，能保持生活力的最长期限，通常是以达到60%以上的发芽率的贮藏时间为种子寿命的依据。种子寿命的长短决定于植物本身的遗传特性，橡胶树、柳树的种子，仅有几周的寿命；在良好贮藏条件下，玉米、小麦、油菜种子的寿命一般为2～3年；水稻约4年；蚕豆、绿豆、南瓜的寿命稍长，为4～6年；车前的种子在土壤中能存活10年左右；马齿苋的种子寿命可达20～40年；莲的种子寿命更长，可保持150年以上，据记载在考古发掘中得到已超千年古莲的种子仍有生活力。

除遗传特性外，种子的贮藏条件对种子寿命的长短也有明显的影响，低温、低湿、黑暗以及空气中低的含氧量是种子贮藏的理想条件。在理想的贮藏条件下，种子的呼吸作用微弱，种子内营养物质的消耗少，有利于延长种子寿命。例如，葱种子在自然条件下不到3年就会死亡，若将种子含水量降至6%，温度控制在5℃以下来贮藏，20年后仍有发芽能力。

第二节　种子的萌发和幼苗的形成

一、种子萌发的外界条件

成熟的种子，在适当的外界条件下，便会萌发形成幼苗。种子萌发需要满足内部和外部两个条件，种子萌发的内部是种子成熟，具有生活力，如果是需要休眠的种子还要经过休眠；种子萌发的外部条件主要是充足的水分、适宜的温度和足够的氧气。此外，少数植物的种子萌发还受光照有无的影响，如胡萝卜、芹菜、莴苣、烟草的种子萌发需光，而苋菜、番茄、洋葱、瓜类的种子只有在黑暗条件下才能顺利萌发。

充足的水分是种子萌发的必要条件，因为干燥种子内部细胞的原生质为凝胶状态，细胞除有微弱的呼吸作用外，其他各种生理活动大部分停止，干燥的种皮也不易透过空气。种子吸水后，细胞内原生质由凝胶状态转变为溶胶状态，细胞中的酶被活化，同时种皮变松软，氧气通过种皮进入细胞内部，增强呼吸作用，将贮藏的营养物质水解成简单化合物，运向正在生长的幼胚中，为胚根和胚芽分裂新形成的细胞提供物质和能量。水是细胞内营养物质的分解和合成新物质的基础，同时水也是运输这些物质的媒介。各种植物种子萌发时吸收的水量不同，含蛋白质较多的种子，如大豆、豌豆等，通常需要吸收较多的水分；含脂肪较多的种子，需要吸收的水分少。

种子萌发还要求有适当的温度。种子萌动时，其内部细胞发生一系列物质转化和能量转化生化反应，需要多种酶作为催化剂，而酶本身是蛋白质，它催化活动必须在一定的温度范围内进行，温度过高或过低对蛋白质分子的稳定都不利。种子萌发所要求的温度有最低、最适和最高。种子萌发的温度三基点常随植物不同而异，一般原产北方地区的植物，种子萌发所要求的温度较低，而起源于南方低纬度地区的植物，种子萌发要求的温度较高（表 3-2）。

表 3-2 几种常见作物种子萌发的温度范围 ℃

作物种类	最低温度	最适温度	最高温度	作物种类	最低温度	最适温度	最高温度
小麦、大麦	0～4	20～28	30～38	玉米	5～10	32～35	40～45
大豆	6～8	25～30	39～40	花生	12～15	25～37	41～46
油菜	0～3	15～20	40～45	棉	10～12	25～32	40～45
水稻	8～12	30～35	38～42	黄瓜	15～18	31～37	38～40

除了水分和温度外，足够的氧气对种子萌发也有重要的意义。种子萌发时生命活动旺盛，需要大量物质和能量来合成新的细胞以及克服种子萌发时产生的各种阻力，这些物质和能量多来自呼吸作用及其各种中间产物。不同作物种子萌发时需氧量不同，大多数作物种子需要空气中的含氧量在10%以上才能正常萌发。如果氧气不足，则导致种子无氧呼吸，引起酒精中毒。

农业生产上可以采取在播种前进行整地、松土等措施，可以提高土壤氧气含量，为种子顺利萌发创造良好的环境条件。

二、种子萌发形成幼苗的过程

种子萌发时，从外界吸收足够的水分，整个种子因吸水而膨胀。种子吸胀后，种皮逐渐变软，吸水后的种皮透氧量增加，种子内部细胞的原生质由凝胶转变为溶胶，各种酶的活性增加，呼吸作用加强，将贮藏在胚乳或子叶里的不溶性大分子化合物分解成简单的可溶性物质，运往胚。胚得到营养物质后，胚根、胚芽、胚轴细胞加速分裂，并纵向延伸，使整个胚体伸长，将种皮撑破。在一般情况下，种子萌发时，胚根首先突破种皮，伸入土中，接着胚芽或连同胚轴的一部分也由种皮内伸出。胚根伸入土壤后形成主根，主根上再生出各级侧根。种子萌发时先形成根，可使早期幼苗固定在土壤中，及时吸取水分和养料（图 3-5）。

胚根伸出后不久，胚轴也进行生长，将胚芽推出土面，胚芽出土后发展为新植株的茎叶系统。有些植物的种子，子叶随胚芽一起伸出土面，展开后转为绿色，进行光合作用，待胚芽的幼叶张开行使光合作用后，子叶也就枯萎脱落。至此，一株能独立生活的幼植物体长成，这就是幼苗。

三、幼苗的类型

不同植物的种子在萌发时，由于胚轴部分的生长情况不同，形成子叶出土的幼苗和子叶留土的幼苗两种类型的幼苗。

（一）子叶出土的幼苗

大豆、棉、油菜、各种瓜类、蓖麻、洋葱等的幼苗属于这种类型。这类植物的种子在萌发时，胚根先突出种皮形成主根后，下胚轴加速伸长，将子叶、胚芽和种皮一起推出土面，然后下胚轴逐渐停止生长，子叶脱出种皮而展开，所以幼苗的子叶是出土的。大豆等种子的肥厚子叶，继续把贮藏的养料运往根、茎、叶等部分，直到营养消耗完毕，子叶干瘪脱落；棉等种子的子叶较薄，出土后立即展开并变绿，进行光合作用，待真叶伸出，子叶才枯萎脱落（图 3-6 和图 3-7）。

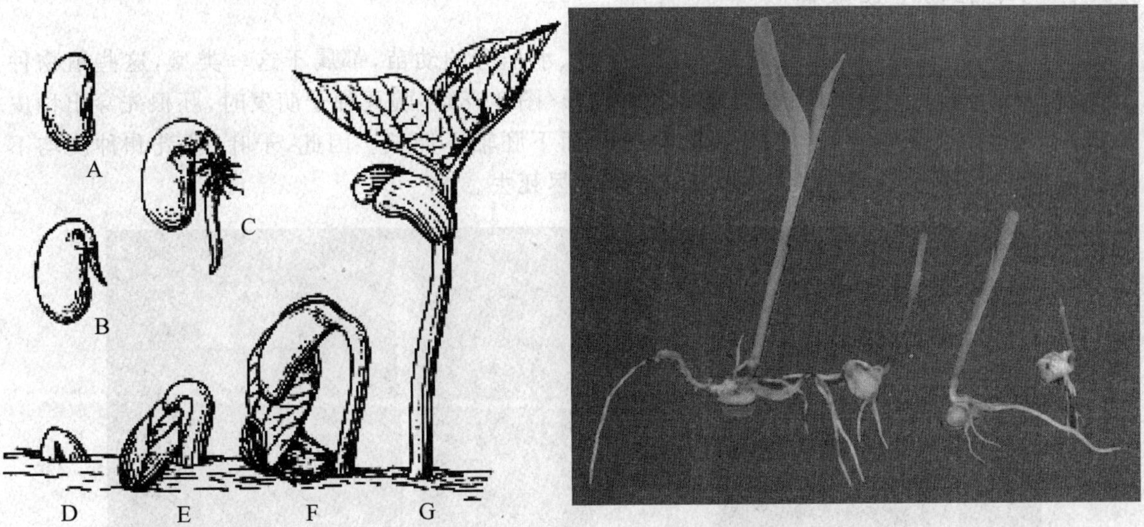

图 3-5　种子的萌发过程

左：大豆；右：玉米（胡金良、刘琳莉摄）

A. 种子；B. 种皮破裂，胚根伸出；C. 胚根向下生长，并长出根毛；D. 种子在土壤中萌发，胚轴突出土面；

E. 胚轴伸直延长，牵引子叶脱开种皮而出；F. 子叶出土，胚芽长大；

G. 胚轴继续伸长，两片真叶张开，幼苗长成

引自华东师范大学等《植物学》

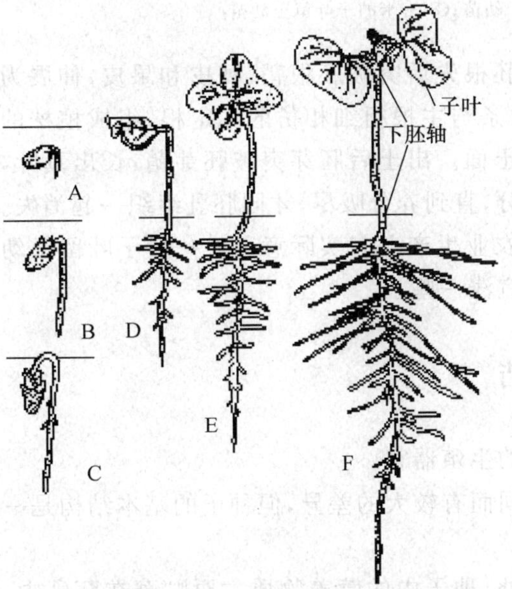

图 3-6　棉花种子的出土萌发

（引自李扬汉《植物学》）

A～F 为萌发次序

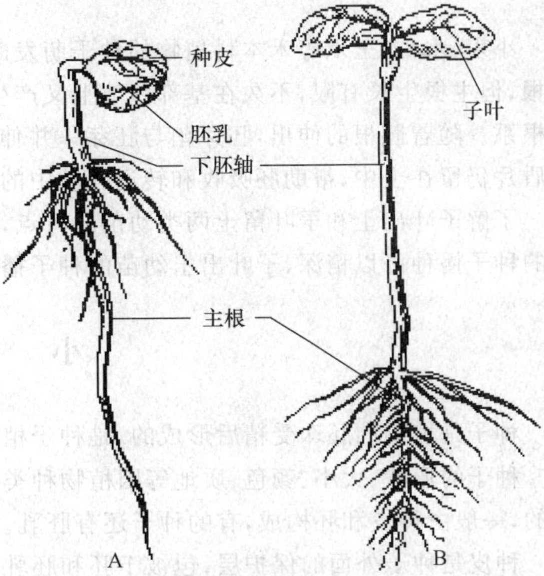

图 3-7　蓖麻种子的出土萌发

A. 萌发早期，开始形成根系。由于下胚轴的伸长，把胚乳、子叶和破裂的种皮顶出土外，子叶包在胚乳中，未露出。

B. 萌发后期的形态，根系已经形成，下胚轴继续伸长，胚乳和种皮已脱落，子叶展开，露出子叶间的胚芽

(二)子叶留土的幼苗

蚕豆、豌豆、荔枝、柑橘、橡胶树、小麦、玉米、水稻等的幼苗,都属于这一类型,这些植物种子萌发的特点是下胚轴不伸长,而是上胚轴伸长(图3-8)。豌豆种子萌发时,胚根先穿出种皮形成主根,接着上胚轴伸长,使胚芽露出土面,而下胚轴不伸长。因此,子叶、胚乳和种皮均不随胚芽伸出土面,而是留在土壤中,直到养料耗尽死去。

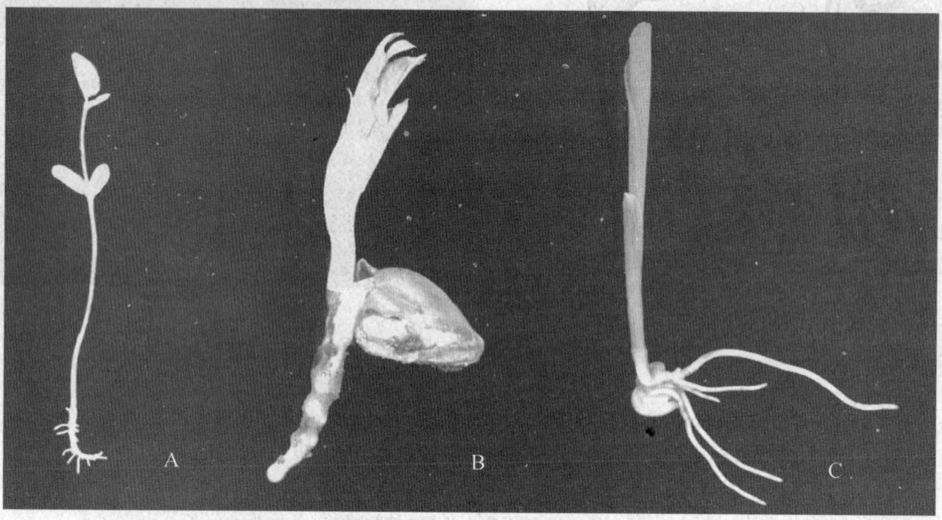

图3-8 幼苗类型(胡金良、刘琳莉摄)

A. 大豆子叶出土幼苗;B. 蚕豆的子叶留土幼苗;C. 玉米的子叶留土幼苗

小麦、水稻、玉米等禾本科植物的种子萌发时,胚根先后突破胚根鞘、种皮和果皮,伸展为主根,但主根生长有限,不久在基部茎节上又产生数条与主根粗细相仿的不定根,组成植株的须根系。随着胚根的伸出,胚芽鞘与胚芽一并伸出土面。出土后胚芽突破胚芽鞘,长出真叶,而盾片仍留在土中,帮助胚吸收和转运胚乳中的养分,直到养分吸尽,才同胚乳组织一起消失。

了解子叶出土和子叶留土两类幼苗的特点,在农业生产上有实际意义。一般子叶留土幼苗的种子播种可以稍深,子叶出土幼苗的种子播种宜浅一些。

小　　结

种子是植物的胚珠受精后形成的,是种子植物的生殖器官。

种子的形状、大小、颜色、质地等因植物种类不同而有较大的差异,但种子的基本结构是一致的,一般由种皮和胚构成,有的种子还有胚乳。

种皮是种子外面的保护层,包被于胚和胚乳之外;种子中的营养物质主要贮藏在胚乳中,无胚乳种子的营养物质在种子成熟过程中转移至子叶中贮藏;胚是种子中最重要的部分,它是新植物体的原始体。植物成熟胚的结构由胚芽、胚轴、子叶和胚根四个部分组成。胚芽由生长锥、数枚叶原基和幼叶组成,将来发育形成茎和叶。胚根顶端为生长点及覆盖其外的幼期根冠,将来发育形成根系。子叶(盾片)的主要作用为从胚乳中吸收、转化和转运养料。禾本科植物的成熟胚,在胚芽和胚根之外还包有胚芽鞘和胚根鞘。

根据种子胚的子叶数量和成熟的种子内有无胚乳，将种子分为双子叶植物有胚乳种子、双子叶植物无胚乳种子、单子叶植物有胚乳种子和单子叶植物无胚乳种子等类型。

结构完整、具有生命力的种子，在有合适的水分、温度和氧气等外界条件下，便会萌发并形成幼苗。不同植物种类的种子在萌发时，由于胚体各部分，特别是上胚轴和下胚轴生长的速度不同而分为子叶出土幼苗和子叶留土幼苗两种类型。

思 考 题

1. 用列表方式说明种子的基本结构。为什么说种子内的胚是新一代植物的雏体？

2. 影响种子生活力的因素有哪些？

3. 什么是种子的休眠？种子休眠的原因何在？如何打破种子的休眠？

4. 种子萌发需要哪些外界条件？这些条件对种子的萌发起到什么作用？种子萌发时，内部发生什么变化？

5. 什么是幼苗？由种子萌发到形成幼苗的变化过程如何？

6. 子叶出土幼苗与子叶留土幼苗主要区别在哪里？了解幼苗类型对农业生产有什么指导意义？

第四章 营养器官——根

根(root)是植物地下部分的主体,由胚根或经不定根发育而来。发育良好的根系是作物稳产高产的基础,根系为地上部分提供水、矿质元素,而地上器官为根提供有机物,它们相互依赖。

根是植物适应陆地固着生活的产物,原始的水生植物生存所需的矿物质、水和 CO_2 均能从水中直接吸收,因而没有根的分化。随着植物由水生过渡到陆生,植物需要从土壤中获取水分和矿物质,因此,形成了生长在土壤中的根系。

根具有经济价值,以根为收获对象的农作物很多,如萝卜、胡萝卜、山药是常见的蔬菜;甜菜是制糖的原料之一;红薯是常见的农作物;人参、何首乌等是名贵药材;根雕是艺术品。根系发育能促进根际微生物的增加与活动,改良土壤性状,根系残体被分解后可增加土壤水稳性团粒和提高土壤肥力。发达根系的植物可防止水土流失、固沙护堤。

第一节 根的生理功能和基本形态

一、根的生理功能

根的主要生理功能是吸收土壤中的水和溶解在水中的无机营养物。植物一生需要大量水分,每生产 1 kg 稻谷要 800 kg 水,1 kg 小麦要 300~400 kg 水,这全靠根部吸收,在吸收水分的同时也吸收土壤中呈离子状态的矿物质,如 N、P、K、Fe、Mg 等。

根在地下反复分枝,增加了对土壤的接触面,把植株牢牢固着在常有风吹雨打的陆地环境。同时,根具有巨大的支持功能,植物地上部分——茎、叶、花和果实的重量均由根来支撑。

根有生物合成的作用,许多种氨基酸、植物碱以及有机氮等有机物都是在根内合成的。同时根还能分泌近百种化合物,包括糖类、氨基酸、有机酸、抗生素和维生素等生长物质以及核苷酸和多种酶,具有分解和化感作用,有助于消化吸收矿质和影响周围植物和微生物群落等。

不定芽有繁殖作用,在园艺和林业生产中,利用枝条、茎叶和老根能产生不定根的特性进行人工营养繁殖,柳树容易产生不定根,扦插的成活率极高;草莓在其匍匐茎的节上能产生不定根,匍匐茎断离后,即形成新的植株。

此外,根还有贮藏营养物、攀缘等方面的作用。

二、根的基本形态

根的外形多呈圆柱状,这有利于侧根和根毛的分布,增加对土壤的接触面。根生长在地下,环境条件相对稳定,所以根的外形变化小。根据根的发生部位,可分为定根和不定根。

1. 定根(normal root)

种子萌发时,胚根突破种皮,向地下发育形成的根,称为主根(main root),或初生根(primary root)。主根生长到一定长度,就在特定部位产生分支,称为侧根(lateral root)。侧根生长到一定长度时,还可以再产生新的分支。从主根上生出的侧根为一级侧根,一级侧根上生出的分枝为二级侧根，侧根发育形成的时间比主根迟，故又称为次生根(secondary root)。主根和侧根发生于特定位置，因此又合称定根。

2. 不定根(adventitious root)

植物除产生定根外，从茎、叶、老根和胚轴上也能产生根，这些根产生的位置不固定，统称不定根。侧根、不定根的产生扩大了根的吸收面积，增强了根的固着能力。不定根的产生是插枝是否成活的重要因素，对产生不定根能力弱的植物，如柑橘，在插枝时，可以用生长素或维生素 B_1 处理，以促进其生根，提高成活率。

三、根系及其在土壤中的分布

一株植物地下所有的根统称为根系(root system)，根据主根的发育程度，根系的组成和形态，一般可将根系分为直根系和须根系两大类。

(一) 直根系

凡主根粗壮发达，主根上产生出各级侧根的直径和长度都逐级减少，这种根系称为直根系(tap root system)。一般裸子植物和被子植物中的双子叶植物都是直根系，如松、棉花、油菜、大豆等。由扦插、压条等无性繁殖所长成的树木，它们的根系由不定根组成，虽然没有真正的主根，但其中的一两条不定根往往发育粗壮，外形上类似主根，具有直根系的形态，习惯上把这种根系看成是直根系(图 4-1)。

(二) 须根系

主根突破种皮后很早就枯死，或生长缓慢。这时由茎基部产生了很多大小相似的不定根，由这些不定根组成的根系形似胡须，称为须根系(fibrous root system)。如水稻、小麦、玉米等大多单子叶植物，都是这种根系(图 4-2)。

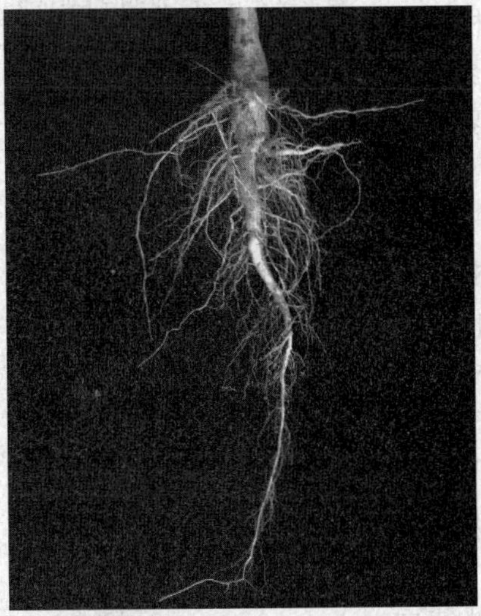

图 4-1 直根系(芝麻)(胡金良摄)

图 4-2 须根系(牛筋草)(胡金良摄)

多数植物都有发达的根系，一般植物根系的表面积常超过茎叶的 5～15 倍，有的甚至更多，果树根系在土壤中的扩展范围，一般都超过其树冠范围的 2～5 倍。根系分布范围的大小是合理密植和确定施肥位置的重要依据之一。

植物根系的深浅取决于植物的遗传特性，直根系的植物，因其主根发达，根往往分布在较深的土层中，形成深根系，如梨、苹果、柿、核桃、大豆、棉花等。而须根系的植物主根一般较短，不定根以水平扩展占优势，分布于土壤表层，形成浅根系，如水稻、车前等植物的根系。当然，在深根系的植物中也可因植物的种类和环境条件的不同，在根系分布深浅上出现相对的变化，如生长在黄河故道沙地的苹果，因地下水位高，在土壤浅层就能获得充分的水分，根系仅60 cm，而生长在黄土高原的苹果树根系深达4～6 m。在深根性的阳生树的下面，种植一些阴生或耐阴性的浅根性植物，对提高土地利用率和经济效率有一定意义。如玉米和大豆间作一般可以增产，因为玉米的须根系主要分布在土壤浅层，而大豆为直根系分布在土壤中、下层，大豆的根瘤还可提供氮素。桃与半夏亦是良好的搭配，桃的根系较深是喜阳的木本植物，能为喜阴的草本植物半夏创造荫蔽的环境，而半夏的根系分布在较浅的土层中。

土壤条件不同，植物用途不同对植物根系也有不同的要求，如用于防风林的树种要深根性的，而用于草皮的植物则要求浅根性的，以便移栽和管理。

第二节 根尖的分区

从根的纵向看，下方为幼嫩的根尖，上方是老根。根尖是指根的顶端到根毛处的一段，根的生长、组织的形成以及各种化学物质的分泌和吸收主要由根尖来完成，根尖可以不断生长，始终接触新的土壤环境，不断改变吸收水分和无机营养物质的位置。老根一般没有吸收功能，它的主要功能是支持和运输。一株植物最老的部位是根茎交界处。茎越往上越幼嫩，根越往下越幼嫩。

根尖是根先端的幼嫩部分，无论主根、侧根或不定根都有根尖。根尖由根顶端分生组织的原始细胞经过分裂、生长和分化形成的，从顶端起根尖可依次分为根冠、分生区、伸长区和成熟区四个部分(图4-3)。各区的生理机能不同，细胞的形态结构也不同，除根冠与分生区之间的界限较明显外，其他各区细胞分化是逐渐过渡的，并无严格界限。

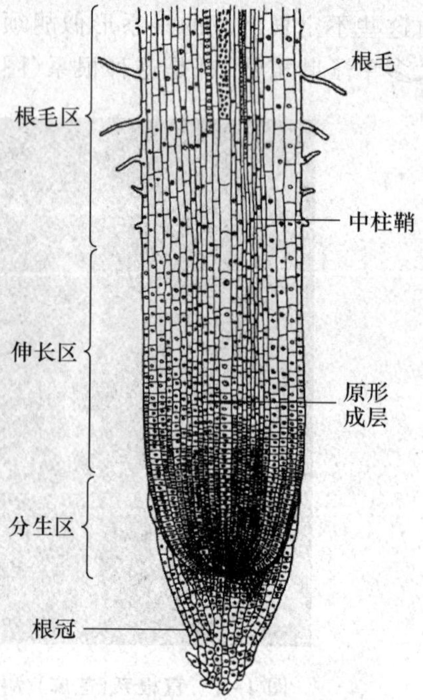

图4-3 根尖分区

一、根冠

根冠(root cap)位于根的顶端，从外形上看，根冠像一帽状物套在分生区的外方，有保护幼嫩分生区的作用，使根在穿经土壤时免受擦伤。根冠由多层排列疏松的薄壁细胞组成，其外围细胞还能产生黏液，使根尖易于在土壤颗粒间推进，减少阻力。同时黏液形成了一种吸收表面，对于促进离子的交换与物质的溶解有一定的作用。

除保护分生区外，根冠还与根的向地性生长有关。将正常生长的根水平放置，根尖在伸长区弯曲后继续向下生长，若把根冠切除，根的生长没有停止，但不再向下生长。根冠的向地性生长与根冠细胞中含有淀粉体有关。根冠细胞中的淀粉体多集中分布在细胞下方，一般认为淀粉体有平衡石的作用，它们把重力传至质膜，质膜是感受重力的敏感部位，进而引起一系列生化反应和向地性有关物质的产生和移动，最后导致根的向地性生长。一些水生植物和对重力不敏感的攀缘植物根冠细胞中往往没有淀粉体(图 4-4)。

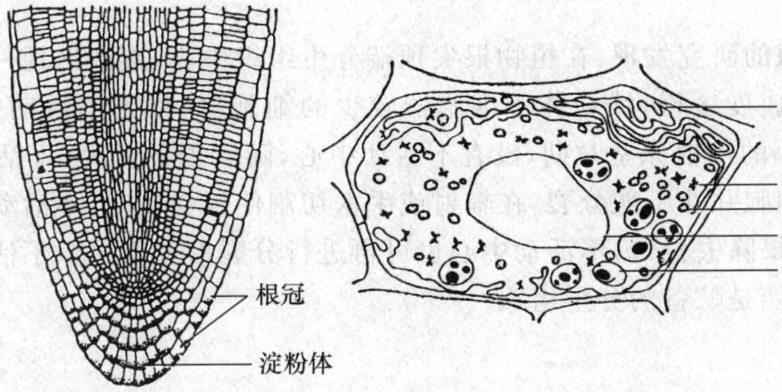

图 4-4　根冠细胞中淀粉粒体的分布

在生长过程中，根冠外层细胞与土壤颗粒摩擦而不断脱落。根冠表层细胞脱落后，由分生区细胞产生新的细胞补充，从而使根冠保持一定的形状和厚度。

二、分生区

分生区(meristematic zone)也称生长点，大部分被根冠包围，是根产生新细胞、促进根尖生长的主要部位。分生区由原分生组织、不活动中心和初生分生组织等部分组成(图 4-5)。

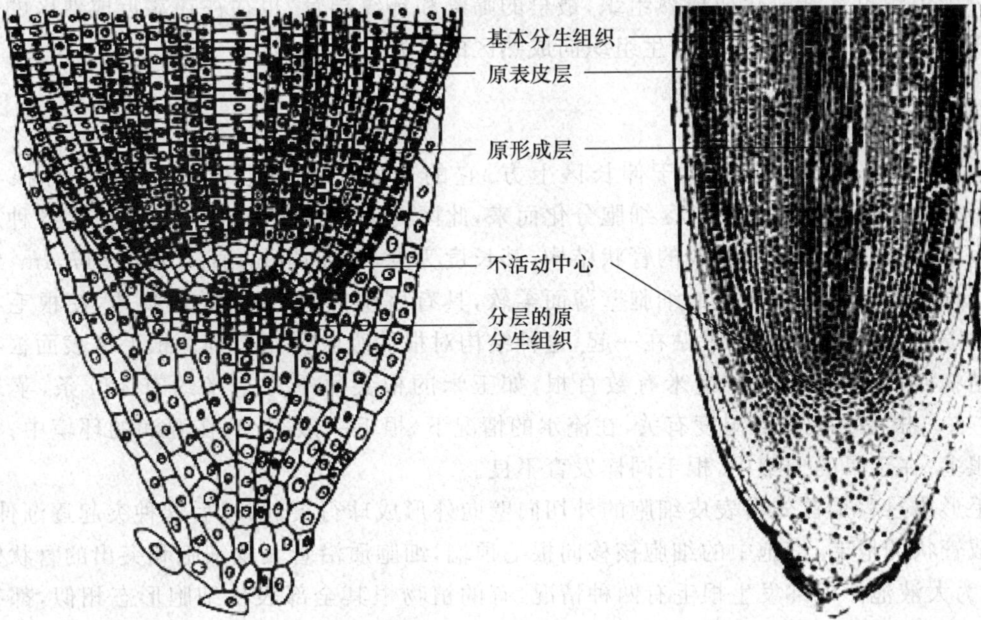

图 4-5　根尖分生区

A. 顶端原始细胞及衍生区域；B. 洋葱根尖纵切实物图(胡金良摄)

原分生组织位于分生区的前端，由细胞核大、细胞质浓、细胞壁薄、排列紧密的原始细胞构成，细胞具有持续分裂能力，分裂而来的细胞一部分继续分裂，另一部分分裂能力逐渐减弱，并进行初步分化，发展为初生分生组织。初生分生组织位于原分生组织上方，并初步分化为三个部分，最外层的初生分生组织称为原表皮，中央部分是原形成层，两者之间为基本分生组织。

许多对原分生组织的研究发现，在植物根尖顶端分生组织中心，逐渐出现一群分裂活动很弱，核酸和蛋白质合成速度缓慢，线粒体等细胞器较少的细胞群，称为不活动中心（quiescent center）。在胚根和幼小的侧根原基时期，没有不活动中心，随着根的长大，不活动中心才慢慢出现。不活动中心的细胞并非不能分裂，在辐射或手术切割使根受伤时，不活动中心的细胞能重新进行细胞分裂，如果除去根冠，不活动中心也可再进行分裂形成根冠。不活动中心可能是合成激素的场所，也可能是贮备的分生组织。

三、伸长区

伸长区（elongation zone）是指从分生区的后方，向上到达根毛区第一条根毛出现为止的部位。伸长区和分生区之间，细胞的形态和分裂活动是渐次递变的，因而无明显的界限。伸长区细胞的特点是细胞分裂活动愈来愈弱，分化程度则逐渐加深，细胞普遍伸长，出现明显液泡，体积增大并开始分化，细胞伸长的幅度可为原有细胞的数十倍。由于伸长区细胞迅速同时伸长，再加上分生区细胞的分裂、增大产生的推动力，致使根尖向土层深处生长，不断改变根的吸收位置，有利于根的吸收作用。

伸长区的细胞来源于分生区，基本上由初生分生组织组成，随着伸长区向成熟区靠近，这些初生分生组织也逐渐分化成成熟组织，最早的筛管和环纹导管，也往往在靠近成熟区的伸长区中出现，所以伸长区是从初生分生组织向成熟区的过渡。

四、成熟区（根毛区）

成熟区（maturation zone）位于伸长区上方，它的表面一般密生根毛，因此又称根毛区（root hair zone）。成熟区由伸长区细胞分化而来，此区内部细胞已停止伸长，形成了各种成熟组织。根毛是表皮细胞向外形成的管状结构，其长度为 0.5～10 mm，直径为 5～17 μm，细胞核常位于根毛先端。根毛细胞的细胞壁薄而柔软，具有可塑性，壁中含黏性物质，使根毛在穿越土壤空隙时，易于土壤颗粒紧贴在一起，这种结构对根的吸收作用有利。根毛区表面根毛的数目因植物而异，一般每平方毫米有数百根，如玉米的根尖每平方毫米约有 420 条，苹果有 300 条左右。根毛的数量与湿度有关，在淹水的情况下，根毛一般很少；在湿润的环境中，根毛的数目很多；在干旱的土壤中，根毛同样发育不良。

根毛形成过程是首先由表皮细胞的外切向壁向外形成球行突起，以后这种突起逐渐伸长，最后形成管状的根毛，细胞中的细胞核移向根毛顶端，细胞质沿着表皮细胞和突出的管状壁分布，中央为大液泡。根部发生根毛有两种情况：有的植物根其全部表皮细胞形态相似，都有产生根毛的潜能；另一些植物根的表皮细胞由一种较长的细胞和一种较短的细胞组成，其中较短的细胞为生毛细胞。这两种细胞是由原表皮细胞进行不均等的细胞分裂而来。

根毛的寿命较短，一般不超过 2～3 周或更短，随着根的生长和组织发展，成熟区上部的根毛逐渐死亡，而下部又产生新的根毛，发育成新的根毛区。成熟区由于根毛的形成大大增强了根的吸收面积，是根吸收水分和矿物质的主要部位，所以在移栽植物时充分灌溉，带土移栽并修剪部分枝叶，其目的就是减少根尖损害，防止过度蒸腾失水，提高成活率。

第三节 根的初生结构

一、双子叶植物根的初生结构

成熟区是由各种成熟组织组成的，这些成熟组织是根尖顶端的初生分生组织经过分裂、生长、分化形成的，这种生长过程称为根的初生生长。由顶端初生分生组织经初生生长形成的结构，称为根的初生结构。根结构的建立较早，一般种子萌发不久就开始进行，到子叶展开真叶伸长时，很多植物的根部已形成了初生根的各种结构（图 4-6）。

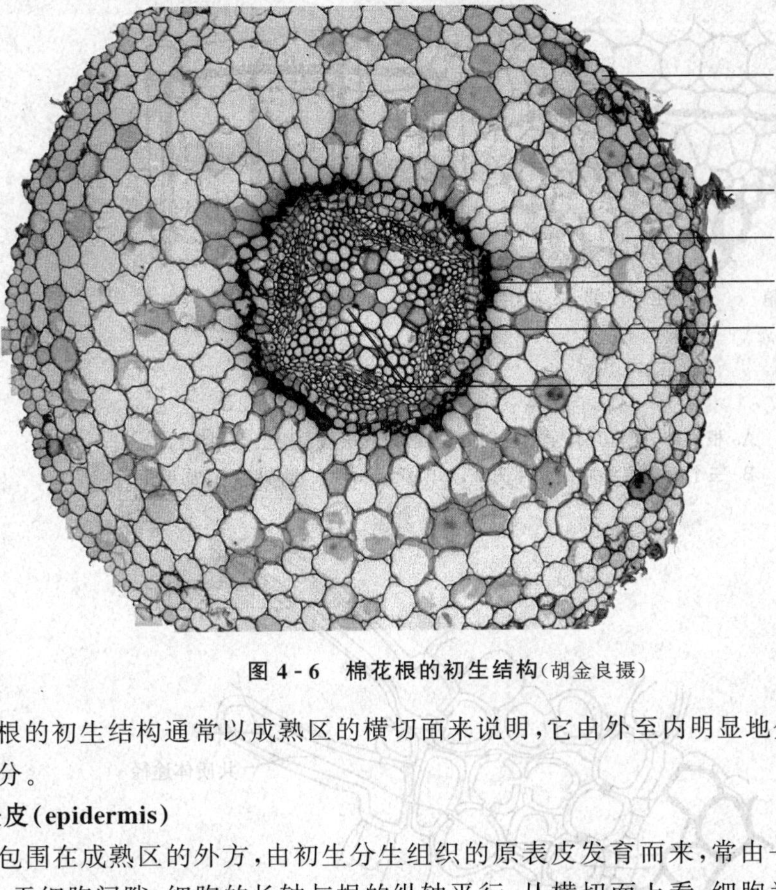

图 4-6 棉花根的初生结构（胡金良摄）

棉花根的初生结构通常以成熟区的横切面来说明，它由外至内明显地分为表皮、皮层和中柱三个部分。

1. 表皮（epidermis）

表皮包围在成熟区的外方，由初生分生组织的原表皮发育而来，常由一层细胞组成，细胞排列紧密，无细胞间隙，细胞的长轴与根的纵轴平行，从横切面上看，细胞为砖形，部分表皮细胞的细胞壁还向外突出形成根毛。

根的表皮为吸收组织，细胞壁很薄，由纤维素和果胶构成，不角化或仅有薄的角质膜，适于水和溶质通过，以扩大根的吸收面积。对幼根来说，表皮的吸收作用显然比保护作用更重要，吸收的功能并不只限于根毛，没有根毛的表皮细胞也能吸收。

2. 皮层（cortex）

皮层位于表皮与中柱之间，是水分进入中柱的通道，由基本分生组织发育而来。根的皮层主要由多层大型薄壁细胞组成，细胞排列疏松，有明显的细胞间隙，有些植物这些细胞内可贮藏淀粉等营养物质。水生和湿生植物在皮层薄壁中可形成气腔和通气道等。根皮层细胞较多，可扩大根的半径，增加根的表面积，这对着生更多根毛，增强根的吸收能力有利。

有些植物皮层最外层有1至数层细胞，常常排列整齐，没有细胞间隙，称为外皮层。当根毛枯死，表皮脱落时，外皮层细胞的细胞壁木栓化能代替表皮起暂时的保护作用。

皮层最内一层排列紧密的细胞称为内皮层(endodermis)，在其细胞的径向壁和横壁上有一条木化和栓化的带状加厚区域，称为凯氏带(casparian strip)。内皮层细胞的细胞质紧紧地贴附于凯氏带区域，不易分离，内皮层的这种特殊结构，阻断了皮层与中柱间通过胞间隙等质外体运输途径，进入中柱的溶质只能通过内皮层细胞的原生质体，从而使根对物质的吸收具有选择性(图4-7和图4-8)。

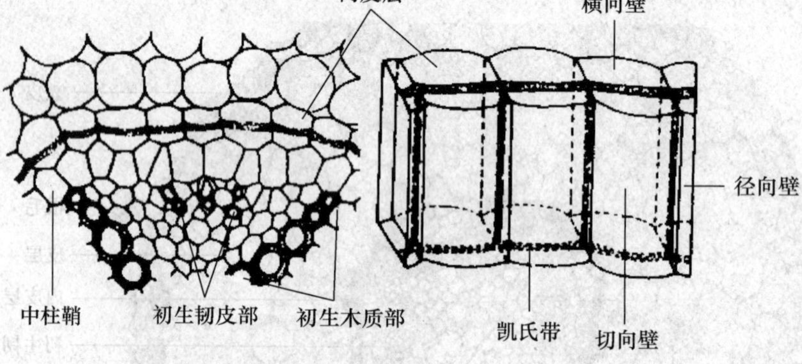

图4-7 内皮层的结构

A. 根的部分横切面，示内皮层的位置，内皮层横向壁上可见凯氏带；
B. 三个内皮层细胞的立体图解，示凯氏带出现在横向壁和径向壁上

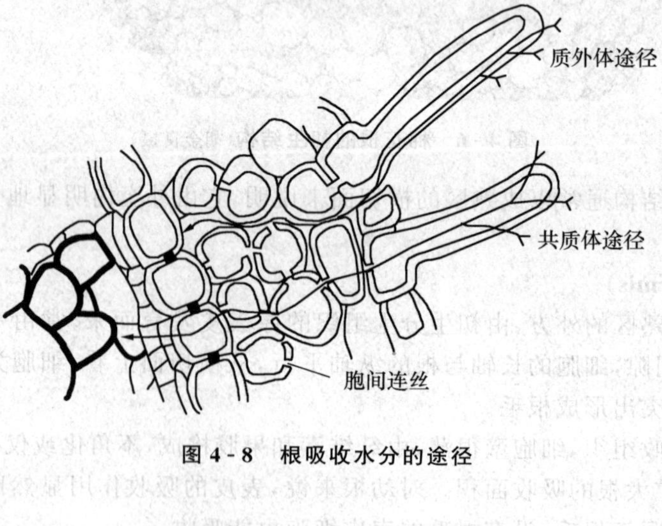

图4-8 根吸收水分的途径

3. 中柱(stele)

中柱是指内皮层以内的中轴部分，由原形成层分化而来，中柱在根的初生结构中所占比例较小，但其内部结构却比较复杂。中柱由中柱鞘、初生木质部、初生韧皮部和薄壁细胞组成(图4-9)，一般无髓部，但也有少数植物的有髓部，如蚕豆根。

(1)中柱鞘(pericycle) 位于中柱最外层，通常由1～2层排列整齐的细胞组成，少数植物也

可以有多层细胞。构成中柱鞘的细胞一般都是薄壁细胞，可以脱分化恢复分裂能力，恢复分裂能力后，可以产生侧根、木栓形成层发生和维管形成层的一部分以及不定根、不定芽和乳汁管等。

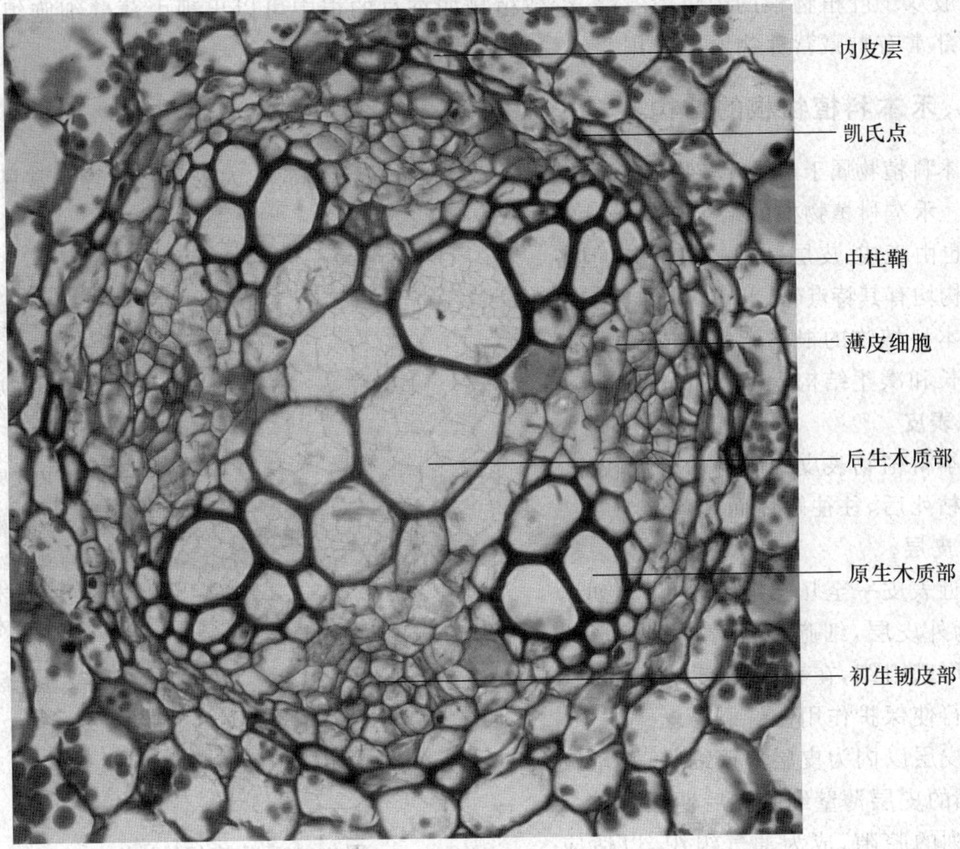

图 4-9　毛茛根中柱(胡金良摄)

(2)初生木质部(primary xylem)　初生木质部位于中柱鞘的内方，主要由导管和管胞组成，少有木纤维和木薄壁细胞。根的初生木质部呈星芒状，脊状突起外侧的导管先分化成熟，主要由环纹、螺纹导管组成，口径较小，壁较厚，称为原生木质部(protoxylem)，内方较晚分化成熟的导管主要是梯纹、网纹和孔纹导管，口径较大，称为后生木质部(metaxylem)。初生木质部这种由外向内逐渐成熟的方式称为外始式(exarch)。根初生木质部的这种发育方式，缩短了水分横向输导的距离，提高了输导效率。

在横切面上，植物根中初生木质部出现数目不等的辐射棱角，称木质部脊，同一植物脊的数目是相对稳定的，有几个脊就称为几原型的木质部。如油菜、烟草、马铃薯、萝卜、番茄的主根为二原型木质部(diarch)；豌豆、紫云英的主根为三原型(triarch)；棉花、向日葵和南瓜的主根为四原型(tetrarch)；梨、苹果为五原型(pentarch)。但少数植物因根的粗细不同也可发生变化，如花生的主根为四原型，侧根为二原型。

(3)初生韧皮部(primary phloem)　初生韧皮部形成若干束分布于初生木质部辐射脊之间，与初生木质部相间排列，其分化成熟方式也是外始式，即原生韧皮部(protophloem)在外，一般由筛管组成，常缺少伴胞；后生韧皮部(metaphloem)位于内方，主要由筛管和伴胞组成，只有少数植物有韧皮纤维存在。原生韧皮部的生活时间很短，后生韧皮部形成不久，原生韧皮部就被破坏。

(4)薄壁细胞(parenchyma) 在根的初生韧皮部与初生木质部之间还有一层到几层由原形成层保留下来的细胞为薄壁细胞。这些细胞在次生生长开始时,将来发育成维管形成层的主要部分。

一般双子叶植物根的中央没有髓,少数植物如蚕豆的根中可以出现由薄壁细胞组成的髓部。髓部常有贮藏营养物质的作用。

二、禾本科植物根的结构

禾本科植物属于单子叶植物的一大类型,小麦、水稻、玉米、高粱、大麦和竹子等是常见的禾本科植物。禾本科植物根的结构与双子叶植物一样也由表皮、皮层和中柱三部分,但各部分结构均有其特点(图 4-10 和图 4-11)。

禾本科植物的根不产生形成层,没有次生生长和次生结构。

1. 表皮

禾本科植物表皮细胞寿命一般较短,当根毛枯死后,往往解体而脱落。

2. 皮层

靠近表皮一至几层细胞较小,排列紧密,称为外皮层,细胞在发育后期常形成栓化的厚壁组织,在表皮、根毛枯萎后,代替表皮行使保护作用。

外皮层以内为皮层薄壁细胞,数量较多,水稻的皮层薄壁细胞在后期形成许多辐射排列的腔隙,成为通气组织,以适应水湿环境。

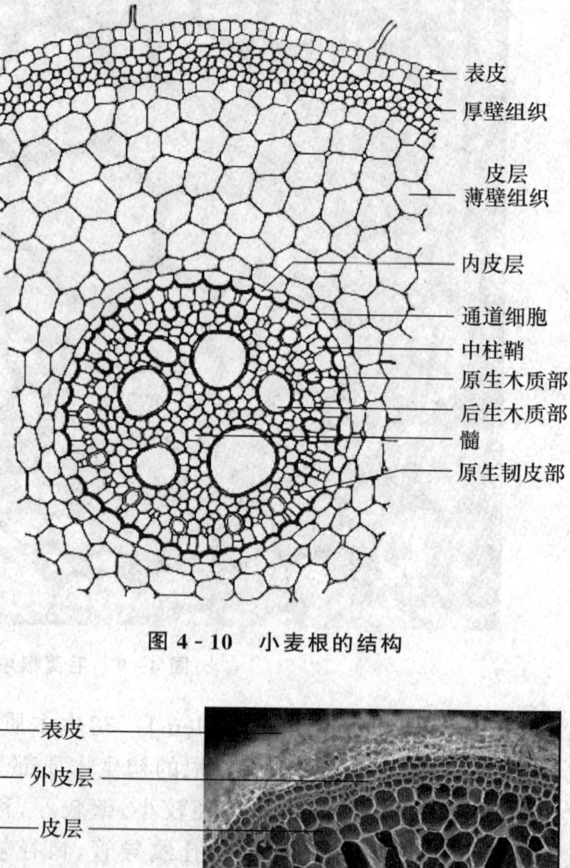

图 4-10 小麦根的结构

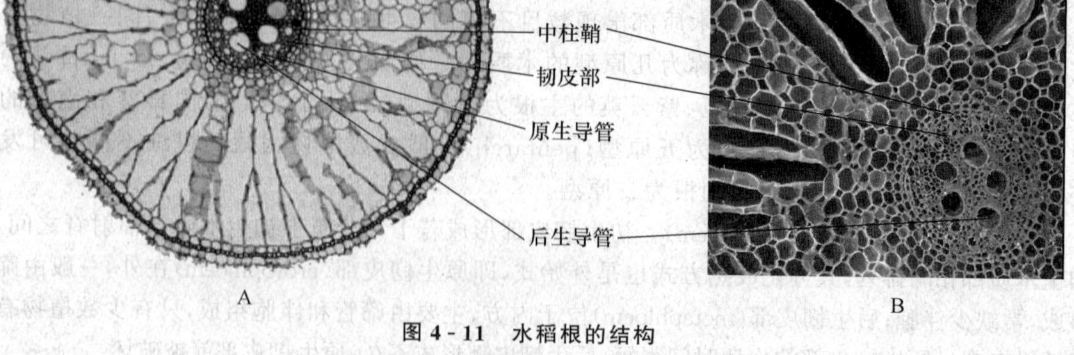

图 4-11 水稻根的结构

A. 光镜照片(胡金良摄);B. 扫描电镜照片

内皮层的绝大部分细胞径向壁、横壁和内切向壁五面增厚，只有外切向壁未加厚，在横切面上，增厚的部分呈马蹄形。但正对着初生木质部的内皮层细胞常停留在凯氏带阶段，称为通道细胞(passage cell)，它是初生根物质运输的主要通道。

3. 中柱

也分为中柱鞘、初生木质部和初生韧皮部等几个部分。初生木质部一般为多原型，原生木质部在外侧，由1至数个小型导管组成，后生木质部位于内方，仅有一个大型导管。初生韧皮部位于原生木质部之间，与原生木质部相间排列。中柱中央为髓部，由薄壁细胞组成，但小麦幼根的中央部分有时被1或2个大型后生导管所占满。在大多数禾本科植物根发育的后期，除了韧皮部外，中柱内的组织均木化增厚，整个中柱既保持了输导功能，又有坚强的支持作用。

第四节　双子叶植物根的次生生长和次生结构

大多数双子叶植物和裸子植物的根在完成初生生长形成初生结构后，还能进行次生生长，产生次生结构，使根增粗。产生次生结构的分生组织是次生分生组织，通常有维管形成层和木栓形成层两种。

一、维管形成层的发生与次生维管组织的形成

根的维管形成层为一层细胞组成，最初发生于初生韧皮部内侧与初生木质部之间的薄壁细胞。这些薄壁细胞恢复分裂能力形成维管形成层片段。随后，各段维管形成层逐渐向两侧扩展，直到与中柱鞘相接。此时，正对原生木质部辐射角外面的中柱鞘细胞也恢复分生能力，成为维管形成层的一部分，并与先前产生的相衔接。至此，维管形成层成为一连续波浪状的形成层环。在靠近初生韧皮部内侧的维管形成层发生较早，分裂活动也较快，结果使维管形成层由波浪状环逐渐发展成圆形的环(图4-12)。

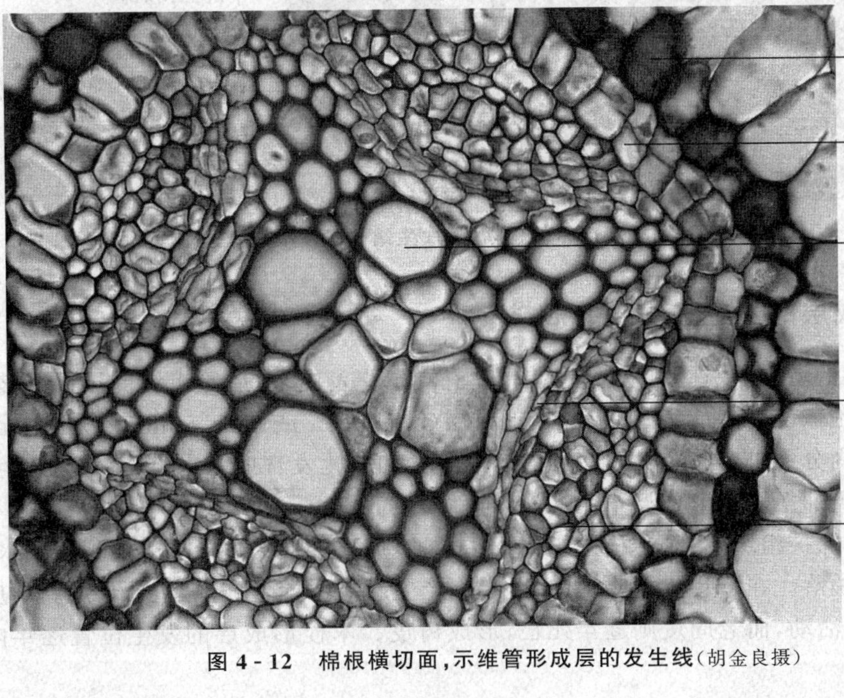

图4-12　棉根横切面，示维管形成层的发生线(胡金良摄)

维管形成层形成后，主要进行平周分裂，分别向内和向外产生细胞。向内产生的新细胞，分化后形成新的木质部，加在初生木质部的外方，这种木质部是由次生分生组织——维管形成层所产生，因此称为次生木质部（secondary xylem）；向外分裂所产生的细胞形成新的韧皮部，加在初生韧皮部的内方，称为次生韧皮部（secondary phloem）。次生木质部和次生韧皮部的组成成分，基本上与初生木质部和初生韧皮部相同。一般形成层活动产生的次生木质部数量远远多于次生韧皮部，因此在横切面上次生木质部所占比例要比次生韧皮部大得多。维管形成层除产生次生木质部和次生韧皮部外，在正对初生木质部辐射角处，由中柱鞘发生的维管形成层则分裂形成射线。射线由径向排列的薄壁细胞组成，是根内的横向运输系统。随着形成层内部细胞的不断增多，形成层细胞除进行平周分裂外，还有少量的垂周分裂，增加本身细胞数量，使圆周扩大，以适应根的增粗（图 4-13）。

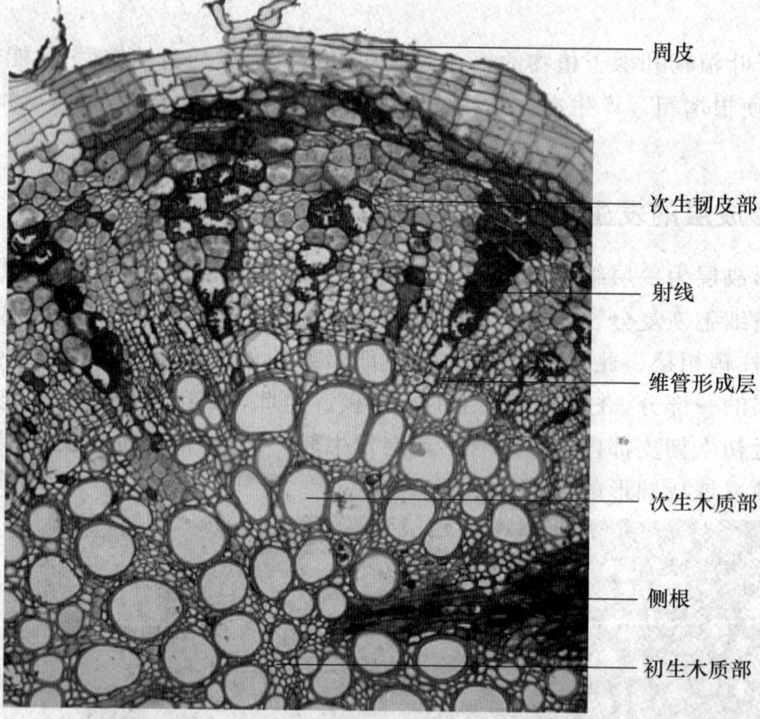

图 4-13　棉花老根的横切，示次生结构（胡金良摄）

二、木栓形成层的发生与周皮的形成

随着次生组织的增加，中柱不断扩大，使中柱鞘外方的表皮、皮层等组织受压而胀破。与此同时，中柱鞘细胞恢复分裂能力，形成木栓形成层（phellogen 或 cork cambium）。木栓形成层形成后，进行平周分裂，向外产生数层新细胞，经生长和分化发育成为木栓层；向内产生的细胞则形成栓内层，再加上木栓形成层本身，三者合称周皮。

木栓层为次生保护组织，由于木栓组织的不透水性，周皮外面的皮层和表皮得不到水和养料，最终相继死亡脱落。在多年生植物根中，每年都产生新的木栓形成层，进而形成新周皮，以适应维管形成层的活动，而老周皮则逐年死亡，形成树皮。木栓形成层的发生位置逐年内移，最后可深入到次生韧皮部的薄壁细胞中发生。

植物根的各种次生结构均在初生根的中柱内产生，如周皮由中柱鞘产生；次生木质部和次生韧皮部则是由初生韧皮部和初生木质部之间的薄壁细胞和部分中柱鞘形成的维管形成层（图4-14）。次生结构刚形成时，外面还有表皮、皮层，周皮形成后，表皮和皮层脱落，这样老根

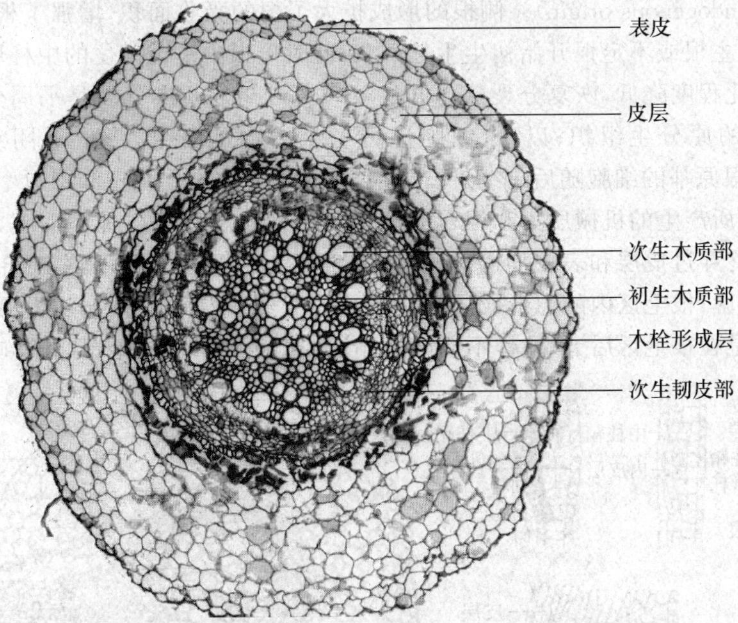

图4-14　棉根横切面，示次生根的形成（胡金良摄）

从外向内主要的结构为周皮、次生韧皮部、维管形成层、次生木质部、初生木质部等。现将双子叶植物根的发育过程表解如下。

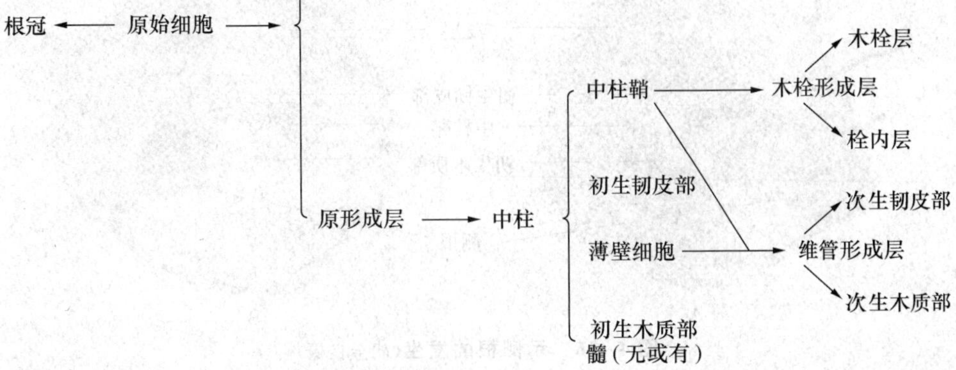

第五节 侧根的发生

种子植物的侧根起源于中柱鞘的特定部位。由于这种起源发生于根皮层以内的中柱鞘，因此称为内起源(endogenous origin)。侧根的形成扩大了根的吸收面积，增强了根的支持作用。侧根的产生开始于主根或不定根开始初生生长不久，此时母根中一定部位的中柱鞘细胞脱分化，细胞质变浓，液泡化程度降低，恢复分裂能力开始分裂。最初的几次分裂是平周分裂，使细胞层数增多，就是侧根的原分生组织；以后，细胞进行各个方向的分裂，形成一团细胞的侧根原基(图 4 - 15)。侧根原基的细胞随后继续进行分裂，其顶端分化为生长点和根冠。由于侧根分生区持续分裂新细胞所产生的机械压力和根冠分泌的物质使皮层和表皮细胞溶解，侧根不断向前推进，这样侧根最终穿过皮层和表皮伸出母根，进入土壤。侧根与母根一样，在分生区之后分化形成伸长区和根毛区，根毛区内的原形成层分化形成维管组织与母根相连。侧根原基在根毛区产生，但伸出母根是在根毛区后方，这样不会由于侧根的产生而破坏根毛，从而影响根的吸收能力。

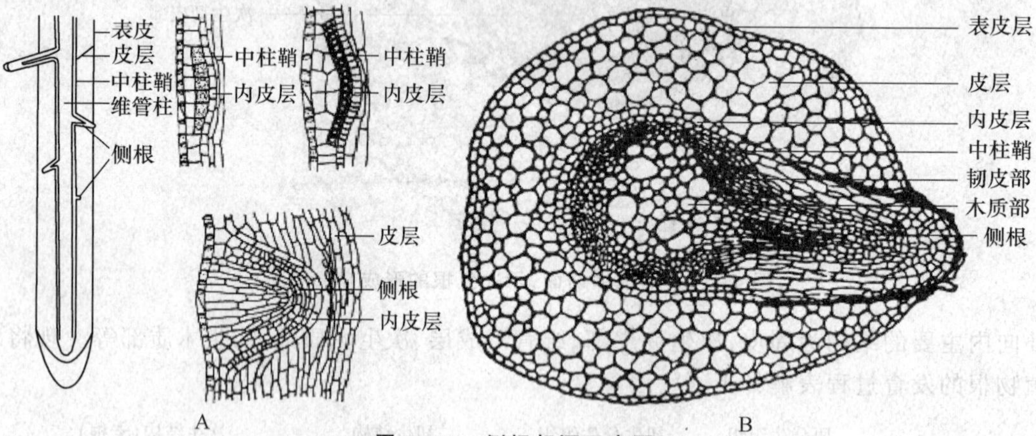

图 4 - 15 侧根起源示意图

A. 根的纵切；B. 根的横切

侧根在中柱鞘上发生的部位与初生木质部的原型有关，二原型的根中，发生在初生木质部与初生韧皮部之间；三原型和四原型的根正对初生木质部；多原型的根则正对初生韧皮部(图 4 -16)。不定根的形成与侧根基本相同，但发生部位不固定，在茎、叶或老根上也可产生。

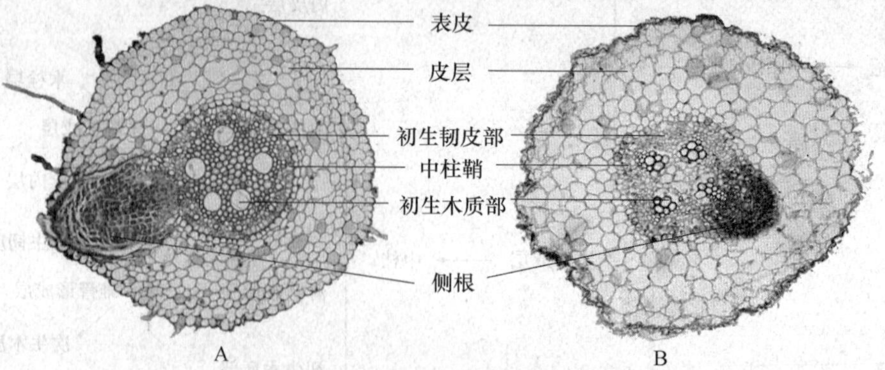

图 4 - 16 示侧根的发生(胡金良摄)

A. 小麦根(多原型)；B. 棉花根(四原型)

大多数不定根发生在器官深层，如中柱鞘、韧皮部、射线等薄壁细胞，也属内起源。

第六节　根瘤与菌根

植物的根系分布于土壤中，它们和土壤中的根际微生物有着密切的关系，它们相互影响，相互制约。其中有些土壤微生物能侵入某些植物根部，与宿主建立互助互利的共生关系，种子植物和微生物之间的共生关系，最常见的为根瘤和菌根。

一、根瘤

根瘤(root nodule)是根瘤细菌(*Rhizobium*)或放线菌等侵入植物根部细胞而形成的瘤状共生结构。根瘤的大小和形状因植物不同而异，自然界已经发现数百种植物可以产生根瘤，其中最重要的是豆科植物。在根瘤菌与豆科植物形成共生关系中，根瘤菌从豆科植物的根中吸取有机物、矿物质和水，供本身生长繁殖之需；而根瘤菌则可将空气中的 N_2 和细胞内的糖结合成含氮化合物。这些含氮化合物除满足根瘤菌本身需要外，也为豆科植物提供氮素营养，用于豆科植物细胞内合成蛋白质。

豆科植物的根瘤形成过程如下(图 4-17)：豆科植物根分泌一些物质吸引根瘤菌到根毛附近，随后根瘤菌产生分泌物使根毛卷曲、膨胀，根毛顶端细胞壁发生内陷溶解，根瘤菌经此处侵入根毛，并在根毛中滋生，聚集成带，其外被一层黏液，同时根毛细胞分泌纤维素包在菌带和黏液外方形成管状侵入线。根瘤菌沿侵入线侵入根的皮层，并迅速在该处繁殖，被感染细胞的细胞质和细胞核，逐渐解体，最后成为几乎全被根瘤菌所充满的大型细胞，根瘤菌也相应变为拟菌体。这时这些大型细胞四周的皮层细胞受到根瘤菌分泌物刺激后，迅速地分裂，产生大量新细胞，使皮层部分的体积膨大而突出，包围着聚生根瘤菌的薄壁组织，形成向外突出的根瘤。根瘤菌刚进入豆科植物根的时候并不能固氮，只有发育到拟菌体阶段才能进行固氮作用(图 4-18)。

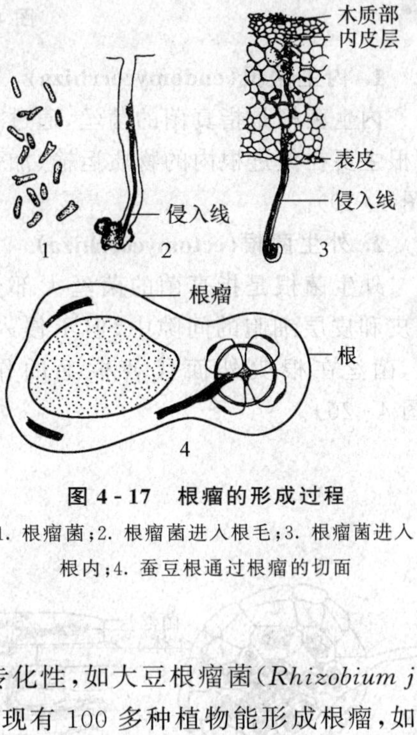

图 4-17　根瘤的形成过程

1. 根瘤菌；2. 根瘤菌进入根毛；3. 根瘤菌进入根内；4. 蚕豆根通过根瘤的切面

根瘤菌常与一定的植物共生，其与宿主间有一定的专化性，如大豆根瘤菌(*Rhizobium japonicum*)仅能在大豆上形成根瘤。除豆科植物外，还发现有 100 多种植物能形成根瘤，如罗汉松和杨梅等。根瘤除为豆科植物提供氮素外，根瘤脱落后还可增加土壤中的氮素，这就是农业生产中采用豆科植物作为绿肥的原因。

二、菌根

菌根(mycorrhiza)是高等植物根与某些真菌的共生体。菌根所表现的共生关系是真菌能增加根对水和无机盐的吸收和转化能力，而植物则把其制造的有机物提供给真菌。能在植物上形成菌根的真菌很多，多属于担子菌，也有子囊菌和藻状菌的一些种类。

根据菌丝在根中分布的情况不同，将菌根分为内生菌根、外生菌根和内外生菌根。

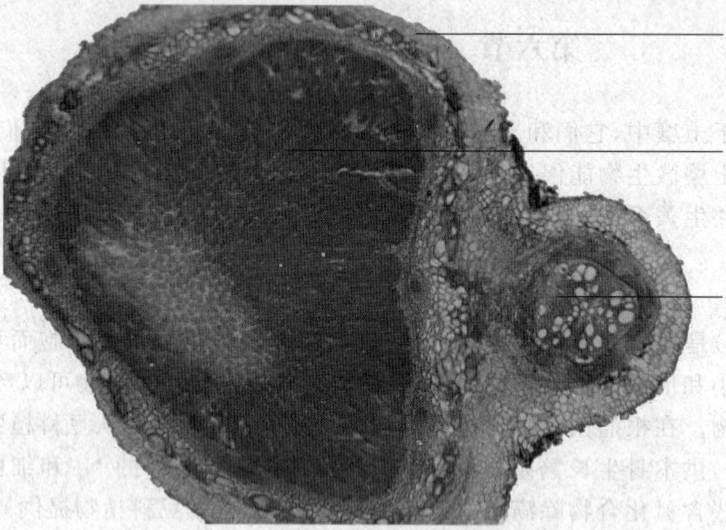

图 4-18 根的根瘤(胡金良摄)

1. 内生菌根(endomycorrhiza)

内生菌根是指真菌的菌丝，通过表皮进入皮层的细胞腔内，菌丝在细胞内盘旋扭结。内生菌根主要在促进根内的物质运输、加强根的吸收机能，如禾本科、兰科、桑属、银杏有这种菌根(图 4-19)。

2. 外生菌根(ectomycorrhiza)

外生菌根是指真菌的菌丝大部分生长在幼根的表面，形成菌根鞘，只有少数菌丝侵入表皮和皮层细胞的间隙中，但不侵入细胞中。具有外生菌根的根，其根毛不发达或没有根毛，菌丝在根尖外面代替根毛的作用。许多木本植物如松、水杉、山毛榉有外生菌根(图 4-20)。

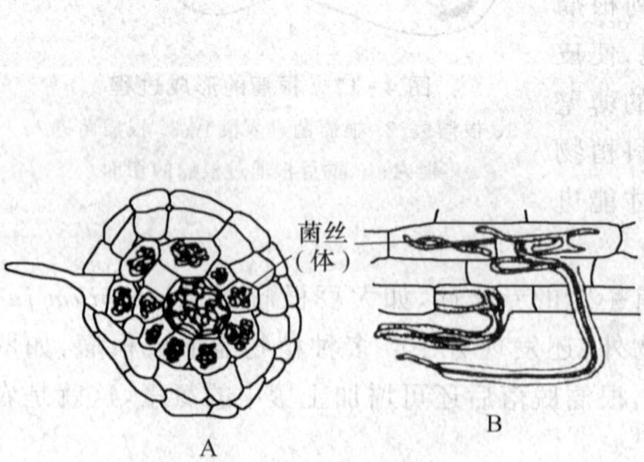

图 4-19 内生菌根

A. 小麦内生菌根的横切面；

B. 芳香豌豆内生菌根的横切面

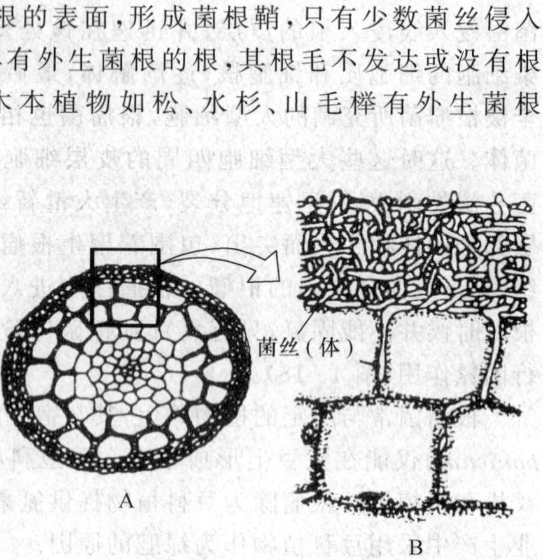

图 4-20 外生菌根

A. 松树外生菌根的横切面；

B. A图的一部分放大

3. 内外生菌根(ecto-endomycorrhiza)

内外生菌根是指植物幼根的表面和生活细胞内均有真菌的菌丝，如柳属、苹果等植物有这种菌根。

在植树造林时，如果没有相应的真菌存在，就不能正常生长，如松树在不形成菌根的情况下，吸收养分少，生长缓慢，甚至死亡。

第七节　根的变态

植物的各种营养器官由于行使一定的生理功能，其形态结构具有易于识别的特征，但是有些植物的营养器官行使特殊功能，其形态结构相应发生显著变异，表现为异常生长和结构。这种现象称为变态(metamorphosis)，该器官称变态器官(metamorphosis organ)。常见的根变态有以下几种类型。

一、贮藏根

贮藏根(storage root)主要是适应于贮藏大量营养物质的变态根，包括萝卜、胡萝卜、甜菜、甘薯、何首乌等，其共同特点是：外观肥大、肉质；结构以大量薄壁组织为主，维管分子散生其间；根内贮藏物用于植株的开花结实或作为营养繁殖、萌生新植株的营养源。根据来源将其分为肉质直根和块根两种(图 4-21)。

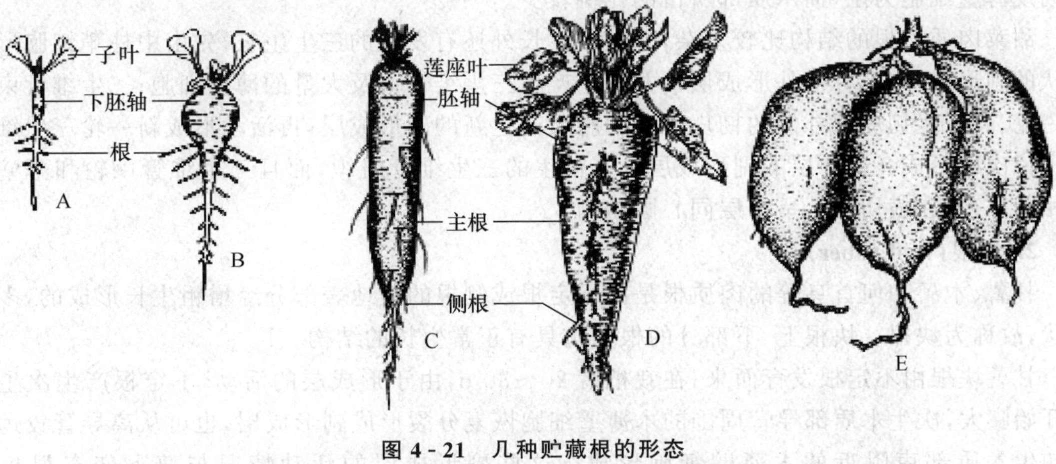

图 4-21　几种贮藏根的形态

A、B. 萝卜肉质根的发育与外形；C. 胡萝卜肉质根；D. 甜菜的肉质根；E. 甘薯的块根

(A～D. 引自徐汉卿，1995；E. 引自李扬汉，1984)

1. 肉质直根(fleshy tap root)

萝卜、胡萝卜、甜菜等的变态器官由两部分发育而成，上部由下胚轴形成，下部由主根基部发育而成，称之为肉质直根。主根上生有数列侧根，这些侧根与主根的其余未膨大的部分具有正常结构。肥大的胚轴端部在营养生长期间着生节间很短的茎与莲座叶，第二年则依靠贮藏根内的营养长出节间长的枝，然后开花结实。

萝卜肉质直根在未增粗时有正常的初生生长、次生生长及结构，但次生木质部中薄壁组织十分发达且无木纤维，以后陆续在木薄壁组织中产生多个副形成层(accessory cambium)，进行三生生长，分别向其内外两侧产生三生木质部(tertiary xylem)和三生韧皮部(tertiary phloem)，其内以木薄壁细胞和韧皮薄壁细胞为主。形成层与副形成层在生长季节同时活动，便形成了萝卜贮藏根肉质的、发达的木质部(包括三生韧皮部),而初生和次生韧皮部发育很弱,与周皮共同组成薄的"皮部"(图 4-22)。

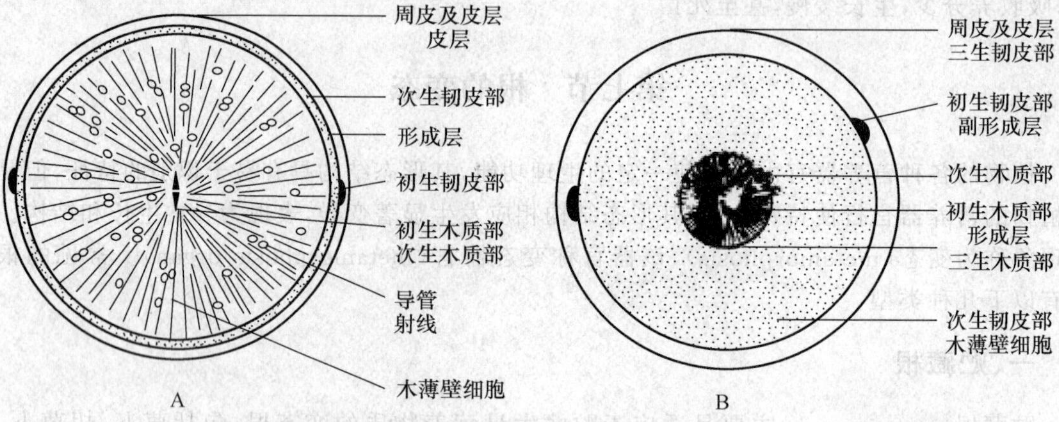

图 4-22 萝卜和胡萝卜的贮藏根的结构

A. 萝卜贮藏根横剖面简图;B. 胡萝卜贮藏根横剖面图解(引自 Bonnier)

胡萝卜的肉质直根大体上与萝卜相似,但胡萝卜在次生生长时发育出肉质的发达韧皮部,以韧皮薄壁细胞为主,而木质部所占的比例较少。

甜菜肉质直根的结构比较复杂,除次生生长外还有发达的三生生长,先由中柱鞘细胞形成筒状的副形成层(也称额外形成层),并由它产生三生维管束及大量的薄壁细胞;三生维管束排成一轮,其三生韧皮部外侧的韧皮薄壁细胞又产生新的副形成层,再活动形成新一轮三生维管束。依次可形成 8～12 层的副形成层及其衍生的三生维管组织,而且三生维管束轮和薄壁组织相间排列,在横切面上呈多层同心圆结构。

2. 块根(root tuber)

甘薯、木薯和何首乌等的肉质根是由不定根或侧根的近地表部分经增粗生长形成的,多呈块状,故称为块根。块根上、下部分的根则仍具有正常生长的结构。

甘薯块根由不定根发育而来,在栽植后 20～30 d,由于形成层的活动,不定根产生次生结构开始膨大,次生木质部导管周围的木薄壁细胞恢复分裂形成副形成层,也可从离导管较远处或初生木质部束附近的木薄壁细胞形成。这些副形成层的活动情况与萝卜变态根相同(图 4-23)。

二、气生根

凡暴露于地面,生长在空气中的根均称为气生根(aerial root)。气生根因担负的功能不同又分为数类。一些具浅根系而植株又较高大的草本植物,如玉米、高粱等,在拔节后抽穗前,近地面的几个节上可环生几层气生的不定根,作向地性生长而入土,并在土内产生侧根,有支持植株的特殊作用,称之为支持根(prop root)(图 4-24),这类根较粗壮,也兼有吸收、输导等作用。支持根发育不良时,植株遇大风易倒伏。一些藤本植物,如爬山虎、络石、薜荔、常春藤等从茎的一侧产生许多顶端扁平、易于攀缘于物体表面的攀缘根(climbing root)。爬山虎的攀缘根顶端特化成吸盘状。

有些生长在沿海或沼泽地带的植物,如红树、水松等产生向上生长伸出地面的呼吸根(re-

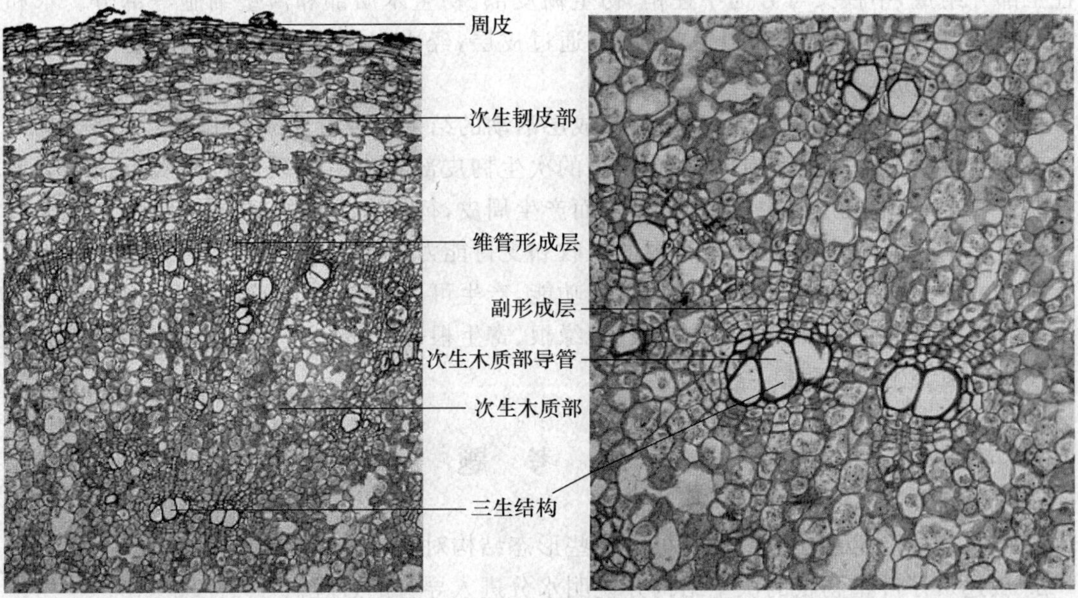

图 4-23　甘薯的三生结构(胡金良摄)

spiratory root)。其表面有呼吸孔,内有发达的通气组织,有利于通气和贮存空气。

许多附生植物,如热带雨林中的附生兰全为气生根,其根具有肥厚的根被适宜于吸收和贮存空气中的水分。

图 4-24　玉米的支持根

(引自徐汉卿,1995)

三、寄生根

寄生根(parasitic root)是寄生植物从寄主体内吸收水分和养分,由不定根变态形成的器官,故也称吸器。见于菟丝子属、列当科的列当属(*Orobanche*)和樟科的无根滕属(*Cassytha*)等高等寄生植物中,它们的叶退化为小鳞片,不能进行光合作用,而是借助特殊的寄生根吸取寄主营养。

小　结

根的主要生理功能是吸收和支持。根据发生部位不同,根可分为定根和不定根。一株植物所有的根称为根系,由主根和侧根组成的根系为直根系;由不定根组成的根系为须根系。

从根的纵切面上看,根可分为老根和根尖。根尖可分为根冠、分生区、伸长区和根毛区四部分。根冠主要有保护和控制根的向地性生长的作用;分生区和伸长区的主要功能是促使根进入新的环境,吸收更多的水和无机盐,根毛区则是根的主要吸收部位。老根的主要功能是支持和运输,一般没有吸收作用。

根毛区是根吸收的主要部位,它的横切面为根的初生结构。根的初生结构由表皮、皮层和中柱三部分组成，中柱又可分为中柱鞘、初生韧皮部、初生木质部和薄壁细胞等部分。水和溶解在水中的无机盐，被表皮和根毛吸收后，通过皮层，经内皮层的选择，进入初生木质部的导管，最后运到植物体各部分。

根的次生结构是维管形成层和木栓形成层活动的结果。维管形成层由初生木质与韧皮部间的薄壁细胞以及中柱鞘细胞形成，它产生的次生韧皮部和次生木质部行使次生根的运输和支持功能，而木栓形成层由中柱鞘产生，进而产生周皮，行使次生根的保护作用。

侧根起源于中柱鞘，侧根增强了根的吸收和支持能力。

有些植物的根适应特殊环境，行使特殊功能，产生可遗传的变异，这种现象称为器官变态。根主要的变态有肉质直根、块根、支持根、攀缘根、寄生根等。还有一些植物的根与细菌共生形成根瘤或真菌共生形成菌根。

思 考 题

1. 根有何主要生理功能？说明根的哪些形态结构对其生理功能有利。
2. 叙述双子叶植物根的次生结构并说明水分进入导管的过程。
3. 根的内皮层有什么特点？在根的生理功能的发挥中担负的作用如何？
4. 试述双子叶植物根的次生生长过程。
5. 指出双子叶植物根与禾本科植物的异同点。
6. 说明根瘤的形成过程和意义。
7. 根是如何在坚实的土壤中不断向前生长的？为什么根会不断地生长？
8. 为什么说根是植物适应陆地固着生活、行使吸收功能的产物？

第五章 营养器官——茎

茎是根和叶之间起连接和支持作用的轴状结构，它下接根部，上承枝叶，构成了植物地上部分的主体。植物的主茎来源于种子的胚芽，侧枝则来源于腋芽或不定芽。茎不仅对植物的生长和发育有重要作用，同时对人类也有重要的经济意义，许多农作物都是以茎为收获对象的，如木材、竹子、马铃薯、藕、荸荠、甘蔗等。

第一节 茎的主要生理功能

1. 支持作用

茎是植物体的骨架，主茎和各级分枝支持着叶、花和果实，使它们合理分布在一定空间，以利于叶子的光合作用和蒸腾作用，同时有利于花的传粉、果实和种子的传播。

2. 输导作用

茎连接根和叶是植物体物质上下运输的重要通道，茎能将根所吸收的水分和无机盐以及根合成的物质向上运输到叶、花和果实中；同时又将叶制造的有机物质向下或向上运输至根、花、果和种子各部分供利用或贮藏。

3. 繁殖作用

植物的茎可以产生不定根和不定芽，具有营养繁殖作用。人类可以利用植物的这些特性，通过扦插、压条、嫁接等方法来繁殖植物。扦插、压条和嫁接既可保持植物种的优良特性，又可加快植物的繁殖速度。

4. 其他功能

一些多年生植物的茎，特别是变态茎具贮藏功能，茎内贮藏的物质为翌年春季芽萌动提供营养，如马铃薯的块茎和荸荠的球茎、莲的根状茎；绿色幼茎可进行光合作用；变为刺的茎具有保护作用，如石榴、皂荚等；具有卷须、吸盘(如爬山虎、葡萄)的茎有攀缘作用。

第二节 茎的基本形态和类型

一、茎的形态特征

茎多生长于地上，受环境影响较大，因而茎的形态结构也相对复杂和多样。大多数植物的茎为圆形，但也有三棱形、多棱形、方形等。

茎的顶端有顶芽，旁侧发生出多种侧生器官，包括叶、枝、芽、花或果。茎上着生叶和芽的部位称为节(node)，节与节之间的部位称为节间(internode)。在有些植物的茎上还能见到外观上稍稍隆起的疤痕状裂缝——皮孔(lenticel)，皮孔是与周皮同时形成的通气结构。带有叶和芽的茎称为枝条，不同的植物或同种植物不同部位枝条的节间长短不一，节间显著伸长的枝条称为长枝，节间缩短，各个节间紧密相连的称为短枝，短枝一般是花果枝。

在多年生植物的冬枝上还可看到叶痕、维管束痕、芽鳞痕等侧生器官脱落后留下的痕迹。

其中,叶痕(leaf scar)是叶脱落后在茎上留下的痕迹。在叶痕中有茎通往叶的维管束横断面,称为维管束痕,简称束痕(叶迹)。芽鳞痕(bud scale scar)是鳞芽于生长季开始生长时,其芽鳞片脱落后留下的痕迹(图 5-1)。

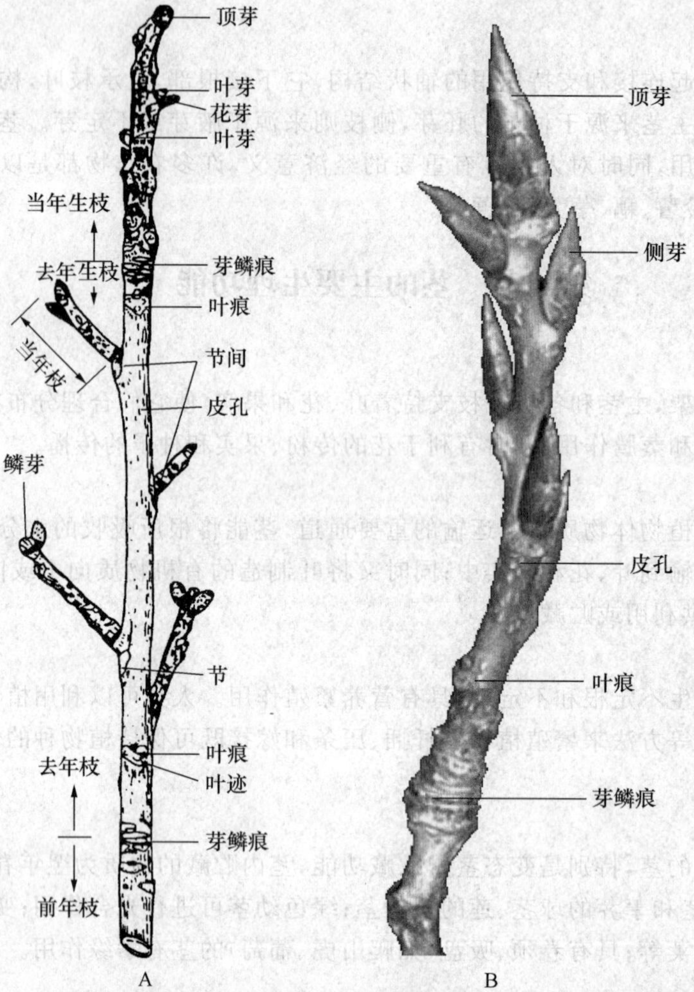

A B

图 5-1 核桃与白杨

A. 核桃三年生枝冬态(引自 T. Elliot Weier 等);B. 白杨枝条

二、芽的基本结构和类型

(一)芽的结构

芽是枝条、花或花序的原始体,将来分别发育出叶片、枝和花或花序。芽的结构与芽的性质有关,叶芽由生长锥、叶原基、幼叶和腋芽原基等部分组成;花芽则由花萼原基、花瓣原基、雄蕊原基和雌蕊原基或花序各部分的原基组成(图 5-2)。

芽是植物体中最幼嫩的部位,面对复杂多变的气候环境,在组成上体现了对分生组织的保护与对环境的适应。如芽的外面有幼叶或苞片、芽鳞包被着,使其免遭风吹、雨淋和日晒,当外界环境条件不利时,休眠芽外部的鳞片限制了氧气进入,降低了内部的代谢活动。

(二)芽的类型

按照芽生长的位置、性质、结构和生理状态,可将芽分为下列几种类型。

1. 顶芽、侧芽和不定芽

根据芽在枝上生长位置分为顶芽、侧芽和不定芽。生长在枝条顶端的称顶芽,生长在枝的侧面叶腋内的称侧芽,也称腋芽。顶芽和侧芽又称定芽(normal bud)。由老茎、根、叶或创伤部位产生的芽,称为不定芽(adventitious bud),这些芽在植物体上没有固定发生部位,如甘薯根上长的芽。农业生产上常利用植物能产生不定芽这一性能进行营养繁殖。

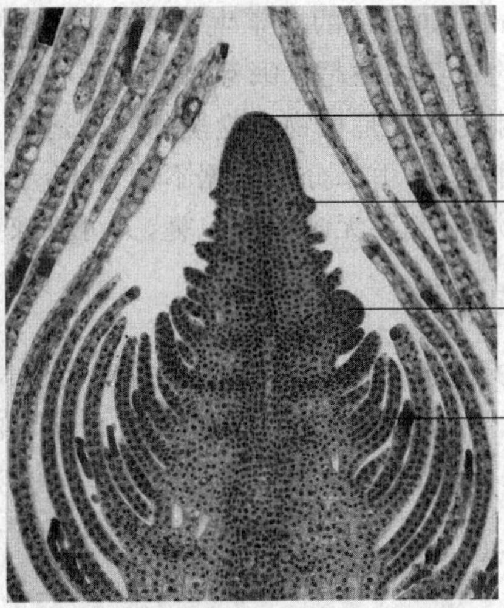

图 5-2　黑藻顶芽(胡金良摄)

2. 叶芽、花芽和混合芽

根据发育后所形成的器官性质不同,芽可分为叶芽、花芽和混合芽。

以后发育为叶片和枝条(即侧枝)的芽,称为叶芽(leaf bud)。将来发育形成花或花序的芽为花芽(flower bud),花芽的外观常较叶芽肥大。有些植物还具有一种既有叶原基和腋芽原基,又有花部原基的芽,称为混合芽(mixed bud),外观上也较叶芽肥大,将来发育为枝、叶和花(或花序)。如梨和苹果短枝上的顶芽即为混合芽(图 5-3)。

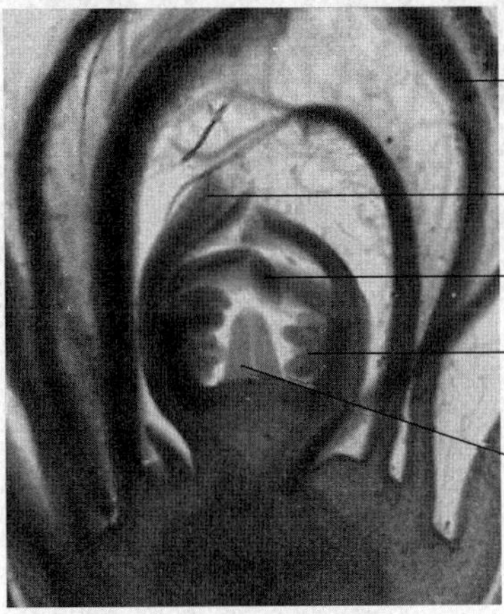

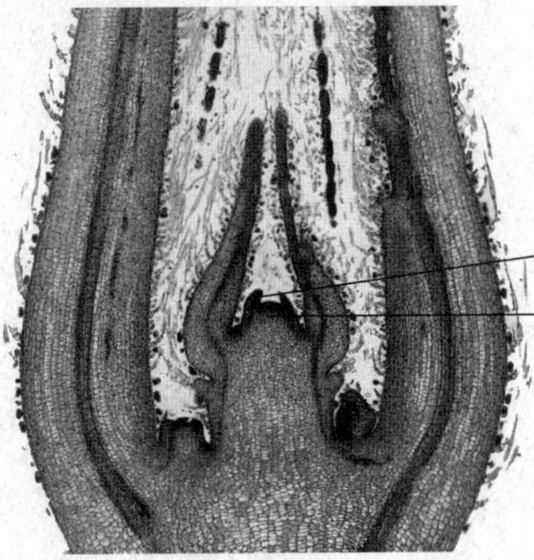

图 5-3　芽的构造(胡金良摄)

A. 桃花芽纵切面;B. 丁香叶芽纵切面

3. 裸芽和鳞芽

根据芽外有无保护结构分为裸芽和鳞芽。外面没有芽鳞片保护的芽称为裸芽(naked bud),而具有芽鳞片保护的芽称为鳞芽(scaly bud)。草本植物和生长在热带和亚热带的木本植物常形成裸芽,如大豆、棉花等。而生长在温带的木本植物的芽大多为鳞芽,如杨。

4. 活动芽和休眠芽

活动芽和休眠芽是根据的生理活动状态划分的。通常认为能在当年生长季节中萌发形成新枝、花或花序的芽称为活动芽(active bud)。在生长季节里,保持休眠状态的芽称为休眠芽

(dormand bud)，如温带的多年生木本植物，通常是顶芽和距离顶芽很近的为活动芽，而大部分靠近下部的腋芽往往是休眠芽。休眠芽在植株受到创伤和虫害时，也能打破休眠，开始萌发形成新枝。芽的休眠是植物对逆境的一种适应，亦与遗传因素有关。

一个具体的芽，由于分类依据不同，可给予不同的名称。如水稻主茎顶端的芽，可称为顶芽、定芽、活动芽；其芽无鳞片叶包裹，又可称裸芽。

三、茎的分枝

茎顶端的芽发育到一定阶段时，侧芽就会生长形成新的枝条，这一过程称为分枝。不同的植物有不同的分枝方式，种子植物常见的分枝方式有单轴分枝、合轴分枝、假二叉分枝和分蘖四种(图 5-4)。

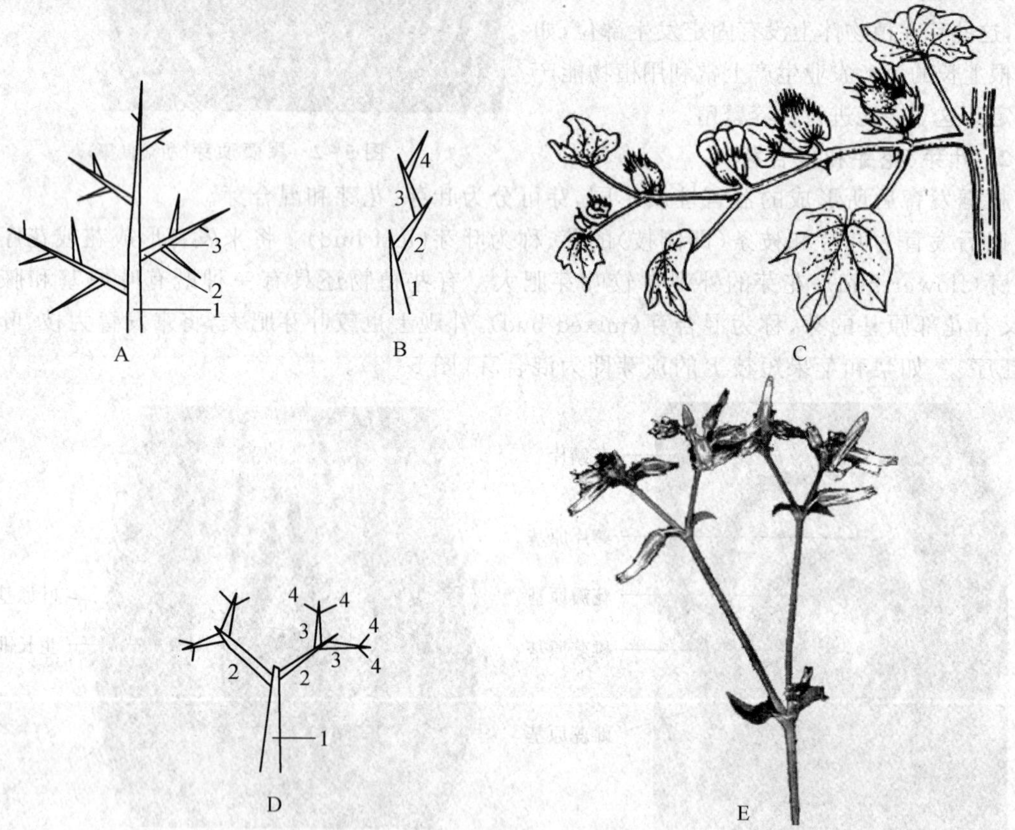

图 5-4 种子植物的分枝方式

A. 单轴分枝；B、C. 合轴分枝；D、E. 假二叉分枝

1. 单轴分枝(monopodial branching)

单轴分枝又称总状分枝，是一种比较原始的分枝方式，其特点是主茎的顶芽活动始终占优势，芽生长后使植物体保持一个明显的直立主轴，而侧枝较不发达。这种分枝方式形成了具有直耸树干的木材，在建筑、造船等工业上有重要的价值。

2. 合轴分枝(sympodial branching)

这种分枝的特点是主茎的顶芽生长到一定时期，失去生长能力或分化为花芽，继而由顶芽下部的侧芽代替顶芽生长发展为新枝，并取代了主茎的位置。不久新枝的顶芽又停止生长，再由其旁边的腋芽所代替，依此类推。结果主干是由一段主茎与各级侧枝组成。合轴分枝的节间较短，可多开花结果。棉花、枣等植物的果枝为合轴分枝，但其营养枝是单轴分枝。

3. 假二叉分枝(false dichotomy branching)

顶芽生长到一定程度后，就停止生长，或形成花芽，而由顶芽下部的两个对生的侧芽继续生长形成二叉状分枝，这种分枝形式为假二叉分枝。这种分枝方式与顶端分生组织本身分为两个的二叉分枝不同，实际上是一种合轴分枝方式的变化。这种分枝在被子植物中较普遍，如石竹、丁香、辣椒等。合轴分枝是较为进化的，因为顶芽有抑制腋芽的作用，顶芽的死亡，促进大量腋芽的生成与发育，使树枝有更大的开展性，光合面积扩大。

4. 分蘖(tiller,tillow)

分蘖是禾本科植物所特有的一种分枝方式。禾本科植物在生长初期，茎的节间很短，节很密集，当幼苗出现四五片幼叶的时候，有些分布于基部节上的腋芽开始活动形成新枝并在节位上产生不定根，这种分枝方式称为分蘖。产生分枝的节称为分蘖节。分蘖形成新枝后，在新枝的基部又形成新的分蘖节，进行分蘖活动，依次产生各级分枝和不定根。分蘖主要发生在地面附近的茎节上，发生分蘖节位称为蘖位，蘖位越低，其分蘖越早，生长周期长，容易成穗；蘖位愈高，分蘖发生愈迟生长期短，往往不能成穗，而成无效分蘖，无效分蘖徒然消耗植株养分，影响产量。因此，采取一定措施控制无效分蘖是提高产量的有效途径之一。禾本科植物的分蘖能力随植物的种类不同而有差异，水稻和小麦分蘖力较强，玉米、高粱的分蘖力比较弱。

此外，一些较低级的植物，如藻类、地钱等植物中，还有一种较原始的分枝方式称为二叉分枝(dichotomy branching)，这种分枝方式是植物体发育到一定程度，其尖端的顶端分生组织，均匀地分裂成两个生长点，新生长点再形成分枝，以后又继续以同样的方式产生分枝。

四、茎的类型

(一)根据植物茎木化程度分类

根据植物茎木化程度的高低，可将茎分为木本茎与草本茎两大类。

1. 木本茎

比较坚硬，木质化程度高的茎称为木本茎。其寿命较长，具有木本茎的植物称为木本植物。木本植物又可分为乔木、灌木两类。

乔木　指植株高大，主干粗大而明显的植物，如马尾松、杨树和桉树等。

灌木　指植株比较矮小，主干不明显，常由基部分枝的木本植物，如月季、玫瑰等。

2. 草本茎

质地较柔软，木质化程度低称为草本茎。具有草本茎的植物称为草本植物。根据生活期的长短可分为：

一年生草本　生活周期在本年内完成，并结束其生命，如水稻、棉、花生、玉米等。

二年生草本　生活周期在两个年份内完成，第一年进行营养生长，在第二年才开花、结实而后枯死。如冬小麦、萝卜、白菜等。

多年生草本　地下部分生活多年，每年继续发芽生长，如甘蔗、甘薯、马铃薯等；有些植物全株能生活多年，如万年青、麦冬等。

环境也可改变植物的生活周期，如棉在北方为一年生植物，在华南则可为多年生植物。

(二)根据茎的生长习性分类

根据茎的生长习性，可将茎分为下列五种(图 5-5)。

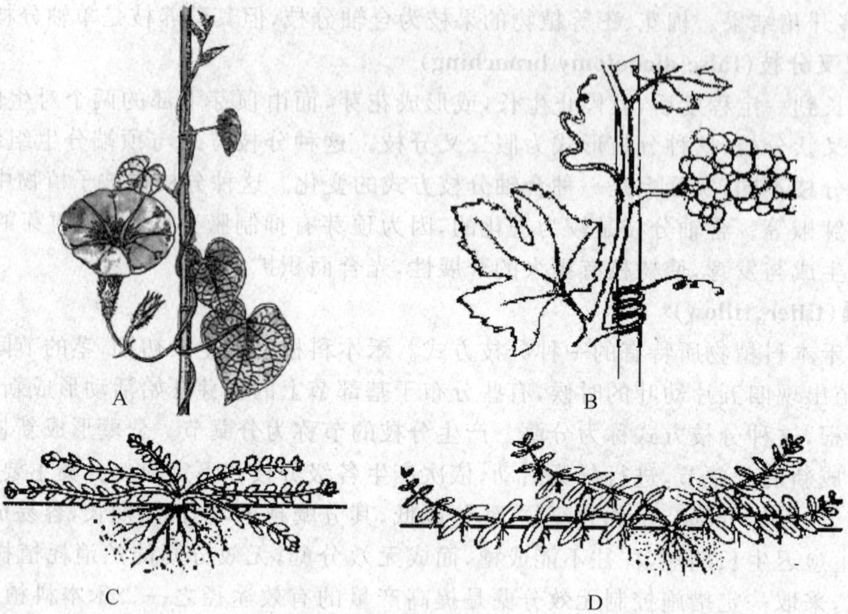

图 5-5 茎的种类

A. 缠绕茎；B. 攀缘茎；C. 平卧茎；D. 匍匐茎

1. 直立茎

茎垂直地面向上生长，如小麦、玉米、水稻和茶等。

2. 平卧茎

茎平卧地上，如蒺藜和地锦等。

3. 匍匐茎

茎平卧地面，节上产生不定根，如草莓、狗牙根和甘薯等。

4. 攀缘茎

用各种攀缘器官攀缓于他物之上，如黄瓜和葡萄等。

5. 缠绕茎

茎螺旋状缠绕于他物上，如豇豆、菜豆和牵牛等。

第三节　茎尖的分区

高等植物茎尖从顶端起可分为分生区、伸长区和成熟区三个区(图 5-6)。由于茎尖所处的环境以及所担负的生理功能与根不同，所以茎尖没有类似根冠的结构，各区的组织结构与根尖相比也有不同的特点。从组织分化成熟的过程来看，距茎的顶端愈远，其内部组织分化成熟愈老。

一、分生区

茎的分生区又称生长锥或生长点，由顶端分生组织组成，它的外面由许多幼叶包裹，起保护作用。顶端分生组织由原分生组织和由它衍生的初生分生组织构成。原分生组织位于分生区的顶端，由一团胚性细胞(来源于胚芽细胞)所组成，这些细胞不断分裂，向下产生初生分生组织。初生分生组织细胞一面继续分裂，一面开始分化，形成原表皮、基本分生组织和原形成层。茎尖顶端分生

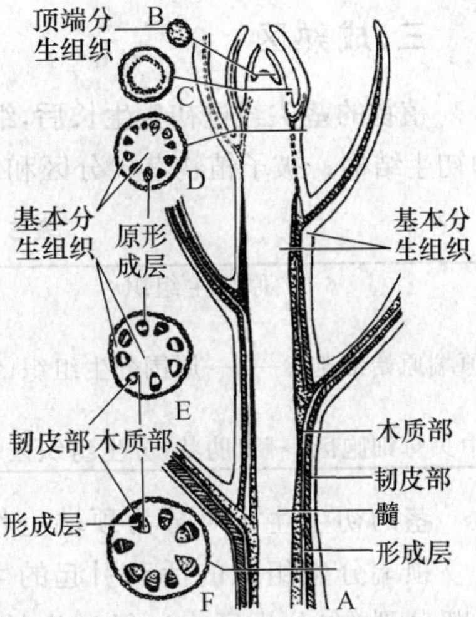

图 5-6 茎尖各区的大致结构

(引自高信曾,1984)

A. 茎尖(全图);B. 分生区;C～D. 伸长区;E～F. 成熟区

组织有一定的排列和发育规律,有不少解释其结构和分化动态的学说,目前普遍接受的是原套—原体学说或细胞组织分区学说。

1. 原套—原体学说

依据这一学说被子植物茎尖的原分生组织包括外部的原套(tunica)和内部的原体(corpus)两个部分,原套通常一至两层细胞,它们进行垂周分裂,扩大表面积而不增加细胞层数。原套包围着的细胞称为原体,排列不规则,可进行各个方向分裂,增加体积和茎顶端周长。

2. 细胞组织分区学说

细胞组织分区学说是根据对裸子植物和被子植物茎的顶端分生组织的细胞学特征和组织分化动态的观察而提出来的。根据细胞的特征,特别是染色反应的不同,茎尖顶端分生组织可分为 4～5 区(图 5-7)。分别为顶端的原始细胞区(也称为原套原始细胞区)在它下面是中央母细胞区(也称为原体原始细胞区),由顶端原始细胞和中央母细胞的侧面衍生细胞组成的周缘分生组织区以及中央母细胞区的细胞再向下衍生成髓分生组织区,以后形成肋状分生组织区,有的还有形成层状过渡区。髓分生组织区一般只有几层细胞,因其分裂横向进行而使衍生细胞纵列排列,故称为肋状分生组织区。在分生区顶端后部,原分生组织(包括周缘分生组织和髓分生组织)逐渐分化为三种初生分生组织,即原表皮、基本分生组织和原形成层。

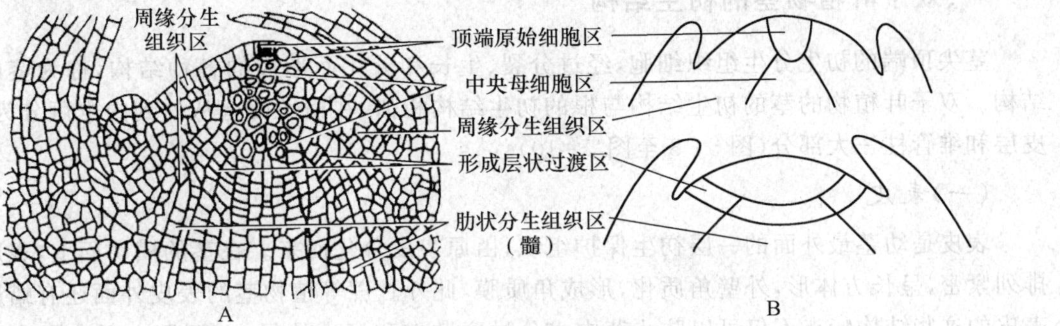

图 5-7 茎端纵切面示细胞组织分区

A. 细胞图(仿 Esau);B. 简图(仿 Clowes)

周缘分生细胞区,在一定的位置上进行分裂产生叶原基。叶原基形成后,在叶原基的叶腋处,腋芽原基产生,叶原基和腋芽原基起源于周缘分生组织外侧第一层或第二、第三层细胞,这种起源方式称为外起源(exogenesis)。

二、伸长区

茎的伸长区的细胞结构特点与根基本相同,但长度一般比根的分生区长,常包括几个尚未伸长的节和节间。在本区内,细胞的分裂活动逐渐停止,其内部的原表皮、基本分生组织和原形成层已初步分化出一些初生组织,而且开始出现了少量导管和厚角组织。

三、成熟区

植物的茎尖经过初生生长后，细胞的伸长基本停止，各种成熟组织分化基本完成，形成了幼茎的初生结构。被子植物茎尖分区和组织分化成熟的过程（即初生生长状态）可归纳为表 5-1。

表 5-1 茎尖分区和组织分化成熟过程

原分生组织	初生分生组织	成熟组织（初生结构）
顶端原始细胞区→周围分生组织区	原表皮	表皮
	基本分生组织	皮层、髓射线
	原形成层	维管束、束中形成层
中央母细胞区→髓（肋状）分生组织区	基本分生组织	髓

茎的初生生长可分为顶端生长和居间生长两种方式。

顶端分生组织的活动引起的生长，称为顶端生长。在生长季节里，茎尖顶端分生组织细胞不断分裂（在分生区内），经过生长（在伸长区内）和分化（在成熟区内），结果使节数增加，节间伸长，同时产生新的叶原基和腋芽原基，就是顶端分长。

在进行顶端生长的同时，茎也能进行居间生长。茎的居间生长始于每个节间基部居间分生组织的活动，与顶端生长一样都经历了细胞的分裂、生长和分化三个阶段，结果使节间伸长，但居间分生组织的活动时间较短，细胞失去分裂能力后，完全分化为成熟组织。

第四节 植物茎的结构

一、双子叶植物茎的初生结构

茎尖顶端的初生分生组织细胞，经过分裂、生长和分化而形成的各种结构，称为茎的初生结构。双子叶植物的茎的初生结构与根的初生结构相似，在横切面上从外到内也可分为表皮、皮层和维管柱三大部分（图 5-8 至图 5-10）。

（一）表皮

表皮是幼茎最外面的一层初生保护组织，由原表皮分化而来。在茎的横切面上，表皮细胞排列紧密，呈长方体形，外壁角质化，形成角质膜，此外甘蔗等植物茎的表皮外面还有蜡质。茎表皮的这些结构特点不仅可以防止茎内水分过度散失和病虫的侵入，而且也不会影响到光线进入茎的外皮层中的绿色组织进行光合作用。

表皮除了表皮细胞外，通常还有气孔、表皮毛和腺毛等附属物。气孔是水和空气出入的通道，表皮毛等附属物可反射强光、降低蒸腾、防止动物伤害等作用。

（二）皮层

皮层是指位于表皮与维管柱之间的部分，由基本分生组织发育而来。皮层一般由多层细胞组成，其中最外方有一至数层细胞与根不一样，常由厚角组织构成，细胞排列紧密，内含叶绿体，故幼茎呈绿色。这些厚角组织细胞既能起机械支持作用，又能进行光合作用。

厚角组织以内为薄壁组织，大多无叶绿体，细胞排列疏松，有胞间隙，主要起贮藏作用。各种植物的皮层薄壁组织变化较大，水生植物的茎，一般缺乏机械组织，细胞间隙却很发达，常常形成通气组织；棉花和甘薯等植物茎皮层中具有分泌腔和乳汁管等结构；花生、桃的皮层中可

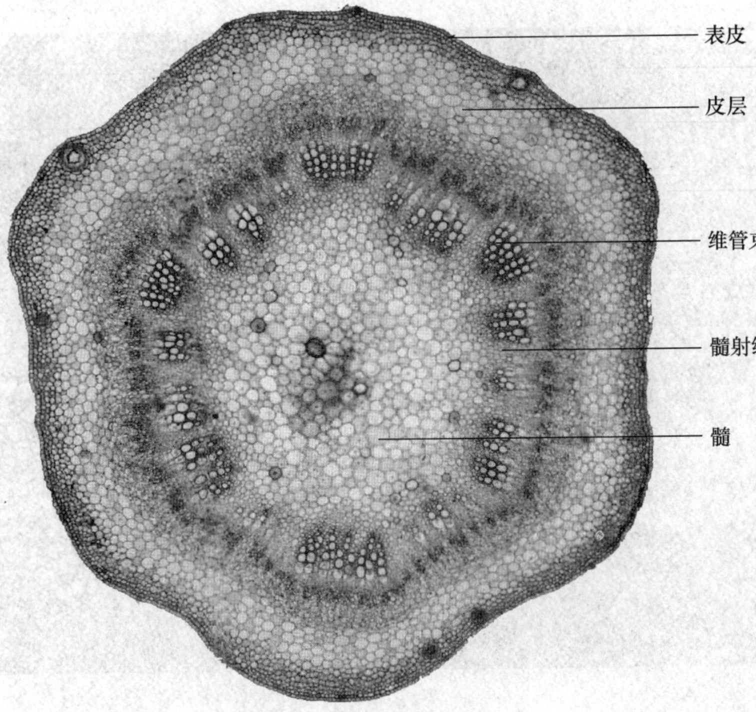

图 5-8　棉幼茎横切(胡金良摄)

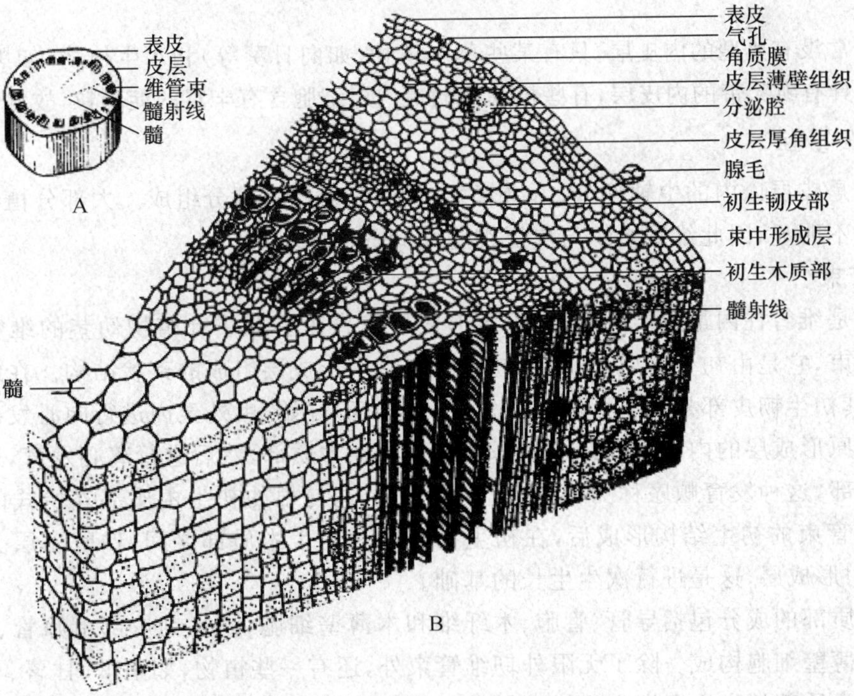

图 5-9　棉花立体结构图

A. 简图；B. 部分结构详图(引自徐汉卿，1995)

以看到含晶体和单宁的细胞。

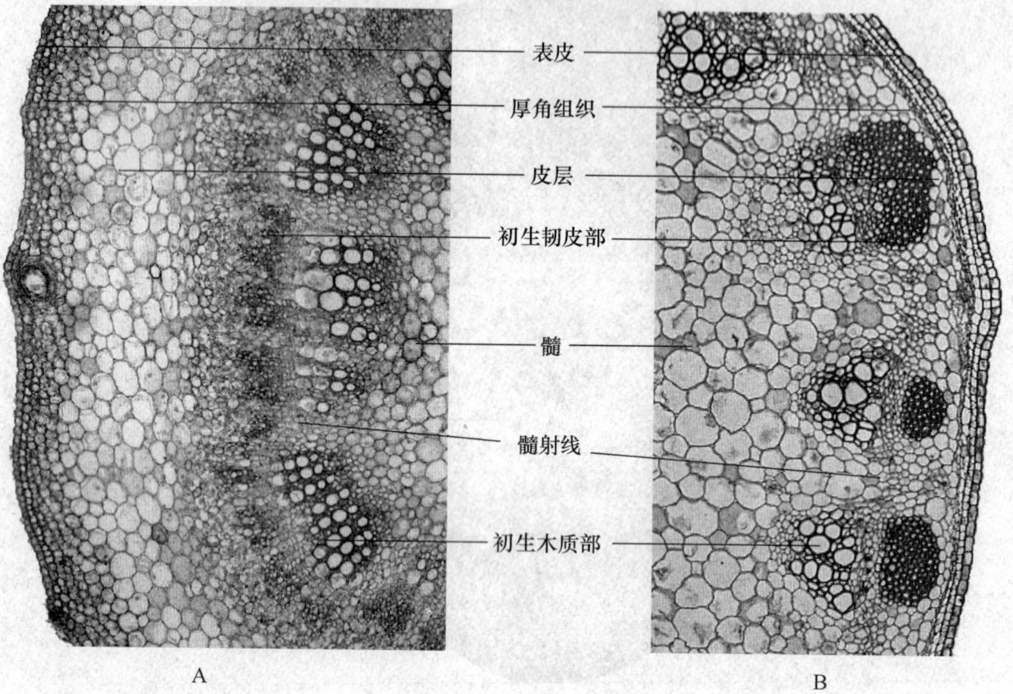

图 5-10　茎的初生结构(胡金良摄)

A. 棉花幼茎;B. 向日葵幼茎

茎中通常没有典型的内皮层,只有某些草本植物(如向日葵等)和水生植物(如黑藻等)的茎中才能见到具有凯氏带的内皮层,有些植物茎的最内层细胞含有丰富的淀粉粒,故称为淀粉鞘。

(三)维管柱

维管柱是皮层以内的中轴部分,由维管束、髓和髓射线三部分组成。大部分植物幼茎内没有中柱鞘或不明显,因此维管组织与皮层细胞之间的界限不明。

1. 维管束

维管束是维管柱内最重要的部分,由原形成层发育来。双子叶植物幼茎的维管束多为无限外韧维管束,它是由初生木质部、初生韧皮部和束中形成层组成的束状结构。在维管束的发育过程中,其初生韧皮部是从原形成层的外侧(远轴区)开始,由外至内进行向心发育。但初生木质部是从原形成层的内侧(近轴区)先开始形成原生木质部,然后进行离心发育,逐渐分化形成后生木质部,这种发育顺序称为内始式(endarch),这与根的初生木质部外始式的发育方式不同。当维管束的初生结构形成后,在初生韧皮部和初生木质部之间,保留一层分生组织细胞,称为束中形成层,这是进行次生生长的基础。

初生木质部的成分包括导管、管胞、木纤维和木薄壁细胞,初生韧皮部由筛管、伴胞、韧皮纤维和韧皮薄壁细胞构成。除了无限外韧维管束外,还有一些植物,如南瓜、甘薯、马铃薯的维管束在初生木质部的内方还有内生韧皮部存在,这种维管束称为无限双韧维管束。

2. 髓(pith)

位于茎中央部分的薄壁细胞称为髓,由原形成层以内的基本分生组织分化而来。在幼茎中髓所占的比例很大，主要功能是起贮藏作用，细胞中常含淀粉粒，有时也可发现含晶体和含单宁的异细胞。有些植物的髓部，细胞成熟较早，死亡也较早，被那些仍在生长着的细胞扯破，成为中空的茎，如伞形科和葫芦科等植物。

3. 髓射线(rith ray)

位于两个维管束之间连接皮层与髓的薄壁细胞称为髓射线。由原形成层束之间的基本分生组织分化而来。髓射线除贮藏作用外，还可作为横向运输的途径，一部分髓射线细胞可转变为束间形成层，参与次生结构的形成。

二、双子叶植物茎的次生生长与次生结构

大多数双子叶植物和裸子植物的茎，在进行初生生长使植物长高后，还会产生次生分生组织，进而进行次生生长，使茎增粗。茎的次生分生组织与根一样，也是维管形成层和木栓形成层两种，它们活动产生的结构就是次生结构。

(一)维管形成层的发生及其活动

多数双子叶植物的茎在初生木质部和初生韧皮部之间保留了一层具有潜在分裂能力细胞，即束中形成层。当次生生长开始时，连接束中形成层的那部分髓射线细胞，恢复分生能力，成为束间形成层。束中形成层和束间形成层连成一环，共同构成维管形成层(图5-11)。维管形成层一般由一层细胞构成，每次切向分裂所产生的两个子细胞中，一个仍保留分裂能力，另一个将来分化成次生维管组织，由于它刚分裂的细胞往往与形成层细胞本身难以区别，因此常将这些形态相似细胞所形成的区域，称为形成层区。

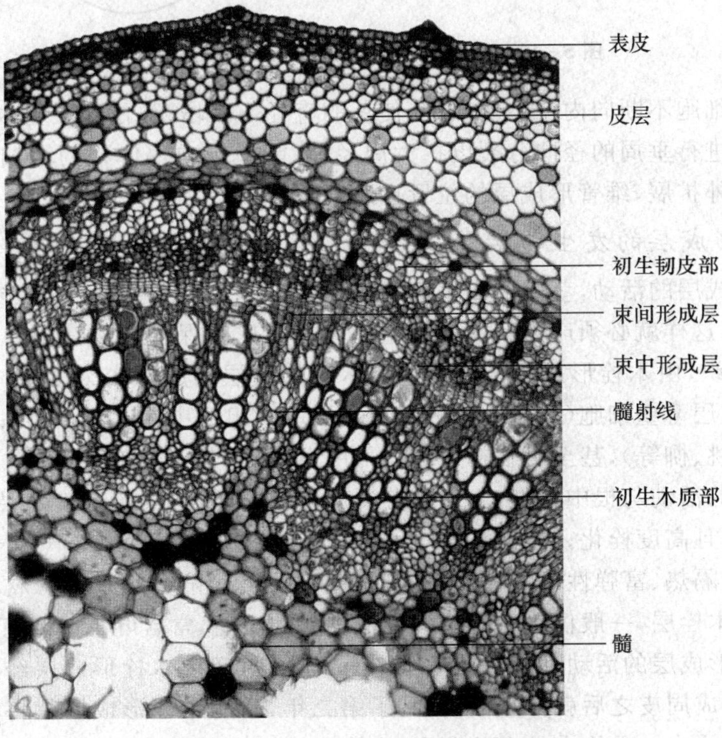

图5-11 棉茎维管形成层的发生(胡金良摄)

组成维管形成层的细胞有两种类型:一种是横切面扁平,纵切面两端尖斜的长纺锤形细胞,称为纺锤状原始细胞,其长度超过宽度数十倍至数百倍;另一种是横切面长方形,纵切面短轴方形的小细胞,称为射线原始细胞。

维管形成层开始活动时,主要是纺锤状原始细胞进行切向分裂,向内产生的细胞分化形成次生木质部,向外产生的细胞分化形成次生韧皮部,构成纵向的次生组织系统。次生木质部位于初生木质部的外方,成分包括导管、管胞、木纤维和木薄壁细胞;次生韧皮部位于初生韧皮部的内方,由筛管、伴胞、韧皮纤维和韧皮薄壁细胞构成。同时射线原始细胞也进行切向分裂产生维管射线,构成径向的次生组织系统。维管射线是由薄壁细胞组成的,其中处于木质部的称为木射线,处于韧皮部的称为韧皮射线。维管形成层通常总是产生次生木质部的衍生细胞多,产生次生韧皮部的衍生细胞少。所以,木本茎的大部分是由次生木质部构成的。

双子叶植物茎的束中形成层分裂产生的次生韧皮部和次生木质部,一般增添于原来的维管束内,使维管束的体积增大,而束中形成层产生的次生结构常依植物初生结构的维管束排列而有差异,大多数草本植物(如蓖麻、向日葵等)和少数的木本植物(如柳属等),维管束之间的间隔较大,束间形成层在原来维管束之间分裂出来的次生韧皮部和次生木质部组成新的维管束;其余的植物,其束间形成层只分裂产生射线薄壁组织,因而没有增加新的维管束(图 5-12)。

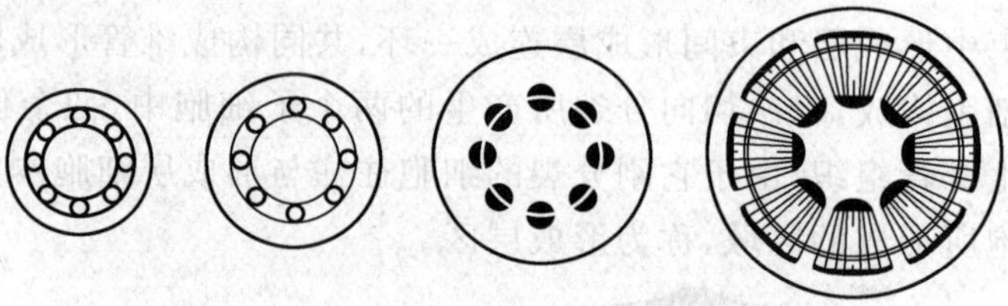

图 5-12 马兜铃茎次生生长过程(临 Denffer)

维管形成层细胞不断向内产生木质部,使茎的直径不断增粗,位于次生木质外围的维管形成层本身也需要进行垂周的径向分裂以扩大周径,才能适应内部体积的增加。随着次生木质部不断增加并向外扩展,维管形成层的位置也逐渐外移。

(二)木栓形成层的发生与活动

随着维管形成层的活动,茎内部次生组织的不断增多,势必导致表皮等初生组织的挤压,甚至死亡和脱落,这样就必须产生新的保护组织——周皮来保护植物茎的内部组织。周皮是一种次生保护组织,由木栓形成层产生。茎中木栓形成层的起源较为复杂,常因植物种类而异,多数来源于皮层薄壁细胞(如桃、马铃薯)或皮层厚角组织中(花生、大豆);也有的来源于表皮(如苹果、夹竹桃、柳等),甚至可在初生韧皮部中发生(如茶)(图 5-13)。

木栓形成层的活动与根中相似,它向外分裂产生木栓层,向内产生栓内层。木栓层细胞之间无间隙,壁较厚且高度栓化,细胞内的原生质解体,形成具有不透水、不透气、抗菌、耐磨、耐腐蚀、体轻、绝缘、隔热、富弹性等特性,可作软木塞、救生圈、隔音板及绝缘材料等。栓内层的细胞层数远少于木栓层,一般仅 1~3 层,有类似皮层的功能,常含叶绿体或有贮藏的功能。

大多数木栓形成层的活动都有一定期限,在一年的时间内木栓形成层经过两三个月或略长的持续活动,形成周皮之后就停止活动,到了第二年,新的木栓形成层就将由其更里面的薄壁细胞产生,逐年往内。最终在较老的茎中,木栓形成层发生于次生韧皮部,其外则为历年形成的周皮。

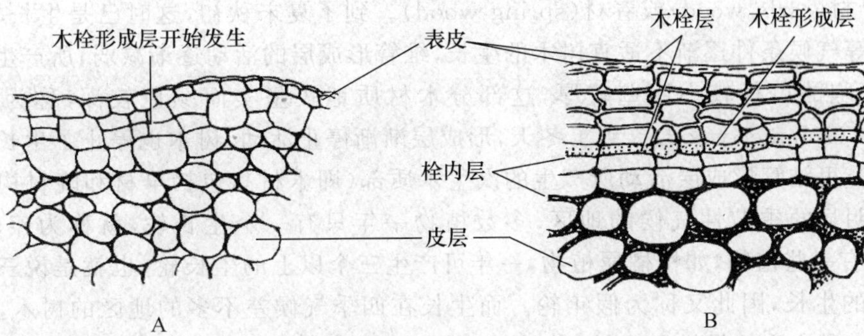

图 5-13　木栓形成层的发生和周皮、树皮的形成

A. 木栓形成层在表皮下的皮层开始发生；B. 周皮形成

在形成周皮过程中，位于原先茎表皮的气孔之下的木栓形成层不形成木栓层，而向外产生一些圆球状的排列疏松的薄壁细胞，称为补充细胞（或填充细胞），随着补充细胞的增多，突破了外围的细胞层，形成裂口，这些裂口称为皮孔（图 5-14）。由于木栓层是不透水和不透气的结构，因而皮孔的形成使植物老茎的内部组织与外界进行的气体交换得到了保证，但有时皮孔也成为某些菌类入侵的门户。

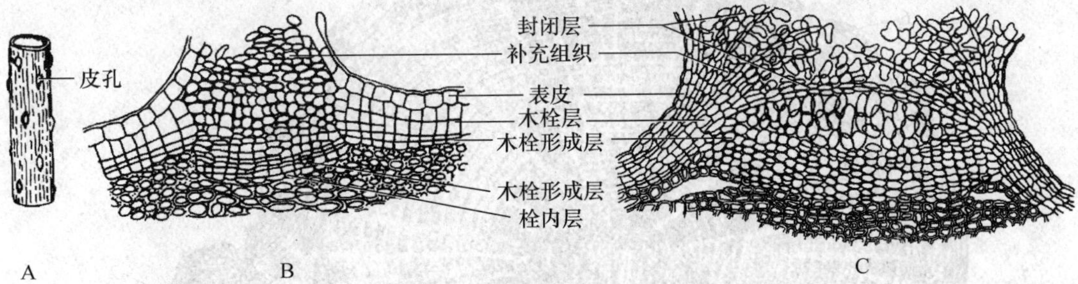

图 5-14　皮孔的结构

A. 接骨木属植物一段茎，示皮孔的外形与分布；B. 接骨木属植物皮孔的剖面，示结构；C. 李属植物茎的外周横剖面，示封闭层

（三）多年生木本植物茎的特点

1. 树皮的形成

树皮有狭义和广义两种概念，狭义树皮是指在较老的茎中，新的周皮形成后，木栓层以及木栓层外方的所有组织，由于水分和营养物质供应中断而枯死，形成了我们在树干或树枝外面所看到的一块块从树枝上落下来的树皮，也就是指历年所形成的周皮以及周皮以外的死亡组织。广义的树皮概念是指伐木时从树干上剥下来的皮，从解剖学角度上看，广义树皮是从树干的形成层区和木质部外方的全部组织，由内到外包含有韧皮部、皮层（或无）周皮（历年积累）以及周皮外方被毁的一些组织（图 5-15）。

2. 生长轮和年轮的形成

在多年生木本植物茎中，维管形成层活动受季节的变化和气候因素的影响而常呈周期变化。在春季，大多数植物正处在生长季初期，随着气候逐渐变暖，雨水充沛，形成层的分裂活动渐渐增强，所产生的木材较多，导管和管胞的口径较大而壁较薄，这部分木材质地较疏松，颜色较浅，称为早材(early wood)或春材(spring wood)。到了夏末秋初，这时已是生长季的晚期，气温和水分等气候条件逐渐不适宜树木的生长，维管形成层的活动逐渐减弱，所产生的木材较少，导管和管胞的口径较小而壁较厚，这部分木材质地较坚实而颜色较深，称为晚材(late wood)或夏材(summer wood)。到了冬天，形成层渐渐停止活动，树木也停止了生长。这样在一个生长季节里维管形成层活动所产生的次生木质部(即木材)，包括早材和晚材构成一个生长轮。在有明显的季节性气候的地区，多数植物一年只有一个生长轮，就称为年轮(annual ring)。但也有一些植物，如柑橘属植物，一年可产生三个以上的生长轮，也就是说三个生长轮才代表一年的生长，因此又称为假年轮。而生长在四季气候差不多的地区的树木，年轮不显著。同一年内所产生的早材和晚材之间的细胞是逐渐过渡的，没有明显的界限，而上年所产生的早材与第二年所产生的晚材之间，由于两者细胞形态差别很大，很容易区分出来，其间有一条明显的分界线，这就是年轮的分界线。

年轮的宽窄、细胞的形态特点与历年的气候变化以及其他因素的影响密切相关，通过年轮的分析，可以知道植物每年生活的历程。年轮还可以告诉古气候的情况，当时土壤物质情况、水湿情况、污染情况均能在年轮上反映出来。

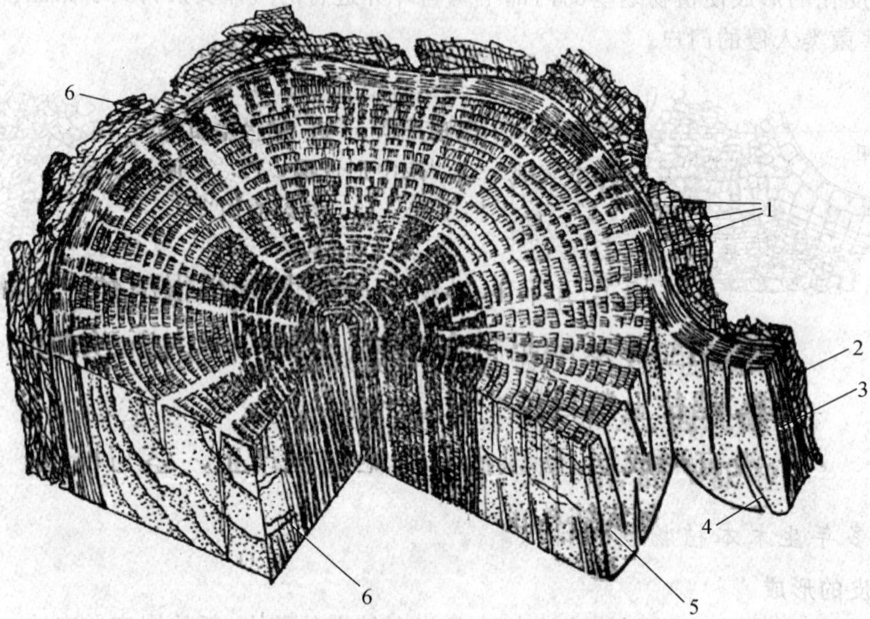

图 5-15　木本茎立体结构(引自高信曾等，1982)

1. 各层周皮；2. 树皮；3. 次生韧皮部；4. 韧皮射线；5. 维管形成层；6. 木射线

3. 边材与心材

在树干的横切面上，可以看见木材的边缘部分和中央部分有所不同。木材的边缘部分是近几年形成的次生木质部，颜色较浅，具有活的、能行使贮藏作用的薄壁组织，导管能够担负输导作用，称为边材(sap wood)。靠近中央部分的木材，是较老的次生木质部，颜色较深，其导管由于侵填体的堵塞而失去输导作用，木薄壁细胞也由于单宁、树脂等有机物的累积而死亡，失去贮藏作用，这部分木材称为心材(heart wood)。少数木本植物在生长后期，心材被菌类侵入而腐蚀、形成空心树干，但仍能生活，只是机械力量减弱，易为外力所折断。

大多数裸子植物为高大的木本植物，其解剖结构与双子叶木本植物基本相似，但裸子植物的韧皮部没有筛管和伴胞，其组成以筛胞为主。筛胞是细长的生活细胞，顶端与侧壁均有筛域分布，各细胞以筛域相通，输导效率不如双子叶植物。除少数植物如麻黄属、买麻藤等有导管外，裸子植物的木质部一般没有导管和木纤维，其组成以管胞为主。由于次生生长形成的木材主要由管胞组成，因而木材结构均匀细致，易与双子叶植物的木材区分。根据管胞腔的大小，仍有早材与晚材的区别。管胞除起输导作用外，还兼起支持作用，木材的机械强度决定于管胞的大小及胞壁的厚度。很多裸子植物茎的次生木质中含有树脂道，在木材的横切面上常成大而圆的管腔，有的纵行于管胞行列间，也有的横行于木射线中（图 5-16）。

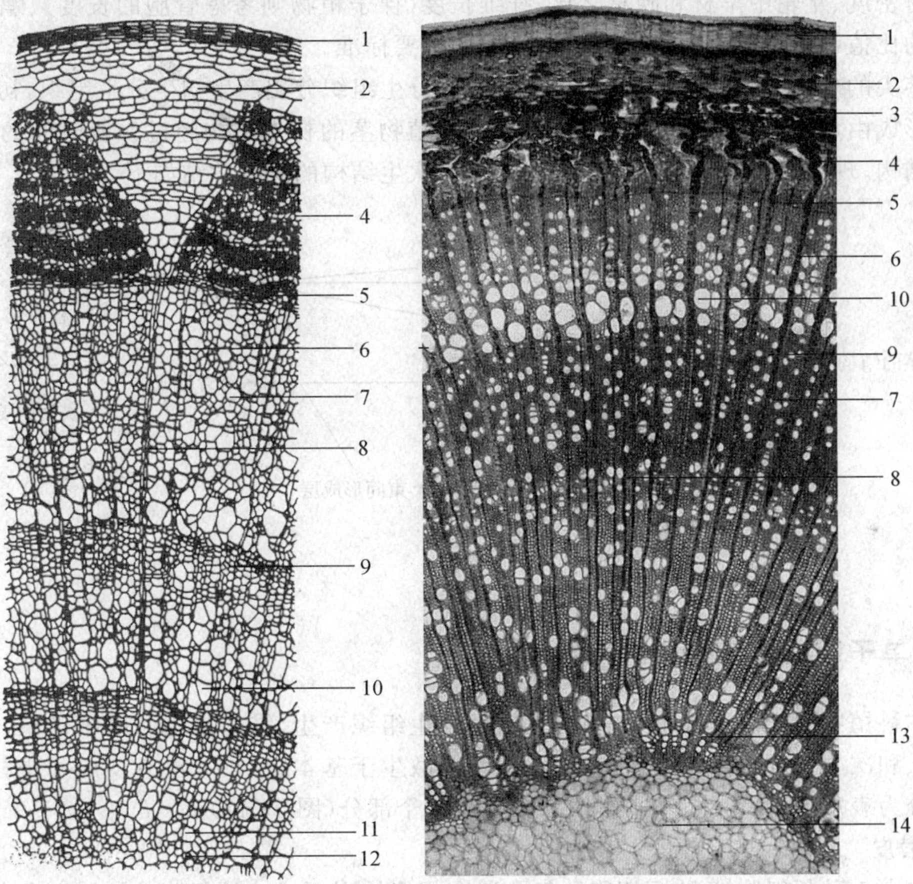

图 5-16　茎次生结构的横切面（胡金良摄）

A. 椴树茎；B. 桃树茎

1. 周皮；2. 皮层；3. 初生韧皮部；4. 次生韧皮部；5. 维管形成层；6. 木射线；7. 次生木质部；8. 维管射线；9. 晚材；10. 早材；11. 后生木质部；12. 原生木质部；13. 初生木质部；14. 髓部

4. 木材三切面的基本结构

要充分理解木本植物茎的次生结构，必须从木材的三种切面，即横切面、径向切面和切向切面进行比较观察。横切面是与茎的纵轴垂直的切面，径向切面是经过茎的中心所作的纵切面，切向切面是垂直于茎的半径任意弦切的纵切面。

在木材的横切面上，生长轮为同心的圆环。所见的射线，是从中心向外方射出的线条，是射线细胞的纵切面，可显示射线的长度和宽度。导管、管胞、木薄壁细胞和木纤维，都是横切面。

在木材的径向切面上，生长轮纵行排列，构成了木材的花纹。在显微镜下观察，所见的射线，与茎的主轴垂直，横向排列，可见射线的长度和高度。

在木材的切向切面上，生长轮纵向排列，作宽带状，有些切面上可以形成“V”形纹理。在显微镜下观察，所见的射线，是其横切面，射线的轮廓成纺锤状。在切向切面上可以了解射线的高度、宽度和细胞列数。

木材密度、年轮中早材和晚材之比、纤维长度（裸子植物则考虑管胞的长度）、螺旋纹理以及心材的比值和色泽等方面是衡量木材品质的主要标准。

在茎尖的生长分化过程中，茎尖生长锥的原分生组织分裂产生初生分生组织，初生分生组织分化形成由成熟组织组成的初生结构，双子叶植物茎的初生结构经过一段时间的生长发育为次生结构，现将双子叶植物由初生结构发育为次生结构的过程总结如下：

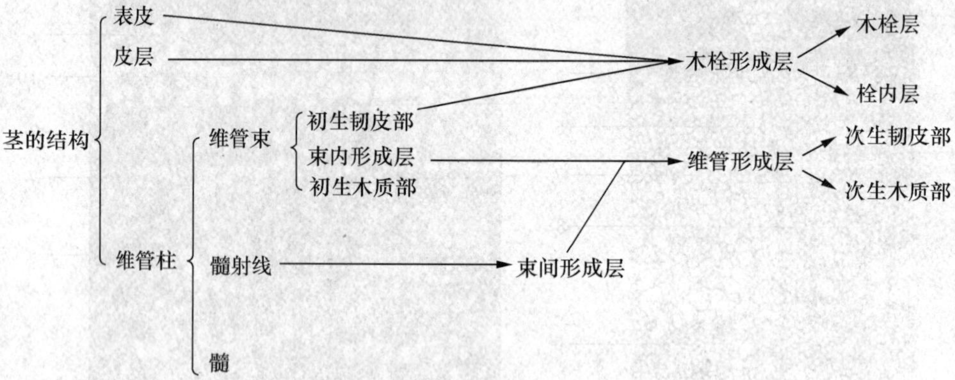

三、单子叶植物茎的结构特点

禾本科植物属于单子叶植物，茎内无次生分生组织产生，维管束为有限维管束，因而也无次生生长和次生结构。茎的结构特点是：维管束散生于基本组织中，没有皮层和中柱的界限，只能划分为表皮、机械组织、基本组织和维管束四个部分（图 5 - 17）。

1. 表皮

表皮由 1 种长细胞、2 种短细胞和气孔器有规律排列而成。长细胞的细胞壁角化，是构成表皮的主要部分。2 种短细胞是细胞壁含大量二氧化硅的硅细胞和栓化的栓细胞，它们位于 2 个长细胞之间。此外，表皮上还分别有由哑铃形的保卫细胞和菱形的副卫细胞组成的气孔器，但数量不多。甘蔗等植物茎的表皮细胞除有角质膜外还有发达的蜡被覆盖，硅细胞中硅酸盐含量与茎秆强度和对病虫害的抗性有关。

2. 机械组织

在水稻、玉米表皮的内方分别有数层厚壁细胞，常呈波浪状排列成连续的环带，其发育程度与植株的抗倒伏性有较大的关系。小麦茎内表皮下方也有机械组织，但在幼期为同化组织所隔开（图 5 - 17），同化组织内含叶绿体，可进行光合作用。

3. 基本组织

在机械组织以内，维管束之间的所有区域皆为基本组织，愈向中心薄壁细胞愈大。大多数植物（如水稻、小麦、竹等）茎中央薄壁组织解体，形成髓腔。

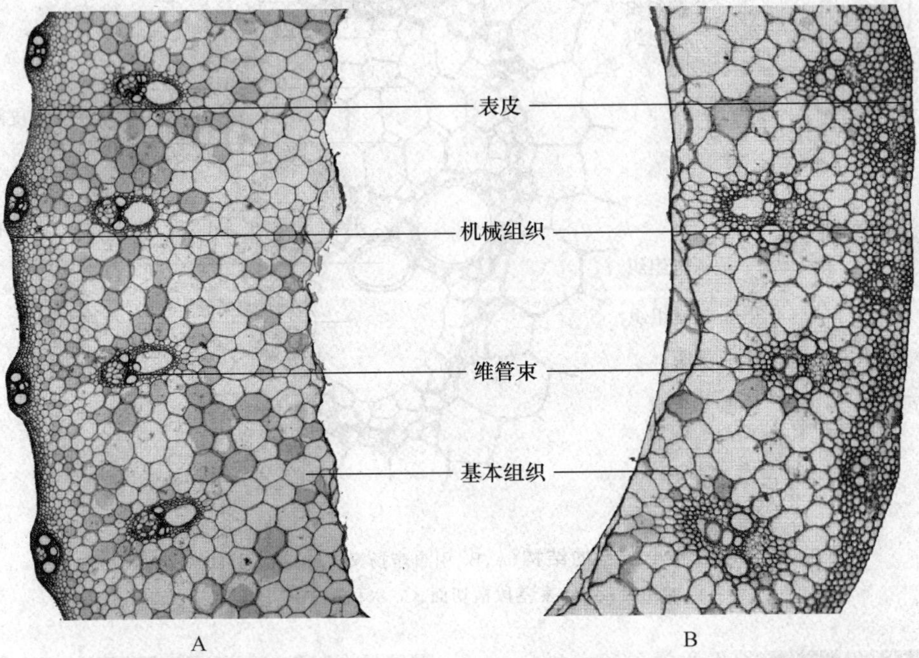

图 5-17　禾本科茎的结构（胡金良摄）

A. 水稻；B. 小麦

4. 维管束

维管束大多分散排列于基本组织中，在中空的茎（如小麦、水稻）中，维管束大体排列为内、外两环。外环的维管束较小，大部分埋藏于机械组织中；内环的较大，周围为基本组织所包围。在实心结构的茎（如甘蔗和玉米）中，维管束分散排列于基本组织中，由外围向内，维管束的直径逐渐增大，各束间的距离则越来越远（图 5-18 和图 5-19）。

禾本科植物茎的维管束均由维管束鞘、初生木质部和初生韧皮部三部分组成。

（1）维管束鞘　包围在维管束外面，通常 1～2 层厚壁细胞组成（如小麦、水稻），也有多层细胞组成的（如甘蔗）。

（2）初生木质部　位于维管束的近轴部分，在横切面呈"V"形。"V"形的基部为原生木质部，包括 1～2 个环纹或螺纹导管及少量木薄壁组织，生长过程中这些导管常遭破坏，四周的薄壁细胞互相分离，形成气隙。在 V 形的两臂上，各有一个后生的大型孔纹导管。在这两个导管之间有薄壁或厚壁细胞，有时也有管胞。

（3）初生韧皮部　位于初生木质部的外方，其中的原生韧皮部在茎发育的后期常被挤毁，后生韧皮部由筛管、伴胞组成。筛管较大，呈多边形，伴胞是处于筛管旁边的三角形或长方形的小细胞。

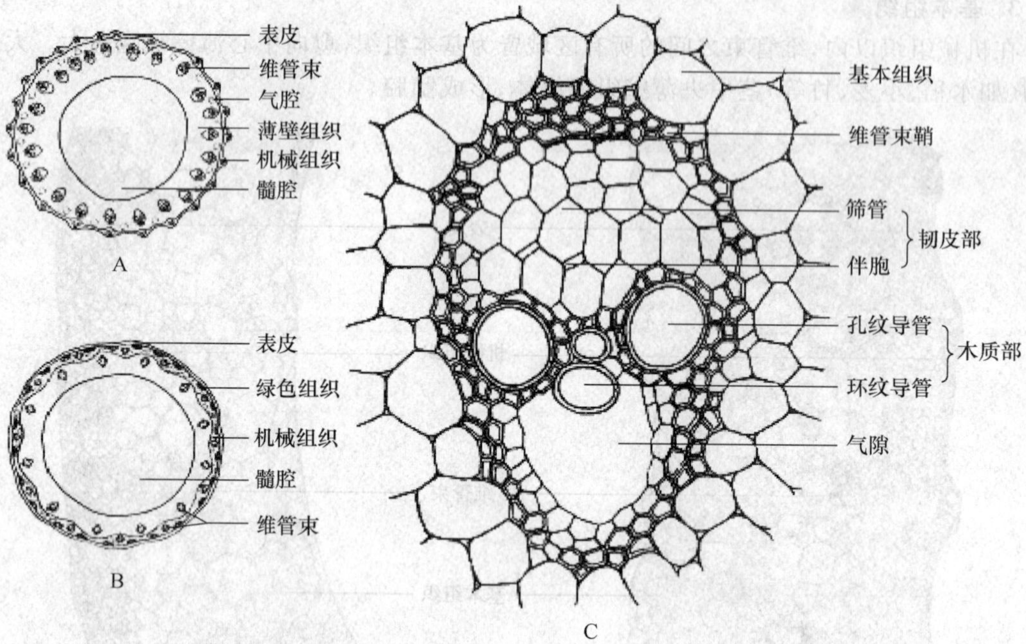

图 5-18 水稻和小麦茎的结构（A、B. 引自李扬汉，1984；C. 引自徐汉卿，1995）

A. 水稻茎段横切面；B. 小麦茎段横切面；C. 水稻茎中一个维管束的放大

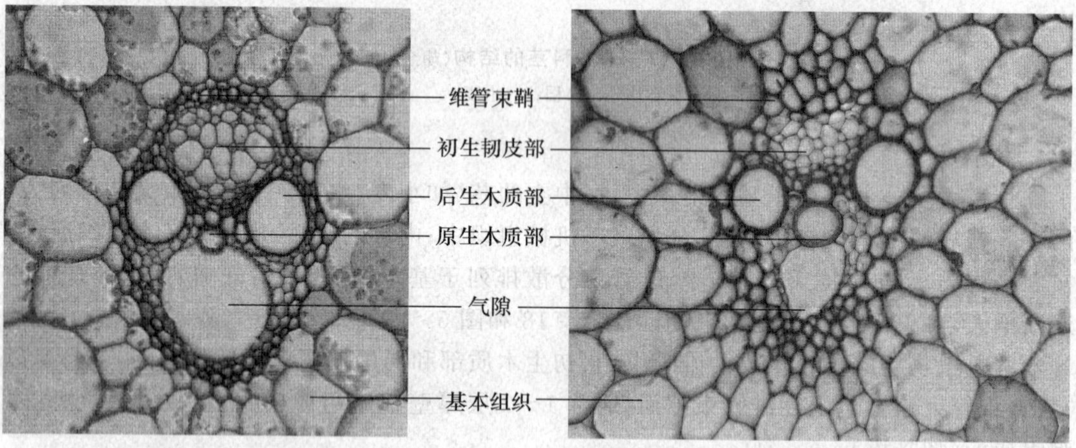

图 5-19 禾本科植物茎的维管束［左：水稻的维管束；右：小麦的维管束（胡金良摄）］

第五节 根与茎之间维管束的联系

植物的营养器官——根、茎和叶，都有自己独特的生理功能，虽然结构不完全相同，但在内部结构上是一个由皮系统、基本组织系统和维管组织系统共同构成的相互连贯的统一整体。

植物的根和茎在内部结构上是一个完整的连续系统，它们的表皮和皮层是直接相连的，但初生结构的维管组织存在很大差异，如根的维管组织是外始式木质部且与韧皮部间隔排列，茎的维管组织是内始式木质部且与韧皮部内外排列，所以在根、茎相接处，维管组织必须从一种形式逐步转变为另一种形式，发生转变的部位称为过渡区。过渡区通常在下胚轴，一般较短。如棉由根向茎的初生维管系统连接过程中，根的初生木质部束在向外推移的同时出现分叉，再逐渐倒转约 180°，继而移向初生韧皮部内方，原相邻束的各一半在此处两两联合成新束。

当次生生长进行时，由于根、茎中次生维管系统的各组分及相对位置均基本相同，因而能直接连接（图 5-20）。

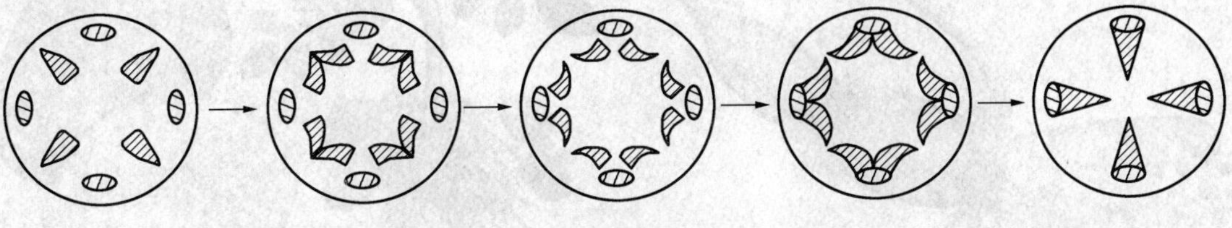

图 5-20　棉幼苗根—茎过渡区的初生管组织系统的变化图解

第六节　茎的变态

枝条的变态类型很多，外形变化也较大，但它们都有顶芽与侧芽，节与节间以及具有茎的内部结构特点等，按变态所处位置可分为地下茎（subterraneous stem）的变态与地上茎（aerial stem）的变态两大类。

一、地下茎的变态

一些植物的部分枝条生长于土壤中，变为贮藏营养物的繁殖器官，称为地下茎。地下茎的形态结构常发生明显的变化，常见的变态介绍如下。

1. 根状茎（rhizome）

根状茎竹、莲、芦苇的地下茎生于土层下，具有明显的节与节间，节上有小而退化的非绿色的鳞片叶，叶腋中的腋芽或顶芽可形成背地性直立的地上枝，同时在节上产生不定根。根状茎有贮藏营养物质和进行营养繁殖的功能。水花生和禾本科植物的根状茎繁殖能力很强，若因耕犁等外力被切断时，茎段上的腋芽仍可发育为新株，故有根状茎植物的杂草不易铲除（图 5-21）。

2. 块茎（tuber）

马铃薯块茎是由植株基部叶腋长出来的匍匐枝顶端入土后经过特殊增粗生长而形成的。块茎节间缩短，形状多不规则，顶端有顶芽，四周有许多芽眼作螺旋状排列，芽眼着生处为节。幼时芽眼下方有鳞片叶，长大后脱落留下叶痕，称为芽眉；每个芽眼内有几个芽，相当于腋芽和侧芽（图 5-22）。

3. 鳞茎（bulb）

鳞茎是单子叶植物的一种营养繁殖器官和贮藏器官，洋葱鳞茎的中央可见一个扁平的、节间短缩的鳞茎盘，其上的顶芽将来发育成花序，四周肉质的鳞片叶，层层包围鳞茎盘，贮有大量营养物质，最外围还有几片膜质鳞片叶保护，叶腋有腋芽，鳞茎盘下端可以产生不定根（图5-23A）。

大蒜茎的基部亦变态为鳞茎盘，其上的腋芽发育膨大而成的子鳞茎，为食用的蒜瓣。

4. 球茎（corm）

球茎是茎节间短缩、膨大成球形的地下变态茎，常具有一个显著的顶芽，节和节间明显，节上有干膜状鳞片叶和腋芽。一些植物的球茎由纤匍枝顶端发育而成，如荸荠、慈姑；另一些植物的球茎由茎的基部发育形成，如芋、唐菖蒲等。球茎贮有大量营养物质，可用作营养繁殖(图5-23B)。

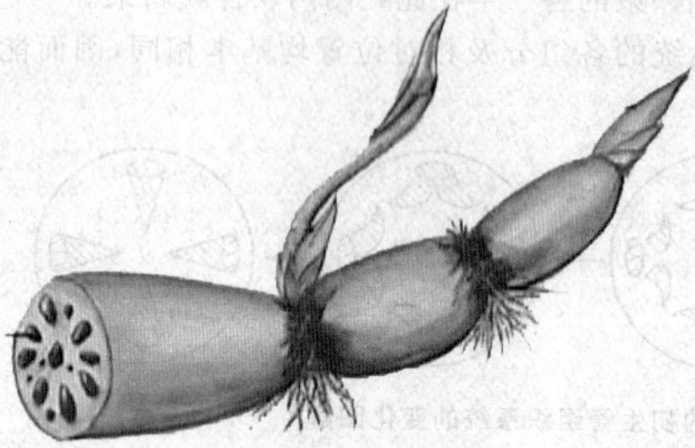

图 5-21　莲的根状茎

图 5-22　马铃薯块茎

图 5-23　洋葱鳞茎(A 引自徐汉卿，1995)和荸荠球茎(B)

二、地上茎的变态

地下茎的变态分为以下 5 种(图 5-24)。

1. 匍匐茎(stolon)

一些植物的茎细长、匍匐地面，节上生不定根，顶端芽发育成独立小植株，以此进行营养繁殖，如草莓。

2. 肉质茎(fleshy stem)

肉质茎肥大多汁，具有球状、块状、多棱柱等形状。肉质茎不仅贮有水分和营养物质，还具叶绿体，可进行光合作用，仙人掌类植物等具有此类变态茎。

3. 叶状茎(叶状枝)(cladode 或 phylloid)

具有此类变态茎的植物，叶多退化成鳞片状，茎变为绿色且扁化或成针状，代替叶子进行光合作用，故称之为叶状茎。如假叶树、竹节蓼、文竹等。

4. 茎卷须(stem tendril)

南瓜、葡萄等藤本植物的茎细长柔软，不能直立，一部分茎变为卷须称茎卷须，起攀缘作用。卷须多由腋芽发育形成，如黄瓜；也有的卷须由顶芽发育而来，如葡萄。

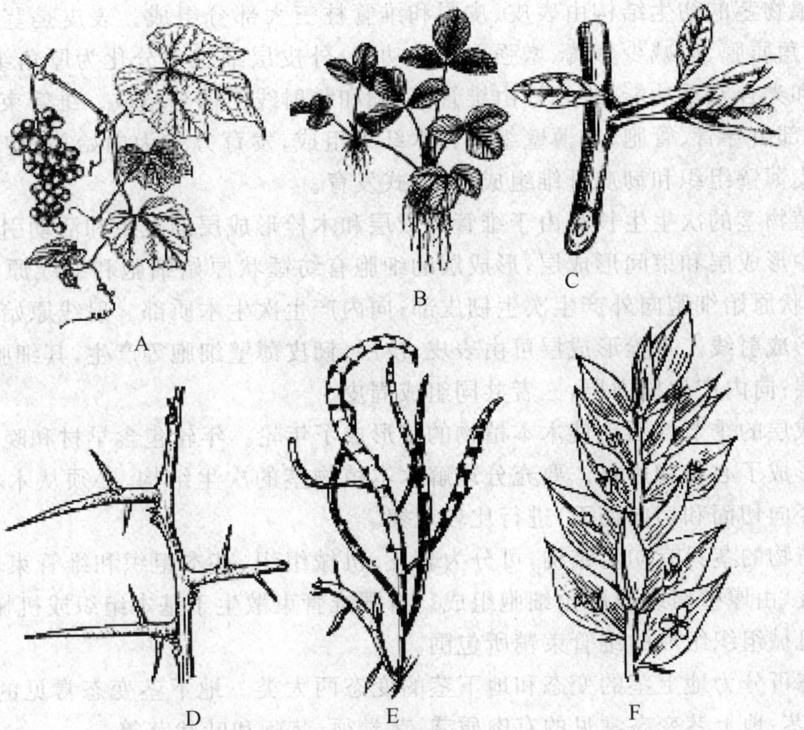

图 5-24　几种变态的地上茎

A. 葡萄的茎卷须；B. 草莓的匍匐茎；C. 山楂的茎刺；
D. 皂荚的茎刺；E. 竹节蓼的叶状枝；F. 假叶树的叶状枝

5. 茎刺(stem thorn)

柑橘、山楂和皂荚等植物的枝常变为刺称茎刺。茎刺生于叶腋，由腋芽发育而来，不易剥落，具保护作用。蔷薇、月季茎上有刺，数量多而分布无规则，是茎表皮的突出物，称为皮刺而非茎刺。

小　结

茎的主要功能是支持和输导，其上着生有叶、枝、芽、花或果。枝以茎为主轴，具有节和节间、皮孔、叶痕、叶迹、枝痕、芽鳞痕等一些形态特征。

芽是枝、花或花序的原始体。依据芽的生长位置，分为定芽和不定芽；依据芽发育后所形成器官的不同，分为叶芽、花芽和混合芽；依据芽有无保护结构，分为裸芽和鳞芽；依据生理活动状态，分为活动芽和休眠芽。

根据植物茎的性质，可将植物分为木本植物(乔木、灌木)与草本植物(一年生、二年生和多年生)。根据茎的生长习性，可将茎分为直立茎、平卧茎、匍匐茎、攀缘茎、缠绕茎等。

双子叶植物的分枝方式主要有单轴分枝、合轴分枝和假二叉分枝，大部分被子植物是合轴分枝。而禾本科植物的分枝方式是分蘖，是在地下或近地面处所进行的一种特殊的分枝方式。

茎尖可分为分生区、伸长区和成熟区。分生区的基部形成了一些叶原基突起，并有幼叶或鳞片包围、覆盖。

双子叶植物茎的初生结构由表皮、皮层和维管柱三大部分组成。表皮是茎的初生保护组织，其外被有角质膜，以减少蒸腾、增强保护的功能；外皮层细胞常分化为厚角组织，内含叶绿体具有支持和光合双重功能；维管柱由维管束、髓和髓射线三部分组成。维管束在节间排成环状，初生木质部由导管、管胞、木薄壁组织和木纤维组成，发育方式为内始式；初生韧皮部由筛管、伴胞、韧皮薄壁组织和韧皮纤维组成，外始式发育。

双子叶植物茎的次生生长是由于维管形成层和木栓形成层的发生和活动引起的。维管形成层分为束中形成层和束间形成层，形成层的细胞有纺锤状原始细胞和射线原始细胞两种类型，其中纺锤状原始细胞向外产生次生韧皮部；向内产生次生木质部。射线原始细胞衍生的细胞则大部分形成射线。木栓形成层可由表皮、皮层、韧皮薄壁细胞等产生，其细胞向外分裂、分化形成木栓层；向内产生栓内层，三者共同组成周皮。

维管形成层的季节性活动使木本植物的茎形成了年轮。年轮包含早材和晚材。其连续多年的活动则形成了心材和边材。要充分理解木本植物茎的次生结构，必须从木材的三种切面（即横切面、径向切面和切向切面）进行比较观察。

禾本科植物的茎只有初生结构，可分为表皮、机械组织、基本组织和维管束四部分。机械组织靠近表皮，由厚壁组织或厚角细胞组成。有限维管束散生于基本组织或机械组织中，维管束的外方被机械组织组成的维管束鞘所包围。

茎的变态可分为地上茎的变态和地下茎的变态两大类。地下茎变态常见的有根状茎、块茎、鳞茎和球茎；地上茎变态常见的有肉质茎、茎卷须、茎刺和叶状茎等。

思 考 题

1. 简述双子叶植物茎的次生生长过程。
2. 相对来说“树怕剥皮（广义），而较不怕空心”，是什么道理？
3. 如何从外部形态上鉴别根和茎？如何从结构特点上鉴别双子叶植物根和茎的初生结构及根和茎的次生结构？
4. 从双子叶植物根尖表皮和幼茎表皮的不同特点说明与各自执行的功能相关性。

第六章　营养器官——叶

叶是植物体最重要的器官之一，由叶原基发育而来。叶在经济上有重要意义，以叶作为收获对象的农产品很多，如大白菜、菠菜、韭菜、葱等；还有许多植物的叶可以作为观赏对象和作药用，如用作草坪的禾本科植物、枫叶可以观赏，枇杷叶可以药用。此外，粮食、饲用植物和其他农副产品都是直接或间接来自叶的光合作用。

第一节　叶的生理功能

叶的主要功能是光合作用和蒸腾作用。

光合作用是植物细胞内的光合色素，在有关酶的催化作用下，以光为能量，把二氧化碳和水合成有机物，并将光能转变为有机物中的化学能而贮存起来，同时释放出氧气的过程。

蒸腾作用是指水分以气体状态从植物体表散失到大气中的过程，陆生植物根系吸收的水分绝大多数是通过叶片的蒸腾散发出去的。蒸腾作用是植物通过根尖吸收和在体内运输水和矿质元素的主要动力之一，并有调节植物体温度的作用。

此外，有些植物的叶有繁殖作用，在叶片边缘的叶脉末端处可以形成不定根和不定芽，当这种植物的叶片自母体脱落后，便可发育成新的植株。有这一特性的植物，常可采用扦插叶的方法进行繁殖如秋海棠和景天等。此外，叶还具有贮藏、异养捕食、保护和攀缘等功能。

第二节　叶的基本形态

一、双子叶植物叶的一般组成

植物的叶大小不同，大的叶如棕榈树的叶，长可达 20～22 m，王莲的叶直径可达 1～2.5 m；小的叶如柏树的鳞叶，仅有 1～2 mm 长。叶的光合作用需要扩大表面积以充分接受阳光；但表面积越大蒸腾作用越强，水的消耗越多，所以叶是适应这对矛盾的统一体。植物叶的形态也各异，有圆形的、椭圆形、卵形的等。虽然植物叶的大小、形状不同，但被子植物的叶通常是由叶片、叶柄和托叶三个部分组成（图 6-1）。

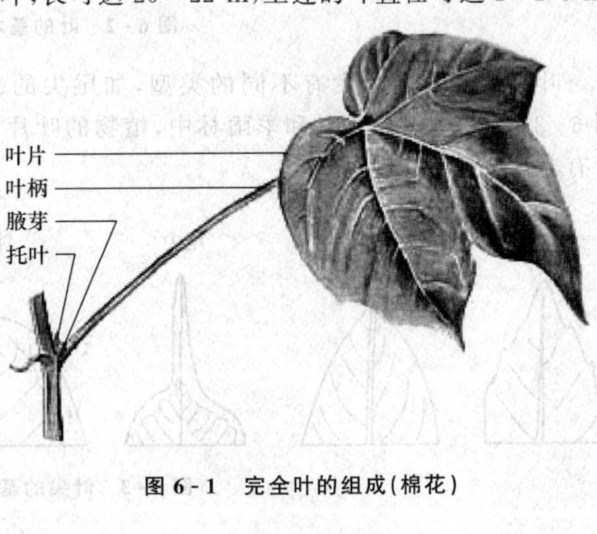

图 6-1　完全叶的组成（棉花）

1. 叶片（blade）

叶片是叶的绿色扁平宽大的部分，叶的光合作用主要是通过叶片进行。叶片的先端叫叶尖，叶片的基部与叶柄相连接的部位叫叶基，叶片的边缘叫叶缘。叶片上分布着粗细不同的叶脉，叶脉的内部分布有维管束，居中最大的叶脉为中脉，其上的分枝为侧脉，其余较小的为细脉。植物叶片的形状多种多样，特殊叶形按照象形性原则命名，如扇形、心形、箭形等，但多数叶片的形状是由叶片的长宽比和叶片的最宽处的位置来命名的。例如，长比宽大 1.5～2 倍，最宽处在叶片近基部的叶，称为卵形叶。如果最宽处在叶片的近上部的叶，则称为倒卵形叶(图 6-2)。

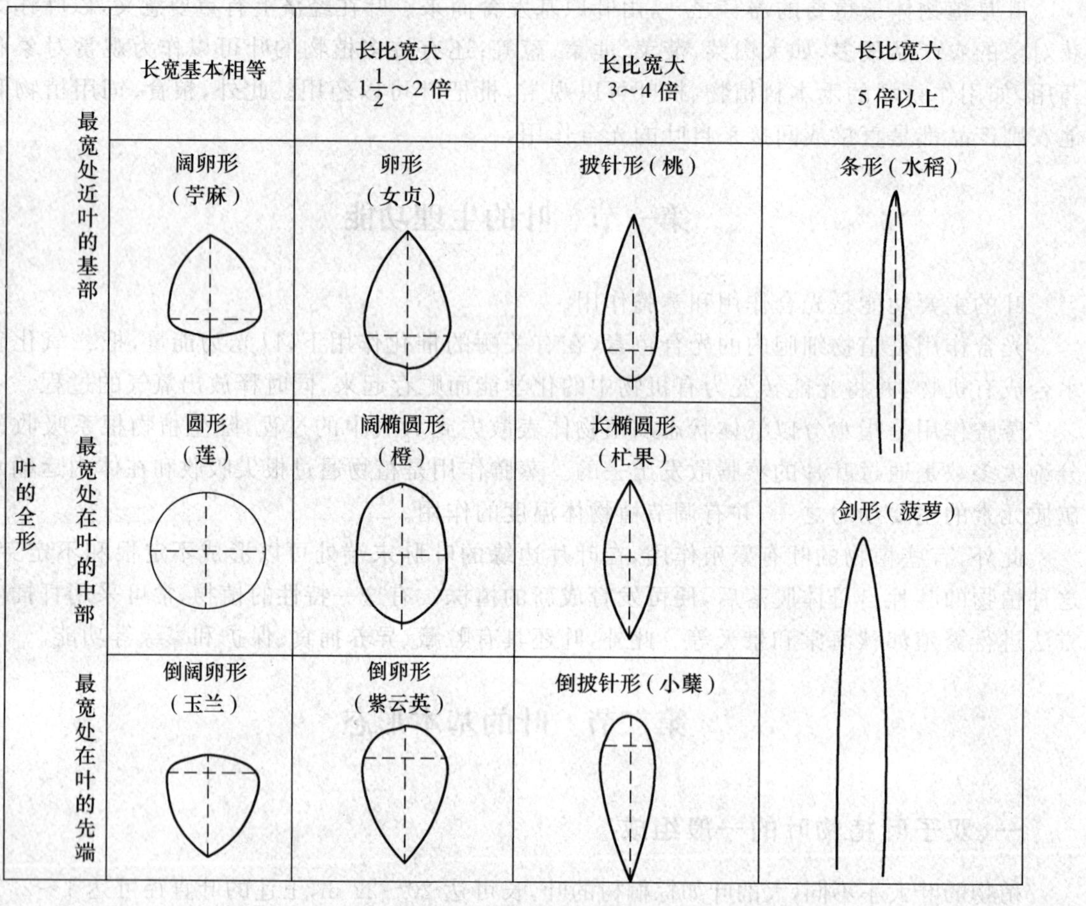

图 6-2 叶的基本类型

叶尖 植物的叶尖有不同的类型，如尾尖的、渐尖的、急尖的、钝的和内凹的等，参见图 6-3所示。在热带雨林和季雨林中，植物的叶片为了靠重力排除叶面上过多的水分，都发育有非常尖锐的叶尖。

图 6-3 叶尖的基本类型

叶基(leaf base) 叶基常见的有楔形、圆形、心形、耳形和戟形等。叶片的基部绝大多数是左右对称的,但有少数植物的叶基是歪斜的。此外,某些植物的叶由于无叶柄,叶基向前延伸抱茎,并且左右愈合,形成了穿茎的叶基(图 6-4)。

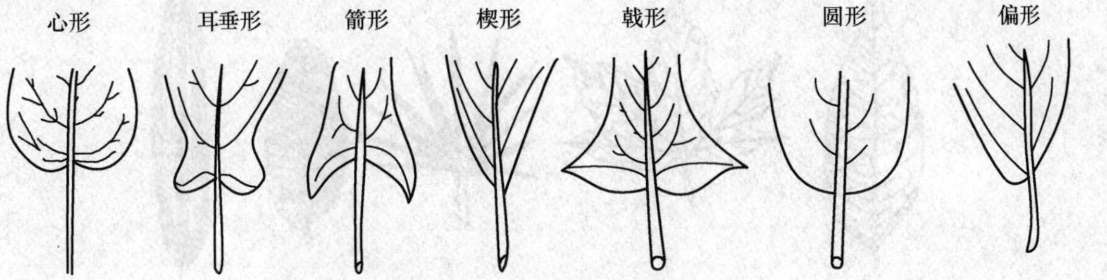

图 6-4 叶基的基本类型图解

叶缘 根据叶缘的完整程度和侧脉延伸情况,可把叶缘分为全缘的、波状的、锯齿的、钝齿的和牙齿的等类型。叶缘如果凹陷较深,出现各种不同程度的分裂,分裂不及半个叶片宽度的一半则为浅裂的。若深于半个叶片宽度的一半则为深裂的。裂片一直裂达叶片基部的称为全裂的(图 6-5 和图 6-6)。

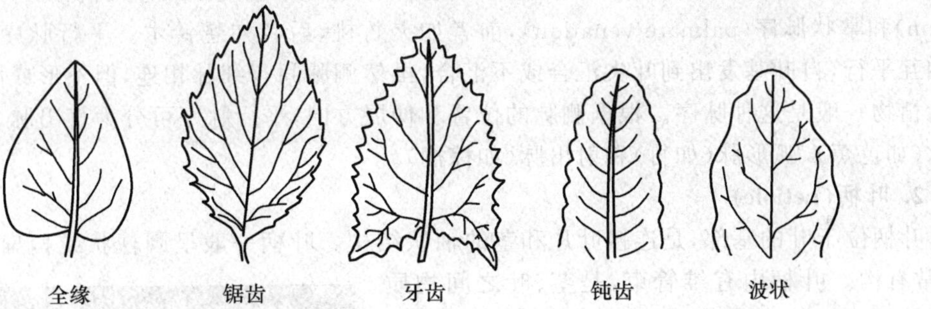

图 6-5 叶缘的基本类型图解

	浅裂	深裂	全裂
羽状裂			
掌状裂			

图 6-6 叶裂图解

脉序　叶脉在叶片上的分布式样叫脉序(nervation)。脉序一般分为叉状脉序、网状脉序和平行脉序三大类型。参见图 6-7 所示。

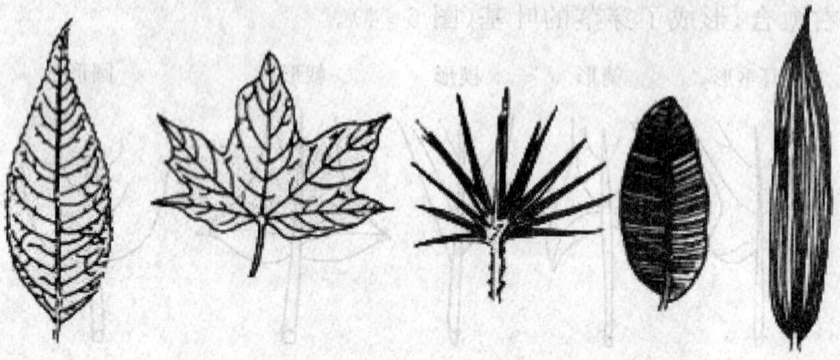

图 6-7　叶脉

A. 羽状网脉;B. 掌状网脉;C. 射出平行脉;D. 横出平行脉;E. 直出平行脉

叉状脉序在蕨类植物中常见,另外还见于裸子植物银杏。被子植物的脉序可分为网状脉序(reticulate venation)和平行脉序(parallel venation)。网状脉序是指细脉连接成明显的网状,是双子叶植物叶脉的特征。根据侧脉的分布方式,网状脉序又分为羽状脉序(pinnate venation)和掌状脉序(palmate venation),前者如夹竹桃,后者如悬铃木。平行脉序是指侧脉大致相互平行,自叶基发出到叶尖汇合或不汇合,虽然侧脉间有细脉相连,但不形成网状结构,单子叶植物一般是这种脉序。根据侧脉的位置和伸展方向,平行脉序可分为直出脉(如小麦)、横出脉(如芭蕉)、弧形脉(如竹)和射出脉(如棕榈)。

2. 叶柄(petiole)

叶柄位于叶的基部,是连接叶片和茎的轴状结构。叶柄一般呈圆柱状或稍扁平,上方(腹面)常有沟。叶柄内有维管束,是茎、叶之间物质运输的通道。此外叶柄还支持着叶片,使叶片分布在一定的空间,以接受较多阳光。不同植物或同一植物不同位置,叶柄的长短常有差异。植物基部的叶柄长,上部的叶柄短。同时叶柄还能扭曲生长以改变叶片的位置和方向。这样,叶片就不会相互重叠,能够充分接受阳光,有利于光合作用,植物的这种特性叫做叶镶嵌(leaf mosaic)(图 6-8)。有些植物的叶柄基部或小叶柄基部呈囊状或关节状膨大,叫做叶枕(pulvinus),与叶的昼夜开合以及感性运动有关,例如,含羞草的叶。有些草本植物的叶较大,叶柄为了获得较强的支撑力量,叶柄变扁而抱茎,例如,伞形科植物的叶。某些水生植物,通过叶柄膨大成气囊,以获得浮力而漂浮在水面,例如,凤眼莲和菱。

图 6-8　叶镶嵌(刘琳莉摄)

3. 托叶(stipule)

托叶是叶柄基部的细小附属物,通常成对而生,早落。托叶的形状因植物种类而异,如梨树的托叶是线形,棉花的托叶为三角形,刺槐的托叶变成了刺。玉兰和无花果的托叶呈芽鳞状，大而早落，留下环状托叶痕。蓼科植物的托叶抱茎，形成了宿存的筒状托叶鞘。托叶的功能一般是保护作用，大而呈绿色的托叶可进行光合作用，如豌豆。

叶片、叶柄和托叶三个部分都有的叶称为完全叶，如棉等。仅有叶片或仅有叶片和叶柄的叶称为不完全叶，如烟叶、莴苣和小麦等。

二、禾本科植物叶的组成特点

禾本科植物的叶比较特殊，整个叶分为叶片和叶鞘两部分(图 6-9)。

禾本科植物的叶片呈条形或狭带形，有纵列平行脉序，主脉粗大而明显，侧脉细小而均匀。叶缘一般光滑全缘，有的具非常细的锯齿。

叶鞘为宽扁的柄状结构，围绕着节着生，向上伸长形成筒状抱茎，具 1 纵向裂口。在叶片基部与叶鞘相接处的腹面，有环状膜质的突出物，叫做叶舌。它可防止雨水、尘土和病菌孢子等落入叶鞘内。在叶鞘的顶端位于叶舌两旁的耳状突出物，叫做叶耳。在叶片基部与叶鞘连接处的外侧(背面)，有一个不同色泽的环形突起结构，叫做叶颈或叶环(栽培学上叫叶枕)。叶鞘起着保护腋芽和节间下部的居间分生组织以及输导水分作用。

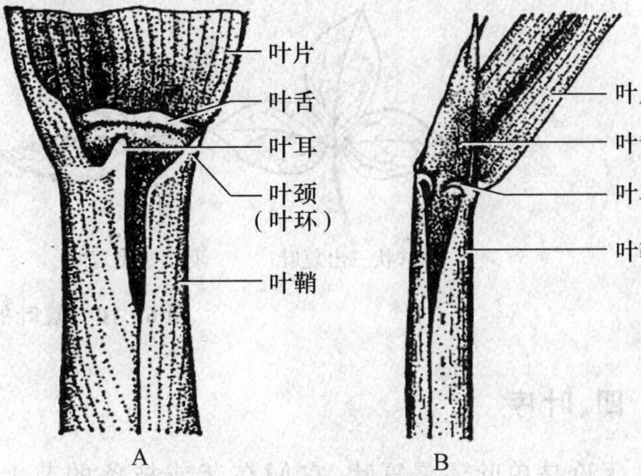

图 6-9　禾本科植物叶的组成

A. 甘蔗叶；B. 水稻叶

三、叶的类型

根据叶柄上着生叶的数量和叶柄的上端与叶片之间是否有关节存在，可将叶分为单叶和复叶两大类型。

1. 单叶(simple leaf)

叶片与叶柄之间没有关节，叶柄上只着生一枚叶片，不管有无叶柄，均为单叶。如桃、女贞和悬铃木等。

2. 复叶(compound leaf)

复叶是指在一个分枝或不分枝的叶轴上着生 1 至多枚具关节的小叶，落叶时小叶先脱落，最后叶轴脱落。根据小叶的数量和排列方式不同，常将复叶分为(图 6-10)：

单身复叶(unifoliate)　叶轴只着生有 1 枚小叶，如柑橘的叶。单身复叶是由三出复叶两侧的小叶退化而形成的。

三出复叶(trifoliolate)　叶轴上着生 3 枚小叶。如铜锤草和豇豆。

掌状复叶(palmate)　小叶数目多枚，着生在总叶柄的顶端，如七叶树的叶。

羽状复叶(pinnate)所有小叶着生在叶轴两侧呈羽毛状。又根据叶轴顶端是否着生小叶，分别为奇数羽状复叶或偶数羽状复叶，例如，含羞草的叶为偶数羽状复叶，而紫云英的叶为奇数羽状复叶。复叶的叶轴分枝情况比较复杂，叶轴不分枝，小叶直接着生在叶轴两侧称做一回复叶；叶轴分枝 1 次，称做二回复叶；叶轴分枝 2 次时，称做三回复叶；依此类推。

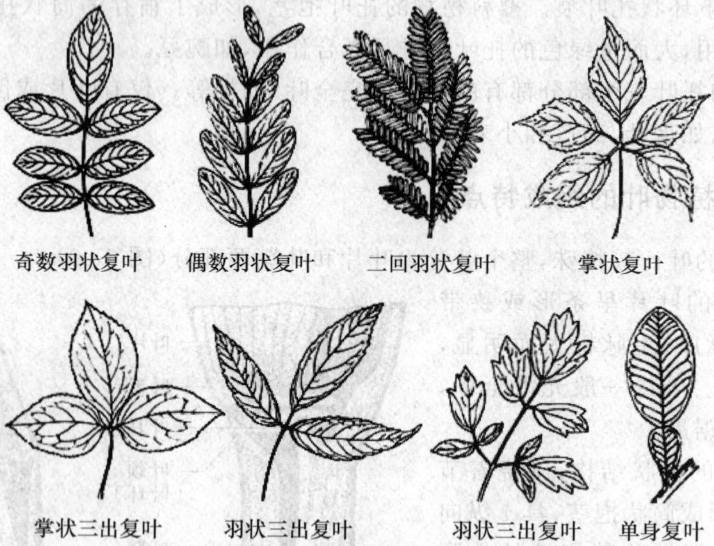

图 6-10　复叶的类型

四、叶序

无论是单叶还是复叶，它们在茎或枝条的节上，按照一定的规律排列的方式，称做叶序(phyllotaxy)。

常见的叶序有下列 5 种，但最基本的叶序是前面 3 种(图 6-11)。

图 6-11　常见的几种叶序示意图

(1)互生(alternate)　指茎的每个节上只着生 1 枚叶，如大豆、棉花等。

(2)对生(opposite)　指茎的每个节上相对着生两枚叶，如丁香、女贞和一串红等。

(3)轮生(whorled)　指茎的同一个节上有 3 枚或 3 枚以上的叶着生，如夹竹桃和重楼(Paris)等。

(4)簇生(fascicled)　指多枚叶以互生叶序密集着生于枝条的顶端，如海桐；或多枚叶以互生叶序着生于极度缩短的短枝上，如金钱松、银杏和梨等。

(5)基生(basal)　指多枚叶以互生或对生叶序密集着生于茎基部或近地表的短茎上，如车前、蒲公英(图 6-12)。

无论是哪种叶序，为了获得更多的阳光资源，上下相邻的两节上的叶片不会完全重叠。

图 6-12　蒲公英的基生叶序（刘琳莉摄）

第三节　叶的发生

叶来源于叶芽或混合芽的叶原基。当春天来临，气温上升，芽内的叶原基开始发育，其顶端的细胞继续保持旺盛的分裂能力（顶端生长），使叶原基成为细长的柱形，形成叶轴；同时，位于叶轴两侧的细胞进行不断地分裂和分化，即边缘生长。由于边缘细胞分裂和分化的速度不同，便形成了叶的雏形。叶轴顶端和基部不进行边缘生长的地方分别形成叶尖和叶柄。具有托叶的植物，叶原基基部的细胞迅速分裂、分化形成托叶。在幼叶分化的过程中，托叶的分化最早，叶片的分化次之，叶柄的分化最晚。托叶之所以分化最早，是因为在幼叶的叶腋处开始分化出腋芽原基，托叶的功能是保护腋芽。叶柄组织分化成熟最晚，有其生物学意义，叶镶嵌现象往往是通过叶柄的变化来实现的（图 6-13）。

当幼叶展开后，叶片各部的细胞仍继续分裂和分化（居间生长），分裂活动最活跃的部位是叶尖和叶缘，直到叶片的大小和形态定型，上述部位才停止细胞分裂活动。在这种组织分化成熟的过程中，叶片的各个部位不是一致的，一般情况下植物叶尖的成熟常早于叶片基部。

当 1 枚幼叶形成后，在芽的生长锥上又开始形成新的叶原基，随着芽的生长锥不断向上生长，叶原基所在的位置就慢慢地外移或下移，开始远离生长锥的顶点。

植物幼叶叶片中的初生分生组织在完成了叶片各个部分的分化后，就不保留分

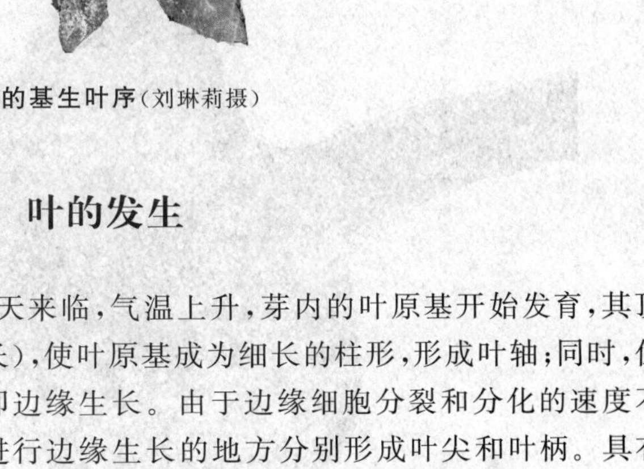

图 6-13　叶子发生示意图（胡金良绘）

生组织了。但有少数单子叶植物的叶片，在叶片的基部保留有居间分生组织。例如，韭菜成熟的叶片被割掉后，就会重新发育出新的叶片。

第四节　叶的结构

一、双子叶植物叶的一般结构

（一）叶片

双子叶植物的叶片，虽然在形态上表现出多种多样，但其内部组织结构却基本相似。在叶片的横切面上，可分为表皮、叶肉和叶脉 3 个基本部分（图 6 - 14）。

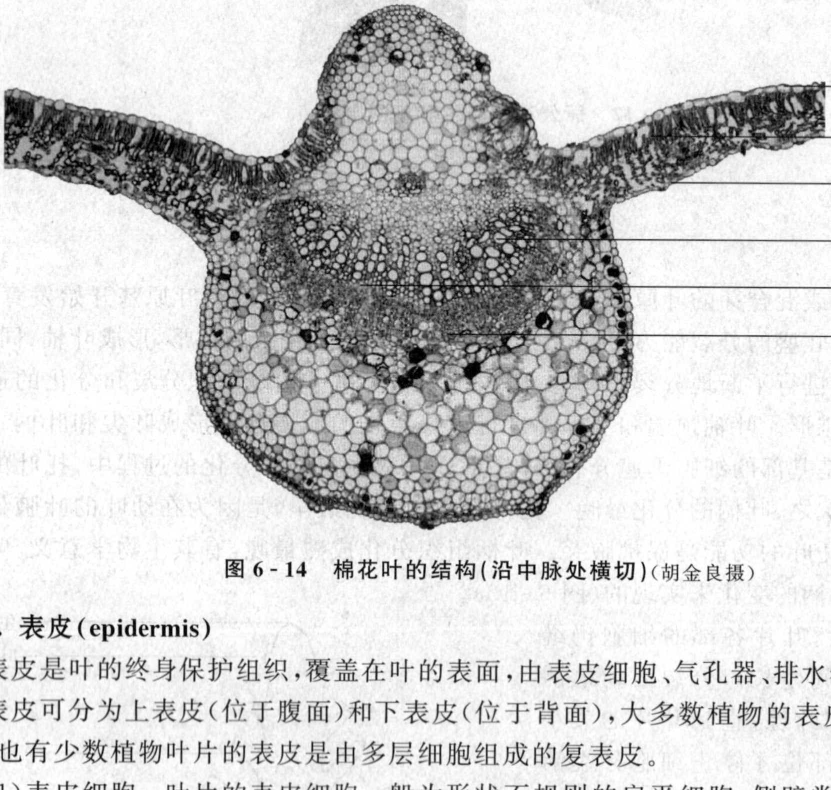

图 6 - 14　棉花叶的结构（沿中脉处横切）（胡金良摄）

1. 表皮（epidermis）

表皮是叶的终身保护组织，覆盖在叶的表面，由表皮细胞、气孔器、排水器和表皮附属物组成。表皮可分为上表皮（位于腹面）和下表皮（位于背面），大多数植物的表皮由一层细胞组成的，但也有少数植物叶片的表皮是由多层细胞组成的复表皮。

（1）表皮细胞　叶片的表皮细胞一般为形状不规则的扁平细胞，侧壁常凹凸不齐，彼此紧密嵌合。在叶片的横切面上，表皮细胞则呈长方形或方形，外壁角质化并覆盖有角质膜。表皮上的角质膜具有保护植物不受细菌和真菌侵害的作用，同时角质膜还具较强的折光性，可防止因过度照射引起的伤害。表皮细胞一般不具叶绿体，不能进行光合作用（图 6 - 15）。

一般说来，同种双子叶植物叶片的上表皮和下表皮的细胞形态是有差异的，上表皮细胞的侧壁较平直，而下表皮细胞的侧壁弯曲度明显较大，这可能与下表皮分布有较多的气孔所致，侧壁弯曲度变大，扩大了细胞接触面积，使表皮组织更加坚固。

（2）气孔器（stomatal apparatus）　分布在表皮细胞之间，由 2 个肾形保卫细胞和气孔组成。保卫细胞之间的裂生胞间隙称气孔，它们是叶片内部组织与外界环境之间进行气体交换和水分散失的通道。有些植物在保卫细胞的外侧，还有 1 至数个副卫细胞，例如，十字花科植物。气孔在叶片表皮上的位置和数目，随植物种类而异，且与植物所处的生境条件有关。一般来说，双子叶植物的气孔，上表皮少，而下表皮多，每平方毫米有气孔100～300个。少数浮在水面上的叶片，如睡莲，仅上表皮有气孔。沉水植物的叶片，一般没有气孔。

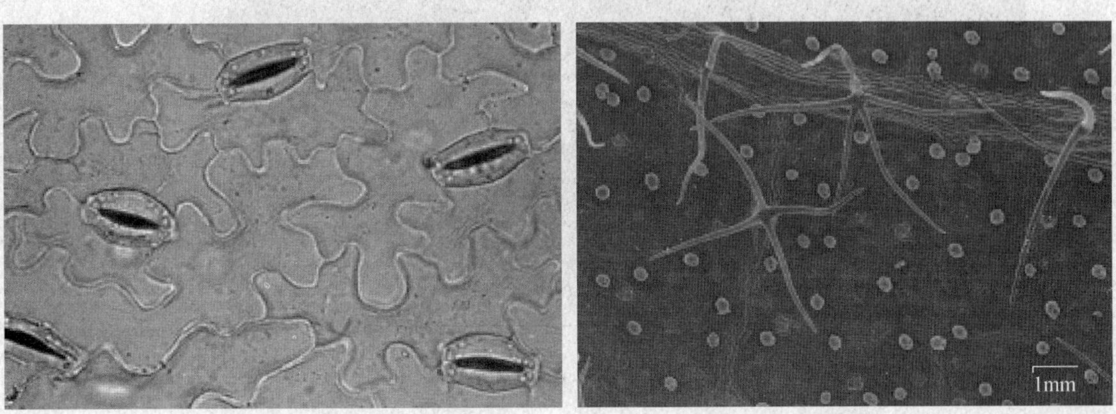

A B

图6-15 双子叶植物叶表皮结构

A. 蚕豆叶下表皮（光镜）（胡金良摄）；B. 烟草叶下表皮（扫描电镜）

保卫细胞具有丰富的细胞质、明显的细胞核和叶绿体，通常还有淀粉粒。保卫细胞与表皮细胞邻接面的细胞壁较薄，而靠近气孔缝隙的壁增厚。这样的细胞特征与气孔开闭的自动调节密切有关。在有光的条件下，保卫细胞中的叶绿体进行光合作用，消耗了CO_2，结果使细胞内的酸度降低，pH值由5升到7左右，这有利于磷酸化酶的分解活动。在该酶的作用下，淀粉粒被分解成1-磷酸葡萄糖，最后，进一步转变为葡萄糖和磷酸，保卫细胞的渗透压增高，周围表皮细胞的水分便流入保卫细胞，保卫细胞吸水膨胀。由于它们细胞壁厚薄不均匀，两边的伸延性不同，近气孔的细胞壁较厚，扩张性较小，而邻接表皮细胞方面的细胞壁较薄，扩张性较大，迫使两个保卫细胞相对地弯曲，其间的气孔缝隙得以张开。相反，在黑暗条件下，光合作用不能进行，保卫细胞中的CO_2浓度增高，使细胞中的pH值降低，这有利于磷酸酶的合成活动，可溶性糖便转变为淀粉粒，渗透压降低，保卫细胞失去水分，紧张度降低，保卫细胞就松软而变直，气孔关闭。

（3）排水器　排水器（hydathode）一般分布在叶片的顶端和叶缘处，它是由水孔（water pore）和通水组织构成的。水孔的结构与气孔相似，是由两个没有自动调节开闭作用的保卫细胞组成。通水组织是指位于水孔下方与脉梢的管胞相连的一群排列疏松的较小细胞。

当气温降低，叶片的蒸腾作用减弱，而根系活动仍然比较旺盛，从根部吸入的水分不能够形成气态水，便从排水器溢出，集成液滴，挂在叶尖或叶缘处，这种现象称为吐水作用。

（4）附属物　在许多植物的叶片上有一些形态各异的附属物，主要是表皮毛、鳞片和腺体，其功能主要是保护和分泌等作用。

2. 叶肉（mesophyll）

叶肉是指上下表皮之间的绿色同化组织，其细胞中含大量的叶绿体，是进行光合作用的具体部位。大多数双子叶植物的叶肉分化出栅栏组织和海绵组织，这种叶称为异面叶（bifacial leaf）（图6-16）；还有一些植物无栅栏组织和海绵组织的分化，或上下两面均有栅栏组织，这种叶称为等面叶（isobilateral leaf）。

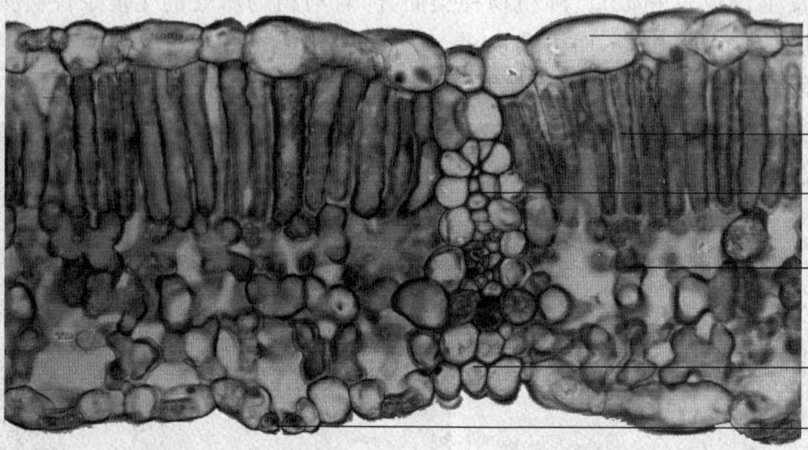

图 6-16 棉叶横切面(胡金良摄)

(1)栅栏组织(palisade tissue) 位于上表皮之下的叶肉细胞为长柱形,其长径与上表皮垂直,排列整齐类似栅栏状,细胞通常1～3层,也有多层。例如,棉叶的栅栏组织只有1层细胞,柑橘属植物的栅栏组织有2或3层。有些植物的栅栏组织中,还有其他细胞或结构存在,如甘薯叶的栅栏组织内有贮藏1个多棱形晶簇的含晶异细胞,柑橘属植物的栅栏组织中有溶生的分泌腔,茶的叶肉栅栏组织中常有骨状石细胞分布。

栅栏组织的细胞内叶绿体相对小而多,叶绿体的数量和分布常决定于外界环境。在生长季节里,细胞内的叶绿体数量多,叶绿素的含量高,类胡萝卜素的颜色被叶绿素的颜色所遮盖;到了秋天,叶绿素的含量减少,类胡萝卜素的黄橙色便显现出来,于是叶色变黄。在强光环境下,叶绿体移动至细胞的侧壁附近,以减少受光面积,避免过度发热;在弱光环境下,它们分布在靠近细胞的表面,以充分利用散射光的能量。

(2)海绵组织(spongy tissue) 海绵组织位于栅栏组织与下表皮之间,其细胞形态和大小不规则,细胞间隙较大,特别是在气孔内方,往往形成较大的气孔下室。海绵组织细胞内叶绿体相对较大,但数量较少,因而叶片背面的颜色较浅。海绵组织也能进行光合作用,但强度弱于栅栏组织,它主要的作用是适应于叶片的气体交换和水分的蒸腾。

有些植物叶的着生方向几乎直立,这种叶片的两面受光几乎均等,所以叶肉组织无栅栏组织和海绵组织的分化,或上下两面均有栅栏组织,这就形成了等面叶。

3. 叶脉(vein)

叶脉是分布在叶肉中的维管束,在叶片中纵横交错,主要起支持和输导作用。各级叶脉的结构不完全相同,大型叶脉如粗大的主脉,有一个或几个维管束,其中木质部靠近腹面,韧皮部靠近背面。在维管束的木质部和韧皮部之间,常有活动时间很短的形成层,产生极少量的次生组织。在维管束的上下方或周围有机械组织。机械组织在叶片的背面较发达,因此,叶片背面有叶脉的地方形成了显著的突起。

叶脉越分越细,结构也越来越简单。首先是形成层消失,机械组织逐渐减少,以至完全消失。在较小叶脉中的维管束外面常围绕着1或2层排列紧密的细胞,形成维管束鞘,其内木质部和韧皮部的组成分子逐渐减少,到了细脉末梢,木质部中仅有几个螺纹管胞,韧皮部中则只有几个狭短的筛管分子和增大的伴胞。

(二)叶柄与托叶

双子叶植物叶柄的内部结构与茎的初生结构相似,也可分为表皮、皮层和中柱三个部分。但是,叶柄的结构又与茎的结构有一些差异。首先,位于叶柄表皮下面的皮层富含厚角组织,有时也有一些厚壁组织。这种机械组织既适宜支持,又不妨碍叶柄的延伸、扭曲和摆动。其次,叶柄的维管束在横切面上的排列方式,很少为环形排列(偶见于圆形粗大的叶柄),常见的为半环形排列,环行的缺口朝向叶片的腹面。在每个维管束内,木质部位于叶片的腹面,韧皮部位于背面。叶柄的维管束经叶迹与茎中的维管束相连。

托叶的结构一般很简单,许多植物的托叶没有叶脉,只有表皮和基本组织。有些具有细小叶脉的托叶,其维管束的结构也十分简单。

二、禾本科植物叶的结构

禾本科植物的叶片同样由表皮、叶肉和叶脉三个部分组成,但与双子叶植物的叶片比较,各部分都有明显的不同(图 6-17)。

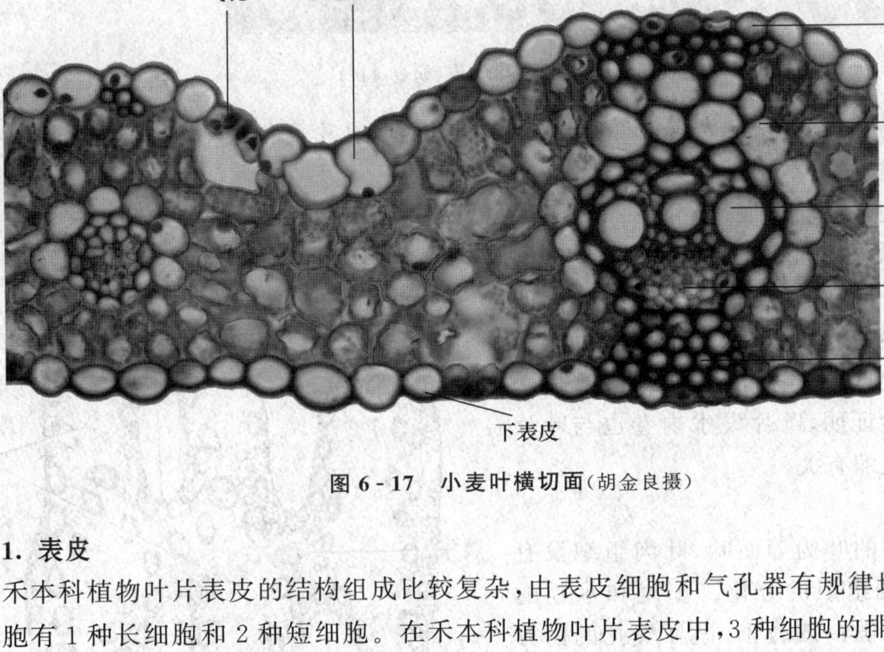

图 6-17 小麦叶横切面(胡金良摄)

1. 表皮

禾本科植物叶片表皮的结构组成比较复杂,由表皮细胞和气孔器有规律地排列而成。表皮细胞有 1 种长细胞和 2 种短细胞。在禾本科植物叶片表皮中,3 种细胞的排列是有规律的,1 个长细胞和 2 个短细胞交互排列,同时气孔器也可和长细胞交互纵向排列。上表皮除表皮细胞和气孔器外,还有泡状细胞(图 6-18)。

(1)表皮细胞　表皮细胞的长细胞呈纵行排列,其长轴与叶片的伸长方向平行,细胞的外壁形成一些硅质和栓质的乳突,侧壁呈齿状。短细胞有硅细胞和栓细胞两种。硅细胞向外突出,呈齿状或成刚毛,使表皮坚硬而粗糙,加强了抵抗病菌和害虫的侵袭能力。农业生产上多施硅酸盐或采用稻草还田的措施,有利于细胞壁的硅化,以提高其抗倒伏和抗病虫的性能。

(2)气孔器　禾本科植物的每个气孔器是由 2 个保卫细胞和 2 个副卫细胞组成。保卫细胞为狭长的哑铃状,两端膨大,壁薄,中部细胞壁特别增厚。当 2 个保卫细胞吸水膨胀时,薄壁的两端膨大，互相撑开，于是气孔开放；缺水时，两端收缩，气孔就闭合。副卫细胞位于保卫细胞的两侧，形状近似长棱形，内含叶绿体，其功能是调节保卫细胞的水分代谢。

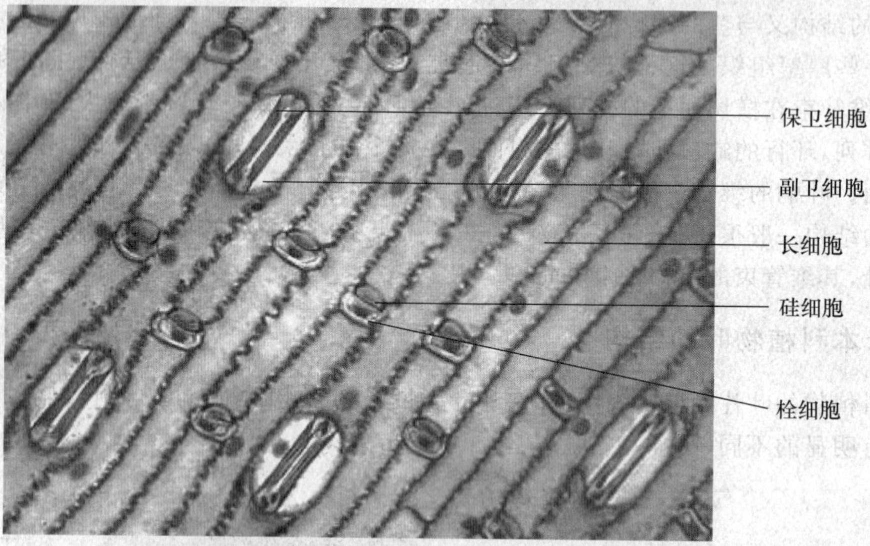

图 6-18　小麦叶表皮(胡金良摄)

禾本科植物叶片的上、下表皮中都有气孔分布，并且气孔密度相差不大。这是与叶片伸展比较直立，两面受光基本相等有关。

(3)泡状细胞(运动细胞)(bulliform cells)　为一组大型薄壁细胞，其细胞的长轴与叶脉平行，分布于相邻两叶脉之间的上表皮。在叶片的横切面上，每组泡状细胞呈扇形，中央的细胞大，两边的小。在叶片过多失水时，所有的泡状细胞发生萎蔫，叶片便内卷成筒状以减少蒸腾。当水分充足时，它们吸水膨胀，叶片平展。但也有实验证明，叶片失水内卷也与叶片中的其他组织收缩有关。

2. 叶肉

禾本科植物的叶为等面叶，叶肉组织没有栅栏组织和海绵组织的分化。小麦和水稻的叶肉组织细胞间隙一般较小，但在气孔的内方有比较大的孔下室。叶肉细胞的形状不规则，细胞壁产生了一些突起和凹沟，形成了所谓的“峰、谷、腰、环”的结构。这样的细胞形态，扩大了细胞质膜面积，有利于更多的叶绿体排列在细胞的边缘，便于吸收 CO_2 和光能，进行光合作用(图 6-19)。

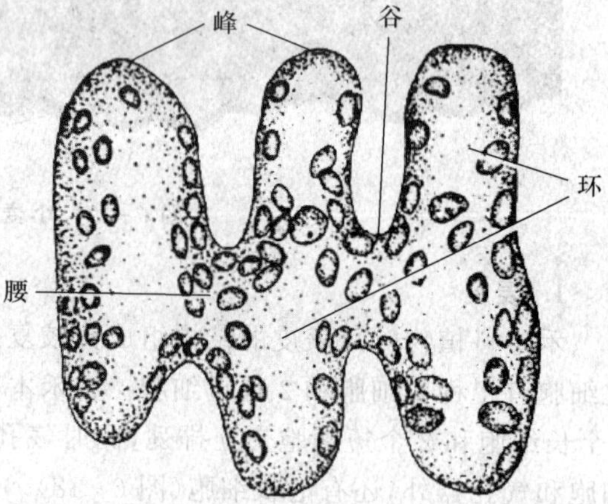

图 6-19　小麦叶肉的结构

3. 叶脉

禾本科植物的叶脉平行排列，由维管束和外围的维管束鞘组成。维管束为有限外韧维管束，在较大维管束的上、下两侧有发达的厚壁组织与表皮细胞相连，增加了机械支持作用。维管束鞘可分为两种类型(图 6-20)。

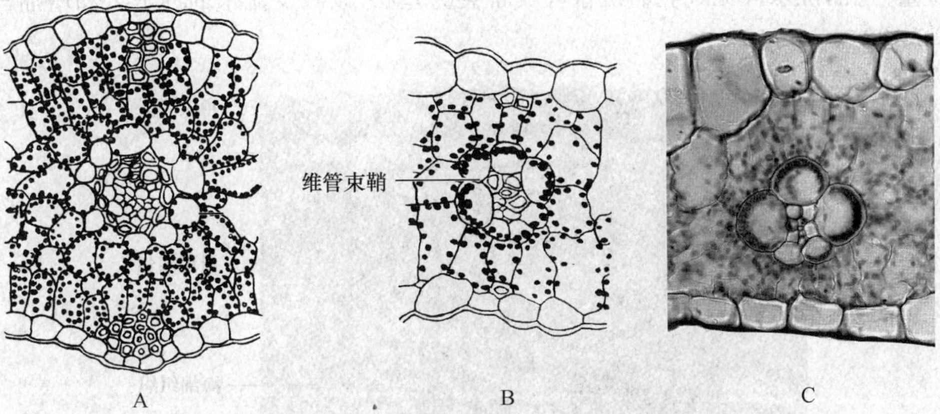

图 6-20　C_3 植物和 C_4 植物叶片结构的比较

A. 小麦(C_3 植物),具大、小两层细胞组成的维管束鞘;B. 苞茅属之一种(C_4 植物),维管束鞘与其外围的一层叶肉细胞形成"花环"结构;C. 玉米维管束照片(胡金良摄)

玉米、甘蔗和高粱等植物的维管束鞘,是由单层薄壁细胞构成的,细胞较大,排列整齐,内含丰富的线粒体和较大叶绿体。在维管束鞘外侧紧密相连的一圈叶肉细胞,排列整齐且紧密,细胞的长轴都指向维管束中央。像这样由叶肉细胞和维管束鞘细胞整齐排列的双环绿色结构,形象地称为"花环形"(Kranz-type)结构,这是 C_4 植物的特征。

小麦、水稻和大麦等植物的维管束鞘是由 2 层细胞组成的,其外层的细胞壁薄、较大,所含叶绿体较叶肉细胞相比少而小;而内层的细胞壁厚、较小,不含叶绿体,它们没有上述 C_4 植物的植物的花环结构。

第五节　叶的形态结构与生态条件的关系

叶的形态结构,易随生态环境的不同而发生变异,光照和水分对叶片的解剖结构有明显的影响。

(一)旱生植物叶片

旱生植物叶片的结构特点主要朝着降低蒸腾和贮藏水分两个方向发展。

旱生植物的叶小而厚,有些种类其叶极度退化;角质膜厚,蜡被和表皮毛发达,气孔下陷,气孔成群生于表皮下陷的气孔"窝"内,其气孔窝内生表皮毛;有的具多层表皮(如夹竹桃);栅栏组织的细胞层次多(图 6-21),机械组织和输导组织发达。

另一类是肉质植物,它是旱生植物中的特化类型,如芦荟、马齿苋、龙舌兰、猪毛菜等。其叶片肥厚多汁,叶内有发达的贮水组织,贮存了大量水分,以适应旱生环境。

(二)水生植物叶片

水生植物部分或全部生活在水中,环境中水多、溶解的气体量少,植物体可以直接从周围环境获得水分和溶解于水中的物质,但不易得到良好的通气和充足的光照。水生植物叶片的结构特征为:叶片通常较薄,表皮细胞的角质膜薄,内含叶绿体;叶肉通常无栅栏组织和海绵组织的分化,通气组织发达;机械组织和维管组织退化,尤其是木质部极不发达。浮水叶只有上表皮具少量气孔，沉水叶无气孔。沉水叶又常裂为丝状，以减少流水的冲击力和增加与水的接触面(图 6-22)。

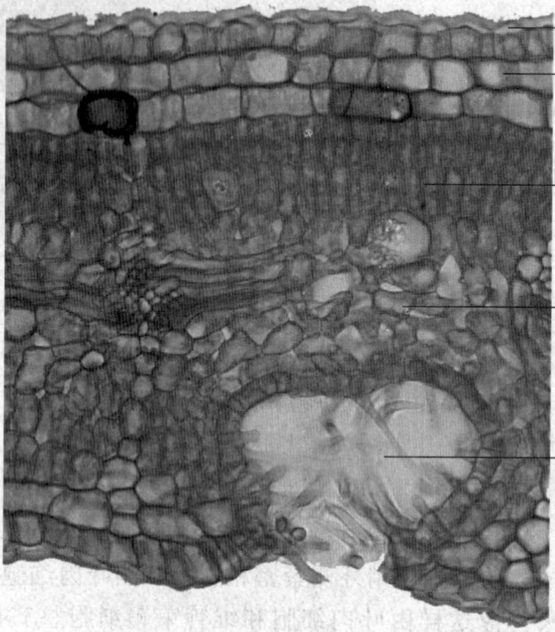

图 6-21　夹竹桃叶片的结构(胡金良摄)

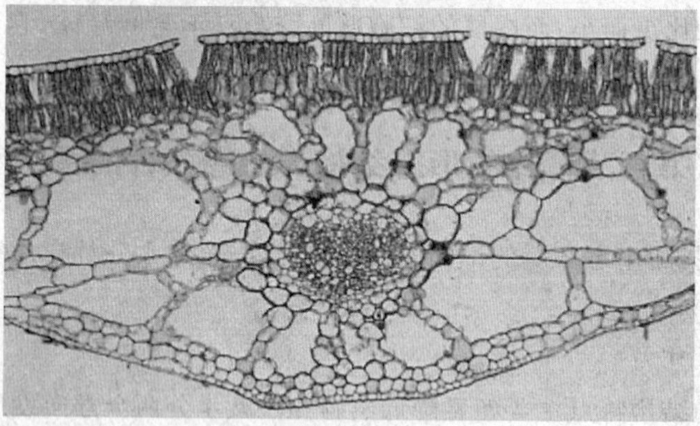

图 6-22　菱叶叶片横切(胡金良摄)

(三)盐生植物叶的特点

盐生植物所处生境盐分高，长期处于生理缺水，叶明显表现出减少蒸腾作用的旱生结构特征，如表面角质层加厚，气孔器不同程度的下陷，叶高度退化，叶片肉质化，出现发达的贮水组织等，这些形态结构与盐渍生境相适应，既是环境长期作用的结果，又受到遗传规律的控制，具有相对的稳定性。另外，某些盐生植物的叶中存在着不同形式的泌盐结构。

(四)阳地和阴地植物叶的结构

阳地植物(sun plant)是一类在阳光直接照射下才能生长良好的植物，而不能忍受荫蔽，这类植物的叶称为阳叶(sun-leaf)。阳叶受光、受热较强，其特点趋向于旱生植物叶的特点，一般叶片厚而小，角质膜较厚，栅栏组织、机械组织都很发达，叶肉细胞间隙较小，大多数农作物，如玉米、水稻和棉花都属于这种类型。

另一类植物则适应于在较弱的光照下生长，在全日照条件下，反而生长不良，这类植物称为阴地植物（shade plant），其叶称阴叶（shade-leaf），许多林下植物属此类。阴叶叶片常大而薄，栅栏组织发育不良，细胞间隙发达，叶绿体较大，表皮细胞也常含有叶绿体。

在同一植株上或在作物群体中，也会有阳叶与阴叶的差异（图 6-23），通常顶部与向阳的叶具有阳叶的结构特点，下部和荫蔽的叶则趋向阴叶的特点。

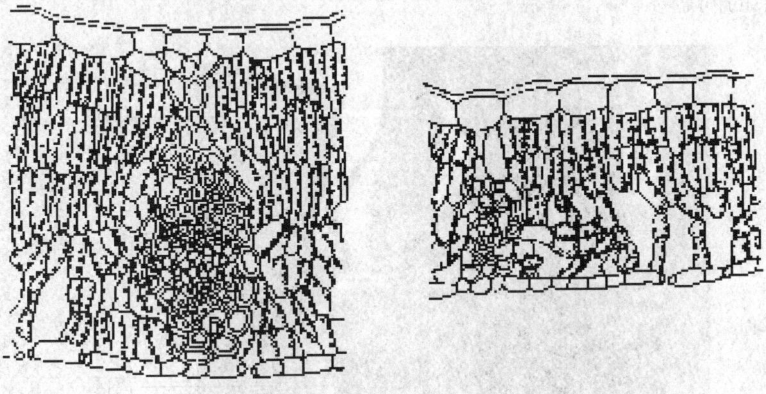

A　　　　B

图 6-23　在向阳和荫蔽条件下的栎树叶片解剖结构

A. 阳叶；B. 阴叶

（五）异形叶性

通常一种植物的叶形具有一定的稳定性和统一性，但是常由于不同的生态条件或植株的发育年龄不同，某些植物却在同一植株上或在幼株与成株间具有不同形状的叶，这种现象叫做异形叶性（heterophylly）。例如，沼生植物慈姑的沉水叶片是椭圆形，而位于水面以上的叶是三角状箭形。菱是根扎入泥中而功能叶浮于水面的植物，位于水中的叶是羽裂篦子形，外形似根，并且是对生叶序；而漂浮在水面的叶密集于茎端，是互生叶序，叶片菱形。

第六节　叶的衰老与脱落

各种植物的叶都有一定的寿命，短者为一个生长季，长者 2～5 年，最长可达 8～10 年。在其生命期终结来临时，叶就会枯死并从枝上脱落下来，这种现象称为落叶。但是有些植物的叶枯死后，依然残留在植株上，尤其是一些草本禾本科植物。一些多年生木本植物，像桃和李等植物的叶，在秋天来临时全部脱落，这种植物称为落叶植物。另外，还有一些植物，像香樟、女贞等植株上的老叶不断脱落，同时又有新叶产生，全树终年有叶，这种植物称为常绿植物。

随着生长季节的结束，或秋季的来临，气温下降，在叶片细胞中发生各种生理生化变化，许多物质被分解，可利用的物质被运回到茎或贮藏器官中，叶柄中的筛管和导管相继失去功能，水分供应不足，光合作用效率降低，叶绿素被破坏，使叶黄素和胡萝卜素的颜色显现出来，加上液泡中花青素的形成，使叶片由原来的绿色逐渐变为黄色和红色，叶走向衰老和死亡。

在叶片衰老的同时，叶柄基部的细胞发生细胞学和组织学上的变化，这个区域的细胞分裂出数层较为扁小的薄壁细胞，构成离区。随后，该区部分薄壁细胞的胞间层发生黏液化而分解，只有维管束还连在一起，这个区域形成了离层（separation layer）（图 6-24）。离层的支持力量非常微弱，在叶的重力和风吹雨打的机械作用下，叶就从枝上脱落。在离区下方，发育出细胞壁栓质化木栓细胞层，逐渐覆盖整个断面，并与茎的木栓层相连。这些由木栓细胞所形成的覆盖层，称为保护层。保护层细胞保护叶脱落后所暴露的断面，以避免水分的丧失和病虫的伤害。叶脱落后，在茎上留下的疤痕，称为叶痕。叶痕内有维管束的断痕，叫叶迹。离层不仅能产生在叶柄上，也可产生在花柄或果柄上，造成花或果实脱落。在农业生产上，应采取措施解决落花和落果的问题。

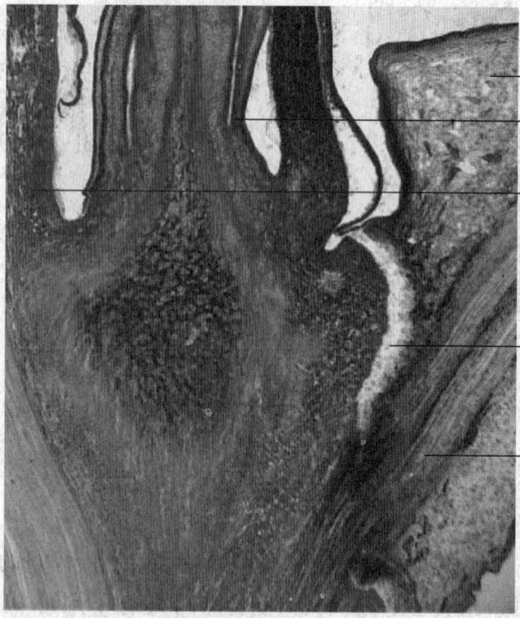

图 6-24 白杨离区（胡金良摄）

低温和短日照是影响叶衰老和脱落的主要因素。同时，叶的衰老和脱落也与植物激素发生变化有关。叶的脱落是对不良环境的一种主动适应，在温带地区，冬季干旱而寒冷，根系吸水困难，叶脱落可以降低蒸腾。在热带地区，当旱季到来时，植物同样需要通过落叶来减少蒸腾。

第七节 叶的变态

叶暴露于大气中，受环境的影响很大，为了适应多样性的环境，叶产生了多种形式的变态（图 6-25）。

1. 鳞叶(scale leaf)

叶特化或退化成鳞片状，称为鳞叶。一般有三类：鳞芽外具保护作用的芽鳞片；变态器官如根状茎、球茎、块茎上退化的鳞叶或鳞片；百合、洋葱鳞茎上的肉质、具贮藏作用的鳞叶。

2. 叶卷须(leaf tendril)

叶或叶的一部分变为卷须称为叶卷须，如豌豆复叶顶端的二、三对小叶变成卷须，菝葜的卷须为托叶变成。具有叶卷须植物的茎柔弱，需借助卷须攀缘在其他物体上，向上生长以争夺阳光。

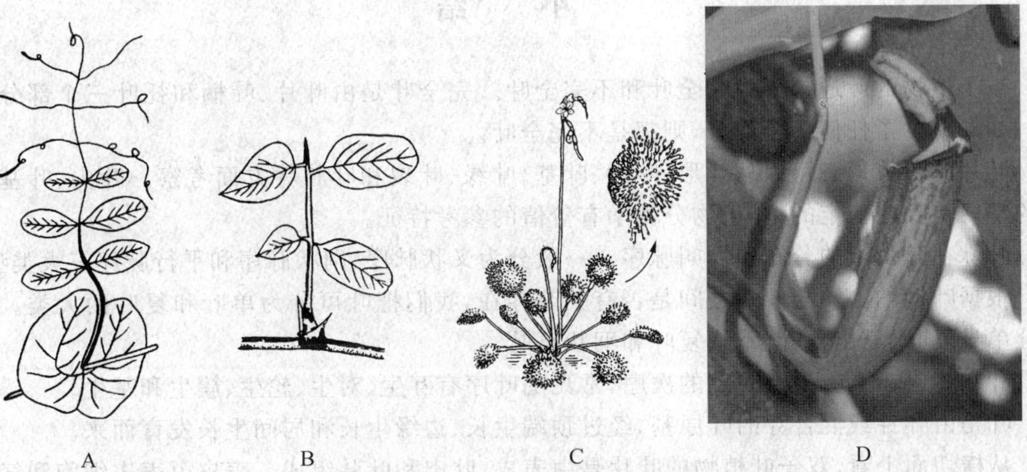

图 6-25　几种变态叶

A. 豌豆的叶卷须；B. 洋槐的托叶刺；C. 茅膏菜的植株及叶捕虫器；D. 猪笼草的捕虫囊(胡金良摄)

3. 叶刺(leaf thorn)

有些植物的叶子变为刺状，既可保护自身，有可以减少水分散失，以适应于干旱环境下的生存，如仙人掌属植物。有的植物的刺则由托叶转变而来，叫托叶刺，如洋槐。

4. 叶捕虫器(leaf insetivorous apparatus)

生长在多雨湿润的热带、亚热带沼泽地区的食虫植物，因土质呈酸性而缺乏氮素，这些植物的叶变为捕虫器，能捕捉并消化虫体蛋白质以满足对氮素的要求。

5. 苞片(bract)和总苞片(involucre)

生于花下的变态叶叫苞片；数目多而聚生在花序基部的苞片称为总苞片。苞片和总苞片多为绿色，也可有其他颜色，具有保护花和果实的作用。

第八节　叶与茎间内部结构上的关系

双子叶植物的茎产生分枝时，其皮系统、基本组织系统可以直接连贯，而分枝的维管束是由茎节处的维管柱分出。通常将主茎分出的维管束经皮层通往分枝部分称为枝迹(branch trace)，在枝迹的上方薄壁细胞填充处，称为枝隙(branch gap)。

双子叶植物枝与叶之间的联系类似于茎与分枝的连接，其维管组织也是茎的节部。有些维管束从中柱斜向分出，伸展到叶柄内，这种直接与叶相通的维管束位于茎内的部分，称为叶迹。叶迹位于枝迹下方，其上方同样有由薄壁组织组成的叶隙(图 6-26)。

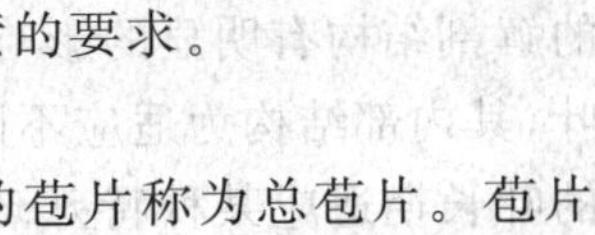

图 6-26　双子叶植物茎与分枝、茎与叶之间的维管组织结构联系图解

A. 示单叶隙与单叶迹；B. 三叶隙与三口叶迹

(引自 Esau，1977)

小 结

被子植物的叶通常分为完全叶和不完全叶。完全叶是由叶片、叶柄和托叶三个部分组成的。如果缺少了任何一个部分,则都是不完全叶。

叶片的整体形态可以从叶形、叶尖、叶基、叶缘、叶裂和叶脉等方面考察。叶尖、叶基和叶缘的特征是相对稳定的,是植物分类学有价值的参考特征。

叶脉在叶片上的分布式样叫脉序。一般分为叉状脉序、网状脉序和平行脉序三大类型。

根据叶柄的上端与叶片之间是否有关节存在,我们把叶可分为单叶和复叶两大类。复叶又分单身复叶、三出复叶、掌状复叶和羽状复叶。

叶在茎(枝)上着生有一定的次序,常见的叶序有互生、对生、轮生、簇生和基生。

叶是由叶芽或混合芽的叶原基,经过顶端生长、边缘生长和居间生长发育而来。

从横切面上看,双子叶植物的叶片是由表皮、叶肉和叶脉组成。表皮由表皮细胞和气孔器构成,有些还具有表皮毛等附属结构。叶肉是叶光合作用的部位,异面叶有栅栏组织和海绵组织之分。叶脉通过叶柄与茎的维管束相连,是叶运输水分和养料的通道。

禾本科植物的叶片也是由表皮、叶肉和叶脉组成,但表皮结构较复杂,由长细胞、短细胞(硅细胞、栓细胞)、气孔器(保卫细胞和副卫细胞)以及泡状细胞等多种细胞构成。叶肉组织无海绵组织和栅栏组织之分的为等面叶。

植物的叶都有一定的寿命,绝大多数的植物在叶衰亡后在叶柄基部形成离区,进而产生离层和保护层,最终叶在外力的作用下从枝上脱落下来,这种现象称为落叶。

植物的各种器官中,叶的形态结构最易随生态环境的不同而发生变异,光照强度和有效水分对叶片的解剖结构有明显的影响。通常将植物的叶分为旱生和水生,阳地和阴地等不同生态类型的叶,其内部结构为适应不同环境也有明显的差异。

植物的叶长期适应某种特殊环境条件也会产生变态,常见的变态叶有:鳞叶、叶卷须、叶刺、捕虫叶等,变态叶的产生也是自然环境对植物选择的结果。

植物的生长发育体现了营养器官结构的联系与功能的协同性。根、茎、叶都是由表皮、皮层薄壁组织和维管组织共同构成一个统一的整体,彼此互相联系。植物体内维管组织,从根中通过过渡区和茎相连,再通过枝迹和叶迹与枝、叶相连,构成完整的维管系统,以保证植物生命活动所需的水分、矿质元素和有机物质的输导和转移。

思 考 题

1. 以叶为例,说明植物体形态结构和功能的统一。
2. 比较禾本科植物叶与棉叶的异同点。
3. 举例说明营养器官变态与植物生态适应间的关系。
4. 叙述叶的形态结构与生态条件的关系。

第七章 生殖器官——花

植物在经过一系列生长发育过程后，就要进行繁殖产生新个体，以维持种族的繁衍。植物形成新个体的方式，主要有营养繁殖(vegetative multiplication)、无性生殖(asexual reproduction)和有性生殖(sexual reproduction)三类。营养繁殖是通过植物营养体的一部分从母体分离后，形成一个独立生活的新个体的繁殖方式，它是植物系统演化中出现的初级繁殖方式。随着植物的进化，有些植物在其生活史中的某一时期，形成具有繁殖能力的无性的特化细胞——孢子(spore)，孢子从母体上脱离后，在适宜条件下萌发为新的植物体，这种繁殖方式称无性生殖或孢子繁殖。有性生殖是更为进化的繁殖方式，这种繁殖方式是植物体中产生特殊的有性别差异的配子，即雄配子和雌配子。以后，两性配子进行结合，形成合子，再发育为新个体。有性生殖使后代具备了双亲的遗传性，增强了后代的生活力和适应性。

第一节 花的基本形态

花(flower)是被子植物所特有的生殖器官，是形成雌、雄性生殖细胞和进行有性生殖的场所，从进化角度来看，花由枝条演变而来，是适应于生殖的变态短枝，花梗和花托由茎演变而成，花中其余部分均为变态叶。从个体发育上看，被子植物营养生长到一定程度，生理上达到成熟，在经历特定的光周期后，植株中有些芽进行花芽分化形成了花。被子植物是进化地位最高的一类植物，主要原因是花的形成，导致生殖策略的改变。

花不仅对被子植物的繁殖有重要作用，同时花也有重要的经济意义，如玫瑰是著名的观赏植物，菊花可用做茶，白兰花可提取香精等。

图 7-1 毛茛花(胡金良摄)

一、花的组成

被子植物花的大小、形态各异，但一朵典型的花包括花梗、花托、花萼、花冠、雄蕊(群)和雌蕊(群)等部分(图 7-1)。凡花萼、花冠、雄蕊和雌蕊等都齐备的花为完全花，缺少一或数部分的为不完全花。

(一)花柄

花柄(pedicel)又称花梗，是连接花和茎的长轴状结构。花柄是茎向花输送养料、水分的通道，其结构与茎相同。此外，花梗还可将花朵展布于一定的空间使花处于有利于传粉的位置。当果实形成时，花柄发育为果柄。花柄的长短常随植物种类而异，有的植物甚至形成无柄花。

（二）花托

花托（receptacle）是花柄顶端着生花萼、花冠、雄蕊、雌蕊的结构，在多数植物（如油菜）中，花托稍微膨大。花托的形状随植物的种类而异，例如，草莓的花托肉质化隆起呈圆锥形；莲的花托膨大呈倒圆锥形；蔷薇的花托为壶状。

（三）花萼

花萼（calyx）位于花的最外轮，由若干萼片（sepal）组成。花萼的结构与叶片相似，但栅栏组织和海绵组织的分化不明显。花萼的功能有保护幼花、幼果；绿色的花萼可进行光合作用；颜色鲜艳的花萼能引诱昆虫传粉；蒲公英的萼片变成冠毛，有助于果实的传播。

萼片可以各自分离，如油菜；萼片彼此也可连合，萼片下端连合部分称为萼筒（calyx tube），上端的分离部分为萼裂片（calyx lobe），如茄。也有的植物在花萼的外面还有一轮绿色的瓣片，称为副萼（epicalyx），如棉花、草莓。萼片通常在开花后脱落，但也有些植物的花萼可保留到果实成熟，称为萼片宿存，如柿、茄等。

（四）花冠

花冠（corolla）位于花萼内侧，由若干花瓣（petal）组成。花瓣细胞中含有花青素或有色体，使花瓣颜色绚丽多彩。有些植物的花瓣中含有挥发油，能释放出芳香气味，还有一些植物的花瓣具有蜜腺能分泌蜜汁。花在没有开放之前，花冠有保护内部的幼小雄蕊和雌蕊的作用；花开放后，花冠的颜色和芳香有吸引昆虫传粉的作用。另外，还有一些植物的花冠退化，以利于风力传粉，如杨、栎、玉米等。

花瓣有分离或连合之分，花瓣分离的花称为离瓣花，如油菜、棉花、桃、苹果；花瓣连合的花称为合瓣花，合瓣花的每一裂片叫花冠裂片，如番茄、南瓜、甘薯的花。

由于花瓣数目、形状、排列不同，花瓣的离合、花冠筒的长短以及花冠裂片的形态不一，形成了各种类型的花冠。常见的有十字形，如油菜；碟形，如蚕豆；漏斗状，如牵牛花。

花萼与花冠总称为花被（perianth），花萼与花冠二者都齐备的花为双被花，缺少花冠的称为单被花。有的植物花被全部退减，如杨、柳等，称之为无被花，又称裸花。

花瓣和萼片在花芽内有不同的排列方式，常见的有：镊合状（花瓣或萼片的边缘彼此接触，但不覆盖，如图 7－8A）；旋转状（花瓣或萼片每一片的一边既覆盖着相邻一片的边缘，而另一边又被另一相邻片的边缘所覆盖，见图 7－8B 中的花瓣）；覆瓦状（和旋转状相似，只是各片中有一片或二片完全在外，另一片完全在内，如图 7－8B 中的萼片）。

（五）雄蕊群

雄蕊群（anthroecium）是一朵花内所有雄蕊（stamen）的总称，位于花冠的内方，是产生雄性生殖细胞的结构。雄蕊由花药和花丝两部分组成。花药（anther）是花丝顶端膨大成囊状的部分，一般由四个花粉囊组成，囊内产生大量的花粉粒，是雄蕊最主要的部分。花丝（filament）常细长，基部着生在花托或贴生在花冠上。花丝具有将营养物质运到花药供花粉发育，同时也具有支持花药以利于散发花粉的作用。

每一朵花雄蕊的数目因植物种类而异，如油菜的雄蕊 6 枚，小麦 3 枚，番茄 5 枚；另有些植物的雄蕊很多且无定数，如莲、桃等。由于雄蕊的数目、花丝的长短以及组成雄蕊的花丝和花药分离与连合的不同，形成了以下各种类型的特殊雄蕊（图 7－2）。

(1)单体雄蕊(monadelphous)　一朵花中有多数雄蕊,花丝连合成一体,如棉花等。

(2)二体雄蕊(diadelphous)　一朵花中的雄蕊 9 枚花丝连合,1 枚单生,成二束,如蚕豆等。

(3)多体雄蕊(polyadelphous)　一朵花中的雄蕊的花丝连合成多束,如金丝桃、蓖麻。

(4)聚药雄蕊(syngenesious)　花药合生,花丝分离,如菊科植物。

(5)二强雄蕊(didynamous)　雄蕊 4 枚,2 枚长,2 枚短,如唇形科植物。

(6)四强雄蕊(tetradynamous)　雄蕊 6 枚,4 枚长,2 枚短,如十字花科植物。

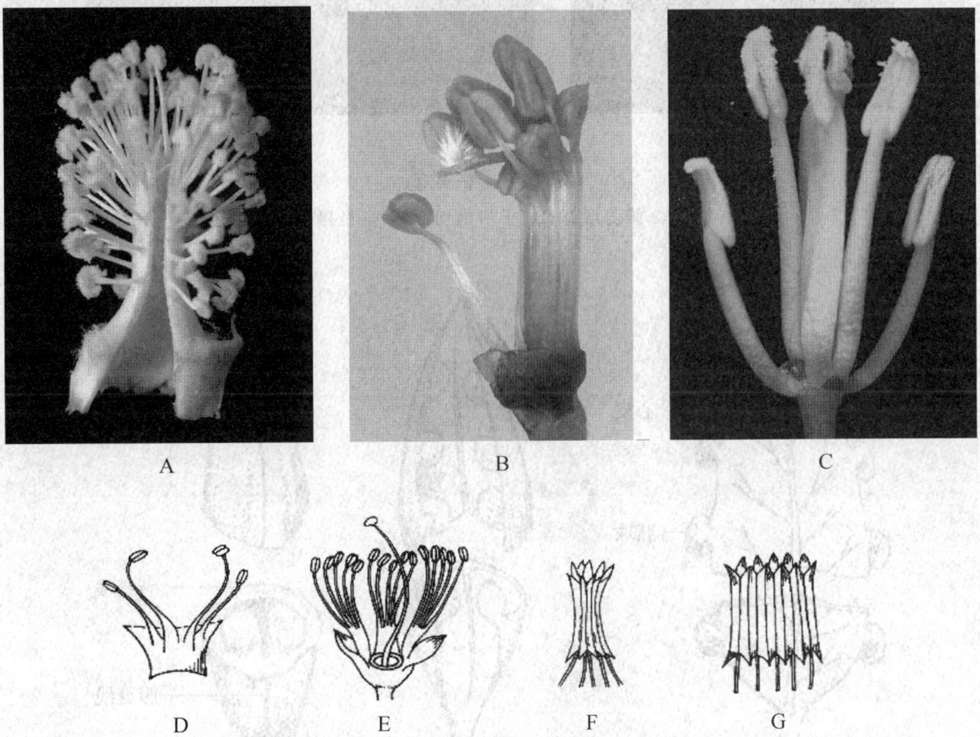

图 7-2　雄蕊的类型(胡金良、刘琳莉摄)

A. 单体雄蕊;B. 二体雄蕊;C. 四强雄蕊;D. 二强雄蕊;E. 多体雄蕊;F、G. 聚药雄蕊

(六)雌蕊群

1. 雌蕊的组成

雌蕊群(gynoecium)是一朵花中所有雌蕊(pistil)总称,雌蕊位于花的中央,是产生卵细胞的结构。一朵花中雌蕊的数目因植物种类而异,多数植物只有一个雌蕊,每个雌蕊一般可分为柱头(stigma)、花柱(style)和子房(ovary)三部分(图 7-3)。

柱头是雌蕊顶端接受和识别花粉的地方,形状多样。花柱是连接柱头和子房的结构,花粉在柱头上萌发后产生的花粉管要经过花柱才能进入子房。子房是雌蕊基部膨大的部分,由子房壁、子房室、胚珠(ovule)和胎座构成。

构成雌蕊的基本单位称为心皮,从进化的角度上看心皮(carpel)是适应生殖的变态叶。雌蕊是由一个心皮向内卷合或数个心皮边缘互相连合而形成的(图 7-4)。心皮边缘接合处为腹缝线(ventral suture),心皮中央相当于叶片中脉的部位为背缝线(dorsal suture)。在腹缝

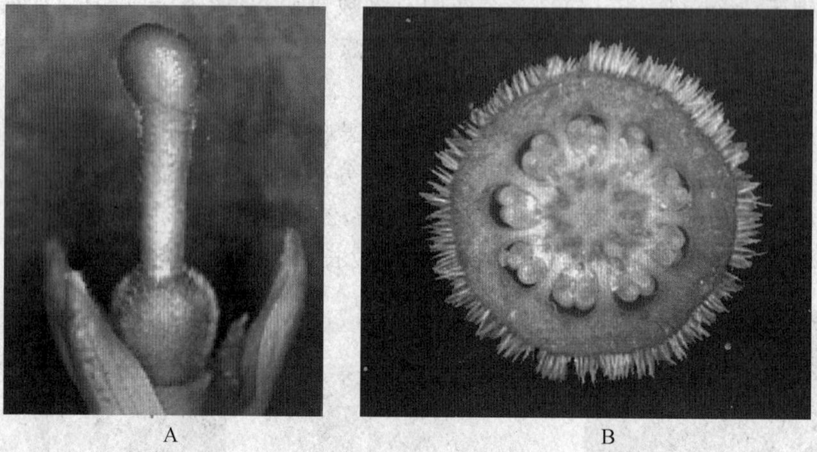

图 7-3 枳雌蕊

A. 雌蕊形态；B. 子房横切面(胡金良摄)

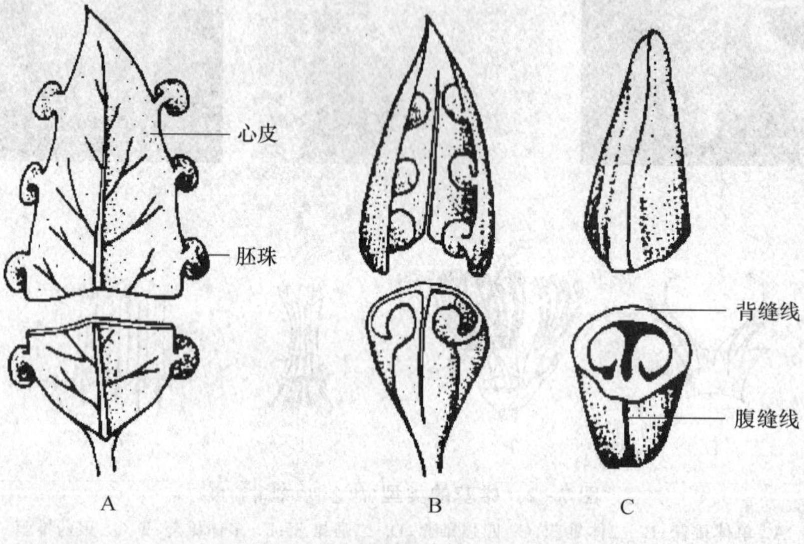

图 7-4 心皮发育为雌蕊的示意图

A. 一个打开的心皮；B. 心皮边缘内卷；C. 心皮边缘愈合(引自 Muller)

线和背缝线处各有维管束通过，分别称为腹束和背束。

2. 雌蕊的类型

根据一朵花中构成雌蕊心皮的数目和离合情况，雌蕊可分为单雌蕊、离生单雌蕊和复雌蕊三种类型(图 7-5)。

(1)单雌蕊(single pistil)　由一个心皮构成的雌蕊，如大豆、桃。

(2)离生心皮雌蕊(群)(apocarpous gynoecium)　由多个心皮构成，但心皮分离，各自形成一个雌蕊，如玉兰、草莓等。

(3)复雌蕊(compound pistil)，又称合心皮雌蕊(syncarpous pistil)　由 2 个或 2 个以上的心皮连合而成的雌蕊，如油菜由 2 心皮合成，苹果为 5 心皮合成。

3. 子房位置的变化

子房着生于花托上，根据子房的着生位置和它与花托的愈合程度，通常分为3类（图7-6）。

(1)上位子房(superior ovary)　雌蕊的子房仅以底部连生于花托顶端。花的其他组分的生长情况则有两种：一种是花萼、花冠、雄蕊群着生于子房下方，称为上位子房下位花，如油菜、棉花、大豆等；另一种是花萼、花冠下部愈合成杯状花筒，子房的基部与花筒的底部相连，花被和雄蕊着生于杯状花筒的边缘，称为上位子房周位花，如桃、李、梅等。

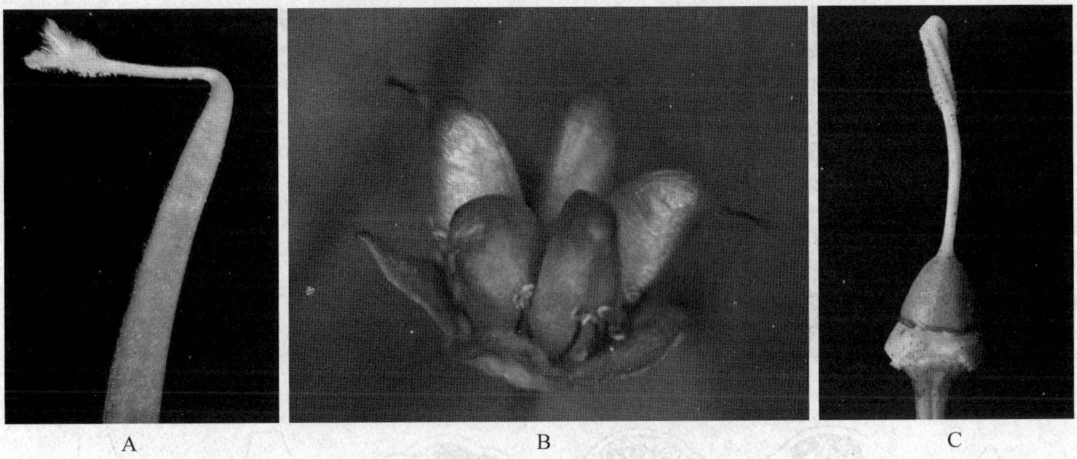

图7-5　雌蕊的类型(胡金良、刘琳莉摄)

A. 蚕豆单雌蕊；B. 离生心皮雌蕊(群)；C. 棉花复雌蕊

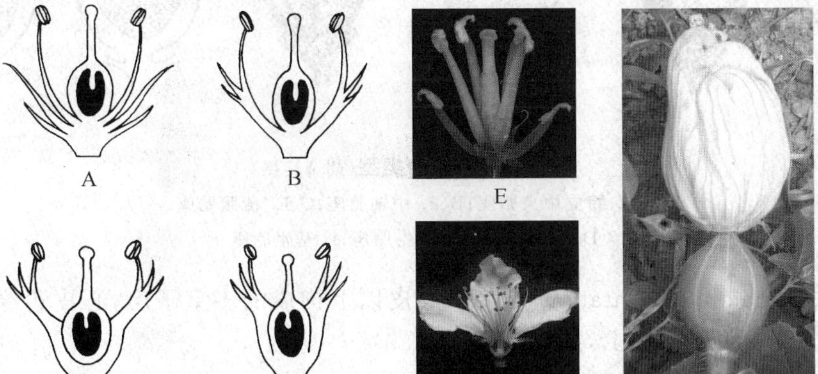

图7-6　子房的位置(胡金良、刘琳莉摄)

A、E. 上位子房(下位花)；B、F. 上位子房(周位花)；C. 半上位子房(周位花)；D、G. 下位子房(上位花)

(2)半下位子房(epigynous ovary)　子房下半部陷生于花托中，并与其愈合，子房的上半部仍露在外面，花萼、花冠、雄蕊群环绕子房四周而着生于花托边缘，故称为半下位子房，这种花则为周位花，如甜菜、石楠。

(3)下位子房(inferior ovary)　子房全部陷生于深杯状的花托或花筒中，并与它们的内侧愈合，仅柱头和花柱外露，花萼、花冠、雄蕊群着生于子房以上的花托或花筒边缘，此即为下位子房，这种花则称为上位花。如南瓜、苹果、梨等。下位子房增强了对胚胎的保护，对植物的繁衍具有积极意义。

4. 胎座的类型

雌蕊的子房中，着生胚珠（受精后发育为种子）的部位称为胎座（placenta）。根据心皮的数目和子房室的数目以及胚珠着生的部位等不同，胎座主要分为下列类型（图 7-7）。

（1）边缘胎座（marginal placentation） 为单心皮，子房一室，胚珠着生于腹缝线上，如豆科植物。

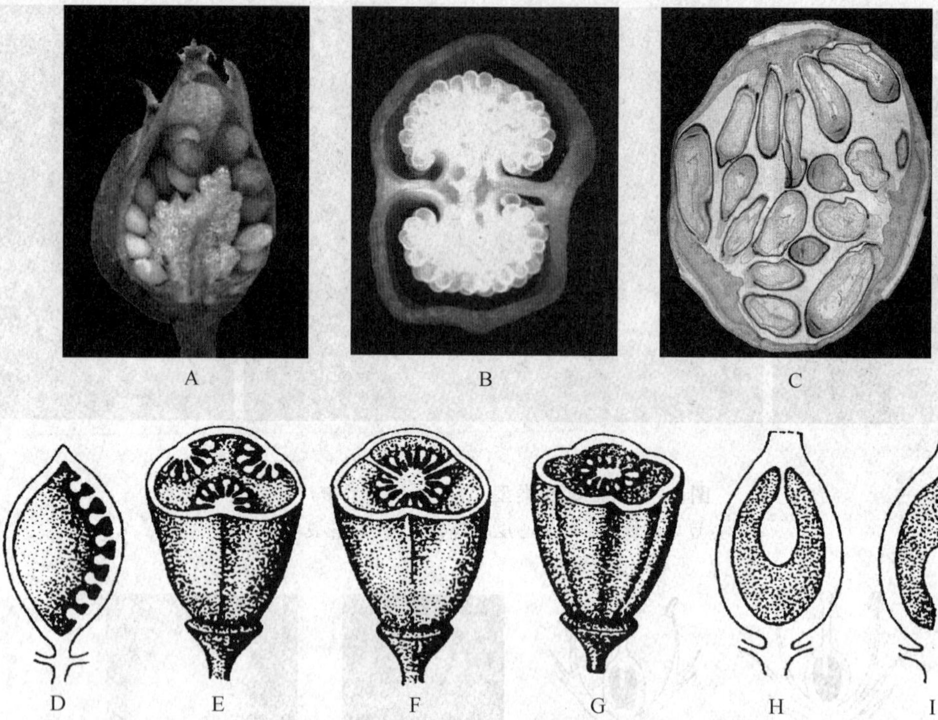

图 7-7 胎座的类型（胡金良摄）

A、G. 特立中央胎座；B、F. 中轴胎座；C、E. 侧膜胎座；
D. 边缘胎座；H. 顶生胎座；I. 基生胎座

（2）中轴胎座（axile placentation） 为二心皮以上构成的多室子房，心皮边缘在中央交会处形成中轴，胚珠着生于中轴上，如棉、百合等。

（3）侧膜胎座（parietal placentation） 二心皮以上构成一室或假数室子房，胚珠着生于腹缝线上，如油菜（假 2 室）、西瓜、黄瓜等植物。

（4）特立中央胎座（free central placentation） 多心皮构成的一室子房，或不完全数室，子房中央有一向上伸出但未达子房顶部的短轴，胚珠着生其上，如石竹科、报春花科和马齿苋等。

此外，还有胚珠着生于子房基部的基生胎座（basal placentation），如向日葵，以及胚珠着生于子房室顶部的顶生胎座或悬垂胎座（apical placentation），如桑、榆等。

二、花程式和花图式

在研究被子植物花的复杂多样的形态特征时，常采用一种公式或图解来科学地进行描述和记载，前者称花程式，后者称花图式。这种方法有助于简洁、直观地描述记载植物类群的特征。

1. 花程式

花程式(floral formula)是用一些字母、符号和数字，按一定顺序列成程式以表述花的特征。通常用 K 代表花萼(源自德文 Kalyx)；用 C 代表花冠(corolla)；A 为雄蕊群(androecium)；G 为雌蕊群(gynoecium)；如果花萼与花冠不能区分，则用 P 代表花被(perianthium)。花各部分的数目用阿拉伯数字表示，写于字母的右下角，其中以"∞"表示数目多而不定数；"O"表示缺少某部。如果某一轮的各部分相互联合，可在数字外加上括号"()"。某部分由数轮或数组组成时，则在各轮或各组的数字之间用"+"号相连。关于子房的位置，用$\underline{G}$表示子房上位，$\overline{G}$ 为子房下位，$\overline{G}$ 为子房半下位，G 的右下角数字依次表示组成雌蕊的心皮数、子房室数和每室的胚珠数，它们之间用":"号相连。花程式最前面冠以"*"表示辐射对称花(一朵花的花被片大小、形状相似，通过花的中心可以切到两个以上的对称面)；"↑"表示两侧对称花(一朵花的花被片大小、形状不同，通过花的中心只能切到一个对称面)；♂为雄花；♀为雌花；⚥为两性花；♂，♀表示雌雄同株，♂/♀表示雌雄异株。现举例说明如下：

棉的花程式为：⚥ $* K_{(5)} C_5 A_{(\infty)} \underline{G}_{(3-5:3-5:\infty)}$ 其中的含义是花辐射对称，花萼的萼片 5 枚合生，花瓣 5 离生，雌蕊的子房上位，由 3～5 个心皮合生而成，子房 3～5 室，每室含多数胚珠。

2. 花图式

花图式(floral chart)是花的各部分垂直投影所构成的平面示意图(图 7-8)。它可以表示花部的数目、离合状态、排列情况以及胎座类型等特征；花图式中花的各部分以横切面简图来表示，它们的画法或图形见图 7-8。如果花为顶生花，则可不绘花轴和苞片。

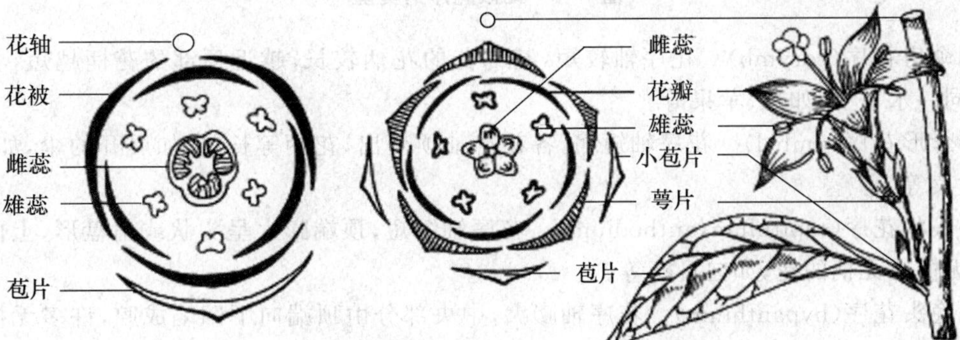

图 7-8　花图式

A. 单子叶植物；B. 双子叶植物

三、花序的类型

植物的花可以是一朵单独生于茎上，也可以是多朵花按一定的方式和顺序着生于花序轴上，形成花序(inflorescence)，总花柄称为花序轴。花序可分为无限花序和有限花序两大类。

(一)无限花序

无限花序(indeterminate inflorescence)花序轴能较长时间保持顶端生长能力,能继续向上延伸。开花顺序是花序轴基部的花先开,然后向上依次开放。由于主轴生长明显,所以又称为总状类花序。如果花序轴很短,各花密集排成平面或球面时,则从边缘向中央依次开放,所以这种花序又称向心花序(图 7-9)。

(1)总状花序(raceme)　花序轴较长,小花有柄,相邻小花的花柄近等长,开花的顺序由下而上,如油菜、紫藤等。

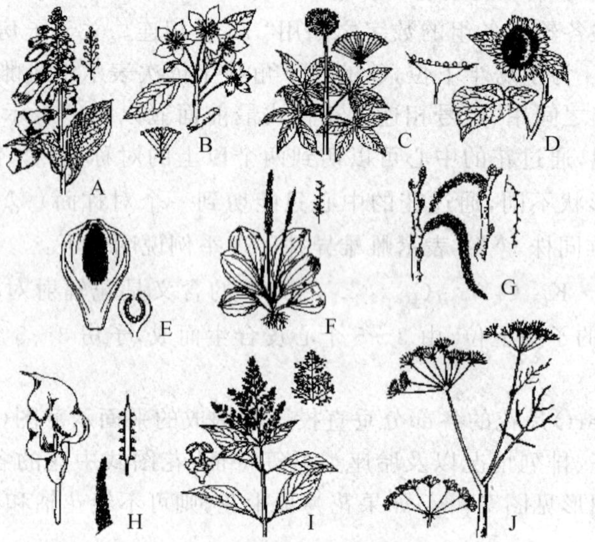

图 7-9　无限花序的类型

(2)伞房花序(corymb)　花序轴较短,基部花的花柄较长,越近顶部的花柄越短,各花分布近于同一水平上,如梨、苹果等。

(3)伞形花序(umbel)　花序轴短缩,各花自轴顶生出,花柄等长,形如展开的伞,如五加、人参、韭菜等。

(4)头状花序(capitulum,anthodium)　花序轴缩短,顶端膨大呈头状或扁盘形,上面着生许多近无柄或无柄的花,如向日葵等。

(5)隐头花序(hypanthium)　花序轴膨大,中央部分由顶端向下凹陷成腔,许多无柄单性花着生于凹陷腔的内侧壁上,雄花位于上部,雌花位于下部。整个花序仅凹陷腔前端留一小孔,可容昆虫进出以行传粉,如无花果、薜荔等。

(6)穗状花序(spike)　花序轴较长,其上着生许多无柄的两性花,如车前、马鞭草等。

(7)葇荑花序(ament,catkin)　许多无柄或具短柄的单性花着生于一细长的花序轴,花序轴通常柔软下垂,开花后,一般整个花序一起脱落,如杨、柳和枫杨等。

(8)肉穗花序(spadix)　花序轴膨大、肉质化,其上着生许多无柄的单性花,花序外面常有大型总苞,如玉米、香蒲的雌花序以及半夏、天南星等的花序。

(二)有限花序

有限花序(determinate inflorescence)的开花顺序是顶端花先开,基部花后开;或者是中心花先开，侧边花后开，因此也称为离心花序，又称为聚伞类花序(cyme)(图7-10)。

1. 单歧聚伞花序(monochasium)

单歧聚伞花序是主轴顶端先生一花，其下形成一分枝，在分枝之顶又生一花，如此反复开花，形成合轴分枝式的花序。如果各次分枝都从同一侧长出，最后整个花序成为卷曲状，称为螺状聚伞花序或卷伞花序，如附地菜、勿忘草；如果各次分枝是左右相间长出，整个花序左右对称，称为蝎尾状聚伞花序，如唐菖蒲、委陵菜等。

2. 二歧聚伞花序(dichasium)

二歧聚伞花序的顶花先形成，然后在其下方两侧同时发育出一对分枝。各分枝再依次生出顶花和分枝，如繁缕、石竹和冬青卫矛等。

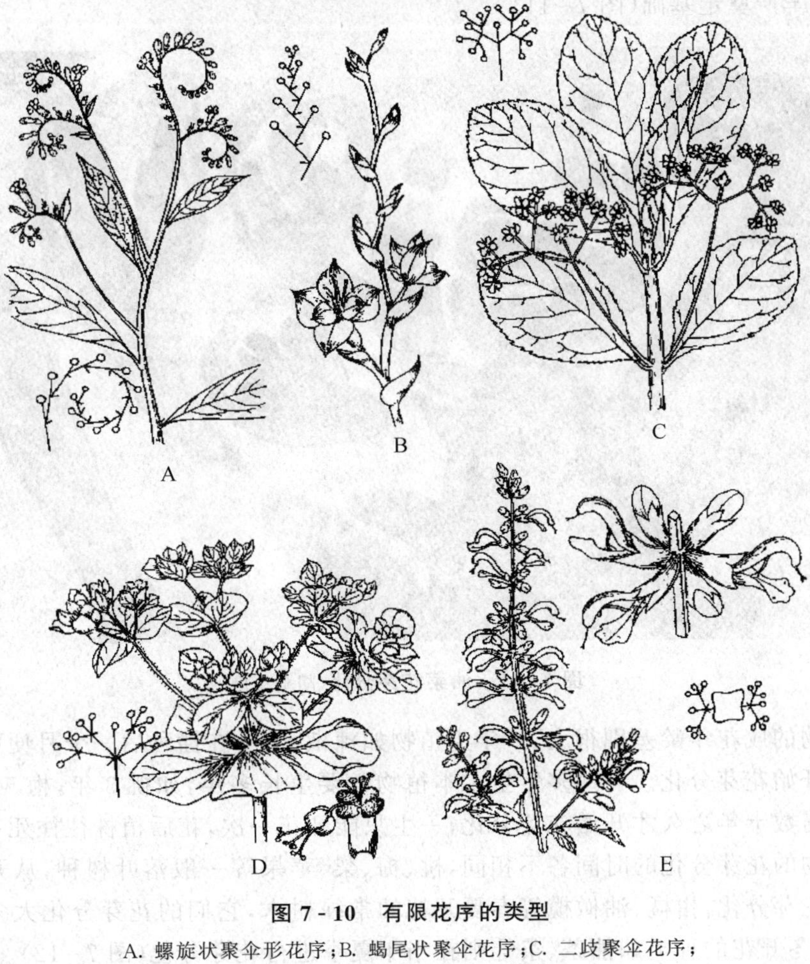

图7-10 有限花序的类型

A. 螺旋状聚伞形花序；B. 蝎尾状聚伞花序；C. 二歧聚伞花序；
D. 多歧聚伞花序；E. 轮伞花序

3. 多歧聚伞花序(pleiochasium)

多歧聚伞花序顶花下同时发育出三个以上分枝，各分枝再以同样方式进行分枝，如泽漆等。

4. 轮伞花序(verticillaster)

轮伞花序是生于对生叶的叶腋中的聚伞花序，如一串红、益母草等唇形科植物。

第二节　花芽分化

花和花序均由花芽发育而来，而花芽的形成则需要植物内、外因素的相互作用，才能启动花芽分化的程序。植物在营养生长到一定时期，在光周期、温度以及某些激素的作用下，由营养生长进入生殖生长，使一些芽的分化发生了质的变化，芽顶端分生组织（生长锥）不再产生叶原基，而分化出花的各部分原基或花序各部分原基，最后发育形成花或花序，这一过程即为花芽分化(flower bud differentiation)。掌握各种植物花序分化的特性，以及它们对环境条件的要求，在花芽分化前采取相应的农业措施，如适时播种、摘心、修剪等，就能为花芽的分化创造有利条件，为丰产奠定基础（图 7-11）。

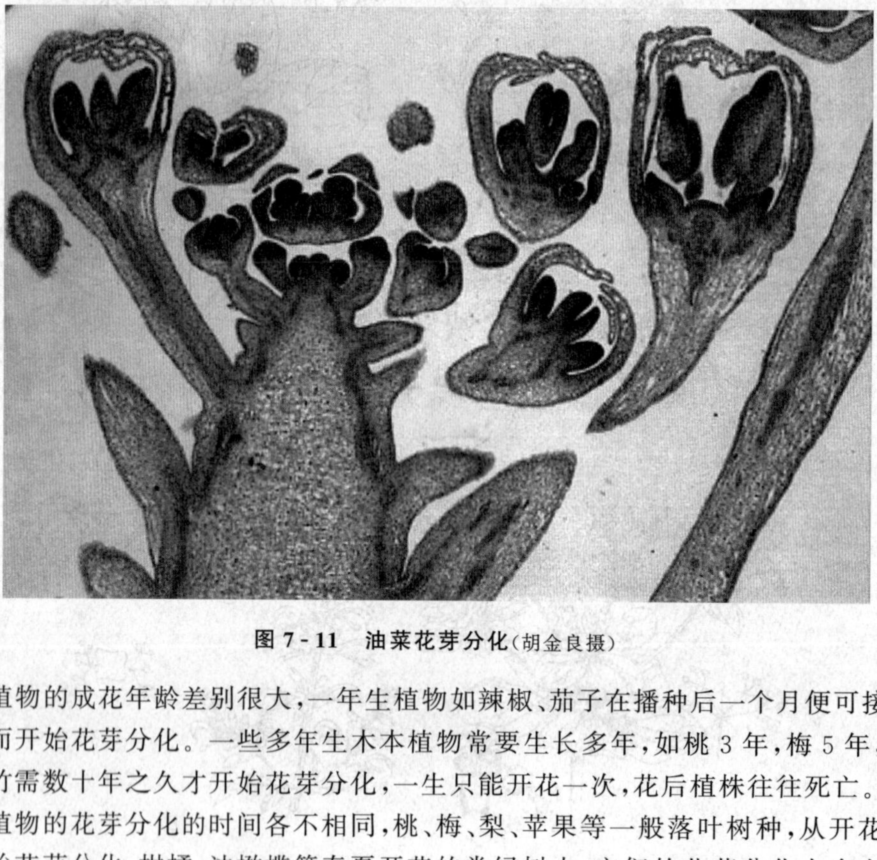

图 7-11　油菜花芽分化（胡金良摄）

不同植物的成花年龄差别很大，一年生植物如辣椒、茄子在播种后一个月便可接受环境条件的诱导而开始花芽分化。一些多年生木本植物常要生长多年，如桃 3 年，梅 5 年，以后能年年成花。竹需数十年之久才开始花芽分化，一生只能开花一次，花后植株往往死亡。

各种植物的花芽分化的时间各不相同，桃、梅、梨、苹果等一般落叶树种，从开花前一年的夏季即开始花芽分化，柑橘、油橄榄等春夏开花的常绿树木，它们的花芽分化大多在冬季或早春进行，而秋冬开花的种类如油茶、茶等则在当年夏季进行花芽分化（图 7-12）。

花的各部分原基的分化顺序，通常是由外向内进行，萼片原基发生最早，以后依次向内产生花瓣原基、雄蕊原基、雌蕊心皮原基。现以梅花芽分化为例说明如下：

梅、桃的花芽分化过程甚为相似。进入夏季时，花芽开始分化，生长锥高隆呈短柱状，顶端逐渐变宽，并从生长锥的周围依次产生 5 个萼片原基和 5 个与之互生的花瓣原基；秋季，在花瓣原基的内侧陆续分化出许多雄蕊原基；在此发育过程中，由萼片、花瓣基部和雄蕊贴生而形成的花筒向上升高，最后，生长锥中央渐渐隆起，形成一个较大的雌蕊心皮原基。雄蕊的发育

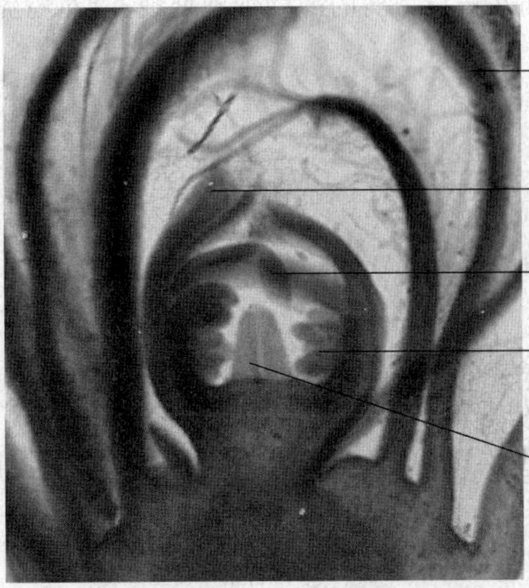

图 7-12 桃花花芽(胡金良摄)

比雌蕊的发育快,在秋季即分化出花药和花丝。雌蕊内部的分化稍慢,待心皮完全卷合后,才出现柱头、花柱和子房的分化,子房内部的分化则要延至翌年早春。

第三节 雄蕊的发育和结构

一、花药的发育

雄蕊由雄蕊原基经细胞分裂、分化而来,在花芽分化过程中,雄蕊原基由顶端分生组织产生,并由此产生略呈四棱形的花药和细长的花丝。

花丝的结构比较简单,最外一层为表皮,内为薄壁组织,中央有一维管束贯穿,直达花药的药隔之中。开花时,花丝以居间生长的方式,迅速伸长,将花药送出花外,以利花粉散播。

花药是雄蕊的主要部分,通常由 4 个花粉囊组成,中间由药隔相连。花粉囊是产生花粉粒的地方。花粉成熟时,花药开裂,花粉由花粉囊内散出而传粉。

幼期花药,最外层为原表皮,里面为基本分生组织。在花药逐步长大过程中,在四个棱角处的表皮细胞内侧,分化出一列或几列细胞体积和细胞核均较大,细胞质浓的孢原细胞(archesporial cell),孢原细胞通过一次平周分裂,形成内外两层细胞,外层为周缘细胞(parietal cell),内层为造孢细胞(sporogenous cell)。周缘细胞再进行平周分裂,产生呈同心排列的数层细胞,自外向内依次为药室内壁(endothecium)、中层(middle layer)和绒毡层(tapetum),它们与花药表皮共同形成了花粉囊壁(图 7-13 和图 7-14)。

表皮:是由原表皮发育而形成,表皮外表具角质膜,其上有气孔分布。

药室内壁:位于表皮下方,通常只有一层细胞。幼期药室内壁的细胞中含大量多糖,在花药成熟时,此层细胞径向增大明显,胞内的贮藏物质逐渐消失,细胞壁除外切向壁外,其他各面的壁多产生木质均匀的条纹状加厚,加厚成分一般为纤维素。因此,药室内壁在发育后期又称为纤维层,但在两个花粉囊交接处的细胞保持薄壁状态,无条纹状加厚。因此,当花药成熟时,药室内壁失水产生拉力，致使花药在抗拉力弱的薄壁细胞处裂开，花粉囊随之相通，花粉沿裂缝散出。

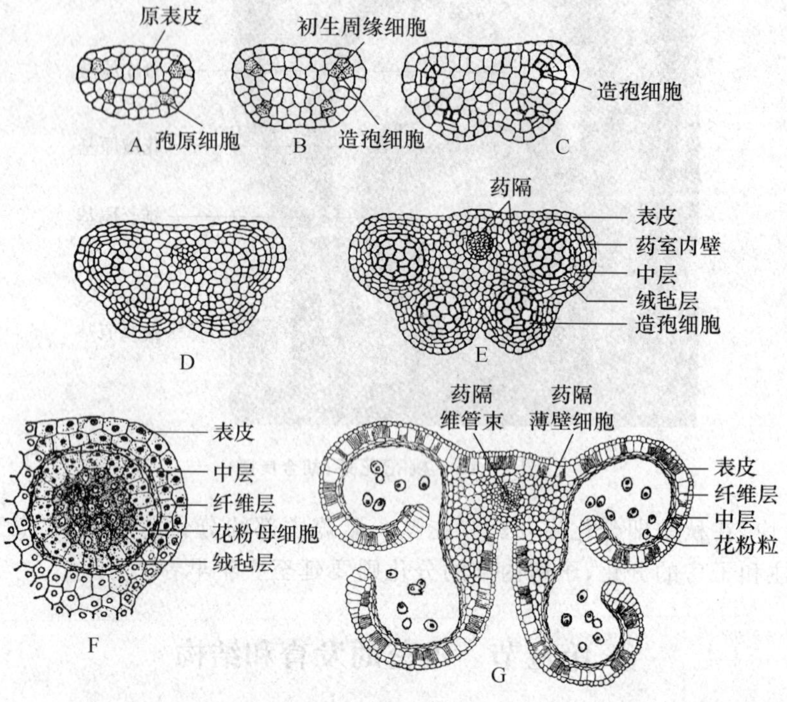

图 7-13 花药的发育与结构

A～E. 花药的发育过程；F. 一个花粉囊放大；G. 已开裂的花药

（引自李扬汉，1984）

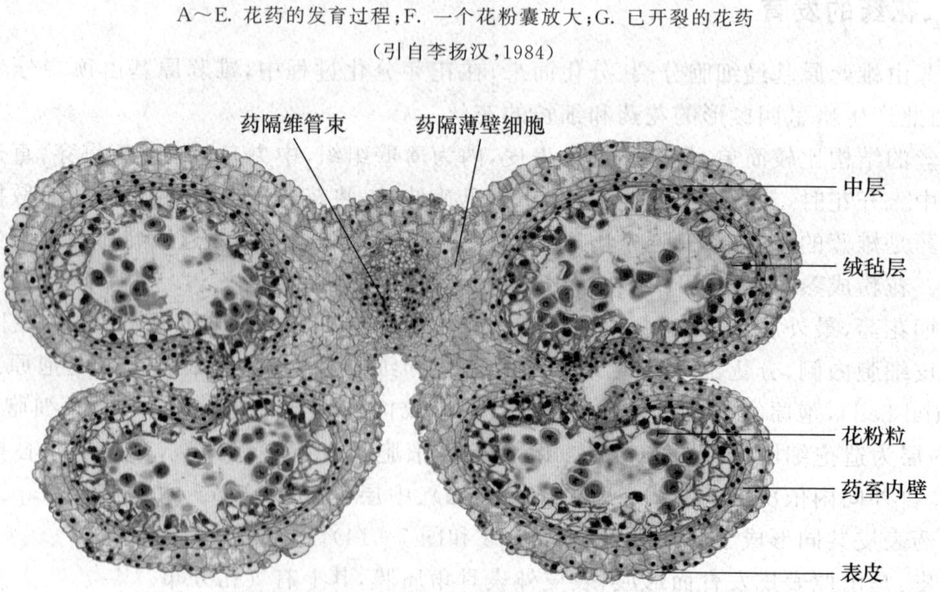

图 7-14 百合花药横切（胡金良摄）

中层：位于药室内壁的内方，通常由 1～3 层细胞组成。当花粉母细胞减数分裂时，中层细胞内的贮藏物质渐被消耗而减少，中层细胞变为扁平，较早地解体而被吸收。但有些植物（如百合)的中层细胞也可形成一定程度的条纹状加厚,致使在成熟花药中尚可保留部分中层细胞。

绒毡层:是花药囊壁的最内层细胞,其细胞核较大,细胞质浓,细胞器丰富。初期的绒毡层细胞是单核的,后来则常形成多核。绒毡层细胞含有较多的 RNA、蛋白质和酶,并有油脂、类胡萝卜素和孢粉素等物质,可为花粉粒的发育提供营养物质。绒毡层合成和分泌的胼胝质酶,能适时地分解花粉母细胞和四分体的胼胝质壁,使幼期单核花粉粒互相分离而保证正常的发育;合成的蛋白质运转到花粉壁,构成花粉外壁蛋白质,在花粉与雌蕊的相互作用中起识别作用,所以如果绒毡层细胞的发育和活动不正常,常会导致花粉败育,出现雄性不育现象。随着花粉粒的形成和发育,绒毡层细胞逐渐退化解体。

二、花粉粒的发育

花粉发育的全过程包括花粉的发生和雄配子体的形成。

(一)花粉粒的发生

在周缘细胞进行分裂,分化出花粉囊壁的同时,造孢细胞也相应分裂形成许多花粉母细胞(小孢子母细胞)(microspore mother cell)。少数植物的花粉母细胞也可由造孢细胞不经分裂直接发育而成。

花粉母细胞的体积较大,初期常呈多边形,稍后渐近圆形,细胞核大,细胞质浓,没有明显的液泡,渐渐分泌出胼胝质的细胞壁,花粉母细胞间的胞间连丝被阻断,并开始进入减数分裂阶段。花粉母细胞经过减数分裂后形成 4 个染色体数目减半的单核花粉粒(小孢子)(microspore),它们仍被包围于共同的胼胝质壁之中,而且在各个小孢子之间也有胼胝质分隔。胼胝质能允许营养物质通过,但对细胞间信息大分子的交换可能有阻止作用,因而保持了减数分裂后小孢子之间的独立性,对于植物的遗传与进化都有重要意义。

花粉母细胞减数分裂时的胞质分裂有两种方式。一种为连续型,在减数分裂的先后两次核分裂时,均伴随胞质的分裂和细胞壁的形成。连续型多存在于单子叶植物,如水稻、小麦、玉米、百合等植物。另一种为同时型,第一次核分裂时不伴随胞质分裂,仅形成一个 2 核细胞,不出现二分体阶段;当第二次分裂形成 4 核之后,才同时发生胞质分裂而形成四分体,四分体呈四面体排列。同时型多见于双子叶植物,如棉、白菜、花生、桃、梨等。

花粉母细胞在减数分裂的过程中,对环境条件的变化甚为敏感。如遇低温、干旱、光照不良都可能影响减数分裂的正常进行和花粉的发育,最终导致植物不能正常传粉结实,降低产量。

(二)雄配子体的形成

随着花药的发育,绒毡层分泌胼胝质酶,将花粉四分体的胼胝质壁溶解,幼期单核花粉从四分体中释放出来,形成游离状态的小孢子,称为单核花粉粒。刚形成的单核花粉粒,核位于细胞中央(单核居中期),具有浓厚的细胞质,继续从解体的绒毡层细胞取得营养和水分,细胞体积迅速增大,细胞质明显液泡化,逐渐形成中央大液泡,细胞核随之移到一侧(单核靠边期)。

从四分体到晚期单核花粉这一阶段,除细胞内部发生变化外,花粉壁也相应地经历了一系列建造过程。当幼期单核花粉尚存于四分体中时,在胼胝质壁内侧和质膜之间首先发生纤维素的初生外壁。随之,初生外壁中形成许多纵轴垂直于花粉周面的圆柱状突起,这些圆柱状结构可能由脂类和蛋白质组成。单核花粉游离时，圆柱状结构上陆续沉积孢粉素，其顶端和基部各自向四周扩延连接成网状结构，并常依不同植物形成各种形态的雕纹，此时，初生外壁已发育成花粉外壁。外壁并非均匀产生，未形成外壁的孔隙发育为萌发孔或萌发沟。花粉粒外壁的内侧还有一层内壁，它的发育常先在萌发孔区开始，然后遍及其他区域。花粉壁物质的来源，由花粉自身和绒毡层细胞共同供应。外壁的主要成分是孢粉素，此外还有纤维素、类胡萝卜素、类黄酮素、脂类及活性蛋白质等物质。孢粉素的化学性质极为稳定，具有抗高温、抗高压、抗酸碱、抗酶解等特性，故能使花粉外壁及其上的雕纹得以长期保存，这对于花粉的鉴别有重要意义。内壁的主要成分为纤维素、半纤维素、果胶酶及活性蛋白质。外壁蛋白和内壁蛋白的来源、性质和功能均有差别。外壁蛋白是由绒毡层细胞合成的，是花粉与雌蕊组织相互识别的物质；内壁蛋白由花粉粒本身的细胞质合成。

单核靠边期的花粉接着进行一次有丝分裂，先形成两个细胞核，贴近花粉壁的为生殖核，向着大液泡的为营养核。此后，胞质发生不均等的分裂，在两核之间出现弧形细胞板，形成两个大小悬殊的细胞，其中靠近花粉壁一侧呈凸透镜状的小细胞，含少量细胞质和细胞器，为生殖细胞（generative cell）；另一个大的细胞为营养细胞（vegetative cell）。生殖细胞形成不久，整个细胞从最初紧贴的花粉粒壁部逐渐脱离开来，成为圆球形游离在营养细胞的细胞质中。生殖细胞与营养细胞之间的壁主要由胼胝质组成，随着生殖细胞外围的胼胝质壁解体而成为裸细胞，以后，细胞渐渐伸长变为长纺锤形或长圆形（图 7 - 15 和图 7 - 16）。

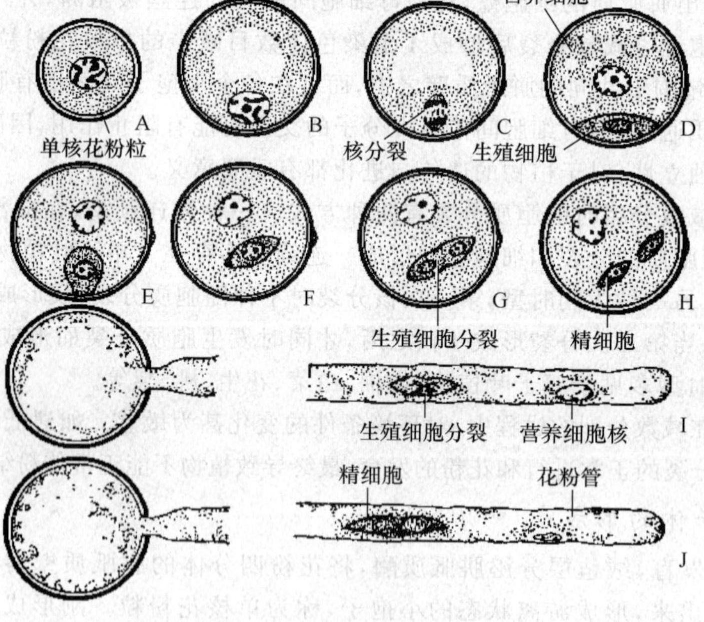

图 7 - 15　花粉粒的发育与花粉管的形成

A. 幼期单核花粉粒；B. 后期单核花粉粒（单核靠边期）；C. 单核花粉粒的核分裂；D. 2 - 细胞时期，示营养细胞和生殖细胞；E. 生殖细胞开始与花粉内壁分离；F. 生殖细胞游离存在于营养细胞的细胞质中；G、H. 3 - 细胞型花粉，其生殖细胞分裂，形成两个精细胞；I、J. 2 - 细胞型花粉，其生殖细胞在花粉管中分裂，形成两个精细胞（转引自 Maheshwari）

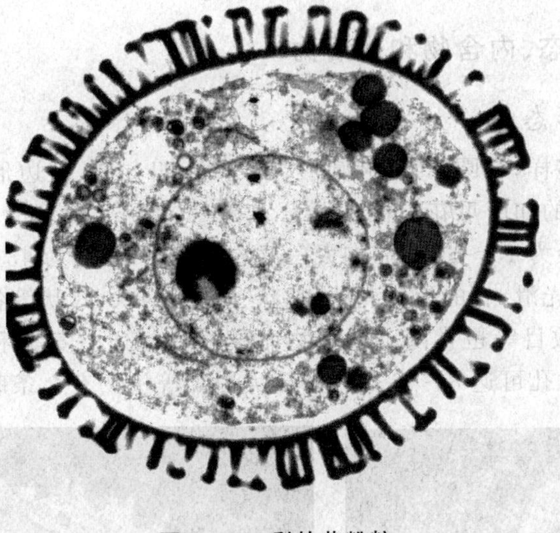

图 7 - 16　梨的花粉粒

很多植物当花药成熟时，其花粉发育到含营养细胞和生殖细胞时即散出进行传粉，这种花粉称 2 - 细胞型花粉。在已研究过的被子植物中，约有 70％的种类属于这种类型，如棉、桃、梨、大葱等。另外一些植物的花粉，在花药开裂前，其生殖细胞还要进行一次有丝分裂，形成 2 个精细胞（精子），它们的花粉粒是以含有 1 个营养细胞和 2 个精细胞进行传粉的，被称为 3 - 细胞型花粉，如水稻、小麦、油菜等。至于 2 - 细胞型花粉传粉后，则要在萌发的花粉管内由生殖细胞分裂而形成精子。精子是被子植物的雄性生殖细胞，也就是雄配子（male gamete），精子生于花粉粒中，因此 2 - 细胞花粉及 3 - 细胞花粉又被称为雄配子体（male gametophyte）。

现将花药的结构与花粉粒的发育形成过程，表解如下：

- 花药
  - 药隔
  - 花粉囊
    - 表皮
    - 孢原细胞
      - 周缘细胞——→ 花粉囊壁
        - 表皮
        - 药室内壁　与花药的开裂有关
        - 中层　很早消失
        - 绒毡层　为花粉发育提供养料，最后消失
      - 造孢细胞——→花粉母细胞——→四分体——→单核花粉粒——→2-细胞花粉粒
        - 营养细胞
        - 生殖细胞
          - 精子
          - 精子

利用连续超薄切片机和计算机三维重组技术的应用，人们发现菠菜、甘蓝、玉米等植物的花粉粒中一对精细胞在大小、形状和细胞器含量上都有明显差异，通常较大精细胞具较长的外突而与营养核紧密连接；小的精细胞中质体丰富而线粒体少，将来和卵细胞融合。花粉粒中的两个精子之间在形态结构和遗传上存在差异的现象称为“精子异型性”。研究还发现，虽然被子植物花粉粒中的两个精子有差异，但两个精子之间，精子与营养核之间存在物理上和结构上

的连接，这种结构单位被称为“雄性生殖单位(male germ unit)”。

三、花粉粒的形态、内含物和生活力

(一)花粉粒的形态

花粉粒形状多种多样，有圆球形、椭圆形、三角形、四方形、五边形以及其他形状。花粉粒的大小常有差异，大型的如南瓜花粉粒直径为150～200 μm，微型的如勿忘草仅2～5 μm，但大多数植物花粉的直径为15～60 μm，如大白菜约20 μm，小麦为45～60 μm。花粉外壁的形态变化很多，有的比较光滑，有的形成刺状、粒状、瘤状、网状、穴状等各式雕纹。外壁上的萌发孔或萌发沟，其形状、数目等也常随不同植物而异，如水稻、小麦等禾本科植物只有1个萌发孔，桑有5个，棉的萌发孔可达8～16个，油菜、大白菜等植物有3条萌发沟(图7-17)。

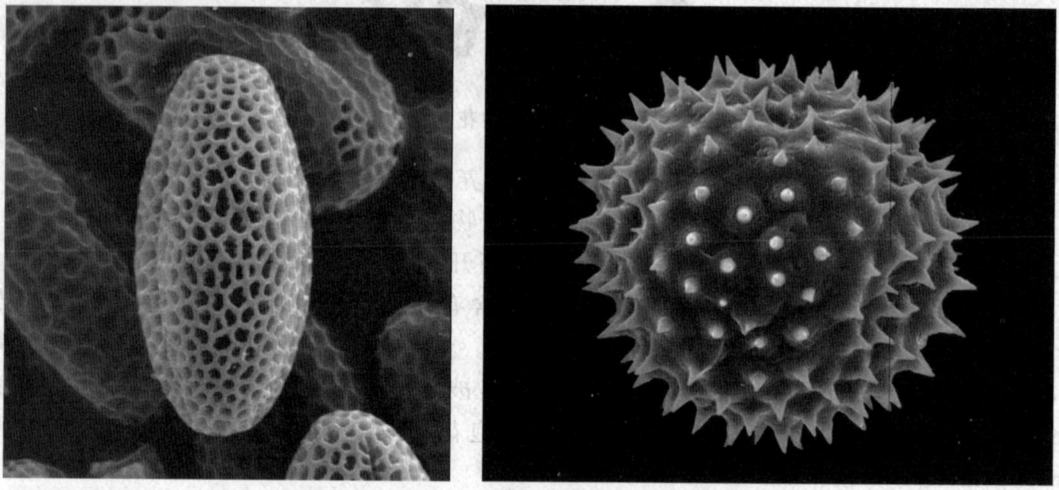

图7-17 花粉粒的形态

左：梨的花粉粒；右：棉花的花粉粒

(二)花粉粒的内含物

花粉粒的内含物主要贮藏于营养细胞的细胞质中，包括营养物质、各种生理活性物质和盐类，它们对花粉的萌发和花粉管的生长有重要作用。

花粉贮藏的营养物质以淀粉和脂肪为主，通常风媒植物的花粉多为淀粉质的，虫媒植物的花粉则多为脂肪质的。此外花粉中还含有各种糖类、蛋白质、多种氨基酸、多种维生素，其中尤以B族维生素最多，但缺乏脂溶性维生素。

花粉粒中还相继发现多种植物激素和水解酶或转化酶等各种不同的酶，如淀粉酶、脂肪酶、蛋白酶、果胶酶和纤维素酶等。酶对花粉管生长过程中的物质代谢、分解花粉的贮藏物质及同化外界物质，起重要的作用。花粉中还含有花青素、糖甙等色素，以及占干重的25%～65%的无机盐。色素对紫外线起着滤光器作用，能减少紫外线对花粉的伤害，使花粉能保持较高的萌发率。

(三)花粉粒的生活力

花粉的活力因植物种类不同而有差异，但在自然条件下，大多数植物的花粉维持受精的能力是很有限的。花粉从花药中散发后一般只能存活几小时或几天，存活期长的才可达几周。水稻的花粉在田间条件下，经 3 min 就有 50%丧失活力，5 min 后几乎全部丧失生活力。花粉的生活力也与环境状况有密切关系，影响花粉生活力的主要环境因素是温度、湿度和空气。

四、花粉败育与雄性不育性

由于外界条件和内在因素的影响，花粉的正常发育受到干扰，形成无生殖能力的花粉，这种现象称为花粉败育。温度过高或过低、水分亏缺、光照不足、施肥不当、环境污染、药剂处理等，均有可能引起植物生理失调而导致花粉败育。

雄性不育(male sterility)是指在正常自然条件下，一些植物的群体中某些个体由于内在生理、遗传的原因和外界环境条件的影响，花中的雄蕊发育不正常，不能形成正常的花粉粒或精细胞。这种雄性不育特征一旦形成是可以遗传的。雄性不育植株，其花粉败育几乎可在花粉发育的任何阶段出现，但以四分体和单核花粉阶段发生的为多。花粉败育发生在花芽分化初期的，常表现为雄蕊退化、花药畸形或无花粉囊形成。败育发生在四分体时期之前的，多表现为花粉母细胞相互粘连，花粉母细胞减数分裂异常，出现不正常的四分体。败育发生在单核期或接近双胞期的，则往往缺乏淀粉积累，原生质解体，花粉粒空瘪。

雄性不育材料中，还常可看到花粉的绒毡层细胞肥大生长、延迟退化或提早解体等反常现象。在生理生化上常表现出各种氨基酸，特别是游离脯氨酸含量低，甚至完全缺乏，从而影响了花粉形成过程中的酶和结构物质的合成；同时还出现可溶性蛋白质的含量和淀粉的积累量都很少，能量代谢水平低，最后造成花粉败育。应用雄性不育性进行杂交育种，产量可大幅度提高。

五、花药、花粉培养和花粉植物

随着近代生物科学的发展，应用植物细胞的全能性，人们已能将发育至适当时期的花药或花粉(一般是单核中晚期花粉)，在无菌条件下，离体培养于适当的人工培养基上，诱导花粉粒偏离一般正常发育途径而形成胚状体或愈伤组织，最后形成独立的花粉植物。这种培养成功的植株如果是从减数分裂后的小孢子发育而来，则是单倍体。单倍体是不能结实的，但若在培养过程中，染色体发生自然加倍或人工加倍，产生纯合的二倍体，这种二倍体植物便能正常开花、结实。上述方法在育种工作中可以克服杂种分离，缩短育种年限，提高育种效率。

第四节　雌蕊的发育和结构

一、雌蕊的组成

雌蕊由心皮原基分化发育而成，成熟的雌蕊可以分为柱头、花柱和子房三个部分。

1. 柱头

柱头位于雌蕊的顶端，是承受花粉和花粉萌发的地方，一般略为膨大或扩展成为不同形状，表面有的凹凸不平，有的表皮细胞隆起成为乳突(图 7-18)，或外伸为单细胞或多细胞的毛状体。这些特征有利于接纳更多的花粉，为保证顺利完成有性生殖提供了基础。柱头的表皮及其乳突的角质膜外侧，还覆盖着一层亲水的蛋白质薄膜。此膜不仅有粘着花粉或使花粉获得萌发所需水分的作用,更重要的是在柱头与花粉相互识别中具"感应器"特性。

柱头有两种类型:一类是湿柱头,雌蕊成熟时柱头上有液态分泌物,如烟草、茄、苹果、梨、矮牵牛等。分泌物的主要成分为脂类和酚类的化合物,此外,也含有糖类、氨基酸、蛋白质、激素和酶类等物质。脂类可减少柱头失水,有助黏附花粉;酚类化合物对防止病虫侵害柱头,以及选择性地促进或抑制花粉粒的萌发均有重要作用。另一类是干柱头,雌蕊成熟时柱头表面并不产生分泌物,如油菜、石竹、棉、柿、杨梅以及禾本科等植物。

2. 花柱

花柱为柱头和子房之间的连接部分,是花粉管进入子房的通道。花柱的长短、粗细因植物而异,玉米的花柱细长;小麦的极短。

花柱的结构有开放型和封闭型两类。开放型花柱中央形成一条不同宽窄的中空通道,称为花柱道。花柱道的内壁常为一层具有分泌功能的花柱道细胞,花粉管即沿此层细胞的分泌液而生长。豆科、百合科等一些植物具此型花柱。

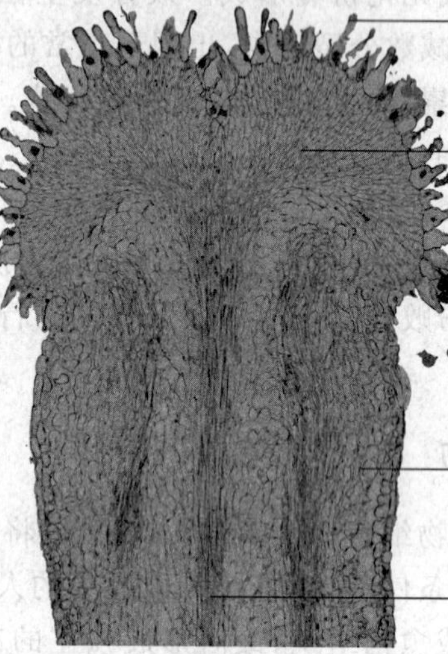

图 7-18 青菜的柱头和花柱纵切(胡金良摄)

封闭型花柱的中央多分化出引导组织。引导组织的细胞一般比较狭长,横壁较薄,细胞富含细胞器,花粉管沿引导组织的胞间隙向基生长。白菜、番茄、梅等植物具有此型花柱。此外还有一些植物,如小麦、水稻等,它们的花柱结构较为简单,无引导组织分化,花粉管从花柱中央薄壁组织的胞间隙中穿过。

3. 子房

子房为雌蕊基部的膨大部分,在横切面上可分为子房壁、子房室、胚珠和胎座四个部分。子房壁围绕在子房的四周,其内、外表面均有一层表皮,两层表皮之间为薄壁组织,其中有维管束分布,外表皮上有时还可见到气孔器和表皮毛的分化。子房壁内部空间形成子房室,子房室的数目因植物的种类、心皮的数目和心皮之间的连接方式而有所不同,一般一心皮发育的雌蕊其子房为一室;多心皮构成的雌蕊其子房可以是多室,也可以为一室。胚珠分布于子房室中,着生位置通常在子房壁的心皮腹缝线处,着生胚珠的位置就是胎座(图 7-19)。

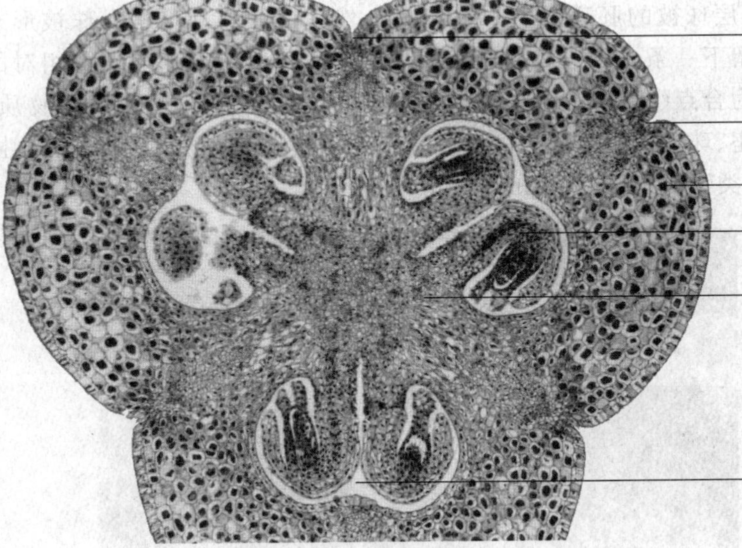

图 7-19　百合子房横切(胡金良摄)

二、胚珠

胚珠是发育成种子的结构,由胚珠原基发育而来,成熟胚珠由珠被、珠心、胚囊、珠孔、珠柄和合点几个部分组成(图 7-20)。

图 7-20　百合胚珠纵切(胡金良摄)

胚珠是在雌蕊发育过程中,在子房内逐渐形成的,胚珠发生时,首先在子房壁内表皮下层的局部细胞进行分裂,产生突起,形成胚珠原基。胚珠原基前端成为珠心(nucellus),后端分化出珠柄。以后，在珠心基部发生环状突起，逐渐向前扩展包围珠心，形成珠被(integument)(图7-21)。具有两层珠被的胚珠，先形成内珠被，然后再形成外珠被。珠被形成过程中，在珠心最前端的地方留下一条未愈合的孔道，称为珠孔(micropyle)。与珠孔相对的一端，珠被与珠心连合的区域为合点(chalaza)。胚珠的发育需要大量的营养物质，营养物质是通过子房壁的维管束经由胎座、珠柄而进入胚珠的。胚珠在发育过程中，由于胚珠各部分生长速度不完全一致，形成了不同类型的胚珠，常见的有如下几种：

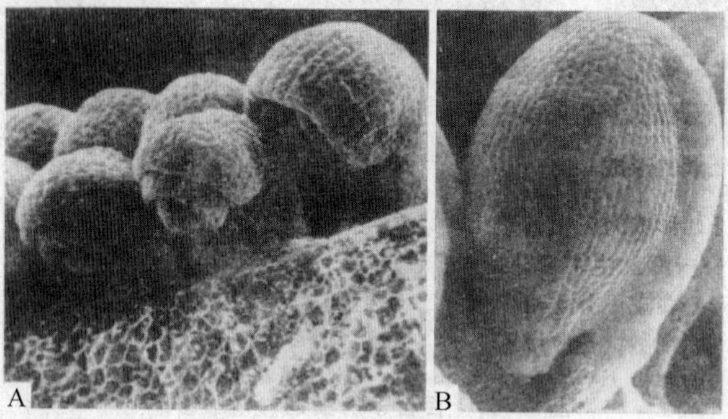

图7-21 胚珠发育的扫描电镜图

A. 西番莲属(*Passiflora verspitilio*)幼期胚珠，双层珠被正包向珠心；

B. 倒生型成熟胚珠(引自 W. Verkerke, Amsterdam)

直生胚珠 胚珠形成过程中，各部分生长速度一致，珠柄、合点、珠孔在一条直线上，如荞麦等。

弯生胚珠 胚珠形成过程中，一边生长较快，使珠心弯曲，珠孔朝下，合点与珠孔通过珠心连成弧线，如油菜、柑橘等。

横生胚珠 胚珠横卧，珠孔、珠心、合点所连成的直线与珠柄成直角，如花生、梅等。

倒生胚珠 胚珠倒转180°，合点在上，珠孔朝向胎座，珠柄多与外珠被愈合，大多数被子植物的胚珠属于这种类型，如百合、棉花等。

三、胚囊的发育和结构

当珠被刚开始形成时，由薄壁细胞组成的珠心内部发生了变化，在近珠孔端的珠心表皮下分化出一个体积较大、细胞质浓，细胞核大的孢原细胞。有些植物(如向日葵、水稻)的孢原细胞不经分裂，长大后直接起胚囊母细胞的作用。而另一些植物(如棉)的孢原细胞平周分裂一次，形成外方的周缘细胞和内方的造孢细胞。周缘细胞进行各个方向的分裂形成多数珠心细胞；造孢细胞则发育为胚囊母细胞。胚囊母细胞又称大孢子母细胞(megasporocyte)，经过减数分裂形成4个呈直线排列的大孢子(megaspore)，其中珠孔端的3个以后退化，仅合点端的1个为功能大孢子，以后发育为胚囊(embryo sac)。

功能大孢子细胞体积明显增大，最初只有一核，称为单核胚囊，接着进行连续三次核的有丝分裂。第一次分裂形成2核，分别移向两端；然后由此2核又进行二次分裂形成8核，其中胚囊的两端各有4核。不久，两端各有1核移向胚囊中央，并互相靠近，被称为极核(polar nucleus)。随着核分裂的进行，胚囊体积迅速增大，特别沿纵轴的方向上扩延更为明显，最后各核之间产生细胞壁，形成细胞。珠孔端的 3 个细胞中，中间 1 个分化为卵细胞(egg cell)，其他 2 个分化为助细胞(synergid)。合点端的分化为 3 个反足细胞(antipodal cell)。2 个极核所在的大型细胞则称为中央细胞(central cell)。至此，功能大孢子已发育成为 7 细胞 8 核的成熟胚囊，即被子植物的雌配子体，其中所含的卵细胞则为雌配子。这种胚囊的过程，首先在蓼科的分叉蓼中描述，所以称为蓼型胚囊(polygonum type sac)。在被子植物中约有 81%的科具有这种形式的胚囊。除蓼型胚囊外，根据参加形成胚囊的大孢子的数目，大孢子核分裂次数和成熟胚囊结构，还可划分出其他 9～10 种胚囊发育类型。

现将胚珠和胚囊的发育过程，表解和图解如下(图 7-22)。

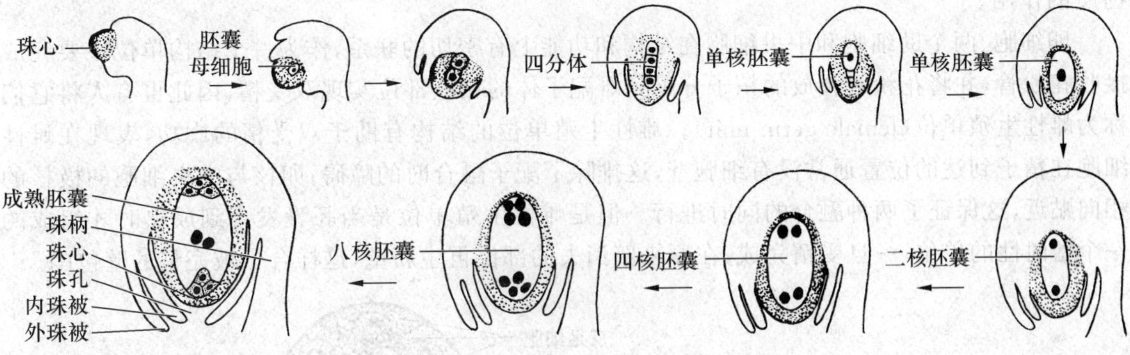

图 7-22　胚囊发育过程模式图

胚珠原基 → {珠被；珠心 → 孢原细胞 → {周缘细胞；造孢细胞 → 胚囊母细胞 →}；珠柄}

→(减数分裂) 四分体 → 单核胚囊 →(3 次有丝分裂) 成熟胚囊 {反足细胞 3 个；中央细胞(含 2 个极核)；助细胞 2 个；卵细胞 1 个}

四、成熟胚囊的组成成员及其细胞学特点

成熟的卵细胞表现出明显极性，细胞近鸭梨形，狭长端朝向珠孔，在珠孔端区域的壁部较厚，近合点端的区域则逐渐变薄，甚至完全缺乏(如棉花、玉米)，仅以质膜与中央细胞毗连。卵细胞与旁侧的助细胞之间的细胞壁上有胞间连丝相通。2 个助细胞与卵细胞紧靠在一起，呈三角状排列于珠孔端，常称为卵器(egg apparatus)。助细胞的细胞壁也是从珠孔端至合点端逐渐变薄；近珠孔端的细胞壁较厚，并向内形成不规则的片状或指状突起——丝状器(filiform apparatus)。丝状器增加了质膜的表面面积，有利于营养物质的吸收与运转。助细胞是一种代谢高度活跃的细胞，具有将吸入的代谢物质运进胚囊、合成和分泌向化性物质引导花粉管进入胚囊的作用。助细胞存在的时间较短，在受精后很快解体，有些植物甚至在受精前即已退化。

大多数植物的反足细胞为 3 个，但有些植物的反足细胞有次生增殖的能力，形成多数细胞，如小麦、玉米的反足细胞约有 30 个。有些植物(如玉米)的反足细胞，在毗接珠心的细胞壁上，形成内突结构，具有传递细胞性质，一般认为与胚囊营养物质的吸收和转运有关。反足细胞生存的时间依植物种类而有差异，小麦的反足细胞有较长的生活期，当形成多细胞胚时，还可见到反足细胞的存在。棉、油菜、桃等的反足细胞生存短暂，在受精前就消失(图 7-23)。

中央细胞是胚囊中体积最大而高度液泡化的细胞。蓼型胚囊的中央细胞含 2 个细胞核。此 2 核称为极核，在成熟胚囊中，它们相互靠近，或在受精前融合成为一个二倍体的次生核。中央细胞与卵细胞、助细胞和反足细胞之间有胞间连丝相通，加强了结构上和生理上的联系与协调。有些植物的中央细胞，其与珠心毗邻的壁部内侧形成许多指状内突，可能具有从珠心吸取营养物质，以及向外分泌消化珠心细胞的酶。中央细胞的细胞质内含有丰富的细胞器，同时还可积累大量淀粉、蛋白质和脂类等物质显示出中央细胞既有较强的代谢活性，又有贮存营养物质的作用。

卵细胞、两个助细胞和中央细胞在结构和功能上有密切的联系，作为一个结构单位主要完成接收花粉管，并将花粉管释放的精子分配到雌配子体的相应部位实现双受精，因此也有人将它们称为雌性生殖单位(female germ unit)。雌性生殖单位的结构有助于双受精的成功，表现在雌性细胞在精子到达的位置通常没有细胞壁，这排除了配子融合时的障碍；卵核与中央细胞的极核的相向贴近，这保证了两种融合的同时进行。但是雌性生殖单位是当胚囊发育到成熟时才组成的一个暂时性的单位，一旦受精完成，在原来壁消失的部位再生新壁，这样合子被完整的壁包围。

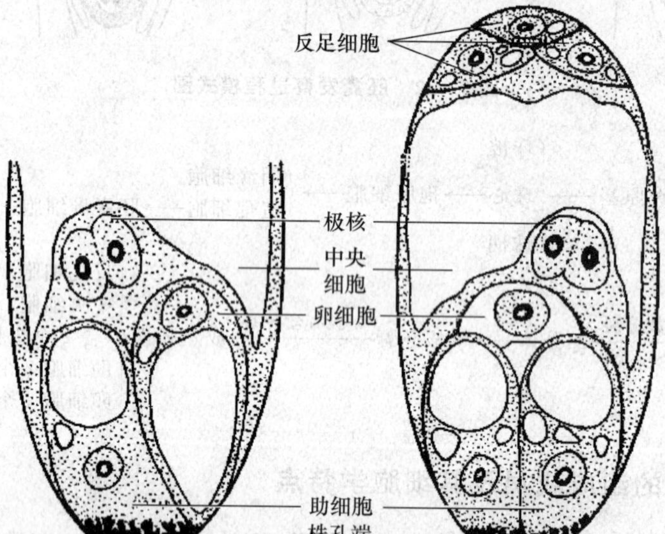

图 7-23 成熟胚囊模式图

A. 胚囊正面观；B. 胚囊侧面观(粗黑线表示细胞壁和质膜)(引自 Johri)

第五节 开花、传粉和受精

一、开花

当植物生长发育到一定阶段，雄蕊的花粉粒和雌蕊的胚囊已经成熟，或其中之一已成熟时，萼片和花瓣展开，露出雄蕊和雌蕊，这种现象称为开花(anthesis)。

不同植物在开花年龄和开花季节性上常有差别，而植株从第一朵花开放至最后一朵花开毕所延续的开花期，也常随植物的种类而异。如水稻、小麦的开花期约1周，油菜为20～40 d，棉、番茄的开花期较长，可延续一至数月。有些热带植物，如可可、柠檬、桉树可以终年开花。

各种植物每朵花开放所持续的时间以及开花的昼夜周期性变化也很大，小麦单朵花开花的时间只有5～30 min，每天开花有两次高峰，第一次在上午9～11时，第二次在下午3～5时。水稻单花开花持续时间1～2 h，而每天的盛花时间为上午10～11时。苹果单花开放时间较长，可达3 d左右，全树的花期一般为10 d左右。

各种植物的开花习性是植物在长期演化过程中形成的遗传特性，但也受气温、光照、湿度等环境条件的影响而发生变化。掌握植物的开花规律和开花条件，对于及时采取相应的农艺措施，提高产量和品质、调控花期有重要意义。

二、传粉

成熟花粉由花粉囊散出，借助外力传送到雌蕊柱头上的过程，称为传粉(pollination)。传粉是受精的前一步骤，是有性生殖过程的重要环节。传粉有两种不同方式，一种是自花传粉，另一种为异花传粉。

(一)自花传粉和异花传粉及其生物学意义

自花传粉(self-pollination)指同一朵花中雄蕊的花粉传送到雌蕊柱头上的过程，典型的自花传粉是闭花受精，如豌豆的花尚处于蕾期时，雄蕊的花粉粒在花粉囊里即已萌发，花粉管穿出花粉囊壁，趋向柱头生长，完成受精。闭花受精可避免花粉粒为昆虫所吞食，或被雨水淋湿而遭破坏，是对环境条件不适于开花传粉时的一种适应。但在实际应用中，自花传粉的含义较为广泛，常将农作物的同株异花间的传粉和果树同品种异株间的传粉，也称为自花传粉。小麦、大麦、棉、豆类、芝麻、番茄等是自花传粉植物。自花传粉是一种原始的传粉形式，这是因为当异花传粉不能进行时，自花传粉则成为保证植物繁衍的特别适应形式而被保存下来。

异花传粉(cross-pollination)是指一朵花的花粉传到另一朵花的雌蕊柱头上的过程。玉米、向日葵、苹果等均为异花传粉。从植物进化的生物学意义分析，异花传粉比自花传粉优越。异花传粉植物的雌配子和雄配子是在差别较大的生活条件下形成的，遗传性具有较大的差异，由它们结合产生的后代具有较强的生活力和适应性，往往植株强壮，结实率较高，抗逆性也较强。

(二)风媒传粉和虫媒传粉

植物进行传粉时，往往要借助风、昆虫、鸟、水等媒介，其中风和昆虫是最普通的媒介。

依靠风为传粉媒介的植物称风媒植物，如水稻、玉米、核桃等。它们的花称风媒花。风媒花的花被一般不鲜艳，小或退化，无香味，不具蜜腺。产生大量细小质轻、外壁光滑、干燥的花粉粒，适应风的远播。禾本科植物如小麦、水稻等，雄蕊的花丝细长，易随风摆动，有利散发花粉。风媒花的雌蕊柱头一般较大，常分裂呈羽毛状，开花时伸出花被以外，增加了受纳花粉的机会(图7-24)。

借助昆虫，如蜂、蝶等为传粉媒介的花称为虫媒花，如油菜、向日葵、瓜类等(图7-25)。虫媒花一般具有大而艳丽的花被，常有香味或其他气味，有分泌花蜜的蜜腺存在，这些都是招引昆虫的适应特征。此外，虫媒花的花粉粒较大，数量较风媒花的少，表面粗糙，常形成刺突雕纹，有黏性，易黏附于访花采蜜的昆虫体上而被传播开去。

(三)植物对异花传粉的适应

植物在长期自然选择过程中，形成了许多避免自花传粉而适应异花传粉的性状。

1. 单性花

形成雄花和雌花，严格地保证异花传粉。例如雌雄同株的玉米、瓜类、胡桃等；雌雄异株的菠菜、桑、杨、柳等。

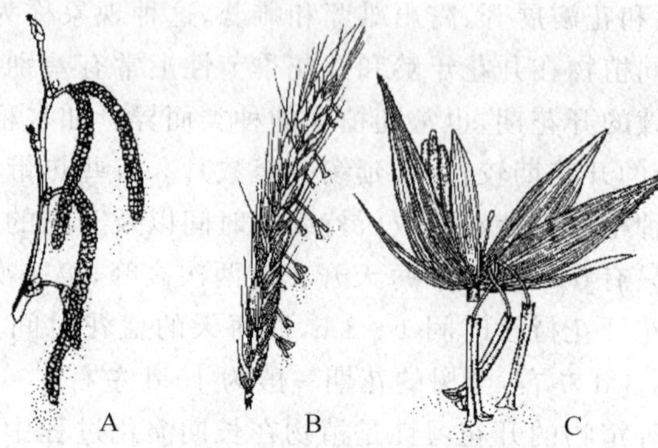

图 7-24 风媒传粉

A. 榛属花枝，雄花序散出花粉，靠风传播；B. 黑麦开花期的复穗状花序；C. 黑麦的小穗，雄蕊从小花中伸出散粉（引自 Ncanh）

图 7-25 虫媒传粉

A. 蜜蜂进入鼠尾草属的花冠中，背部与花药接触，雌蕊尚未成熟；B. 开花后期，花柱与柱头下垂，可与另一蜜蜂接触

2. 雌雄蕊异熟

两性花中，有的是雄蕊先成熟，雌蕊后熟，不能有效地接受花粉，如向日葵、苹果、梨；也有的是雌蕊先成熟，当雄蕊成熟散布花粉时，雌蕊的柱头已先枯萎，如油菜、柑橘、甜菜、车前等。

3. 雌雄蕊异长

两性花中雌蕊、雄蕊的长度不同。如荞麦中有两种类型的植株，一种植株其雌蕊的花柱高于雄蕊的花药，另一种是雌蕊的花柱低于雄蕊的花药。传粉时，只有高雄蕊上的花粉粒传到高柱头上去，低雄蕊的花粉粒传到低柱头上去才能受精；异长的雌、雄蕊之间传粉则不能完成受精作用。

4. 自花不孕

花粉落到同一朵花或同一植株花的柱头上，由于生理上的不协调，花粉不能萌发，或虽能萌发，但花粉管生长缓慢，达不到受精的结果，如玉米、番茄等。

三、受精

雄配子精细胞和雌配子卵细胞的融合称为受精(fertilization)。在被子植物中，产生卵细胞的雌配子体(胚囊)深藏于雌蕊子房的胚珠内，要实现两性细胞的融合，必须依赖花粉粒萌发形成的花粉管传送精细胞送入胚囊，才能使两性细胞相遇而结合，完成受精过程。

(一)花粉管的形成

花粉粒传到柱头上以后，经花粉粒和柱头之间的识别作用后，亲和花粉粒从周围吸水，代谢活动加强，体积增大，内壁由萌发孔突出伸长为花粉管，着一过程称为花粉粒萌发(图7-26)。

花粉粒和柱头间的识别反应决定于花粉外壁蛋白质和柱头乳突细胞表面蛋白质之间的相互关系。当花粉粒与柱头接触后，几秒钟内，外壁蛋白被释放出来，而与柱头蛋白质薄膜相互

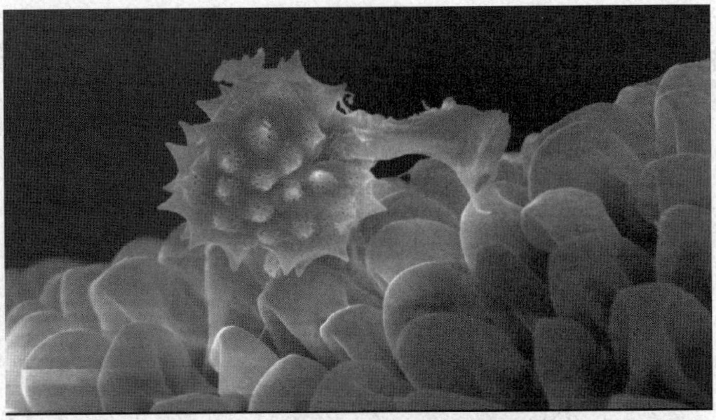

图 7-26 荷花花粉粒在柱头萌发

作用。如果二者是亲和的，随后由内壁释放出来的角质酶前体被柱头的蛋白质薄膜所活化，而将蛋白质薄膜下的角质膜溶解，花粉管得以穿入柱头的乳突细胞；如果二者是不亲和的，柱头乳突细胞则发生排斥反应，随即产生胼胝质，阻碍花粉管进入。此外，柱头表面存有的酶系统和分泌物中的酚类物质，也与识别作用和花粉管穿入柱头角质膜有着密切关系。通过花粉粒和柱头之间的识别可以防止遗传差异过大或过小的个体之间交配，而选择出生物学上最适合的配偶。

花粉粒在柱头上萌发所需时间，常因植物的种类而异。例如，水稻、高粱等几乎在传粉后随即萌发，玉米、大麦等只需 5 min 左右，番茄 15～20 min。而有些植物需要较长时间，例如小麦需 1～2 h，甘蓝需 2～4 h。花粉的萌发需要一定的湿度和温度，湿度和温度过低或过高都不利于花粉的萌发，如小麦为 20℃，番茄 21℃，水稻 28℃。

花粉萌发产生的花粉管，多从柱头毛基部的细胞间隙进入，经花柱不断向子房方向生长（图 7-27）。在空心花柱中，花粉管沿花柱道内表面在其分泌液中生长；在实心花柱中，花粉管常在引导组织或中央薄壁组织的细胞间隙中生长。

花粉管在生长过程中，除了耗用花粉粒中的贮藏物质外，也从花柱组织吸收营养物质，以供花粉管的生长和新壁的合成。当花粉管生长时，花粉粒中几乎全部的内含物都进入花粉管的亚顶端，包括营养核和 2 个精细胞。如为 2-细胞型花粉粒，生殖细胞在进入花粉管后再分裂一次，形成 2 个精细胞（精子，sperm）。

花粉管通过花柱进入子房以后，通常沿着子房壁内表面生长，最后从胚珠的珠孔进入胚囊，进行受精作用。目前的研究资料认为，助细胞与花粉管的定向生长有关。棉花的花粉管在雌蕊中生长时，由花粉管分泌出的赤霉素传入胚囊后，引起一个助细胞退化、解体，从中释放出大量 Ca^{2+}；Ca^{2+} 呈一定的浓度梯度从助细胞的丝状器部位释出；花粉管朝向高浓度 Ca^{2+} 的方向生长，最后穿过珠孔，由助细胞的丝状器部位进入胚囊，故钙被认为是一种天然向化性物质。也有人认为花粉管的向化性生长，可能是包括硼在内的几种物质综合作用的结果。

花粉管生长的速度因植物种类和环境条件不同常有差别，从花粉粒在柱头上萌发到花粉管进入胚囊所需的时间，草本植物一般快于木本植物。小麦、水稻 20～30 min 进入胚囊，柑橘花粉管到达胚珠需 30 h。影响花粉管生长速度的外界条件主要是温度，如小麦在 10℃时花粉管需 2 h 才到达胚珠，20℃时则需 30 min，30℃时仅需 15 min。

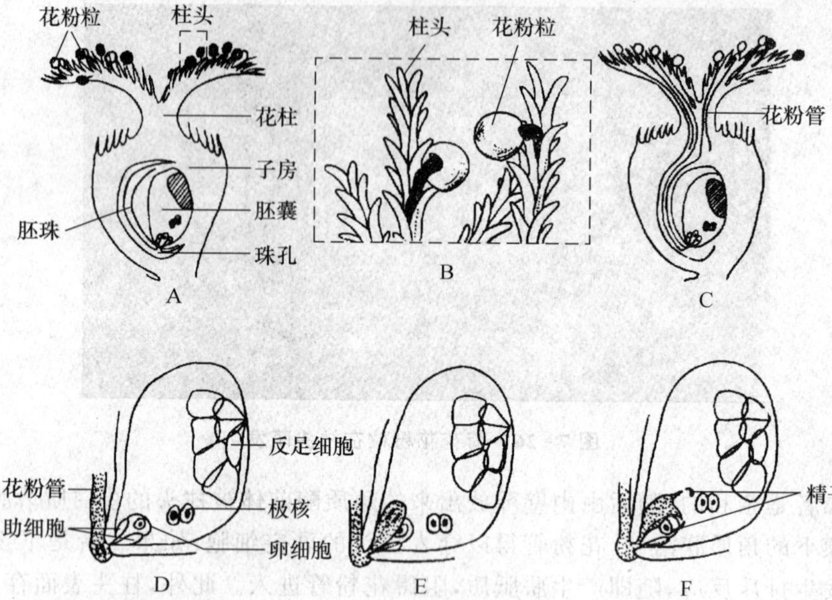

图 7 - 27　小麦的传粉和受精

A. 花粉粒在柱头上萌发；B. 左边虚线方框内的放大；C. 传粉后数小时雌蕊的纵切面；
D. 花粉管到达珠孔处；E. 花粉管的尖端已进入胚囊；F. 花粉管尖端破裂，
其中 2 个精子已释放出来(引自李扬汉，1984)

(二)双受精过程

花粉管由一个退化助细胞的丝状器基部进入胚囊后，另一个助细胞可短期暂存或也相继退化，随后花粉管顶端或亚顶端的一侧形成一小孔，释放出营养核、两个精细胞和花粉管物质。其中一个精细胞与卵细胞融合，另一个精细胞与中央细胞的两个极核(或一个次生核)融合，这种现象称为双受精(double fertilization)作用(图 7 - 28)。

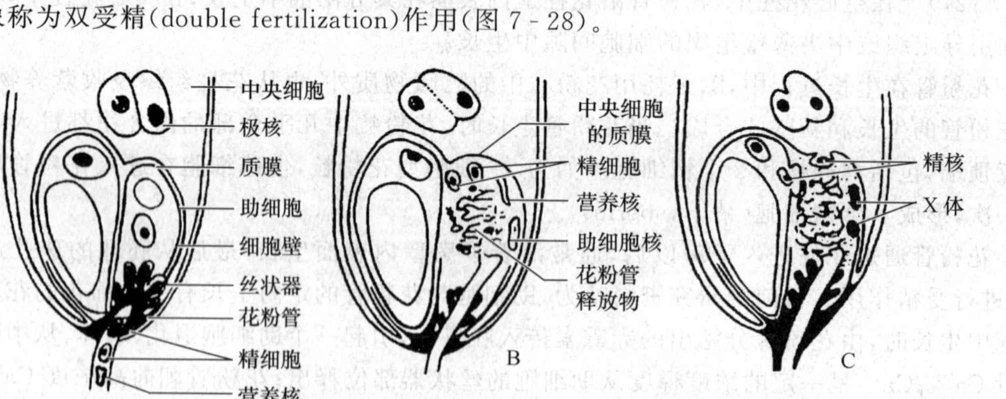

图 7 - 28　被子植物双受精作用中精细胞转移至卵细胞和中央细胞的图解(引自 Jensen)

A. 花粉管进入胚囊；B. 花粉管释放出内容物；C. 两个精细胞分别转移至卵和中央细胞附近
X 体为退化的营养细胞核和退化的助细胞核

双受精过程中，两个精细胞分别在卵细胞和中央细胞的无壁区发生接触，接触处的质膜随即融合，两个精核分别进入卵细胞和中央细胞。精核进入卵细胞后，再发生精核与卵核接触处的核膜融合，最后核质相融，两核的核仁也共融为一个大核仁。至此，卵已受精，成为合子(zygote)，它将来发育成胚。另一个精细胞进入中央细胞后，其精核与极核(或次生核)的融合过程与精核和卵核融合过程基本相似，但融合的速度较精卵融合快。精核和极核融合形成初生胚乳核(primary endosperm nucleus)，将来发育形成胚乳。

进入花柱中的多条花粉管通常只有生活力强、生长迅速的一条进入胚囊，完成受精。少数植物有时出现2～3条花粉管进入胚囊的情况，但最后仅有一条花粉管中的精细胞与雌性细胞发生融合受精，其余的花粉管均被同化吸收。有资料报道，同一花粉管中的两个精细胞在形态和生理特性等方面并不完全相同，即存在异型性。它们分别与卵细胞、中央细胞受精。

(三)受精作用的生物学意义

通过被子植物精卵受精，使单倍体的精细胞与单倍体的卵细胞结合，形成一个二倍体的合子，使植物原有染色体的数目得以恢复，保持了物种的相对稳定性。

由于生长的细胞和环境不同，再加上经历减数分裂，精卵间会出现遗传差异，受精作用使父、母本具有差异的遗传物质重组，使合子具有双重遗传性，既加强了后代个体的生活力和适应性，又为后代中可能出现新性状、新变异提供了基础。

精细胞与中央细胞受精形成的三倍体性质的胚乳，同样兼有双亲的遗传性，更适合于作为新一代植物胚胎期的养料，可以使子代的生活力更强，适应性更广。

为了克服育种工作中一些自交或杂交不亲和现象，特别是发生在柱头、花柱或子房区域的不亲和常采用离体受精技术。离体受精亦称试管受精，是在培养条件下完成植物的传粉和受精作用。离体受精的主要方法，是在无菌条件下取出未传粉的胚珠或子房，撒上花粉，置于培养基上生长，在试管中完成花粉萌发、花粉管伸入胚珠以至受精作用的全过程。

小 结

花是适应生殖作用的变态短枝。花由花芽分化而来，花芽分化的一般顺序为萼片原基、花瓣原基、雄蕊原基、雌蕊原基。一朵典型的花，由花柄、花托、花萼、花冠、雄蕊群和雌蕊群组成。其中以雄蕊中的花药和雌蕊中的子房最重要。

花萼和花冠合称花被，萼片和花瓣有连合的，也有分离的。根据花瓣的离合，花冠筒的长短，花冠裂片的形状等不同，形成了各种不同的花冠类型。

雄蕊包括花丝和花药。根据花丝的数量和长短，雄蕊可分为四强雄蕊和二强雄蕊；根据花丝的连合情况，雄蕊可分为单体雄蕊、二体雄蕊和多体雄蕊。此外，花药连合的雄蕊为聚药雄蕊。

一朵花中所有雌蕊的总和称雌蕊群，雌蕊包括柱头、花柱、子房三部分。心皮是构成雌蕊的基本单位。根据心皮数目和离合，雌蕊可分为单雌蕊、离生单雌蕊和复雌蕊。

子房着生在花托上，由于与花托连生的情况不同可分为上位子房、半下位子房和下位子房。

子房由子房壁、子房室、胚珠和胎座组成。胚珠着生的部位叫胎座，常见的胎座有：有边缘胎座、侧膜胎座、中轴胎座、特立中央胎座、基生胎座和顶生胎座。

禾本科植物的小穗由第1颖、第2颖和几朵小花组成，小花由内稃和外稃、2枚浆片、3～6枚雄蕊和1枚雌蕊组成。

花可以一朵单生在茎上，也可以有多朵花依一定方式排列于花序轴上形成花序。花序可分为无限花序和有限花序。无限花序其开花的顺序是花轴下部的花先开，渐及上部，或由边缘开向中心，常见的有：总状花序、伞形花序、头状花序、伞房花序、隐头花序、穗状花序、肉穗花序、柔荑花序等；有限花序是花序中最顶点或最中的花先开，以后开花顺序渐及下边或周围，常见的有：单歧聚伞花序、二歧聚伞花序、多歧聚伞花序。

雄蕊的主要功能是产生精子和花粉粒。花药是雄蕊的主要结构，幼期的花药由表皮和分裂能力强的细胞组成。分裂能力强的细胞中发育出孢原细胞，孢原细胞进行一次平周分裂，向外产生周缘细胞；向内产生造孢细胞。周缘细胞分裂形成药室内壁、中层、绒毡层，它们与表皮一起构成花粉囊壁。与此同时，造孢细胞分裂形成花粉母细胞，花粉母细胞经减数分裂形成4个单核花粉粒（小孢子），进一步分裂形成二胞或三胞的成熟花粉粒。

胚珠在子房内产生，是产生卵细胞的结构，也是形成种子的主要结构。胚珠由珠心、珠被、珠孔、合点和珠柄等几部分构成。

大多数植物胚珠发育过程属于蓼型，过程是首先在子房内壁的某个部位产生胚珠原基，胚珠原基分化为珠被和珠心。珠心表皮层下形成孢原细胞，孢原细胞可直接发育为胚囊母细胞，胚囊母细胞减数分裂形成直线排列的大孢子四分体，随后近珠孔端的3个大孢子消失，近合点端的一个发育成为单核胚囊。单核胚囊经三次有丝分裂，发育为成熟胚囊。成熟胚囊包括1个卵细胞，1个大型的中央细胞（内含2个极核），3个反足细胞（位于胚囊合点端）和2个助细胞。

当雌蕊、雄蕊成熟后，萼片和花瓣打开，雌雄蕊露出，就是开花。花开后花粉粒由花粉囊中散出，借外力传到雌蕊柱头上，称为传粉。传粉有自花传粉和异花传粉两种方式，异花传粉对植物生活有利。花粉粒与柱头识别后，亲和的则萌发形成花粉管，花粉管经花柱进入胚珠的胚囊并释放2个精细胞，分别与卵细胞和极核融合，形成合子和初生胚乳核，进一步发育为胚和胚乳，称为双受精。双受精作用是被子植物进化的主要特征之一。

思考题

1. 雌、雄蕊中最重要的部分是什么？这些部分的结构如何？
2. 叙述胚珠和胚囊的发育过程。
3. 指出植物传粉的几种媒介和植物适应异花传粉的几种方式。
4. 试述自花传粉和异花传粉的特征及其生物学意义。
5. 说明被子植物双受精的主要过程和生物学意义。

第八章　种子和果实

被子植物完成双受精作用后，胚珠将发育形成种子，合子发育形成胚，受精极核将发育为胚乳，珠被发育为种皮，而子房则发育形成果实。

种子和果实是植物的主要生殖器官，对植物繁衍后代有重要作用，同时种子和果实对人类也有重要作用，如小麦、水稻和玉米的种子是人类的粮食，黄瓜、四季豆等的果实是常见蔬菜，西瓜、柑橘、桃等的果实是常见水果。此外，还有一些种子和果实是药材和工业原料。

第一节　种子的发育

一、胚的发育

卵细胞受精后，合子随即进入休眠状态。休眠期的长短因植物的种类不同而不同，水稻为4～6 h，小麦为16～18 h，棉花为2～3 d，苹果为5～6 d，茶树则长达5～6个月之久。合子休眠后，经过原胚和胚的分化发育阶段，形成成熟胚。在胚的发育过程中，双子叶植物和单子叶植物之间存在差异(图8-1)。

1. 双子叶植物胚的发育

以荠菜胚为例介绍双子叶植物胚的发育过程。合子经过短暂休眠，不均等地横向分裂为2个细胞：远珠孔端的顶细胞和近珠孔端稍大的基细胞，两个细胞间有胞间连丝相通。顶细胞为胚性细胞，具有丰富的细胞质和细胞器，以及较大的细胞核；基细胞的液泡大，细胞质稀薄。随后基细胞进行连续的横分裂，形成一列由6～10个细胞组成的胚柄，这些细胞之间有胞间连丝沟通，它末端的一个细胞渐渐膨大成为泡状吸器。胚柄的主要作用是把胚推向含丰富营养物质胚乳的合适位置，以利于胚的发育；胚柄细胞还能分泌酶和激素，这些酶能溶解胚囊周围组织中的养料，供胚的生长和分化需要，激素可以调节胚的早期发育。

与此同时，顶细胞经过2次纵分裂(第二次的分裂面与第一次的垂直)，产生四分体胚体；四分体再进行一次横分裂，形成球体形的八分体。八分体中近胚柄端的4个细胞以后形成胚轴；远胚柄端的4个细胞则发育成为茎端与子叶。此后，胚体又继续进行各个方向的连续分裂，成为一团组织，称球形胚。此发育阶段则称为原胚阶段(proembryo phase)，即从合子分裂为2-细胞开始，直至器官分化之前的胚胎称为原胚。

球形胚形成之后，胚体顶端中部生长缓慢，两侧细胞分裂较快，形成两个突起，称子叶原基。与此同时，胚柄顶端的一个细胞——胚根原细胞和球形胚体的基部细胞也不断分裂生长，一起分化为胚根原基。这时胚的纵切面多少呈心脏形，称心形胚。子叶原基迅速发育伸长成为两片子叶，紧接着在子叶间的凹陷部分逐渐分化出胚芽。同时，在与胚柄交界处的胚体细胞也形成胚根，连接子叶原基与胚根原基的部分将发育为胚轴，整个幼胚呈鱼雷形，称鱼雷形胚。随着幼胚生长，胚轴以及子叶进一步延长，由于空间位置的限制，使胚弯曲而呈马蹄形。最后，胚柄退化消失，形成具有胚根、胚芽、胚轴和子叶组成的成熟胚(图8-2)。

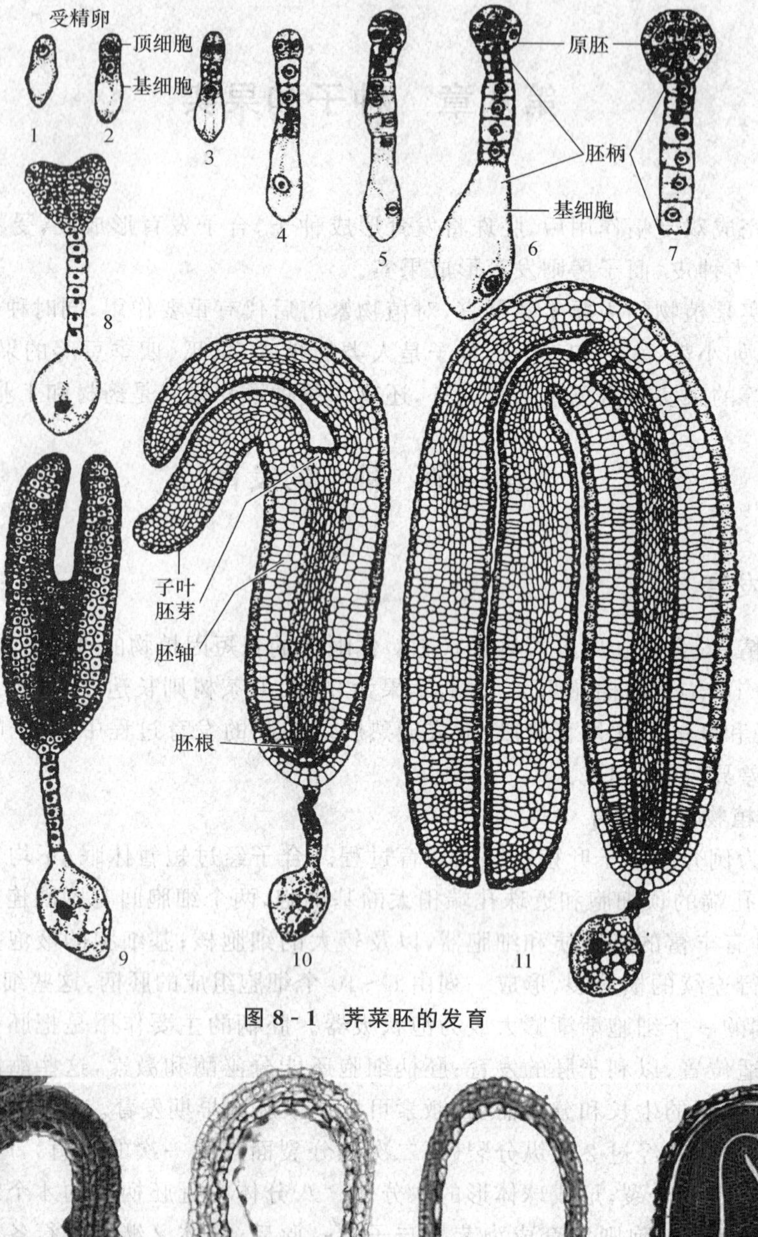

图 8-1　荠菜胚的发育

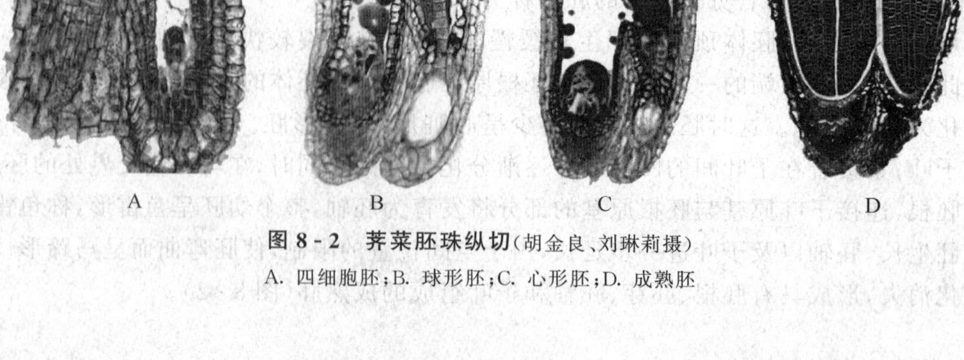

图 8-2　荠菜胚珠纵切(胡金良、刘琳莉摄)

A. 四细胞胚；B. 球形胚；C. 心形胚；D. 成熟胚

2. 单子叶植物胚的发育

单子叶植物胚发育的早期，与双子叶植物胚的发育相似，但在分化为成熟胚时，出现较大差异。以小麦为例，说明单子叶植物胚的发育过程（图 8-3）。小麦的受精卵经过一定时间的休眠后开始分裂。第一次横分裂，形成一个胚柄细胞和一个胚细胞。接着胚柄细胞又进行一次横分裂，胚细胞经过一次纵分裂形成四个细胞的原胚。原胚继续分裂扩大使胚呈梨形。以后，在它的一侧出现一个凹沟，使胚在形态上可区分为顶端区、器官形成区和胚柄细胞区三个区。以后凹沟以上的顶端区形成盾片的上半部和胚芽鞘的一部分；凹沟附近的器官形成区将来发育形成胚芽鞘的其余部分和胚芽、胚轴、胚根、胚根鞘和外胚叶等；而原胚基部的胚柄细胞区则主要形成盾片的下部和胚柄。冬性小麦胚发育成熟的时间约在传粉后 16 d。

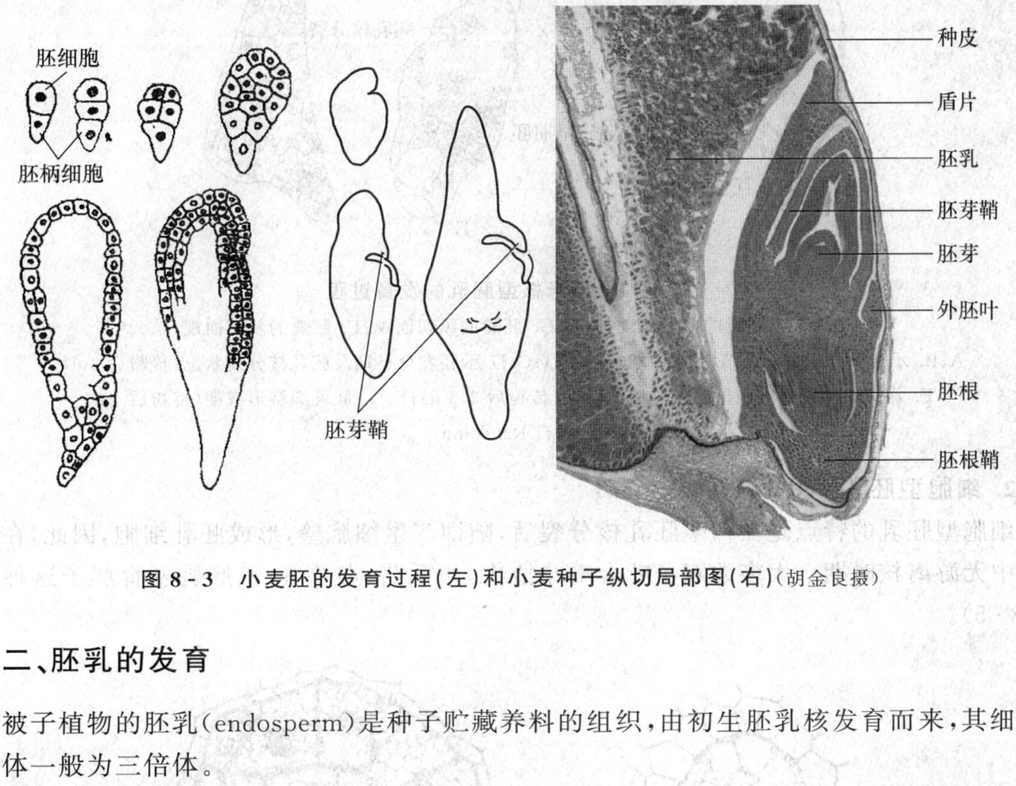

图 8-3　小麦胚的发育过程（左）和小麦种子纵切局部图（右）（胡金良摄）

二、胚乳的发育

被子植物的胚乳（endosperm）是种子贮藏养料的组织，由初生胚乳核发育而来，其细胞的染色体一般为三倍体。

胚乳的发育形式可分为三种类型：即核型、细胞型和沼生目型。核型方式最为普遍，沼生目型多限于沼生目植物中，因此比较少见。胚乳的发育通常比胚的发育早，因为受精极核一般没有休眠。

1. 核型胚乳（nuclear endosperm）

初生胚乳核的第一次分裂以及以后一段时间的多次核分裂，都不伴随着细胞壁的形成，各细胞核保持游离状态，分布在同一细胞质中，出现一个游离核发育阶段，游离核的数目随植物种类不同而异，可多达数百或数千个（如胡桃、苹果等）才过渡到细胞时期；少的仅 8 个或 16 个核。随着核的数目增加，出现中央大液泡，核和原生质被挤向胚囊的边缘，并大多集中分布在胚囊的珠孔端和合点端，而胚囊的侧方仅分布成一个薄层。

胚乳核分裂进行到一定阶段后，游离核之间形成细胞壁，发育为胚乳细胞。胚乳游离核形成细胞壁，通常是从胚囊最外围开始的，以后逐渐向内产生细胞壁形成胚乳细胞，最后整个胚囊被胚乳细胞充满(图 8-4)。但有的植物仅在原胚附近或只在胚囊周围形成少数胚乳细胞,而其他部位仍保持胚乳游离核,如椰子的液体胚乳,内含许多游离核。

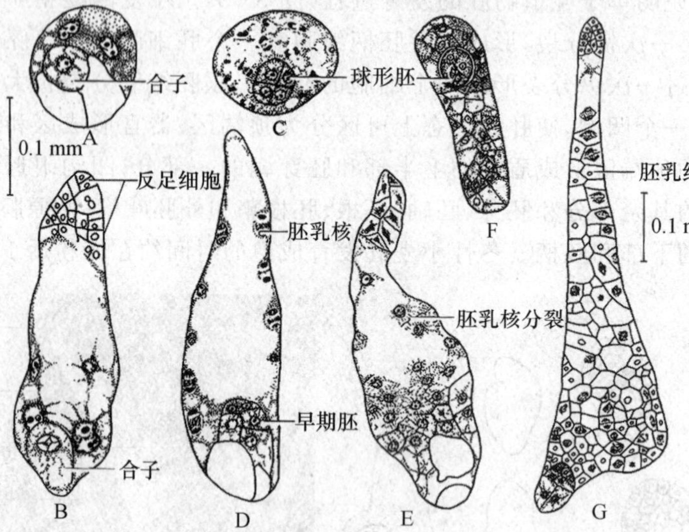

图 8-4 玉米核型胚乳的发育过程

A、C、F. 胚囊的横切面观;B、D、G. 胚囊的纵切面观;E. 胚囊的斜切面观;
A、B. 示合子与少量胚乳核(传粉后 26~32 h);C、D. 示胚发育早期及胚乳核分裂状况(传粉后 3 d);
E. 游离核时期向细胞核时期过渡的时期(传粉后 3.5 d);F、G. 胚乳细胞形成期(传粉后 4 d)
(引自 Randolph)

2. 细胞型胚乳(cellular endosperm)

细胞型胚乳的特点是在初生胚乳核分裂后,随即产生细胞壁,形成胚乳细胞,因此,在发生过程中无游离核时期。大多数双子叶合瓣花植物,如番茄、烟草等,其胚乳发育属于这种类型(图 8-5)。

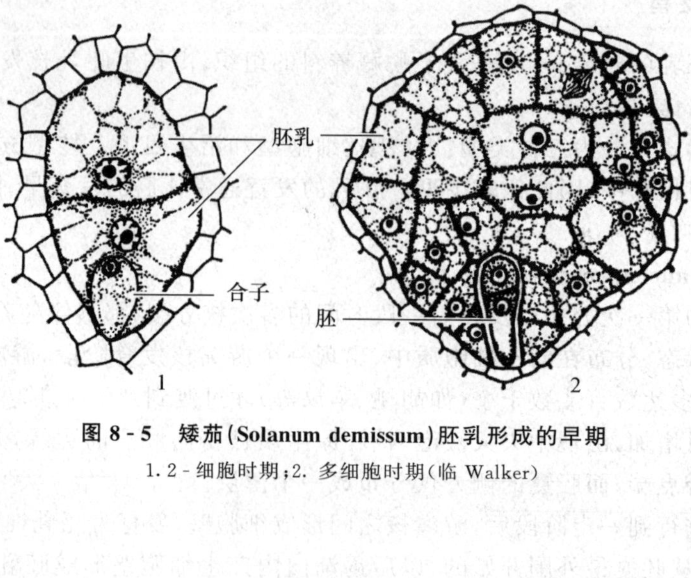

图 8-5 矮茄(Solanum demissum)胚乳形成的早期

1. 2-细胞时期;2. 多细胞时期(临 Walker)

3. 沼生目型胚乳(helobial endosperm)

沼生目型胚乳是核型与细胞型之间的中间类型。初生胚乳核的第一次分裂将胚囊分隔成为两室,分别为珠孔室和合点室。珠孔室较大,其内的细胞核进行多次分裂形成游离核,最后形成细胞;合点室内的核不分裂,或始终为游离核(图8-6)。这种类型的胚乳,多限于沼生目植物,如慈姑等。

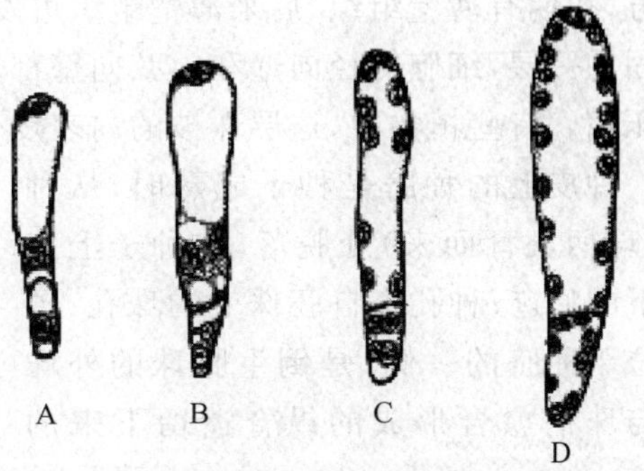

图8-6　*Eremurus himalaicus* 沼生目型胚乳的发育顺序

A. 胚乳细胞经第一次分裂,形成2个细胞,上端一个已产生2个游离核;B~D. 示上端与下端的2个细胞的核均进行核分裂,产生多个游离核

(重绘自 P. Maheshwari)

许多植物如豆类、瓜类、油菜等的种子在其发育过程中,胚乳逐渐被胚所吸收,养分被贮藏于子叶,因而形成无胚乳种子。另一类植物如水稻、小麦,玉米、蓖麻等成熟种子中,存在发达的胚乳组织,形成有胚乳种子。

4. 外胚乳(prosembryum)

多数植物胚囊外的珠心组织,在胚和胚乳的发育过程中被吸收,因此,成熟种子没有珠心组织。但也有一些植物的珠心组织随种子的发育而增大,形成一种类似胚乳的贮藏组织,称为外胚乳,例如菠菜、甜菜、咖啡等。外胚乳和胚乳一样为胚发育提供营养物质。

三、种皮的发育和结构

种皮是保护胚和胚乳的结构,由珠被发育而来。成熟种子的种皮干燥而坚硬(图8-7),不易透水透气,与种子的休眠与萌发也有一定的关系。

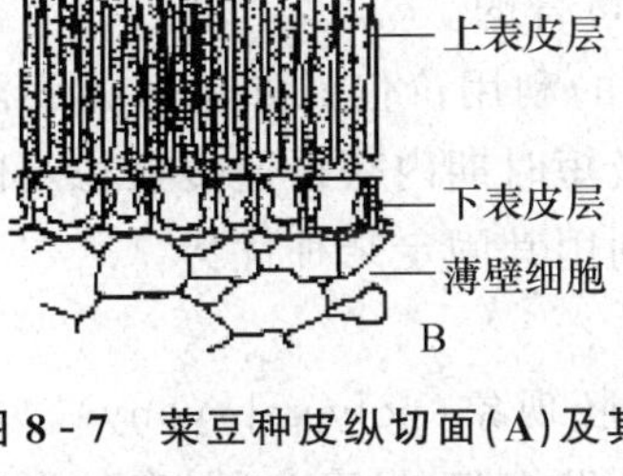

图8-7　菜豆种皮纵切面(A)及其表皮细胞顶面观(B)(引自徐汉卿)

种子的种皮有一层或二层,仅有一层珠被的胚珠,则形成一层种皮,如向日葵、番茄、胡桃等;具两层珠被的,通常相应形成内、外两层种皮,如苹果、油菜、蓖麻等。但也有一些植物,虽然具有2层珠被,但只有一层种皮发育,如大豆、蚕豆的一层种皮由外珠被发育而来,而水稻、小麦的种皮由内珠被发育而来。

各种植物成熟种皮的结构差异很大。通常种皮的外层厚而坚硬,由木化的厚壁组织如石细胞等所组成;内层为薄壁组织;中间各层分化为纤维、石细胞或薄壁组织。种皮细胞内可含有色素,使种皮或种子呈现各种颜色。有些植物的种子具有肉质种皮,如银杏的外种皮肉质肥厚;石榴种子成熟时,外珠被分化成坚硬的外种皮,而种皮的表皮细胞形成含糖多汁的可食部分。有些植物的种皮上具有附属结构,如刺、腺体、翅等,利于其传播。此外,棉花纤维是由外珠被的表皮细胞向外突出,经过伸长和增厚而形成。此外,有少数植物,如荔枝、龙眼的种皮外面还包有一层结构,是由珠柄、胎座等部分发育而来,常含有大量油脂、糖类、蛋白质等物质,称为假种皮。下面以十字花科芸薹为例说明种皮的结构。

十字花科的芸薹和芥菜属的珠被有两层，外珠被有 2～5 层细胞，而内珠被可达 10 层细胞厚。在外珠被的表皮细胞中多充满了成层的含有果胶质与纤维素黏性物质。在外珠被表皮的下方，初期有薄壁组织，后来薄壁组织可发育为厚壁组织或被挤毁。外珠被的内表皮层，是最坚固的一层，细胞的径向壁和内弦向壁都木质化增厚。随着种子的成熟，内珠被后来死亡，或被压缩。有些植物中，这层珠被的内表皮变成色素层（图 8-8）。

种皮上的种脐是种子成熟时，从种柄（珠柄发育而来）处脱落，在种子上遗留下的痕迹；种孔来自胚珠上的珠孔；种脊位于种脐的一侧，是倒生胚珠的外珠被与珠柄愈合形成的纵脊遗留下来的痕迹。

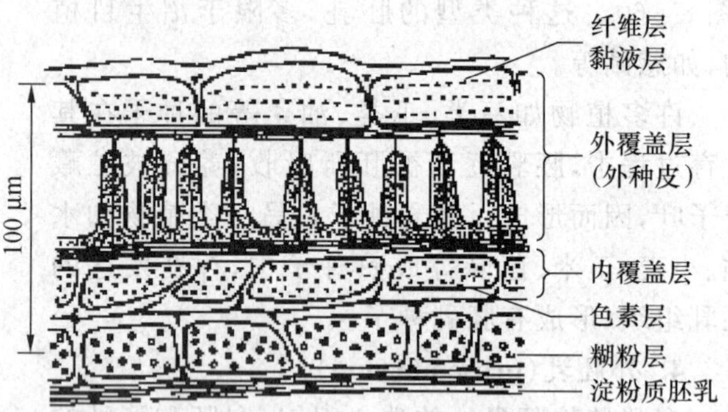

图 8-8 芸薹的种皮和糊粉层的横切面

四、无融合生殖和多胚现象

被子植物的胚，一般都是从受精卵发育而来的。但也有些植物，可以不经过雌雄性细胞的融合（受精）而产生有胚的种子，这种现象称为无融合生殖（apomixis）。无融合生殖形式多样，归纳起来有单倍体无融合生殖和二倍体无融合生殖两大类型。

1. 单倍体无融合生殖

胚囊母细胞进行正常的减数分裂后，胚囊中的卵细胞、助细胞或反足细胞不经过受精，发育成为一个单倍体的胚。若是卵细胞形成的胚，称为孤雌生殖，如玉米、小麦、烟草等植物中有这种生殖现象；若是助细胞或反足细胞发育成的胚，则称为无配子生殖，如在水稻、玉米、棉花、烟草、黑麦、辣椒、亚麻等作物上都有发现。

单倍体无融合生殖产生的胚，只含有单倍体染色体组（N），所以其后代常常是不育的。

2. 二倍体无融合生殖

胚囊母细胞进行有丝分裂或不正常减数分裂形成二倍体胚囊。这种胚囊中的二倍体的卵或珠心组织中某些细胞直接发育形成胚，分别称为二倍体孤雌生殖和二倍体无配子生殖，前者如蒲公英中可见到这种胚，后者如葱中有报道。珠心或珠被的细胞直接发育形成胚，称为不定胚，不定胚在柑橘中普遍存在。二倍体无融合生殖形成的胚是可育的。

无融合生殖阻碍基因的重组与分离，在植物育种中有重要的利用价值。如单倍体无融合生殖所得到的胚或种子，可以通过人工或自然染色体加倍，在极短时期内获得遗传上稳定的纯合二倍体，从而缩短育种年限。对于二倍体无融合生殖，则可利用其固定杂种优势。

3. 多胚现象

一粒种子（胚珠）中产生两个或两个以上胚的现象称为多胚现象（polyembryony）。多胚现象产生的原因极为复杂，有的能从胚囊中卵以外的细胞（常为助细胞）发育为胚；有的形成了不定胚；有的由一个受精卵分裂成两个或多个独立的胚，这种现象在裸子植物中普遍存在；也有在胚珠中有两个以上的胚囊，形成多胚现象，如桃等。

五、胚状体和人工种子

在正常情况下,被子植物的胚由合子发育而来,但在自然界中或在植物细胞、组织或器官的离体培养过程中,也可产生这种类似胚的结构,它们均由非合子细胞分化形成,称为胚状体(embryoid)(图 8-9)。胚状体具有胚的功能,可萌发长成幼苗;在被子植物中,不仅能够从根、茎、叶、花、果等器官的组织培养物中诱导产生二倍性的胚状体,还能从花粉、助细胞和反足细胞产生单倍性胚状体,以及从胚乳细胞诱导出三倍性的胚状体。

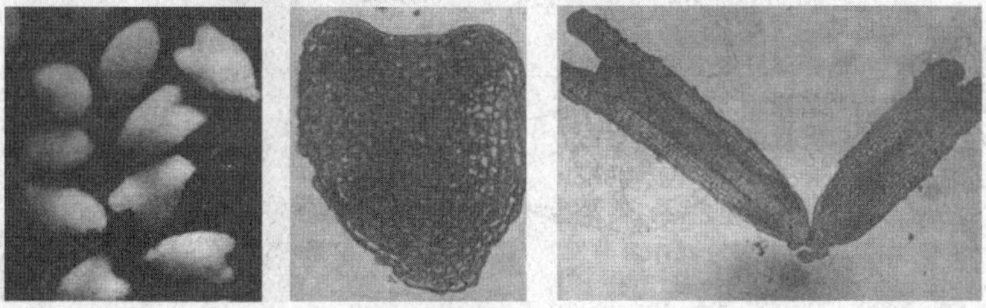

图 8-9 野胡萝卜的胚状体

A. 心形期胚状体;B. 早心形期胚状体;C. 成熟胚状体(引自 E. G. Cutter)

用有机化合物和营养物质制作而成的人工种皮包裹在经过植物组织培养产生的胚状体上,从而可以进行播种繁殖,即人工种子,也称体细胞种子(somatic seeds)。

通过诱导胚状体的产生,进而利用其制作人工种子,实现大规模的工厂化和集约化生产,可对植物进行快速繁殖。同时,可将外源性基因转入胚状体,最终产生转基因植株,因此胚状体和人工种子应用前景广阔。

第二节 果 实

一、果实的形成

传粉、受精后,多数植物花被、雄蕊枯萎脱落,而子房由于受到受精作用的刺激,细胞合成吲哚乙酸等植物激素,促使整个子房迅速生长膨大发育成果实。正常情况下,植物受精以后才开始结实。但也有一些植物,不经过受精作用也能结实,这种现象叫单性结实(parthenocarpy)。单性结实形成的果实内不含种子,所以果实为无籽果实。单性结实有两种情况:一种是天然单性结实,即子房不经过传粉或任何其他刺激,便可形成无籽果实的现象,如葡萄、柑橘、柠檬的某些品种。另一种叫刺激单性结实,即子房必须经过一定的人工诱导或外界刺激才能形成无籽果实的现象,例如以马铃薯的花粉刺激番茄花的柱头,或用苹果的花粉刺激梨花的柱头,都可诱导无籽果实。用类似的植物生长激素刺激也可导致单性结实,如用质量比为$(3\sim10)\times10^{-5}$的吲哚乙酸和 2,4-D 等的水溶液,喷洒番茄、西瓜、辣椒等临近开花的花蕾,或用质量比为 1×10^{-5} 的萘乙酸喷洒葡萄花序,都可得到无籽果实。此外,三倍体植物或受精胚珠在发育为种子的过程中受到阻碍,也可以形成无籽果实。

二、果实的结构

果实主要是子房发育而来的，它由果皮和种子构成。果皮是子房壁发育而成的，一般可分为外果皮(exocarp)、中果皮(mesocarp)和内果皮(endocarp)三层(图 8-10)。

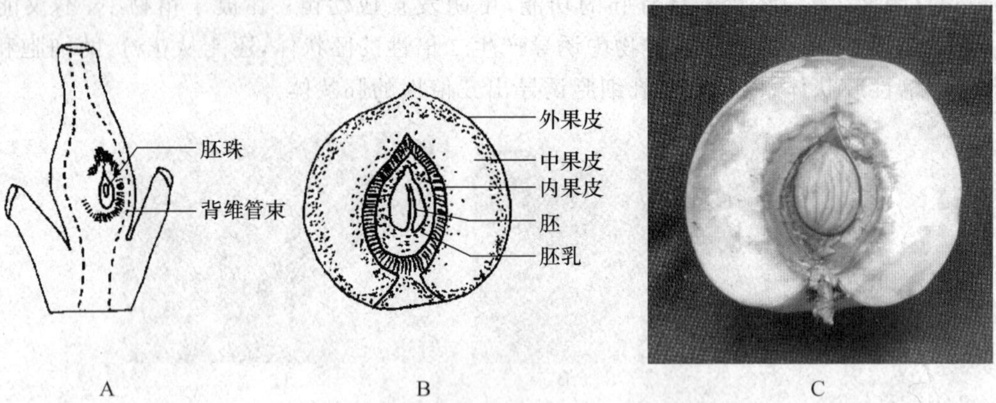

图 8-10 桃果实的发育与结构(胡金良摄)

A. 桃的子房纵切面结构；B. 桃的果实纵切面结构示意图；C. 桃的果实纵切面结构(A、B. 引自 Sterling)

外果皮由表皮和表皮下的数层细胞构成，表皮上常有气孔、角质、蜡被、表皮毛、钩、刺、翅等。中果皮最厚，维管束多分布于其中，主要薄壁细胞组成。花生、蚕豆的中果皮在薄壁组织中还含有厚壁组织。果实成熟时中果皮常变干收缩，成为膜质或革质，或为疏松的纤维状。内果皮细胞的变化也很大，有的内果皮表皮细胞的细胞壁向内突出形成无数的毛状突起(汁囊)，如柑橘、柚子等的果实；有的具有坚硬如石的石细胞，如桃、核桃、椰子等；有的在果实成熟时，胞间层溶解，细胞分离成浆状，如柿、葡萄等。现以桃和大豆的果实为例说明果皮的结构。

桃果实和大豆荚果的外果皮均由一层表皮和表皮下数层机械组织组成，桃的机械组织是厚角组织，大豆荚果的机械组织为厚壁组织(图 8-11)；桃果实和大豆荚果的中果皮都是由薄壁细胞组成的；桃果实和大豆荚果的内果皮也都是由多层厚壁细胞构成，桃的厚壁细胞是木栓化的石细胞。

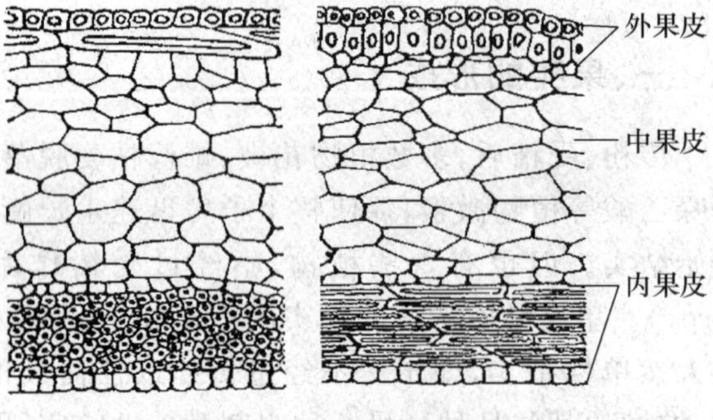

图 8-11 大豆荚果的果皮

A. 纵切面；B. 横切面(引自李扬汉，1984)

在果实的发育过程中，果实颜色与化学成分也发生变化，一般是叶绿体减少，产生花青素或有色体，因而出现各种鲜艳的颜色。当果实成熟时，单宁和有机酸减少，糖分增加，有些植物的果皮里含有油腺，还能放出芳香的气味，如茴香、枸橼、花椒等。

现将由花至果和种子的发育过程表解于下：

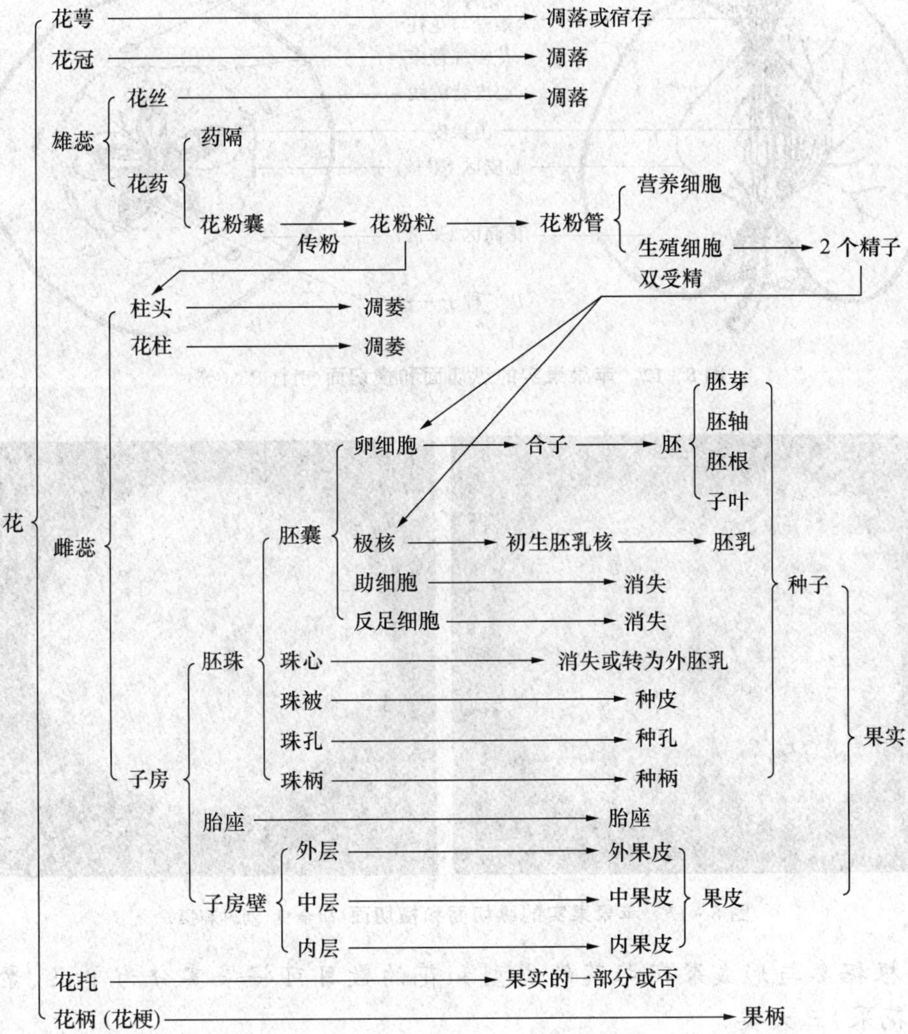

三、果实的类型

（一）根据果实的来源可分为真果和假果

1. 真果(true fruit)

仅由子房发育形成的果实称为真果，如桃、水稻、小麦、玉米，棉花等。

2. 假果(false fruit)

假果是除子房以外，大部分是花托、花萼，甚至是整个花序参与发育而成的，其结构比较复杂，除子房发育而成的果皮外，还有其他部分参与果实的形成。例如，梨、苹果的食用部分主要是花筒（托杯）发育而成，内部才是由子房发育而来的部分，所占的比例很小。但外、中、内三层果皮仍能区分，内果皮以内为种子（图 8 - 12 和图 8 - 13）。

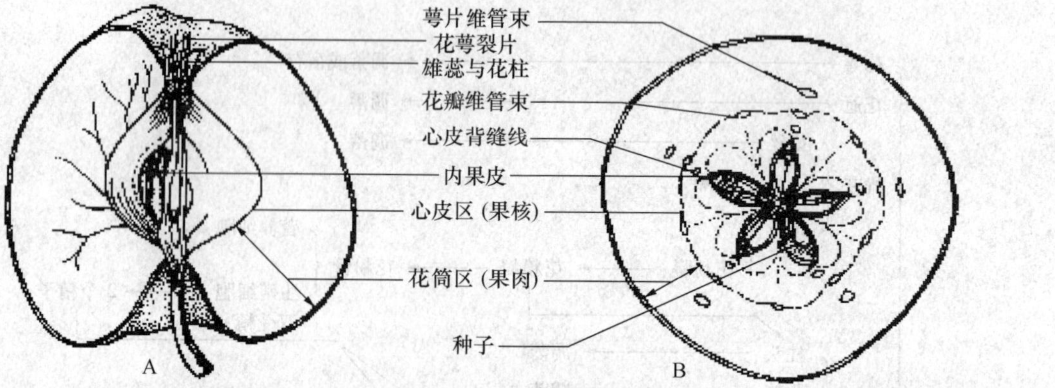

图 8-12 苹果果实的纵切面和横切面(引自 Rost 等)

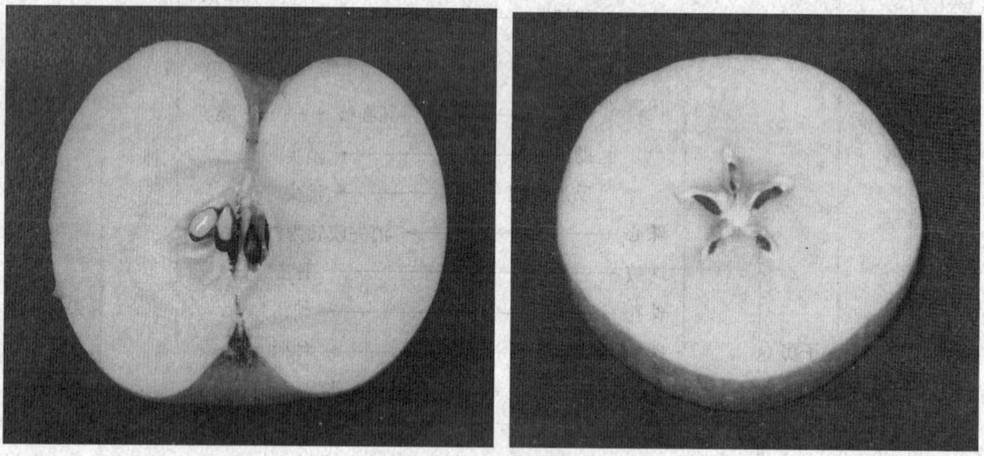

图 8-13 苹果果实的纵切面和横切面(胡金良、刘琳莉摄)

(二)根据参与形成果实雌蕊的类型和花的数目可将果实分为单果、聚合果和复果(聚花果)三大类。

1. 单果(simple fruit)

由一朵花中的单雌蕊和复雌蕊发育而形成的果实。

单果根据果皮及其附属部分成熟时的质地和结构,可分为肉质果与干果两类。

1)肉质果

果实成熟后,果皮肉质多汁的果实称为肉质果(fleshy fruit)(图 8-14)。肉质果又可分为:

(1)浆果(berry) 由一朵花中一至多个心皮组成的雌蕊发育而来,其外果皮膜质,中果皮、内果皮均肉质化并充满液汁,内含一至多粒种子。食用的主要部分除果皮外还有发达的胎座,如辣椒、番茄、葡萄、茄、柿的果实。

(2)瓠果(pepo) 为葫芦科(瓜类)植物所特有的,由下位子房发育而成的假果。花托与外果皮结合为坚硬的外果皮,中果皮和内果皮肉质,胎座常很发达。南瓜和冬瓜等的食用部分主要是果皮,而西瓜的食用部分主要是发达的胎座。

(3)柑果(hesperidium) 是由具有中轴胎座的复雌蕊发育而来,其外果皮呈革质,中果皮髓质疏松，分布有维管束；内果皮膜质，分成数室(瓣)，室内生有许多肉质多浆的汁囊细胞。汁囊是食用的主要部分，由子房内壁上的表皮毛演化而来。如柑、柚、枳、柠檬等。

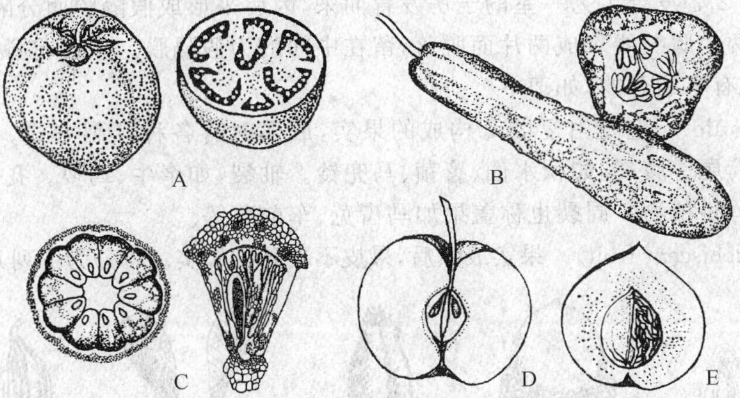

图 8-14　肉质果的主要类型(外形和切面)

A. 番茄的浆果；B. 黄瓜的瓠果；C. 温州蜜柑的柑果；D. 苹果的梨果；E. 桃的核果

(4)梨果(pome)　由花筒和子房愈合一起发育而形成的假果。花筒形成的果壁与外果皮及中果皮均肉质化，内果皮纸质或革质化，食用部分主要是肉质花筒，如梨、苹果。

(5)核果(drupe)　由一至多心皮组成的雌蕊发育而来，种子常1粒，外果皮薄；中果皮肉质，为主要食用部分；内果皮坚硬，构成果核，包于种子外，如桃、李、梅、杏、核桃等。

2)干果

干果(dry fruit)是指成熟时果皮干燥的一类果实，根据成熟时果皮是否开裂，分为裂果与闭果两类。

(1)裂果(dehiscent fruit)　果实成熟后，果皮自行裂开的果实。裂果因心皮数目及开裂方式不同，又分为：荚果、蓇葖果、角果、蒴果等(图 8-15)。

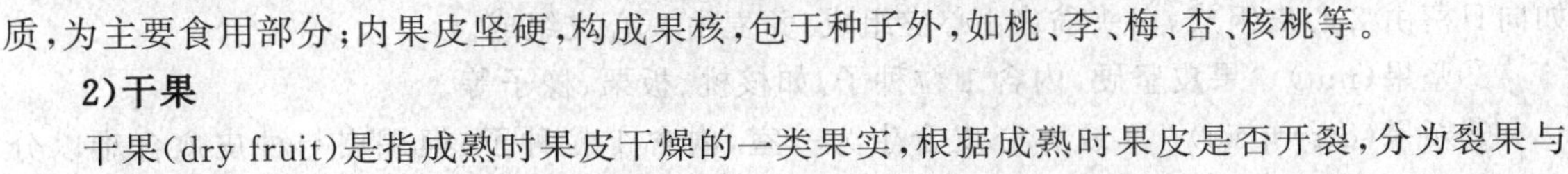

图 8-15　裂果的主要类型(胡金良摄)

A、B、J. 蓇葖果；C、D. 荚果；E. 长角果；F. 短角果 G、H、I. 蒴果

①荚果(legume)　是由单心皮雌蕊发育而成的果实，成熟时，果皮沿腹缝线与背缝线裂开成2片，如大豆、蚕豆、豌豆等；但有的荚果并不开裂，如花生、皂荚、合欢等。

②蓇葖果(follicle) 是由单心皮雌蕊发育而成的果实,成熟时,沿腹缝线或背缝线一面开裂。沿心皮腹缝线开裂的如牡丹、八角、梧桐等;沿背缝线开裂的有白玉兰、紫玉兰等。

③角果 由2心皮合生为一室的子房发育而来,因后来形成假隔膜而分隔成假二室,果实成熟后,果皮从两个腹缝线裂成两片而脱落,留在中间的为假隔膜。十字花科植物的果实属这类果实。角果也有不裂开的,如萝卜。

④蒴果(capsule) 它是由复雌蕊构成的果实,成熟时有各种开裂方式。主要有背裂,如棉花、茶、百合、鸢尾。腹裂,如秋水仙、薯蓣、马兜铃。轴裂,如牵牛、茑萝。孔裂,如罂粟、桔梗等。齿裂,如石竹科植物。周裂也称盖果如马齿苋、车前草等。

(2)闭果(indehiscent fruit) 果实成熟后,果皮不裂开的果实。可分为下列几类(图8-16):

图8-16 闭果的主要类型

A. 瘦果;B. 坚果;C. 颖果;D. 翅果;E. 分果

①瘦果(achene) 由1~3心皮组成的小型闭果,成熟时只含1粒种子,果皮与种皮分离。如向日葵由2心皮组成,白头翁由1心皮组成,荞麦由3心皮组成。

②坚果(nut) 果皮坚硬,内含1粒种子,如核桃、板栗、橡子等。

③颖果(caryopsis) 2或3心皮合生为一室,内含1粒种子,但果皮与种皮愈合难以分离。如去壳后的糙米、麦粒、玉米粒。

④翅果(samara) 属瘦果性质,但果皮伸长成翅而利于风力传播,如臭椿、榆属等植物的果实。

⑤分果(schizocarp) 2个或2个以上的心皮组成,每室含1粒种子,成熟时,各心皮沿中轴分开,但种子仍包于心皮之内,如胡萝卜、芹菜、小茴香等。伞形科植物的果实是由两心皮组成的分果,成熟时悬挂于中央果柄上端的心皮柄上,又称双悬果。

⑥胞果(utricle) 是由合生心皮雌蕊形成的果实,具种子1枚,果实成熟时果皮薄而疏松地包围种子,极易与种子分离,如小藜、地肤等藜科植物的果实。

2. 聚合果(aggregate fruit)

是由一朵具有离心皮雌蕊的花发育而成的果实,许多小果聚生在花托上。聚合果根据小果本身性质的不同而分为多种:聚合瘦果(草莓),聚合核果(悬钩子),聚合蓇葖果(八角、芍药),聚合坚果(莲)等(图8-17)。

3. 聚花果(复果)(multiple fruits)

是由整个花序形成的果实。如桑葚是由一个葇荑花序发育而来的,其上着多数单性花,每朵花有4萼片,子房发育为小坚果,而萼片变为肉质多浆的结构,包围于小坚果之外。菠萝为肉质花轴,连同其上的多数子房和其苞片所共同形成的一个多浆的肉质果实。无花果则为盂状的花轴与轴上的各花组成(图8-18)。

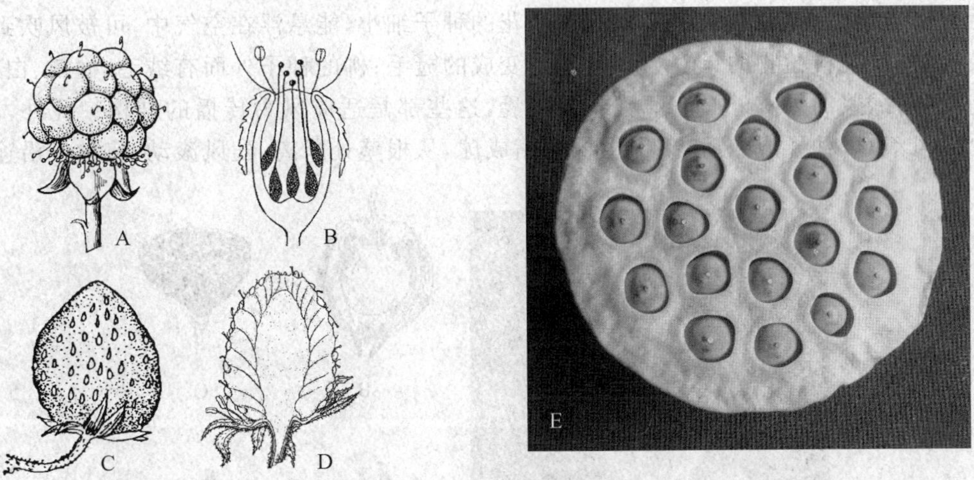

图 8-17　聚合果(胡金良摄)

A. 悬钩子的聚合核果;B. 月季的聚合瘦果;C、D. 草莓的聚合瘦果;E. 莲的聚合坚果

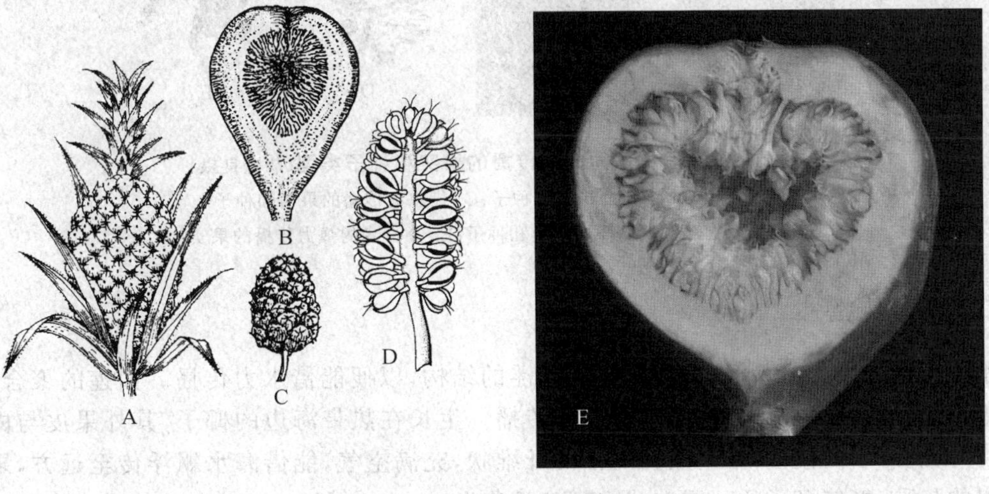

图 8-18　聚花果(胡金良、刘琳莉摄)

A. 菠萝;B、E. 无花果;C、D. 桑葚

第三节　果实和种子的传播

果实和种子成熟后就要传播到各种不同环境条件的地区,这样种群的一部分后代就能找到适合该种群生存的地区,以利于种族的繁衍和扩大种群分布范围。果实和种子的传播方式主要有借风力传播、借水力传播、借动物和人类活动传播以及借果实机械力传播等,在长期的进化过程中,成熟的果实和种子形成了适应各种不同传播媒介的形态特征(图8-19)。

一、风力传播

适应风力传播的果实和种子,它们的体积一般小而轻,果皮、种皮和花萼等部分常特化成翅或毛等适应风力传播的结构，如列当和兰花的种子细小，能悬浮在空气中，可被风吹到远方；蒲公英、莴苣等菊科植物的果实大多具萼片变成的冠毛；柳的种子外面有绒毛，榆树、白蜡树的果实有翅等；酸浆的果实外面有薄膜状的气囊，这些都是适应风力传播的结构。此外，草原和荒漠上的风滚草，种子成熟后，整个植株卷缩成球，从根茎处断离，随风滚动，将种子沿途散布。

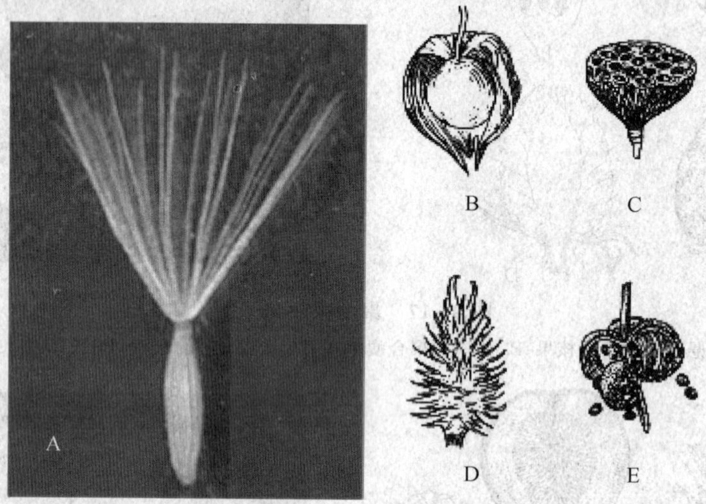

图 8-19 适应不同传媒传播的果实和种子类型(胡金良摄)

A、B. 借风力传播的果实和种子；C. 借水力传播的果实和种子；D. 借动物和人类传播的果实和种子；E. 靠自身的弹力传播的果实

二、水力传播

水生植物的果实或种子，多形成有利漂浮的结构，以便能借水力传播。如莲的聚合果，其倒圆锥形的花托，质地疏松，适于水面飘浮传播。生长在热带海边的椰子，其外果皮与内果皮坚实，可抵抗海水的侵蚀；中果皮为疏松的纤维状，充满空气，能借海水飘浮传至远方，果实内有液态的胚乳，能使椰子的种子在咸水环境下萌发。

三、人类和动物的活动传播

鬼针草、苍耳、山麻黄、窃衣等植物的果实生有刺、钩或黏毛等，当人或动物经过时，可黏附于衣服或动物的皮毛上，被携带至远处；有些植物的果实和种子具有坚硬的种皮或果皮，被鸟兽吞食，它们可以不受消化液的侵蚀，种子随粪便排出体外，传到各地。人类在食用果实的果肉后，将种子丢弃也可起到传播种子的作用。

四、果实弹力传播

有些植物果实成熟时，果皮收缩发生爆裂，借所产生的机械力将种子弹出而散播，如大豆、凤仙花等，这些植物种子的散布范围往往仅限于植株附近。

第四节　被子植物生活史

被子植物个体的生命活动是从上代个体产生的种子开始的，经过种子萌发形成幼苗，再经过一段时间的营养生长形成成熟植株，然后进行生殖生长，包括开花、传粉、受精，最终形成果实和种子。这种从上一代种子开始到新一代种子形成所经历的整个过程，称为被子植物的生活史(life cycle，life history)。植物的生活史，亦可称为植物的个体发育(图 8-20)。

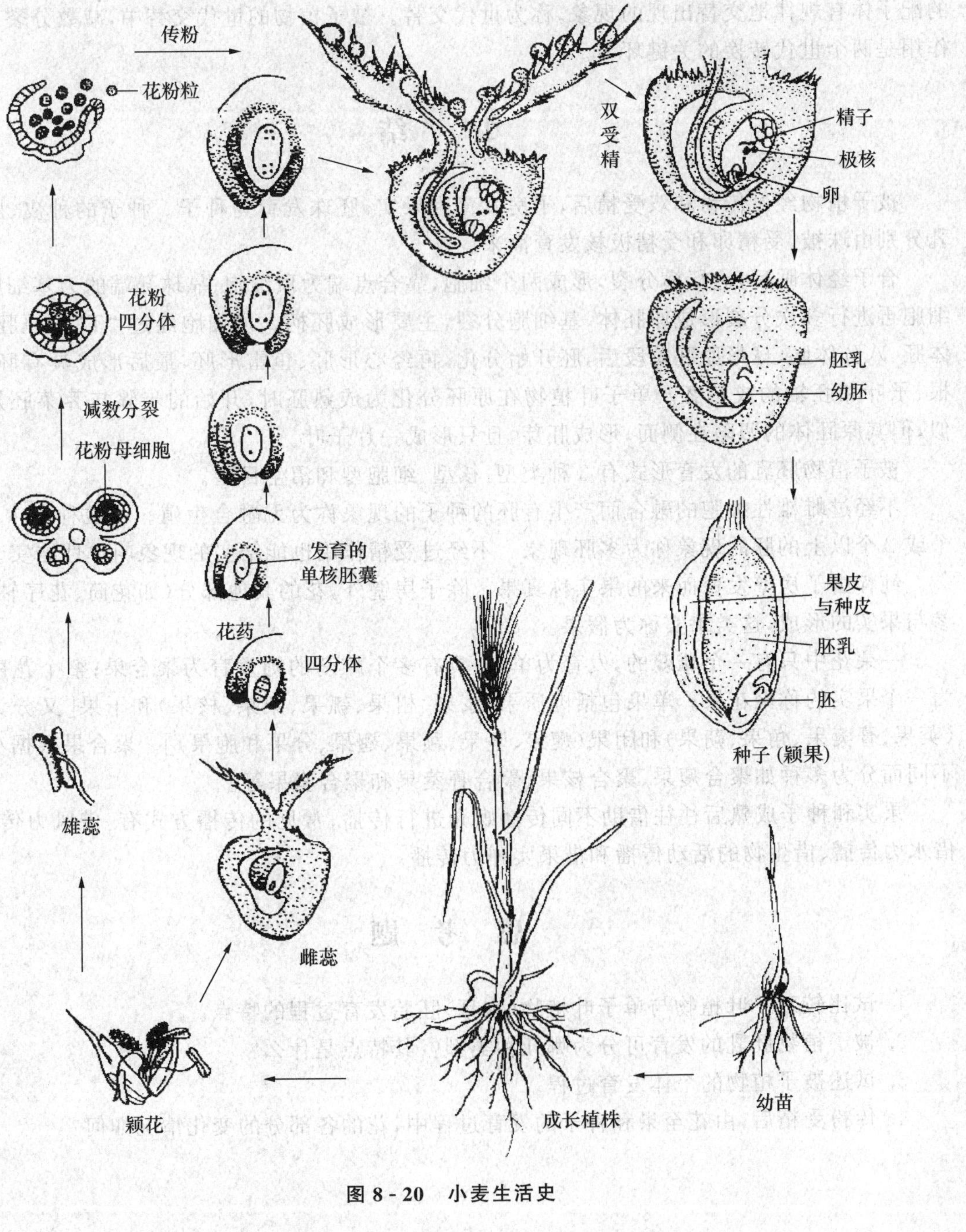

图 8-20　小麦生活史

被子植物要完成生活史，必须经历孢子体世代和配子体世代两个基本阶段。孢子体世代（二倍体阶段）从合子开始到胚囊母细胞和花粉母细胞减数分裂前为止，其细胞内染色体的数目是二倍的，这一阶段在被子植物的生活史中，占的时间很长。配子体世代（单倍体阶段）从减数分裂形成单核胚囊和单核花粉开始，到形成含卵细胞的成熟胚囊和含精子的成熟花粉粒或花粉管为止，这一阶段植物体各部分细胞染色体的数目是单倍的，此阶段在被子植物生活史中所占的时间很短，而且不能脱离孢子体生活。

被子植物的生活史中，产生孢子，进行无性生殖的孢子体世代和产生配子，进行有性生殖的配子体有规律地交替出现的现象，称为世代交替。被子植物的世代交替中，减数分裂和受精作用是两个世代转换的关键环节。

小 结

被子植物经过传粉和双受精后，子房发育为果实，胚珠发育为种子。种子的种皮、胚和胚乳分别由珠被、受精卵和受精极核发育而来。

合子经休眠后，进行横分裂，形成两个细胞，靠合点端为顶细胞；靠珠孔端的为基细胞。顶细胞再进行多次分裂形成原胚体，基细胞分裂，主要形成胚柄。顶细胞经过“T”形原胚、四分体胚、八分体胚、球形原胚阶段后，胚开始分化，再经心形胚、鱼雷形胚，最后形成具有胚芽、胚根、子叶和胚轴的成熟胚。单子叶植物在原胚分化为成熟胚时，开始的步骤与荠菜胚发育相似，但其原胚体的凹陷在侧面，形成胚芽，且只形成一片子叶。

被子植物胚乳的发育形式有 3 种类型：核型、细胞型和沼生目型。

不经过雌雄性细胞的融合而产生有胚的种子的现象称为无融合生殖。一粒种子中产生 2 个或 2 个以上的胚的现象称为多胚现象。不经过受精作用也能结实的现象叫单性结实。

纯粹由子房壁发育而来的果实称真果。除子房壁外，花的其他部分（如花筒、花序轴）也可参与果实的形成，这类果实称为假果。

一朵花中只有一个雌蕊的，发育为单果；具有多个雌蕊的则发育为聚合果；整个花序发育为一个果实的称聚花果。单果包括肉质果（浆果、柑果、瓠果、梨果、核果）和干果[又分为裂果（荚果、蓇葖果、角果、蒴果）和闭果（瘦果、坚果、颖果、翅果、分果和胞果）]。聚合果根据小果的不同而分为多种如聚合瘦果、聚合核果、聚合蓇葖果和聚合坚果等。

果实和种子成熟后往往借助不同传播媒介进行传播，常见的传播方式有：借风力传播者、借水力传播、借生物的活动传播和借果实弹力传播。

思 考 题

1. 试比较双子叶植物与单子叶植物（水稻）胚胎发育过程的特点。
2. 被子植物胚乳的发育可分为哪几种类型？其特点是什么？
3. 试述被子植物的个体发育过程。
4. 传粉受精后，由花至果和种子的发育过程中，花的各部分的变化情况如何？

第九章　植物界的基本类群

大约在距今 46 亿年前，地球形成。最初地球上并无生物，经过漫长的岁月，在距今 30 多亿年前，生命在地球上起源。此后，地球上的生物出现植物和动物等各种类型的分化，各类生物沿各自的演化趋势不断发展，形成了地球上丰富多彩的生物世界。多种多样的物种和各不相同的生存环境以及它们体内含有的繁多的遗传基因构成了生物多样性的 3 个方面。

生物多样性是人类社会生存和发展的基础，它为人类提供了一个美丽的家园和食物、能量、药物等各种资源。我国是生物多样性最丰富的国家之一，有着许多独特植物物种，珍稀特有的植物有银杏、银杉、水杉、金钱松、珙桐等。物种的多样性是生物多样性的重要内容之一，仅植物的种类就有近 50 万种，为了更好地利用和保护植物资源就必须对植物进行分类（classification）。

第一节　植物分类的基础知识

一、植物分类的方法

对植物进行分类的方法可以分为人为分类法和自然分类法两种。

人为分类法是指人们按照自己的目的和方便，选择植物少数易于识别的性状和特征来作为分类的标准，不考虑植物种间的亲缘关系和在系统发育中地位的分类方法。例如，我国明朝的李时珍（1518—1593）在所著《本草纲目》中，根据植物的外形、习性及用途将植物分为木、果、草、谷、菜五部，瑞典植物分类学家林奈（Carolus Linnaeus，1707—1778），把有花植物雄蕊的数目作为分类标准，分为一雄蕊纲、二雄蕊纲等。在现代，人们常依据植物的经济用途来分类，如药用植物、观赏植物、油料植物等，以上的分类均属于人为分类。

1859 年达尔文发表《物种起源》，揭示了生物的系统进化和物种间的演化和亲缘关系，自然分类法就是指根据植物进化过程中植物亲缘关系的亲疏远近作为分类的标准，力求客观地反映出生物界的亲缘关系和系统演化过程的分类方法。

随着科学的发展，现代的植物分类学已从以往偏重于植物营养器官和生殖器官外部形态特征为分类根据的经典分类学，进展到综合运用形态学、解剖学、细胞学、遗传学、生物化学、古生物学、植物地理学等多方面资料来揭示植物进化和物种间亲缘关系的实验分类学。另外，还有从血清学及蛋白质电泳的性状来研究植物的亲缘关系，甚至出现以数学统计方法作为分类手段的数量分类学。依据自然分类法建立起来的分类系统，称为自然分类系统（natural system）。

二、植物分类的各级单位

在自然分类系统中，分类学家根据生物之间亲缘关系的远近或相同、相异的程度，将植物逐级分类，任一等级的分类群称为分类单位（taxon）。植物分类的主要单位有界（regnum）、门（divisio 或 phylum）、纲（classis）、目（ordo）、科（familia）、属（genus）和种（species）。

各主要等级中间，必要时还可设立亚分类单位。

现以稻为例，说明它在植物分类上的各级单位。

界 植物界 Regnum vegetable

门 被子植物门 Angiospermae

纲 双子叶植物纲 Monocotyledoneae

目 禾本目 Graminales

科 禾本科 Gramineae

属 稻属 *Oryza*

种 稻 *Oryza sativa* L.

种是具有一定的自然分布区和一定的生理、形态特征的生物类群，种内可以自由地交配，产生可育后代。而种间个体则不能产生有生殖能力的后代，称为生殖隔离。种是生物分类的基本单位，种内个体组成一个遗传单位；由亲缘关系相似近，具有基本相同特征的种集合成属；同样，由具有一定共同特征的属组成了科，如此类推，科组成目，目组成了纲，纲组成了门。

根据需要，种以下还可以增设亚种、变种、变型等，品种不是植物自然分类系统的分类单位，而是属于栽培学上的变异类型。

三、植物的命名法则

同一种植物，不同国家、不同民族、不同地区的人们对其给出的名称也多种多样，造成了同物异名现象；另一方面，也有同名异物现象，例如甘薯[*Ipomoea datatas*(L.) Lam]，在我国不同地区又称红薯、番薯、地瓜、山芋等，而地瓜又常常是指豆科植物豆薯[*Pachyrrhizus erosus* (L.) Urban]。这些现象给科学研究和交流带来许多不便，因此，有必要给每一分类单位赋予一个世界各植物学家们统一使用的科学名称(scientific name)，即学名。1867 年 8 月在法国巴黎召开了第一届国际植物学会议，通过了第一个《国际植物命名法规》，该法规确定，物种采用林奈创立的双名法(binomial nomenclature)作为植物的命名方法，并统一用拉丁文写出。

双名命名规定，植物的学名由属名和种加词组成。属名在前，种加词在后。种加词后面必须写上首次合格发表该名称著者的姓氏，其第一个字母要大写，如果定名人的姓氏太长可以缩写。属名为该属的名称，是名词，它的第一个字母要大写。种加词多为形容词，第一个字母一律小写，如桃的学名是 *Prunus persica* (L.) Batsch.

种以下单位的名称采用三名法，即在双名之后加上亚种名或变种名等，如蟠桃是桃的变种，其名称为 *Prunus persica*(L.) Batsch var *compressa Bean*.，也就是属名＋种加词＋变种加词。

界、门、纲、目、科、属等种以上单位的名称由单个拉丁词组成，通常由该单位的明显特征或某种属的名称加特定的后缀而来。

四、植物分类检索表的编制和使用

植物检索表是植物分类学中识别鉴定植物不可缺少的工具。将特征不同的植物，用对比的方法，逐步排列，进行分类，这是法国拉马克(Lamarch)常用的二歧分类法。根据二歧分类法，可制成植物分类检索表。

最常用的检索表是定距检索表，在这种检索表中，相对立的特征被编为同样号码，且在书页左边同样距离处开始描写，如此继续下去，描写行越来越短，直至追寻到科、属或种的学名为止。它的优点是将相对性质的特征都排列在同样距离，一目了然，便于应用，例如，各类群植物检索表如下：

1. 植物体无根、茎、叶分化，不产生胚
　2. 植物体不为藻、菌共生体
　　3. 有叶绿素，自养植物……………藻类(Algae)
　　3. 无叶绿素，异养植物……………菌类(Fungi)
　2. 植物体为藻、菌共生体……………地衣门(Lichenes)
1. 植物体有根、茎、叶分化，产生胚
　4. 有茎、叶分化，无真正根………………………………苔藓植物门(Bryophyta)
　4. 有茎、叶分化，并出现真正根
　　5. 不产生种子，用孢子繁殖…………………………蕨类植物门(Pteridophyta)
　　5. 产生种子，用种子繁殖
　　　6. 种子或胚珠裸露………………………………………裸子植物门(Gymnospermae)
　　　6. 种子或胚珠包被在果皮或子房中……………被子植物门(Angiospermae)

第二节　植物基本类群概述

植物在长期演化过程中，出现了形态结构、生活习性等方面的差别。根据植物形态结构、生活习性和亲缘关系等，通常将植物界分为：藻类植物、菌类植物、地衣植物、苔藓植物、蕨类植物、种子植物等类型。现将植物界的基本类群列表如下：

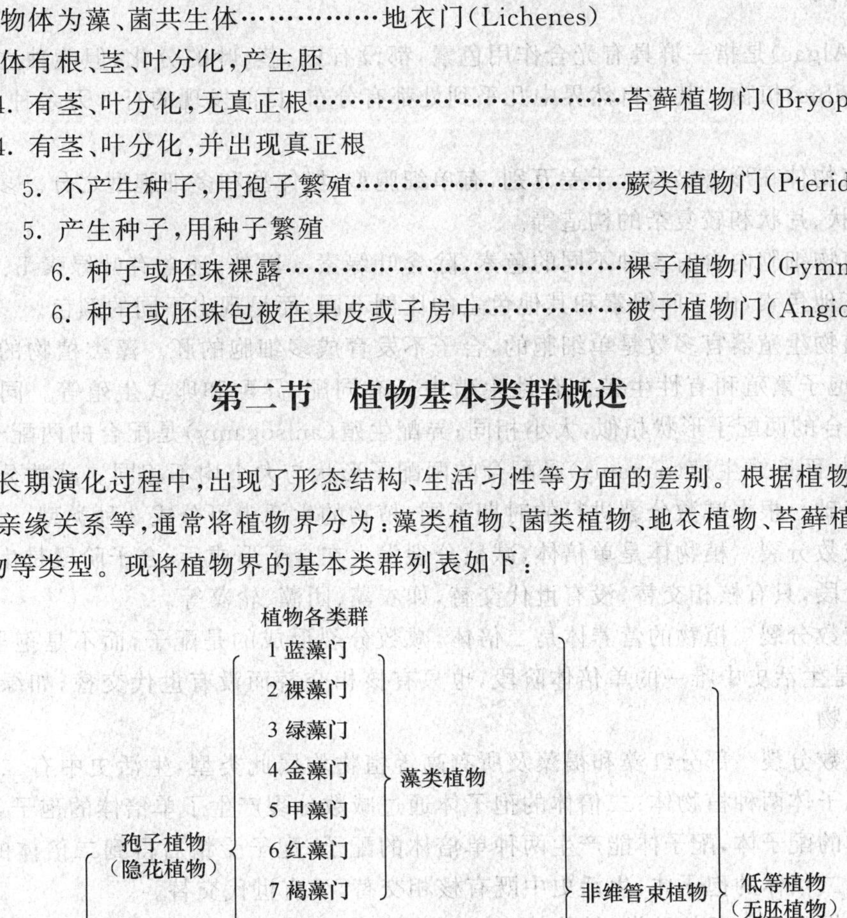

第三节 低等植物

低等植物(lower plants)无根、茎、叶分化，多为水生，它们的生殖器官单细胞，有性生殖过程中合子不产生胚而直接萌发成新的植物体，故又称为无胚植物(nonembyophyte)。低等植物可分为藻类、菌类和地衣三大类。

一、藻类

藻类(Algae)是指一群具有光合作用色素，都没有根、茎、叶的分化，但能独立生活的自养原植体(thallus)植物。其在自然界中几乎到处都有分布，目前发现的有3万余种，绝大多数生活在水中。

藻类植物体在形态结构上千差万别，有单细胞型、群体型和多细胞型之分。多细胞的种类中，又有丝状、片状和较复杂的构造等。

藻类植物细胞内含有多种不同的色素，除含叶绿素a以外，还含有叶绿素b、叶绿素c、叶绿素d和其他色素，由于叶绿素和其他色素的比例不同，而呈现出不同的颜色。

藻类植物生殖器官多数是单细胞的，合子不发育成多细胞的胚。藻类植物的繁殖方式有营养繁殖、孢子繁殖和有性生殖。有性生殖中又有同配、异配和卵式生殖等。同配生殖(isogamy)为配合的两配子形状相似，大小相同；异配生殖(anisogamy)是配合的两配子形状相似，但大小不同；而卵式生殖(oogamy)是配合的两配子形状与大小均不相同。减数分裂是产生有性生殖的基础。根据减数分裂进行的时期不同，植物的生活史可分成3种类型。

合子减数分裂 植物体是单倍体，减数分裂发生在合子形成后，合子阶段是生活史中唯一的二倍体阶段，只有核相交替，没有世代交替，如衣藻、团藻、轮藻等。

配子减数分裂 植物的营养体是二倍体，减数分裂形成的是配子，而不是孢子，无配子体阶段，配子是生活史中唯一的单倍体阶段，也只有核相交替而没有世代交替，如绿藻门和褐藻门的部分植物。

孢子减数分裂 部分红藻和褐藻及所有高等植物均属此类型，生活史中有二倍的孢子体和单倍的配子体两种植物体；二倍体的孢子体通过减数分裂产生了单倍体的孢子，并由孢子发育成单倍体的配子体，配子体能产生两种单倍体的配子，配子受精后得到二倍体的合子，并由合子发育成二倍体的孢子体，生活史中既有核相交替，又有世代交替。

一般根据所含色素的种类、植物体细胞结构、贮藏的养料、生殖的方式等不同，把藻类分为不同的类群，现主要介绍蓝藻门、绿藻门、金藻门、红藻门、褐藻门等类群。

(一)蓝藻门

蓝藻(Cyanophyta)也叫蓝绿藻(blue-green algae)，20世纪70年代以来又常称为蓝细菌。蓝藻是地球上最原始、最古老、最简单的绿色自养植物，主要是生活在淡水中，海水中也有分布。

1. 主要特征

蓝藻缺乏真正的细胞核结构，是一类原核生物(protaryote)。蓝藻细胞内的原生质体分为中央质和周质两部分。中央质又称为中央体，无色透明，没有核膜和核仁，有遗传物质，即裸露的环状DNA分子，其功能相当于细胞核，故中央质也称为原核。周质中没有载色体(chromatophore)，有光合片层，含有叶绿素a、藻蓝素，故植物体呈蓝绿色。有的还含有大量的藻红素

(phycoerythrin),可使海水变红,如红颤藻。蓝藻光合作用的产物为蓝藻淀粉和蓝藻颗粒体。周质中有气泡,充满气体,是适应于浮游生活的一种结构。蓝藻细胞壁分两层,内层薄,由纤维素构成,外层主要是由果胶质组成的胶质鞘,胶质鞘中还含有非光合作用的色素。

蓝藻植物体有单细胞的、群体和丝状体的。在一些蓝藻的藻丝体上常含有特殊细胞,叫异形胞。异形胞由营养细胞特化形成,一般比营养细胞大,细胞壁厚,细胞内的贮藏颗粒溶解,光合作用片层破碎。异形胞内含固氮酶,可固定大气中的氮。

蓝藻只有以细胞直接分裂的方式行营养繁殖和无性繁殖,而不具有性生殖,因此也称为裂殖植物(schizophyta)。群体和丝状体的种类常形成藻殖段(hormogonium)。藻殖段是丝状体中死细胞,或异形胞,或隔离盘将藻体分割形成,也可以是由于机械损伤造成丝状体断离的一小段。营养繁殖为藻殖段脱离母体后发育为新个体。无性生殖产生孢子,其中厚壁孢子(akinete)是藻体内的营养细胞体积增大,细胞壁加厚,积蓄营养物质而形成的。它可长期休眠,度过不良环境期,待环境适宜时萌发,形成新个体。有些种类产生外生孢子(exospore)和内生孢子(endospore)进行无性繁殖。

2. 代表植物

蓝藻约有 150 属,2 000 种(图 9-1)。

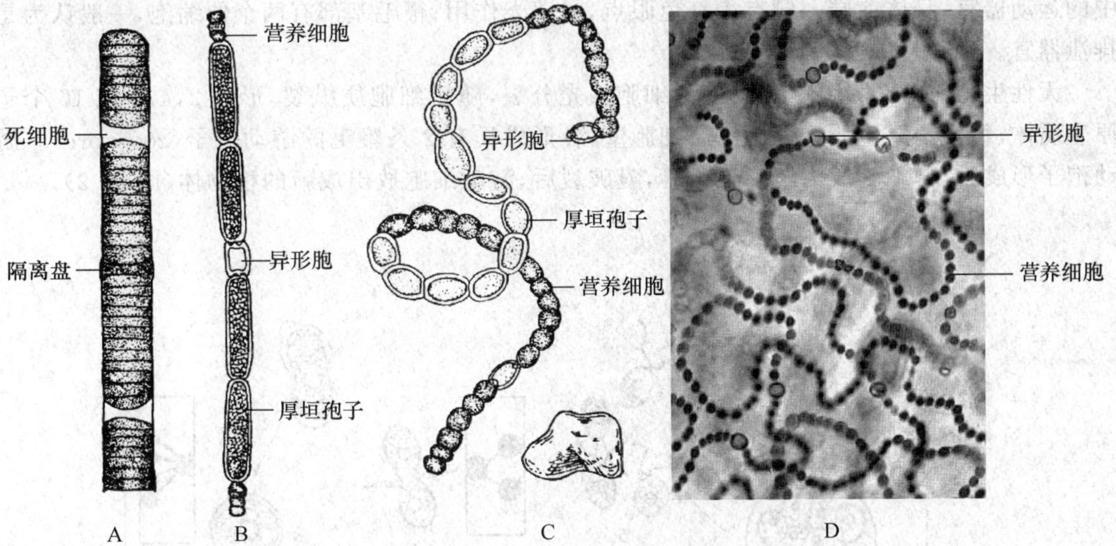

图 9-1　蓝藻门(Cyanophyta)代表植物(胡金良摄)

A. 颤藻属(*Oscillatoria*);B. 鱼腥藻属(*Anabaena*);C、D. 念珠藻属(*Nostoc*)

(1)颤藻属(*Oscillatoria*)分布广泛,尤其生于湿地或浅水中最多。植物体是一列细胞组成的丝状体,常丛生。丝状体能前后运动,或左右摆动,故称颤藻。以藻殖段进行繁殖。

(2)念珠藻属(*Nostoc*)生活于淡水中、潮湿土壤上或石上。植物体是一列细胞组成不分枝的丝状体。常无规则地集中在一个公共的胶质鞘中,细胞圆形,排成一行如念珠状。丝状体有个体胶质鞘,或无,异形胞壁厚,以藻殖段进行繁殖。丝状体上有时有厚壁孢子。

(二)绿藻门

1. 主要特征

绿藻门(Chlorophyta)植物体形态多种多样,有单细胞、群体、丝状体和叶状体。多数种类的孢子或配子以及少数种类营养细胞具 2 或 4 条顶生等长鞭毛。细胞壁的主要成分是纤维素，原生质体分化出细胞核、细胞质以及叶绿体等各种细胞器。叶绿体的形状和数目随种类而异，所含的色素与高等植物一样，含有叶绿素 a、叶绿素 b、叶黄素和胡萝卜素。在叶绿体中具有一至几个蛋白核(淀粉核)，光合作用产物是淀粉，多贮于蛋白核中的淀粉鞘中。

繁殖方式有营养繁殖、无性繁殖和有性生殖。绿藻的营养繁殖除细胞分裂和藻体断裂外，单细胞种类可形成胶群体。无性生殖可产生游动孢子和不动孢子。有性生殖除同配、异配和卵式三种生殖外，还有接合生殖。

由于所含色素、贮藏的养分、细胞壁的成分、鞭毛的类型等和高等植物相似，所以人们认为高等植物起源于绿藻。

2. 代表植物

绿藻是藻类中的最大一门，约 350 属，5 000～8 000 种。淡水种类约占 90%，海水种类约占 10%。

(1)衣藻属(*Chlamydomonas*) 是一种极普通的淡水绿藻，通常生活在有机质丰富的水体中。植物体是单细胞的，呈卵形或梨形；细胞含有纤维素的细胞壁；细胞中有一个杯状的载色体，基部有一个明显的蛋白核；细胞中央有一个细胞核；体前端有两条顶生鞭毛，是衣藻在水中的运动器官；身体前端一侧有个红色眼点，具感光作用；鞭毛基部有两个伸缩泡，一般认为是排泄器官。

无性生殖时，营养细胞失去鞭毛，细胞核先分裂，随后细胞质纵裂，形成 2,4,8 或 16 个子原生质体，每个子原生质体分泌一层细胞壁，各形成具有 2 条鞭毛的游动孢子(zoospore)。游动孢子形成后，母细胞成为游动孢子囊，囊破裂后，游动细胞放出成新的植物体(图 9－2)。

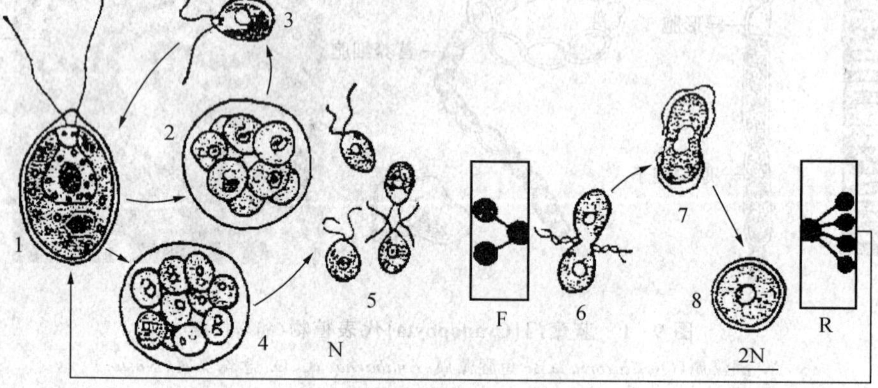

图 9－2 衣藻属(*Chlamydomonas*)的生活史

1. 植物体；2. 游动孢子囊；3. 游动孢子；4. 配子囊；5. 配子；6～7. 配子结合；8. 合子

(N. 单倍体，2 N. 2 倍体；F. 受精；R. 减数分裂)

有性生殖为同配或异配，少为卵式生殖。配子(gamete)的形成和形状与游动孢子相似，一般为 8、16、32 个，体形较小，有 2 条鞭毛；配子结合成为具有 4 条鞭毛的合子，再形成厚壁的合子，经减数分裂，产生 4 个游动孢子；合子破裂后，游动孢子散出，各形成新的衣藻个体。

(2)实球藻属(*Pandorina*) 这是由 4、8、16、32 个细胞所组成的球形群体，藻体外有胶质鞘，群体中每个细胞的形态与功能均一样。细胞梨形，大的一端向外，细胞结构与衣藻相似。

无性生殖时，胶质包被膨胀软化，母体内细胞同时分裂，各形成一个新的子群体，暂存在母体内部，以后随母体破裂而散于水中，形成新的实球藻。

有性生殖通常为异配。合子形成后进行减数分裂，然后分化形成大型游动孢子释放出来，经过细胞连续分裂数次，达到一定数目后便形成新的群体。

(3)团藻属(*Volvox*)　植物体为数百或上万个衣藻型细胞组成的空心定型群体，细胞排列在球体表面，各细胞间有原生质丝相连(图 9-3)。在团藻中营养细胞和生殖细胞已有了明显的分化，生殖细胞没有鞭毛，比普通营养细胞大十多倍。无性生殖时，由一部分生殖胞进行多次分裂形成小球体，后来，小球体随母体破裂而逸出，发育成新个体(图 9-4)。团藻的有性生殖为卵式生殖；卵囊内有大型的卵细胞，精囊内有大量精子，精子在水中游动到卵囊，与卵结合形成合子。合子待母体死亡腐烂后放出，在环境条件适宜时进行减数分裂，再萌发形成新个体。

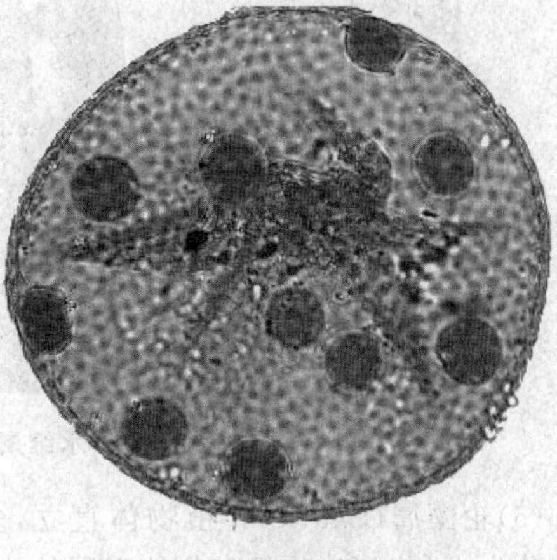

图 9-3　团藻(胡金良摄)

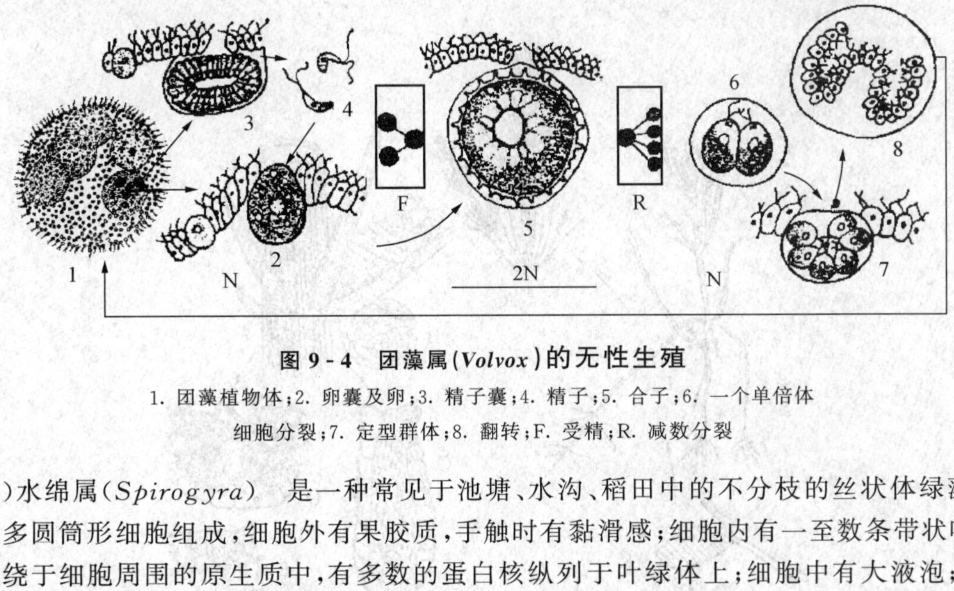

图 9-4　团藻属(*Volvox*)的无性生殖

1. 团藻植物体；2. 卵囊及卵；3. 精子囊；4. 精子；5. 合子；6. 一个单倍体细胞分裂；7. 定型群体；8. 翻转；F. 受精；R. 减数分裂

(4)水绵属(*Spirogyra*)　是一种常见于池塘、水沟、稻田中的不分枝的丝状体绿藻，植物体由许多圆筒形细胞组成，细胞外有果胶质，手触时有黏滑感；细胞内有一至数条带状叶绿体，螺旋状绕于细胞周围的原生质中，有多数的蛋白核纵列于叶绿体上；细胞中有大液泡；细胞核位于细胞中央，被浓厚的原生质包围着；核周围的原生质与细胞腔周围的原生质之间，有原生质丝相连。水绵以细胞分裂和丝状体的断裂进行营养繁殖，有性生殖为接合生殖(conjugation)(图 9-5)。

接合生殖多发生在春季或秋季，接合时两条丝状体平行靠近，在两细胞相对的一侧相互发生突起，并渐伸长而接触，接触处壁消失，连接成接合管。两边细胞中的原生质体收缩形成没有鞭毛的配子；一条丝状体中的配子经接合管进入另一丝体相对细胞中，形成合子。合子待丝体细胞腐烂后沉入水底，休眠后进行减数分裂形成 4 核，其中 3 个退化，一个发育成新的丝状体。两条接合的丝状体和它们所形成的接合管，外观呈梯形，故称梯形接合。

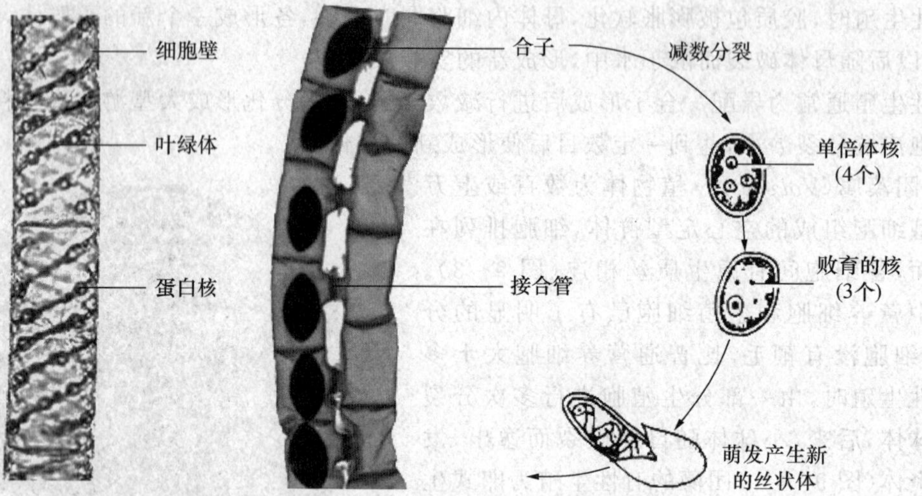

图 9-5 水绵属的细胞结构(左)和生活史(右)

(5)轮藻属(*Chara*) 植物体直立,多分枝;以单列细胞分枝的假根固着在水底淤泥中。主枝分化成“节”和“节间”,节的四周轮生有一轮分枝,“叶”轮生在分枝或主枝上。主枝顶端都有一个半球形顶端细胞,植物的生长即是由顶端细胞不断分裂形成的(图 9-6)。

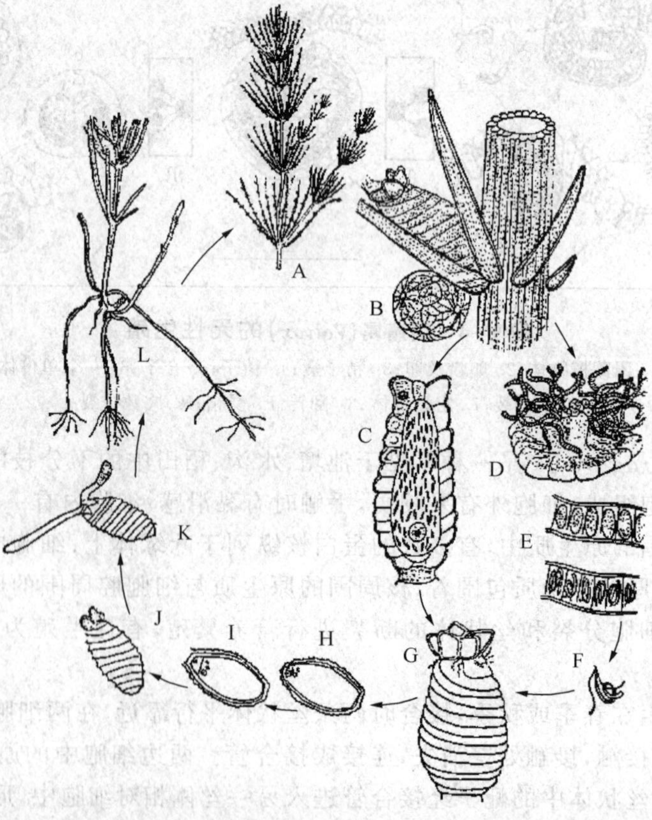

图 9-6 轮藻属(*Chara*)形态结构和生活史

A. 植物体的一部分;B. 短枝的一部分;C. 卵囊纵切;D. 盾细胞及精囊丝;E. 精囊丝的一部分及内部精子;F. 精子;G. 受精;H~K. 合子萌发;L. 幼植物体

轮藻以藻体断裂或基部形成“珠芽”的方式进行营养繁殖，有性生殖是卵式生殖。轮藻的雌性生殖器官叫卵囊球(nucule)，生于“叶腋”上方；雄性生殖器官叫精囊球(globule)，生于“叶腋”下方，精子成熟后被释放到水中，以后从裂缝进入卵囊与卵结合形成合子；合子休眠后进行减数分裂形成四个子核，3 核退化，1 核发育成原丝体，在原丝体上长出数个新植株。

(三)金藻门

1. 主要特征

金藻门(Chrysophta)植物大部分是单细胞，少部分为群体，细胞壁通常由二瓣套合而成。很多种类在营养时期具有鞭毛，生活史中没有世代交替现象。色素体中含叶绿素 a、叶绿素 c 和大量的胡萝卜素与叶黄素。由于黄色色素占优势，所以藻体常呈黄绿色或金褐色，贮存养料主要为金藻淀粉。

2. 代表植物

本门有 6 000 多种。生于淡水和海水。常见植物有羽纹硅藻属(*Pinnularia*)。

植物体是单细胞，营养细胞不具有鞭毛，但有些种类的精子具有 1 条或 2 条鞭毛；细胞壁的成分是果胶与硅质，由两个半片套合而成，盒的上壳瓣(epitheca)有花纹，里面的为下壳瓣(hypotheca)，正面称为瓣面(valve view)，侧面称为环面(girdle view)；因而壳瓣的套合处似一条环绕带，也称环带(girdle band)(图 9-7)，硅藻的原生质体就装于盒中。光合色素为叶绿素 a、叶绿素 c，还含有较多的墨角黄素、硅藻黄素等褐色素，色素体多呈黄褐色；贮藏的物质是金藻昆布糖和油。

繁殖方式主要为细胞分裂。分裂时原生质体纵裂为二。上下壳分开，然后在其内侧各自形成另一个较小的瓣壳。经过多次分裂后，逐渐变小。当细胞缩小到一定程度时，即可通过有性生殖产生复大孢子，将细胞的体积恢复到该种细胞的正常大小。

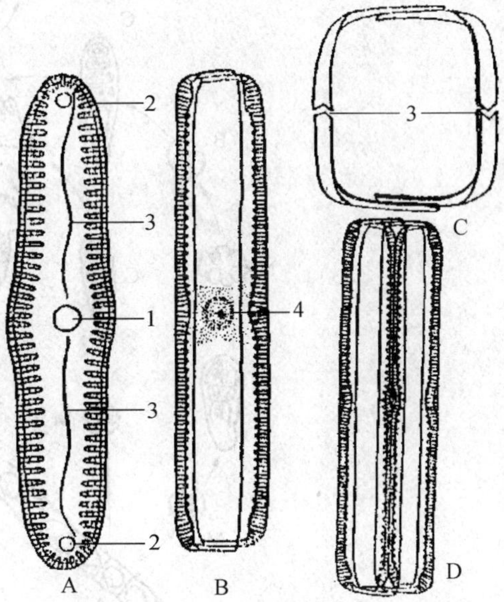

图 9-7　羽纹硅藻属(*Pinnularia*)

A. 瓣面；B. 环面；C. 通过脊所作的横切面；D. 细胞分裂时在两瓣之内各生一新瓣

(四)红藻门

1. 主要特征

红藻门(Rhodophyta)的种类很多，主要产于温带海洋。除少数种类外，植物体多数是多细胞的；藻体为丝状体、叶状体或枝状体，固着于岩石等物体上；细胞壁由纤维层和果胶组成；色素体中含叶绿素 a、叶绿素 d、胡萝卜素和叶黄素和水溶性的藻胆素，植物体常为红色或紫红色；贮藏物是红藻淀粉(floridean starch)；红藻多数种类有明显世代交替，生活史中不出现游动性细胞。无性生殖产生不动孢子，有单孢子(monospore)果孢子、壳孢子和四分孢子(tetraspore)等；有性生殖是卵式生殖，精子无鞭毛。红藻门约有 500 属，近 4 000 种。

2. 代表植物

紫菜属(*Porphyra*)植物体是叶状体，形态变化大，边缘有皱褶，以固着器固着于海滩岩石上。藻体薄，紫红色，单层细胞或两层细胞，细胞单核，一枚星状载色体，中央有一蛋白核。紫菜属的生活史(甘紫菜)：在晚秋或初冬，由无性生殖产生壳孢子或单孢子，萌发形成叶状体；次年春天时，在叶状体上产生精子囊和果胞(carpogonium)，果胞是由一个普通营养细胞稍加变态形成的，一端稍隆起，伸出藻体胶质的表面，即受精丝(trichogyne)，果胞内有一个卵；成熟精子随水流漂到受精丝上，进入果胞与卵结合，形成二倍体的合子；合子经减数分裂和普通分裂，产生果孢子(carpospore)。果孢子成熟后，落到软体动物的壳上，萌发进入壳内，长成单列分枝的丝状体，然后产生壳孢子，由壳孢子萌发为夏季小紫菜；晚秋时，小紫菜产生单孢子，由单孢子萌发为大型紫菜(图 9-8)。

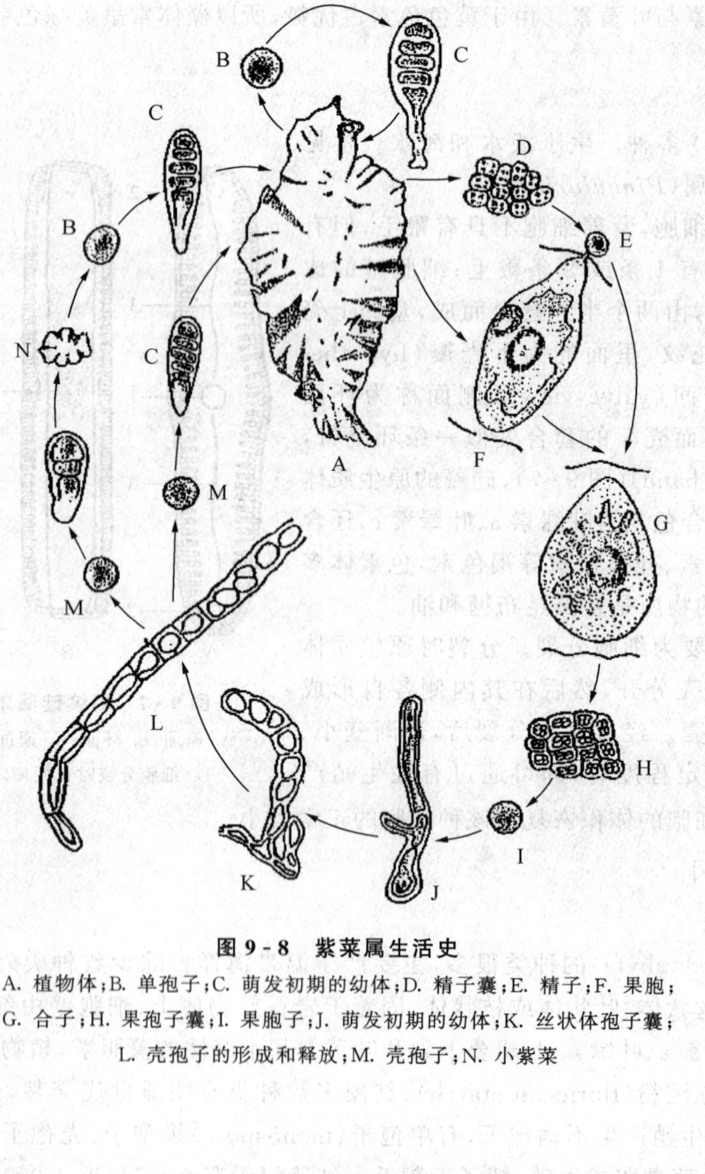

图 9-8 紫菜属生活史

A. 植物体；B. 单孢子；C. 萌发初期的幼体；D. 精子囊；E. 精子；F. 果胞；G. 合子；H. 果孢子囊；I. 果胞子；J. 萌发初期的幼体；K. 丝状体孢子囊；L. 壳孢子的形成和释放；M. 壳孢子；N. 小紫菜

(五)褐藻门

1. 主要特征

褐藻门(Phaeophyta)多生活在海水中，是藻类植物中形体最大，构造最复杂的一类。色素体中含有叶绿素 a、叶绿素 c 及胡萝卜素和叶黄素，由于胡萝卜素和叶黄素的含量超过叶绿素，使藻体呈褐色；细胞壁中除含纤维素外，还有大量的藻胶；光合作用主要产物是褐藻淀粉（褐藻糖）和甘露醇。褐藻的繁殖方式也分为营养繁殖、无性生殖和有性生殖三种。营养繁殖可由断裂方式进行；无性生殖产生游动孢子和不动孢子；有性生殖产生同配、异配和卵式。褐藻的游动孢子和配子一般具侧生的两不等长鞭毛。除少数种类外，生活史中具有明显的世代交替，孢子体发达。

2. 代表植物

褐藻门约有 250 属，1 500 种。

海带（*Laminaria japonica* Aresch.）大多分布在北方温度较低的浅海中。在生活史中不但出现明显的世代交替，而且孢子体发达，明显分为带片、柄和固着器三部分。基部为根状的固着器附着在岩石上，中部是一个圆柱形的柄，上部为一长形扁平的带片，为可食用的部分；在柄和带片的连接处有居间分生组织，其活动使植物体得以增长。

约在晚夏或早秋，海带繁殖时在带片的两面产生孢子囊，囊内经减数分裂产生许多游动孢子，游动孢子从囊内放出后，遇到合适环境萌发成雌或雄配子体。雄配子体细长，分枝多，枝端细胞形成精子囊，1 个精子囊产生 1 个精子；雌配子体粗短，由一至数个细胞组成，顶细胞发生卵囊，其中产生 1 个卵。精子从精子囊内放出后随水漂流至卵囊与卵细胞受精形成，合子不经休眠萌发成孢子体，即海带植物体（图 9-9）。

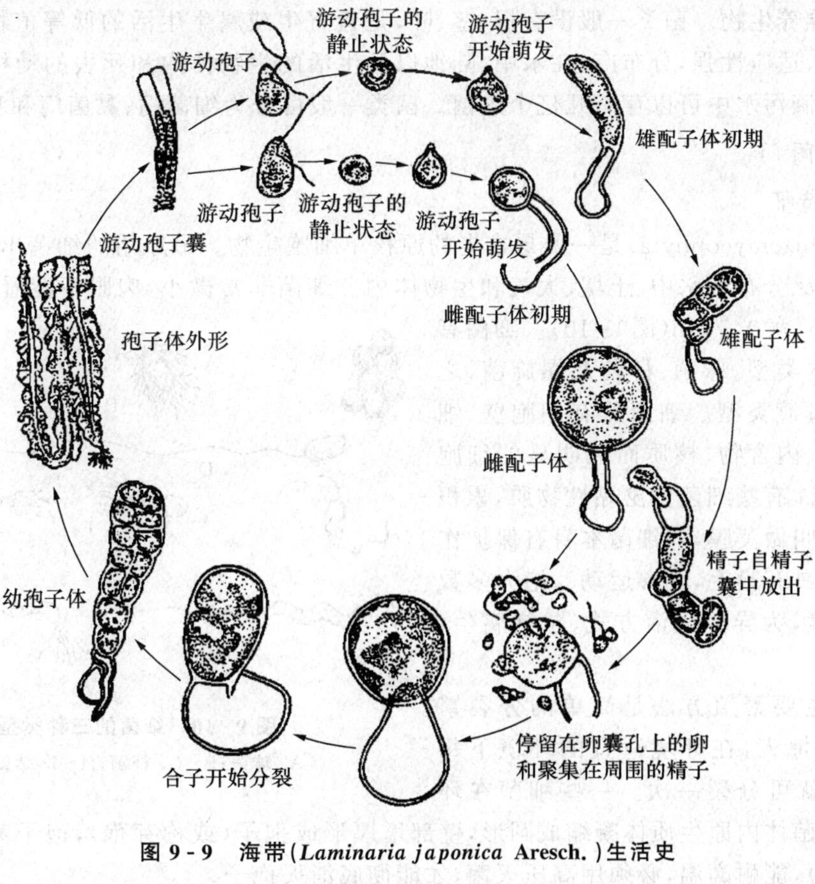

图 9-9　海带（*Laminaria japonica* Aresch.）生活史

（六）藻类植物的经济利用

食用蓝藻门的地木耳（*Nostoc commue* Vauch）、发菜（*N. fllogelligorme* Bom. et Flah）、绿藻中的石莼（海白菜）、浒台[*Enteromorpha prolifera* (Muller) J. Ag.]、紫菜、石花菜（*Gelidium amansii* La mx）、海带、昆布（*Ecklonia kurome* Okam.）、裙带菜[*Undaria pinnatifida* (Harv) Suringar]等是著名的蔬菜。海带中碘含量为干重的0.08%～0.78%，对预防和治疗甲状腺肿，有特别疗效。

工业利用　念珠藻、鱼腥藻的一些种能固氮增加土壤肥力。金藻门中的古代硅藻大量沉积为硅藻土，可作为现代工业的重要原料，也可作硫酸工业催化剂载体、建筑磨光材料、工业用过滤剂、吸附剂和保温材料，以及用于造纸、橡胶、火漆和涂料等的填充剂；地质古生物学方面还可利用硅藻化石作为研究地史、古地理、古气候的材料和勘探石油的重要证据。从红藻中提取的琼胶和卡拉胶用于纺织工业做浆料，造纸工业的粘胶剂。从褐藻中得到的主要成分是藻胶酸和甘露醇，藻胶酸可用做纺织染料、皮革和布匹的光泽剂，制造人造纤维，食品工业的稳定剂。

二、菌类

菌类（Fungi）不是一个反映自然亲缘关系的类群，通常是指细胞内不具叶绿素，不能进行光合作用的异养生物。菌类一般没有根、茎、叶，是营寄生或腐生生活的低等植物。菌类结构简单，繁殖快，适应性强，分布广，在水中、陆地以及生活的生物体内和死去的动植物尸体上均有其分布，一滴污水中可以存有几亿个细菌。菌类一般可分为细菌门、黏菌门和真菌门。

（一）细菌门

1. 主要特征

细菌（Schizomycophyta）是一类最古老的原核单细胞生物。最原始的细菌出现在30多亿年前，细菌广泛分布于水中、土壤、大气和生物体内。细菌非常微小，肉眼不能看见，如杆菌一般长2～3 μm，宽0.5 μm（图9-10）。细菌有三种主要基本类型：球菌、杆菌及螺旋菌，之间还有许多过渡类型。细菌具有细胞壁、细胞膜、细胞质、内含物、核质而无明显的细胞核（图9-11）。有些细菌分泌黏性物质，累积在细胞壁外，叫做荚膜，对细菌本身有保护作用；有的细菌具有鞭毛，能够运动。绝大多数细菌不含色素，为异养生活方式，包括腐生、寄生和共生。

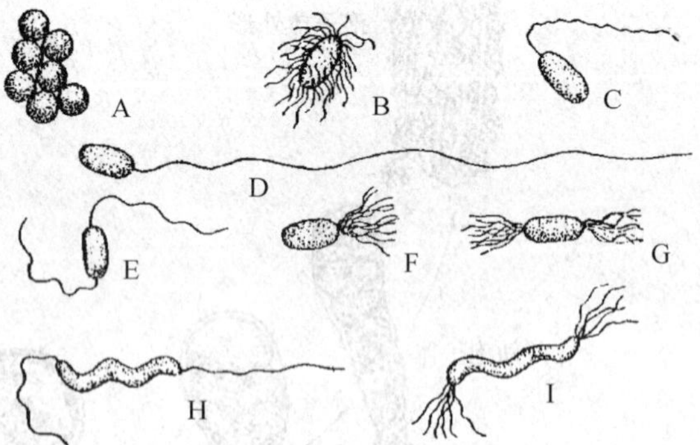

图9-10　细菌的三种类型
A. 球菌；B～G. 杆菌；H～I. 螺旋菌

细菌的主要繁殖方法是简单的分裂繁殖，繁殖能力惊人，在环境适宜的环境下每20～30 min就可分裂一次。一些细菌在环境不适宜时，菌体内原生质体凝缩成圆形，壁部增厚形成孢子（或称芽孢），孢子对外界环境有很强的抵抗力，能耐高温，必须用高压灭菌，才能彻底消灭孢子。

现已知细菌约90 000种，其中的一些种类对人类健康造成伤害，人类的伤寒、霍乱、肺炎、结核等疾病的病原菌都是细菌。

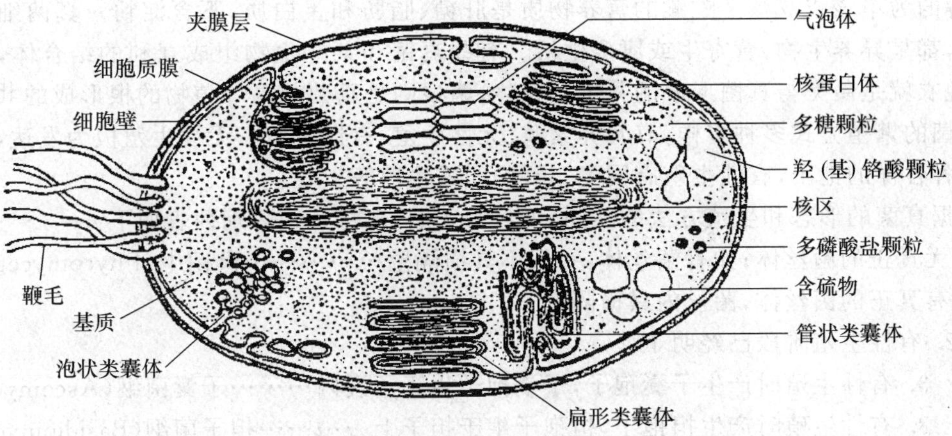

图 9-11　细菌的细胞结构

放线菌(Actinomycetes)是细菌的高级类型。细胞杆状，菌体呈简单的丝状分枝。放线菌本身分解有机物的能力很强，参加土壤有机物质的转化作用，提高土壤肥力。放线菌还能产生抗菌物质，如以小金色放线菌提出的抗菌素，对防治稻瘟病有良好效果。从放线菌中提取的链霉素、金霉素、土霉素等数十种抗菌素，都是和人畜病害作斗争的有力武器。

2. 细菌在自然界中的作用及经济意义

细菌在工业上的应用有重要的价值，例如，利用专门在油田地区生长的细菌进行石油勘探；利用城市污水中的细菌分解有毒物质使其变为污泥肥料；我们日常食用的酱油、醋、泡菜和酸菜以及乙醇、丙酮和醋酸等工业产品，都是利用细菌制成的；冶金、造纸、制革等工业也都和细菌的活动分不开的。细菌在生态系统的物质循环中起重要作用，根瘤菌固氮推动氮循环；多数种类与真菌联合分解有机废物推动碳、氢、氧的循环等。

(二)黏菌门

主要特征　黏菌(Myxomycophyta)是介于动物和植物之间的生物。营养体为裸露的无细胞壁多核的原生质团，无叶绿素，能作变形虫式运动，围食固体食物，这种摄食方式与动物相似。但黏菌在繁殖时期产生孢子，孢子有纤维素的壁，这是植物的性状。

黏菌大多数为腐生，生于潮湿的环境里。但有少数寄生，使植物发生病害，例如，白菜、芥菜、甘蓝根部组织受黏菌寄生，根部膨胀，植物生长不良，甚至死亡。

黏菌约有 500 种。其中发网菌属(*Stemonitis*)是最常见的黏菌，腐生于落叶、朽木上。

(三)真菌门

主要特征　真菌(Eumycophyta)是一类异养真核生物，分布极广，陆地、水、大气、土壤以及动植物体内外均有分布，尤其以土壤中最多。真菌种类很多，据统计有 10 000 多属，120 000余种，但实际到底有多少种，目前仍不清楚。

大多数真菌是多数细胞的，仅少数原始种类是单细胞的，如酵母菌。植物体由分枝或不分枝、有隔或无隔的丝体组成，每一条丝叫菌丝，一个植物体的所有菌丝叫菌丝体。许多高等真菌的菌丝体在生殖时形成各种各样产生孢子的特殊结构，如伞形、球形、盘形等，称为子实体(sporophore)。

真菌大多具有细胞壁，壁中含几丁质，但也有含纤维素的。细胞内都有细胞核，低等的多核，高等的为单核或双核。贮藏的营养物质是肝糖、脂肪和蛋白质，不含淀粉。真菌细胞内无叶绿素，都是异养生物，营寄生或腐生生活。有些真菌和某些生物组成互利的结合体，营共生生活，地衣就是藻类与真菌形成的共生复合体，菌根则是真菌与高等植物的根形成的共生体。

真菌的繁殖方式多种多样，有营养繁殖、无性生殖、有性生殖。无性生殖极为发达，繁殖时产生各种各样的孢子，有性生殖有同配、异配、卵式生殖等。

根据真菌的形态和生殖方法的不同，可分为 4 纲，现将各纲区别列表如下：

1. 无真正的菌丝体；如有菌丝体，一般不具横隔壁……………藻菌纲（Phycomycetes）
1. 有真正的菌丝体，菌丝内具横隔壁。
  2. 有性生殖阶段已经明了。
    3. 有性生殖时产生子囊孢子，子囊孢子生于子囊内………子囊菌纲（Ascomycetes）
    3. 有性生殖时产生担孢子，担孢子生于担子上…………担子菌纲（Basidiomycetes）
  2. 有性生殖阶段还不明了………………………………………半知菌纲（Deuteromycetes）

1. 藻菌纲（Phycomycetes）

藻状菌是原始真菌，约有 200 多属，1 500 多种，有水生、陆生或两栖等生活方式。除原始的种类为单细胞以外，都是分枝的丝状体；通常无横隔壁而有多核；菌丝体的生殖方法与某些藻类很相似，无性生殖产生游动孢子或孢囊孢子；有性生殖有同配、异配或卵配生殖，或接合生殖。

黑根霉（*Rhizopus nigricans* Ehr.）又称面包霉、匍枝根霉，分布广泛。菌丝体由是无横隔壁结构的管状体，内含多数细胞核的菌丝组成；在基质表面匍匐生长的菌丝称匍枝，伸入基质吸取养料的菌丝叫做假根；在与假根相对处，向上产生若干直立的菌丝，顶端生孢子囊，囊内产生多数黑色孢囊孢子（sporangiospore），因而孢子囊外观呈黑色；孢子囊破裂，孢子散出萌发为新菌丝。

黑根霉有性生殖为接合生殖。两种在形态上无区别，但在生理上有差别的菌丝体，在各自菌丝的顶端膨大形成配子囊，以后两个配子囊合二为一形成合子；合子经减数分裂，生出一个直立菌丝，顶端产生孢子囊，囊内形成孢子，以后孢子散出萌发形成菌丝体（图 9 - 12）。

2. 子囊菌纲（Ascomycetes）

子囊菌纲是真菌中最大的一纲，除极小数为单细胞，大多数产生有隔菌丝组成的菌丝体。无性生殖主要产生分生孢子，有性生殖产生子囊（ascus）和子囊孢子。子囊是两性核结合的场所，子囊孢子（ascospore）位于子囊内，常有 8 个，是合子核经减数分裂，再经过一次有丝分裂而来。子囊之间有许多营养菌丝形成侧丝（paraphysis），两者共同组成子实层（hymenium）。子实层和其周围菌丝交织而成的包被（peridium）一起组成子实体，也称为子囊果（ascocarp），子囊果有 3 种类型：闭囊壳（cleistothecium）：子囊果呈球形，无孔口，完全闭合；子囊壳（perithecium）：子囊果呈瓶形，顶端有孔口，这种子囊果常埋于子座中（stroma）；子囊盘（apothecium）：子囊果呈盘状、杯状或碗状，子实层常露在外。

酵母菌属（*Saccharomyces*） 是子囊菌中最原始的种类，不产生子囊果，常用于制造啤酒。菌体为单细胞，卵形，内含一个细胞核和一个大液泡。其繁殖是出芽生殖（图 9 - 13），有性生殖时为体配，常由 2 个营养细胞直接融合，质配后进行核配，产生双倍体的细胞即为子囊。子囊减数分裂后形成 4 个子囊孢子（ascospore）或再进行一次有丝分裂形成 8 个子囊胞子，子囊孢子释放后各自发育为一个新个体。

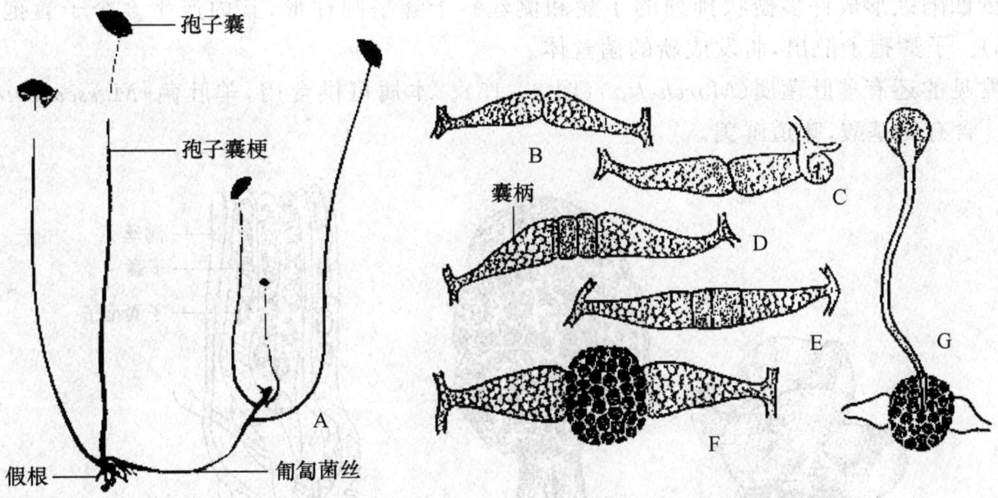

图 9-12　黑根霉(*Rhizopus nigricans* Ehr.)无性生殖和有性生殖

A. 无性生殖(示菌丝体和孢子囊)；B. 菌丝顶端膨大；C. 产生配子囊；D. 配子囊配合；E、F. 早期及成熟的合子；G. 合子的萌发

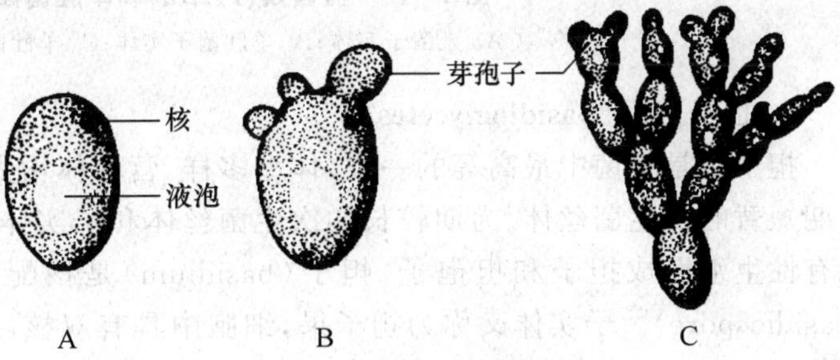

图 9-13　酵母菌属(*Saccharomyces*)

A. 单个细胞；B. 出芽；C. 芽细胞相连，形成拟菌丝

青霉属(*Penicillium*)　青霉的菌丝体由具横隔的分枝菌丝组成。菌丝一部分生长在基质内，一部分暴露在空气中。青霉主要以分生孢子进行无性繁殖，有性生殖极少见。繁殖时，菌丝顶端上产生很多扫帚状分生孢子梗，从小梗上生一串灰绿色或深绿色的分生孢子，孢子成熟后，随风飞散，落到基质上，条件适宜便萌发成菌丝。青霉菌多生于水果、蔬菜和皮革上，是重要的药用菌，青霉素就是从点青霉(*P. chrysogenum* Thom.)和黄青霉(*P. notatum* Westt.)中提取的(图 9-14)。

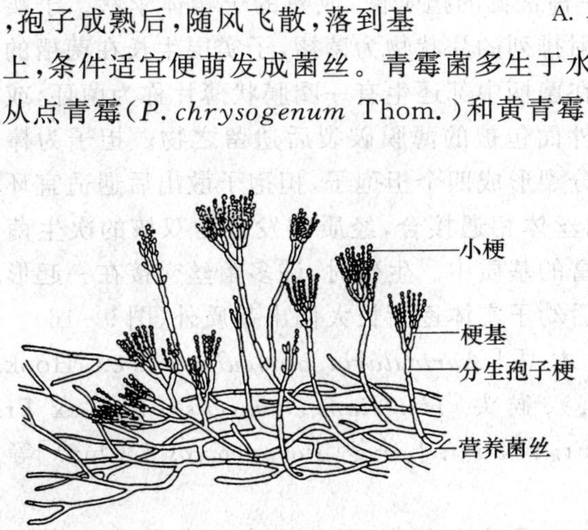

图 9-14　青霉属(*Penicillium*)菌株

虫草属(*Cordyceps*)　其中冬虫夏草[*C. sinensis* (Berk.) Sacc.]是我国特产名贵补药，生长于海拔 3 000 m 以上的高山上。该菌的子囊孢子秋季侵入鳞翅目昆虫的幼虫内，发育成菌丝并生成菌核。越冬后，翌年春天从幼虫头部长出有柄的棒状子座。子座顶端形成子囊壳，其内部产生子囊和子囊孢子可作药用。

盘菌属(*Peziza*)腐生于空旷处的肥沃土地上或林中。盘菌的菌丝有隔，营养阶段菌丝体分布在基质中。生殖时，菌丝向上长出产生孢子的结构，称做子实体。子实体为盘状或碗状，由许多营养菌丝纵横交织而成。在子实体的凹陷区形成许多栅状排列的子囊和侧丝。子囊呈圆柱形,其内产生 8 个子囊孢子(图 9-15)。子囊孢子散出,萌发成新的菌丝体。

常见的还有羊肚菌属(*Morchella*)(图 9-15)。本属可供食用,羊肚菌[*M. esculenta*(L.) Pers.]含有氨基酸,味道鲜美。

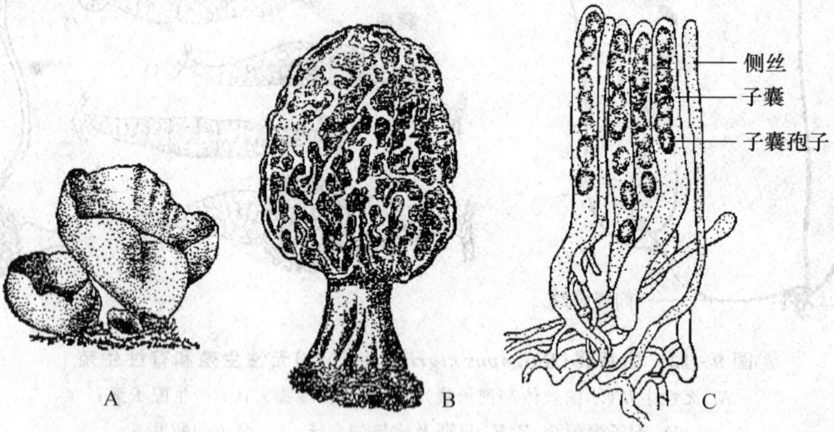

图 9-15　盘菌属(*Peziza*)和羊肚菌属(*Morchella*)

A. 盘菌子实体;B. 羊肚菌子实体;C. 羊肚菌子实层一部分

3. 担子菌纲(Basidiomycetes)

担子菌是真菌中最高等的一类,体型多样,营养体均为有隔菌丝组成,在整个生活史中,有为期短暂的初生菌丝体、为期较长的次生菌丝体和子实体等时期之分。担子菌最重要的特征是有性生殖形成担子和担孢子,担子(basidium)是核配的场所,担子上常生有 4 个担孢子(basidiospore)。子实体又称为担子果,细胞中具有双核,是高等担子菌产生担子和担孢子的一种结构。担子菌的无性生殖一般不发达,有些种类甚至没有无性生殖。

蘑菇(*Agaricus campestris* L. ex Fr.)是一种常见的担子菌,成熟的子实体伞状。子实体分为菌伞和菌柄,菌伞的下面由中心向周边放射排列的片状物为菌褶,子实层生长在菌褶的两侧,是由排列紧密的担子和隔丝所组成。有的在菌柄中部还生有一圈膜状薄片称为菌环,或在菌柄的基部生有菌托,这些都是在幼子实体时外面包被的薄膜破裂后遗留之物。担子为棒状的单细胞,内含双核,以后双核融合,再经减数分裂形成四个担孢子,担孢子散出后遇适宜环境萌发产生单核单倍体初生菌丝。异性的初生菌丝体相遇接合,经质配发育为双核的次生菌丝体,以上这些营养阶段菌丝体腐生于有机质丰富的基质中。生殖时,许多菌丝交接在一起形成子实体,幼小时子实体球形,埋藏于基质内,以后幼子实体逐渐长大伸出基质外(图 9-16)。

本纲约 20 000 种,常见的植物还有:木耳[*Auricularia auricula* (L. ex Hook.) Underw.]、银耳(*Tremella fusiformis* Berk.)、猴头[*Hericium erinaceus* (Bull. ex Fr.) Pers.]、灵芝[*Ganoderma lucidium* (Leys. ex Fr.) Karst.]、茯苓[*Poria coccos* J. Chin.]等。

4. 半知菌纲(Deuteromycetes)

菌丝体发达,菌丝有隔。在其生活史中仅发现无性生殖,因此这类真菌称之为半知菌(fungi imperfecti)。半知菌的繁殖方式主要为营养繁殖,通过菌丝繁殖,或产生芽孢子、节孢子萌发成菌丝。无性生殖也较发达,形成分生孢子梗,再形成分生孢子,萌发形成菌丝。

半知菌实际包括未观察到有性阶段的子囊菌和担子菌。一旦发现它们的有性阶段,应根据有性阶段的特征归入相应的类群，现已证明大多属于子囊菌，少数属于担子菌。

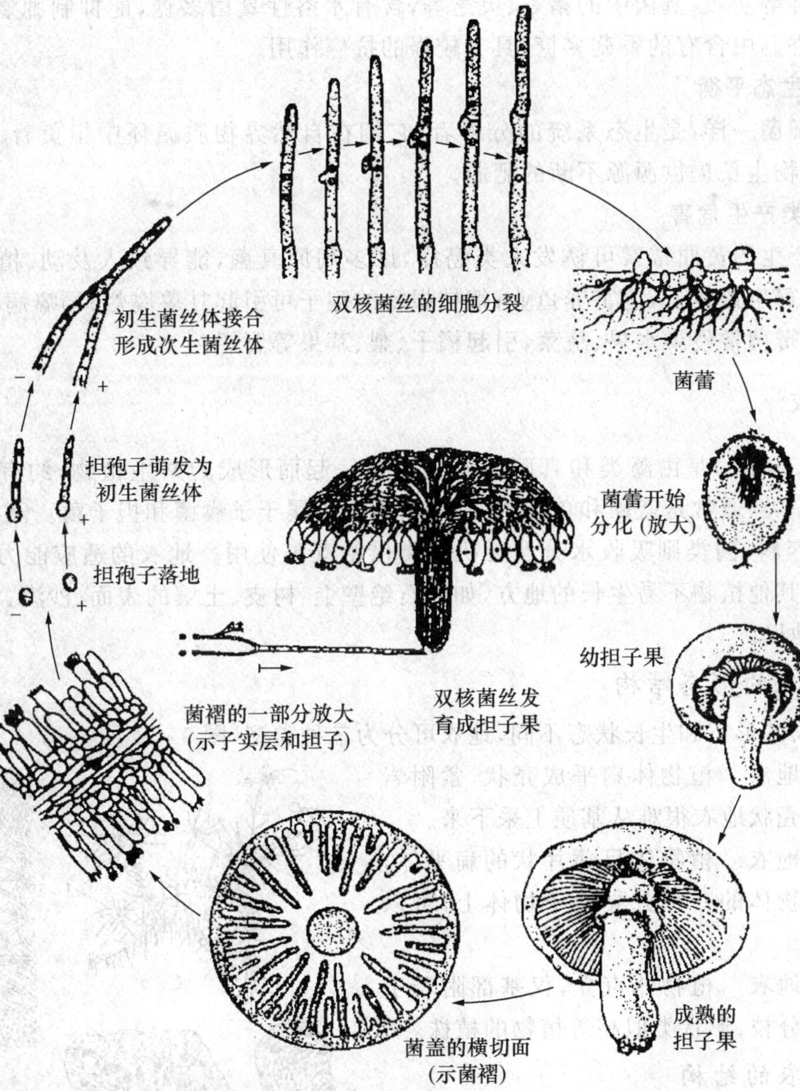

图 9-16　蘑菇(*Agaricus campestris* L. ex Fr.)生活史

(四)真菌与人类的关系

1. 工业用途

早在 4 000 多年前，我们的祖先就已开始利用酵母、曲霉和根霉等菌种酿酒制酱。近代真菌广泛应用于甘油、有机酸、造纸、制革、石油脱蜡等工业领域以及用于制作面包、馒头等发酵食品等方面。

2. 食用

如香菇、猴头菌、木耳、银耳、羊肚菌等，都是人类的美味食品。食用菌中含有大量维生素和丰富的总脂肪酸，是人体必需的营养物质，也是健康食品的重要组成。

3. 药用

黄青霉、点青霉等真菌，是人类制取青霉素的重要材料；猴头菌、灵芝在制取抗癌药物方面有很好的开发前景；冬虫夏草是名贵中药，能补肺益肾、止咳化痰；木耳、银耳有益气、活血、强身、补脑、提神等功效；真菌中的猪苓、灵芝等，含有水溶性真菌多糖，能抑制肿瘤的生长，提高免疫功能。香菇中含有的香菇多糖，具有较强的抗癌作用。

4. 维护生态平衡

真菌与细菌一样，是生态系统的分解者，它们在自然界物质循环中担负着主要的转化作用，为绿色植物生长提供源源不断的肥源。

5. 对人类产生危害

黄曲霉产生的黄曲霉素可诱发人类癌症，许多病原真菌，能导致人及动、植物病害发生。如：寄生水霉寄生鱼体上，危害养鱼业；匍枝根霉的孢子可引起甘薯腐烂；稻瘟病菌能导致水稻秧苗枯死；青霉菌常侵染水果、蔬菜，引起橘子、梨、苹果等腐烂。

三、地衣

地衣(Lichenes)是由藻类和真菌共同生活在一起而形成的共生植物，约有2.6万余种。构成地衣的藻类，通常是蓝藻和单细胞的绿藻；真菌则属于子囊菌和担子菌。藻类制造有机物质供给菌类养料，菌类则吸收水分及无机盐类供给藻类使用。地衣的适应能力很强，分布很广，能生长在其他植物不易生长的地方，如岩石绝壁上、树皮、土壤的表面、沙漠、北极寒冷地带和热带高温地区。

(一)地衣的形态结构

根据地衣的形态和生长状态不同，地衣可分为三种类型(图9-17)。

(1)壳状地衣　植物体扁平成壳状，紧附岩石或树皮上，壳状地衣很难从基质上采下来。

(2)叶状地衣　植物体呈薄片状的扁平体，形似叶片，植物体的一部分黏附于物体上，可以剥离。

(3)枝状地衣　植物体直立，仅基部附着于基质上，通常分枝，形状类似高等植物的植株。

(二)地衣的结构

根据藻细胞在真菌组织中的分布状态，地衣有同层地衣和异层地衣之分。异层地衣横切面通常可区分为三层，藻胞层、髓层和皮层。皮层可分为上皮层和下皮层，都由致密交织的菌丝构成。髓层介于上、下皮层之间，是由一些疏松的菌丝和藻细胞构成，藻细胞聚集在下皮层下方，称藻胞层。在下皮层上常产生一些假根状突起，使地衣固着在基质上。同层地衣原植体中藻细胞和菌丝混合成为一体，无藻胞层和髓层之分。

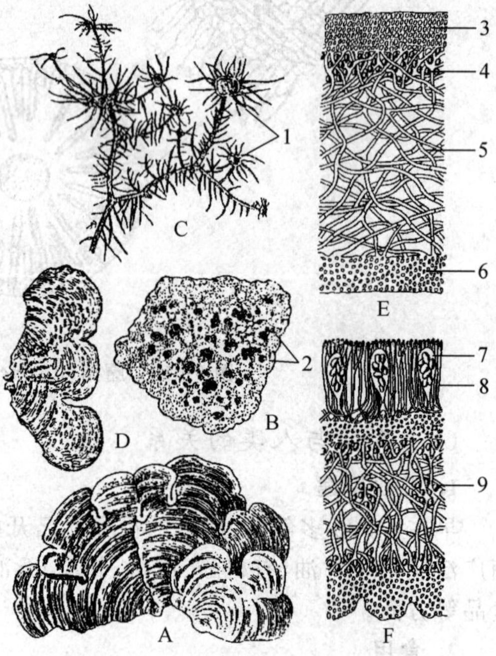

图9-17　地衣(Lichenes)的不同类型

A、D. 壳状地衣；B. 叶状地衣；C. 枝状地衣；E. 异层地衣；F. 同层地衣

1、2. 子囊盘；3. 上皮层；4. 藻胞层；5. 髓层；6. 下皮层；7. 子囊；8. 隔丝；9. 藻类细胞

(三)地衣的繁殖

地衣的主要繁殖方法是营养繁殖和粉芽

(soridium)繁殖。营养繁殖时,叶状体分裂为许多碎片,每一碎片可生长为新的地衣。粉芽为几根菌丝围绕着少数藻类细胞所构成,粉芽脱落后即发育成新的叶状体。地衣的有性生殖是以其共生的真菌独立进行的。

(四)地衣的分类

根据共生真菌的类型,将地衣分为3纲,子囊衣纲、担子衣纲和藻状菌衣纲。子囊衣纲(Ascolichenes)地衣体中的真菌属子囊菌,本纲地衣数目占全部地衣总数的99%。担子衣纲(Basidiolichenes)地衣体的真菌属于担子菌纲,主要分布于热带,种类很少。藻状菌衣纲(Phycolichenes)已知的只有1属产于中欧。

(五)地衣在自然界中的作用和经济意义

地衣生高山岩石之上、荒漠土壤表面、树皮等其他生物不易生长的地方。能分泌地衣酸,对岩石的风化和土壤的形成有促进作用,因而被称为生物界的"拓荒者"。

地衣酸是地衣的重要代谢产物,许多地衣酸具有抗菌作用。在古代就知道利用石耳属(*Gyrophara*)的地衣制作中药。石耳属、石蕊属含有较高的糖类,可以食用,石蕊可作茶饮。海石蕊地衣可提取色素制成染料、石蕊试纸或酸碱指示剂等。

第四节 高等植物

高等植物(higher plants)出现根、茎、叶分化,生殖器官由多细胞组成,受精卵形成胚再长大成植物体,它们绝大多数都是陆生的,因此它们也称为有胚植物(embryophyte)。高等植物可分为苔藓植物、蕨类植物、裸子植物和被子植物。其中苔藓、蕨类植物用孢子进行繁殖,也是孢子植物(spore plants),它们在生活过程中不开花结果所以又称隐花植物(cryptogamae),而裸子植物和被子植物开花结果,用种子繁殖,所以称种子植物(seed plant)或显花植物(phanerogamae)。在植物进化过程中,蕨类植物、裸子植物和被子植物适应陆生生活,出现维管组织,所以把它们合称为维管植物(vascular plants),而藻类、菌类、地衣、苔藓植物无维管组织产生,所以称为非维管植物(nonvascular plants)。苔藓、蕨类植物、裸子植物的雌性生殖器官为颈卵器,因此,三者合称为颈卵器植物(archegoniatae)。

一、苔藓植物

(一)苔藓植物的一般特征

苔藓植物(Bryophyta)是一类原始的高等植物,植物体矮小,比较低级的种类其植物体为扁平的叶状体,比较高级的种类其植物体有茎、叶的分化,还没有真正的根,吸收水分、无机盐和固着植物体的功能,由一些表皮细胞突起形成的假根来完成。苔藓植物属于非维管植物,不论是孢子体还是配子体都没有维管组织,因而多生长于阴湿的地方。

苔藓植物有性生殖为卵式生殖,其雌性生殖器官称为颈卵器(archegonium),雄性的生殖器官称精子器(antheridium)(图9-18)。颈卵器和精子器由配子体产生,它们内部的生殖细胞都由一层没有生殖功能的细胞包围,从而使生殖细胞和以后发育的合子、胚受到保护。精子器外形多呈棒状或椭圆形,外有一层细胞构成的壁,里面产生许多具2条鞭毛的精子。颈卵器外形像烧瓶,由壁细胞、颈沟细胞、腹沟细胞和卵细胞组成。苔藓植物的卵成熟后,颈沟细胞与腹沟细胞解体，精子借助于水游到颈卵器中与卵结合形成合子，合子不经休眠即开始分裂形成多细胞的胚，所以苔藓植物属于有胚植物。

苔藓植物的生活史具有明显的世代交替。在世代交替中，配子体在世代交替中占优势，为异形世代交替。苔藓的植物体就是它的配子体，其细胞内有叶绿体，能进行光合作用，自制养料，孢子体不能独立生活，必须寄生在配子体上吸取养料而生活，这一点是苔藓植物与其他陆生高等植物的显著区别之一。

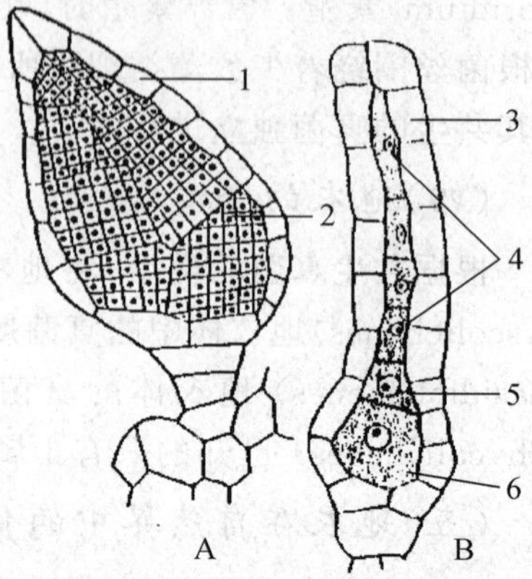

图 9-18 钱苔属(*Riccia*)的精子器与颈卵器

A. 精子器；B. 颈卵器

1. 精子器的壁细胞；2. 产生精子的细胞；3. 颈卵器的壁；4. 颈沟细胞；5. 腹沟细胞；6. 卵

(二)分类及代表植物

苔藓植物约有 23 000 种，我国约有 2 800 种。根据其营养体的形态结构，分为苔纲和藓纲(有的系统还有角苔纲)。

1. 苔纲(Hepaticae)

植物体多为叶状体，少数有茎、叶的分化，植物体多为背腹式，常为两侧对称，假根单细胞，叶无中肋。孢蒴瓣裂，蒴内除孢子外，还具有弹丝(elator)。孢子萌发时，原丝体阶段不发达。

代表植物 地钱(*Marchantia polymorpha* L.)是一种雌雄异株的藓类植物，植物体也就是雌配子体和雄配子体，二者均为绿色扁平二叉状的叶状体。叶状体有背腹两面，背面有气孔，腹面有多细胞的鳞片和单细胞的假根(图 9-19)。

地钱有性生殖时，在雌株上生出伞状的雌生殖器托。雌器托边缘深裂，具 8～10 条指状裂片，在二指状裂片之间有倒悬的瓶状颈卵器。在雄株上有雄生殖器托，呈浅圆盘状，边缘具波状浅裂。精子器生在长的托柄上面，托盘内生有许多精子器腔，每一腔内有一个精子器。精子器近似球形，外有一层细胞组成的壁，中间生有很多具有 2 条卷曲鞭毛的精子。精子成熟后，借助于水游入颈卵器内与卵细胞结合形成合子。合子在颈卵器中发育成胚，胚然后再发育成孢子体。孢子体由孢蒴、蒴柄和基足三部分组成。孢蒴内的孢子母细胞经过减数分裂形成孢子。孢子在弹丝的作用下从孢蒴内散出，在适宜的环境中，萌发成原丝体，进而分别生成雌雄配子体(图 9-20)。

地钱除了能进行有性生殖外也能进行营养繁殖，在进行营养繁殖时其叶状体上表面产生绿色胞芽杯，杯中生有胞芽(gemmae)。胞芽成熟后脱落于地，萌发成新的个体。

2. 藓纲(Musci)

植物体有茎、叶的分化，多为辐射对称。假根由单列细胞构成，常有分枝，叶有时具有中肋。孢蒴外常有蒴冒，蒴内有蒴轴，无弹丝，成熟时多为盖裂。孢子萌发后，原丝体时期发达，每一原丝体常形成多个植株。

代表植物 葫芦藓[*Funaria hygrometrica*(L.)Sibth.]常分布于阴湿的泥地、林下或树干上，配子体(植物体)直立，矮小，具有类似茎、叶和假根。葫芦藓为雌雄同株，但雌雄生殖器官分别着生在不同的枝端。产生精子器的分枝顶端的叶较大，枝端中央生长有多个棒状精子器，精子器的外壁由一层细胞构成，内产生许多双鞭毛的螺旋形精子。产生颈卵器的分枝顶端的叶较窄，且彼此紧包，枝端中央有一至几个颈卵器。颈卵器的外形像长颈烧瓶，上部细长的部分称颈部，下方膨大的部分称腹部。颈卵器的外部有壁细胞，颈部中间有一串颈沟细胞。腹部内部有一个大型的卵细胞，在卵细胞与颈沟细胞之间内有一个腹沟细胞。在有水的条件下，精子进入颈卵器进行受精。受精后合子在颈卵器中发育为胚，胚继续发育为孢子体。孢子体通常分为三个部分，上端膨大的部分为孢蒴，孢蒴下有柄，称为蒴柄，蒴柄的下部是基足。基足伸入配子体中吸收养料和水分，供给孢子体生长。孢蒴内有孢子母细胞，进行减数分裂形成孢子。孢子成熟后散出，在适宜的环境中萌发成为单列细胞的原丝体。原丝体向下生假根，向上发育成有茎叶的配子体(图 9-21)。

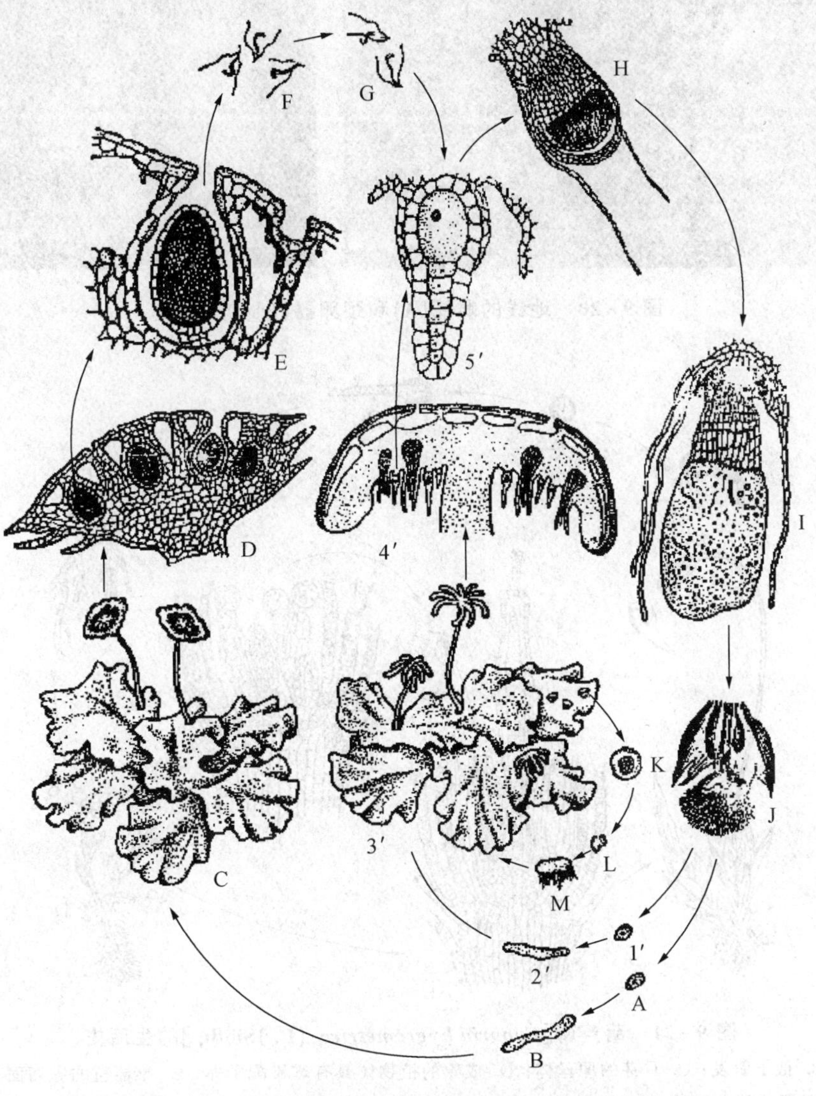

图 9-19　地钱(*Marchantia polymorpha* L.)生活史图

A. 孢子；B. 原丝体；C. 雄株；D. 雄生殖托纵切面；E. 精子器；F. 精子；G. 精子借水的作用与卵结合；H. 受精卵发育为胚；I. 胚发育为孢子体；J. 孢子体成熟后孢子及弹丝散发；K. 芽杯内胞芽成熟；L. 胞芽脱离母体；M. 胞芽发育为新植物体；1′. 孢子；2′. 原丝体；3′. 雌株；4′. 雌生殖托纵切面；5′. 颈卵器；A～J. 有性生殖；K～M. 无性生殖

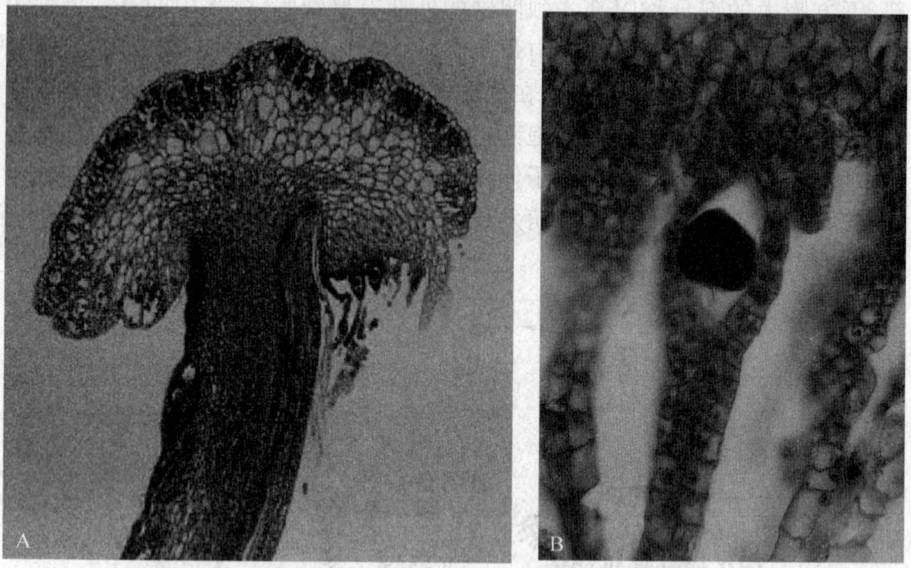

图 9-20 地钱的雌托(A)和颈卵器(B)(胡金良摄)

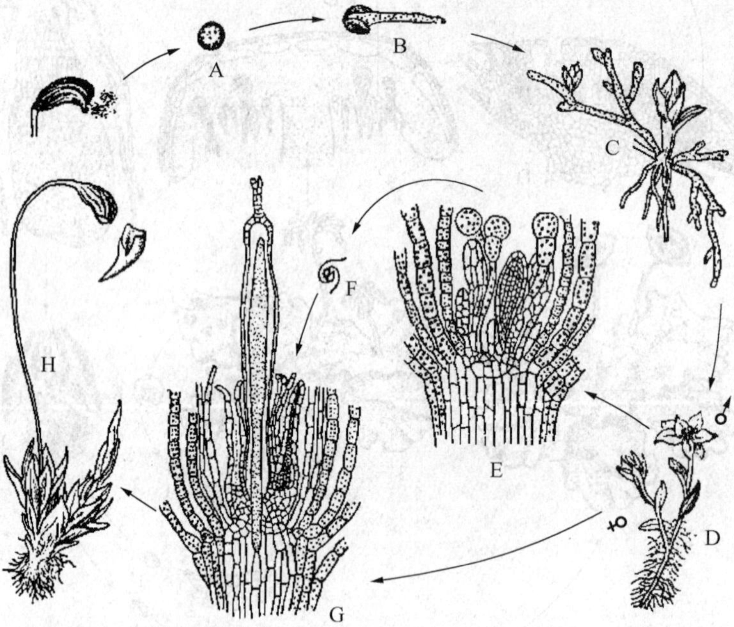

图 9-21 葫芦藓[*Funaria hygrometrica* (L.)Sibth.]的生活史

A. 孢子；B. 孢子萌发；C. 具芽的原丝体；D. 成熟的植物体具有雌雄配子体；E. 雄器苞的纵切面；F. 精子；G. 雌器苞的纵切面；H. 成熟的孢子体仍着生在配子体上，孢蒴的蒴盖脱落后，孢子散发出蒴外

(三)苔藓植物的生态学意义及经济利用

苔藓植物的生态意义是多方面的，苔藓植物是植物界的拓荒者之一，它在生长的过程中能不断地分泌酸性物质，溶解岩面，为其他高等植物创造了生存的条件。苔藓植物有很强的适应水湿的特性，在湖泊、沼泽中大片生长时，可使湖泊、沼泽干枯，逐渐陆地化。

苔藓植物植物体构造简单，对 SO_2 等敏感，同时易于进行化学分析，这些特征使苔藓植物成为对大气污染最敏感的指示植物和监测植物。

苔藓植物因其茎、叶具有很强的吸水、保水能力，真藓属（*Bryum*）和青藓属（*Bryachythecium*）类植物可以做盆景覆盖物，在园艺上常用于包装运输新鲜苗木花卉，以至是鱼苗输送的最佳材料。

大金发藓（*Polytrichum commun* Hedw）有败热解毒作用，全草能乌发、活血、止血、利大小便。暖地大叶藓［*Rhodobryum giganteum*（Hedw.）Limper］对治疗心血管病有较好的疗效。

泥炭藓或其他藓类所形成的泥炭，可作燃料及肥料。

二、蕨类植物

（一）蕨类植物的一般特征

蕨类植物（Pteridophyta）生活史的过程中孢子体和配子体均能独立生活，世代交替明显，但配子体生活期很短，孢子体占一定的优势，这与苔藓植物、裸子植物和被子植物都不同。

蕨类植物的植物体即孢子体不仅有茎、叶的分化，而且还首次出现了真根和维管组织。维管组织由木质部和韧皮部所组成，木质部和韧皮部在茎中还可进一步形成各种类型的中柱。根和维管组织的出现增强了植物对水分的吸收和运输，为植物适应陆地的固着生活奠定了基础。

蕨类植物的根除极少数原始种类仅具假根外，其余都是吸收能力较好的不定根。茎通常为根状茎，少数为直立的地上茎。蕨类植物的叶有多种类型，根据大小和进化程度，叶有小型叶和大型叶两类。小型叶较原始，其特点是没有叶隙和叶柄，只有一个单一不分枝的叶脉。大型叶是进化的类型，有叶柄，叶脉多分枝。有些蕨类植物的叶在功能上还可分为营养叶和孢子叶。仅进行光合作用的叶称营养叶；能产生孢子和孢子囊的叶称孢子叶。

蕨类植物的孢子体上产生孢子囊，孢子囊有不同的着生方式，在小型叶蕨类中，孢子囊多单生在孢子叶的叶腋或着生在枝的顶端，许多孢子叶还可以聚集成球状或穗状的孢子叶球或孢子叶穗。较进化的真蕨类，其孢子囊通常成群着生在孢子叶的背面、边缘。多数蕨类孢子囊中产生的孢子大小相同，称孢子同型；而卷柏和少数水生蕨类的孢子有大小之分，称孢子异型。大孢子将来萌发形成雌配子体，小孢子将来形成雄配子体。

蕨类植物的配子体又称原叶体（prothallus），由单倍体的孢子萌发而来。绝大多数蕨类植物的配子体很小，无根、茎、叶分化，是有背腹之分的叶状体，其细胞内有叶绿体，能独立生活。配子体在有假根的腹面产生颈卵器和精子器，在颈卵器和精子器中分别产生卵子和精子，精子多鞭毛，借助水游到颈卵器中与卵融合成受精卵，受精卵进一步发育成胚与孢子体（图 9 - 22）。

（二）分类及代表植物

现有蕨类植物 12 000 余种，我国约有 2 600 种，共分 5 个纲，区别如下：

1. 茎较叶为发达；叶小形，一般不分裂
    2. 茎中实，绿色叶螺旋排列
        3. 茎块状，叶长；水生 ………………………………………… 水韭纲（Isoetinae）
        3. 茎伸长，叶小；多陆生

4. 孢子囊1室 ………………………………………… 石松纲(Lycopodinae)
4. 孢子囊3室 ………………………………………… 松叶蕨纲(Psilotinae)
2. 茎中实，叶退化成轮状排列 ……………………………… 木贼纲(Equisetinae)
1. 叶大形，较茎为发达，常为羽状或掌状分裂 ……………………… 真蕨纲(Filicinae)

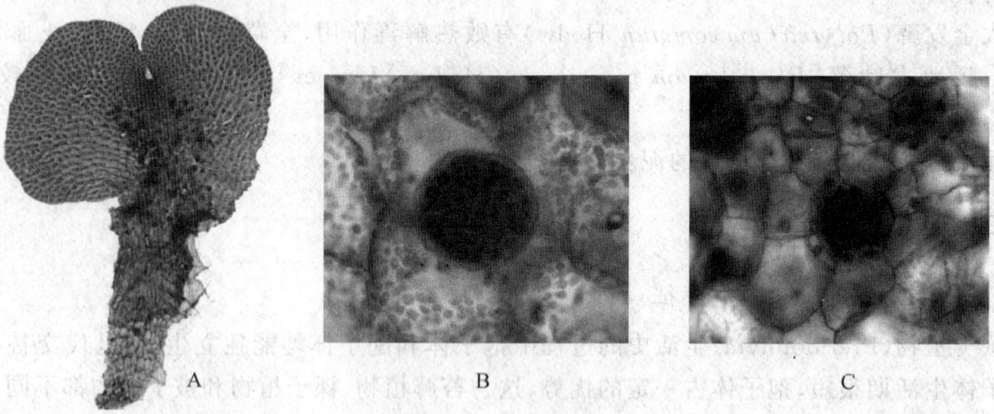

图9-22　蕨配子体和生殖器官(胡金良摄)

A. 蕨原叶体；B. 精子器；C. 颈卵器

1. 石松纲(Lycopodinae)

这类植物具有真根，根与茎均二叉式分枝，叶小型，常螺旋状排列，有时对生或为轮生。孢子囊有厚壁，单生于孢子叶腋的基部，或聚生于枝端成孢子叶球，或称为孢子叶穗。孢子同型或孢子异型。配子体形状不一，自养或腐生。

代表植物　石松(*Lycopodium clavatum* L.)孢子体为多年生常绿草本植物，多生于比较湿润的酸性土壤上，具不定根，常叉状分枝，茎匍匐于地上，分叉后一部分直立；叶小，鳞片状或针状，常螺旋状排列于茎上，无叶脉或仅具1条中脉。孢子为同型孢子(图9-23)。

卷柏[*Selaginella tamariscina* (Beauv.) Spr.]　多年生草本植物，孢子体分为根、茎、叶三部分，茎匍匐或直立，干旱时小枝内卷，遇湿又伸展，故又名九死还魂草。此外，常见的还有江南卷柏(*S. mollandorfii* Hieron.)等。

2. 水韭纲(Isoetinae)

孢子体草本，茎为块茎状。小型叶，细长似韭(图9-24)，丛生于短粗的茎上，

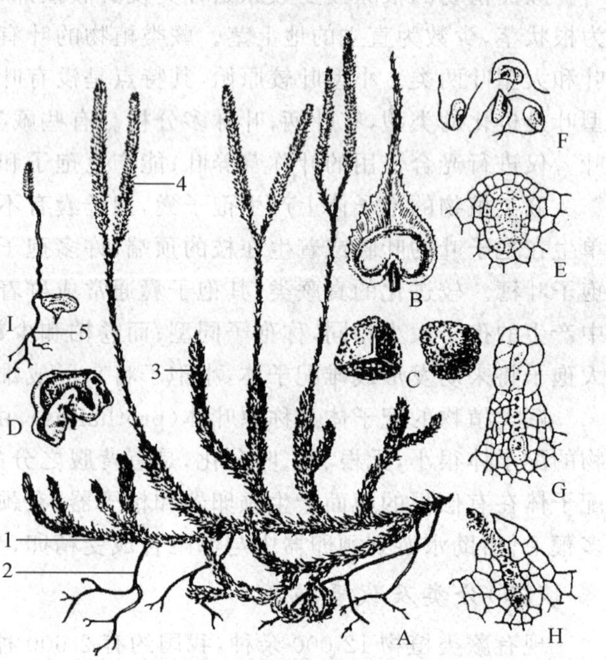

图9-23　石松

A. 植株；B. 孢子叶及孢子囊；C. 孢子；D. 配子体；E. 精子器；F. 精子；G、H. 颈卵器；I. 幼孢子体

1. 匍匐茎；2、5. 不定根；3. 直立茎；4. 孢子叶穗

具舌。孢子囊生于孢子叶近轴面基部的特化小穴中，有大小孢子囊及孢子。精子具有多鞭毛。现仅存水韭目水韭属(*Isoetes*)70余种植物，多生于水边或水底。我国有2种，常见的有中华水韭(*I. sinensis* Palmer)，普遍分布于长江下游地区，水韭(*I. japonica* A. Br.)产西南。

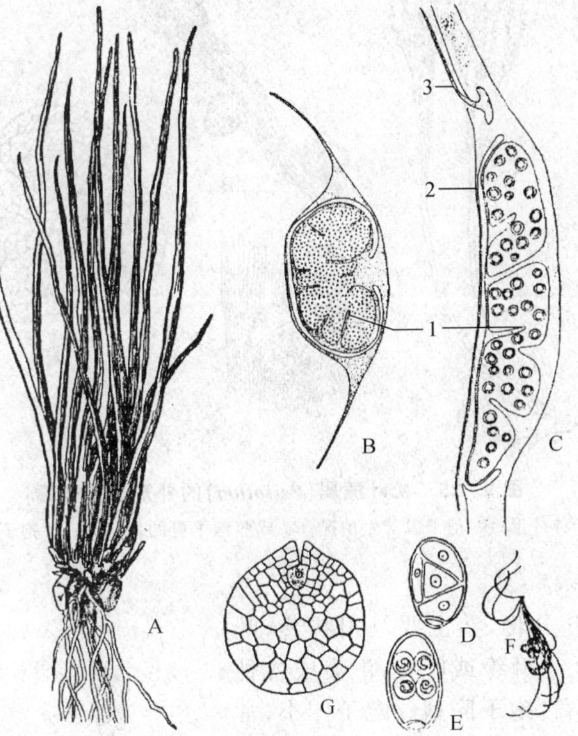

图9-24　水韭属

A. 孢子体外型；B. 小孢子囊横切面；C. 大孢子囊纵切面；

D、E. 雄配子体；F. 游动精子；G. 雌配子体

1. 横隔面；2. 缘膜；3. 叶舌(A. 临 Coulter 等)

3. 松叶蕨纲(Psilotinae)

松叶蕨纲也叫裸蕨纲。孢子体具有根茎和气生茎，枝多次二叉分枝，根茎上生有假根。没有叶或只有简单的小型叶。孢子囊生于柄状孢子叶近顶端(图9-25)，孢子同型。精子螺旋形，具多数鞭毛。古生代是裸蕨时代，当时蕨类植物高大，茂密成林，形成现在的地下煤矿，现今本纲仅有松叶蕨目，2属3种。我国只有松叶蕨属(*Psilotum*)的松叶蕨[*P. nudum* (L.) Grised.]，分布于我国南方。

4. 木贼纲(Equisetinae)

茎具有明显的节和节间，叶小型，鳞片状，顶端起源，轮生。孢子囊生于盾状孢子叶上，孢子叶在枝顶聚生成孢子叶球，孢子同型，螺旋形游动精子，具有多数鞭毛。

代表植物　问荆(*Equisetum arvense* L.)孢子体为多年生草本，具根状茎和气生茎。问荆的气生茎有营养枝和生殖枝的区别。营养枝在夏季生出，节上轮生许多分枝，绿色，能进行光合作用，不产生孢子囊。生殖枝在春季生出，短而粗，棕褐色，不分枝，枝端能产生孢子叶球。问荆产生的孢子有一半萌发为雄配子体，而另一半萌发为雌配子体(图9-26)。

本纲现仅存木贼科的问荆属和木贼属。问荆属常见的还有节节草(*E. ramosissimum*

Desf.)等,木贼属约有30种,我国约有10种以上,如木贼[*Hippochaete hiemale*(L.)Borner]。

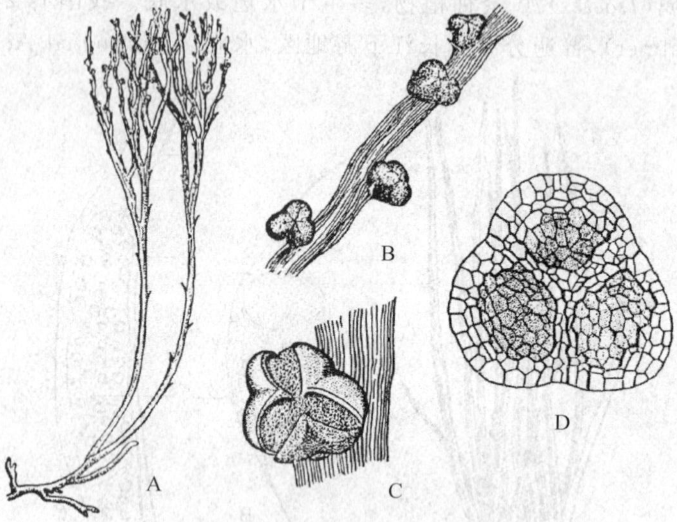

图 9-25　松叶蕨属(*Psilotum*)的外形及孢子囊

A. 孢子体外形;B. 孢子囊着生情况;C. 成熟孢子囊的顶面观;D. 孢子囊横切面

5. 真蕨纲(Filicinae)

孢子体有根、茎、叶分化,茎主要是根状茎,叶为大型叶。孢子囊着生于叶缘或叶背,汇集成各种孢子囊群,有或无囊群盖,孢子同型。配子体小,常为绿色心脏形的原叶体,精子螺旋形,具多数鞭毛,颈卵器和精子器生于配子体腹面。

代表植物　真蕨是现今最繁茂的蕨类植物,约10 000种以上,我国有40科2 500种。

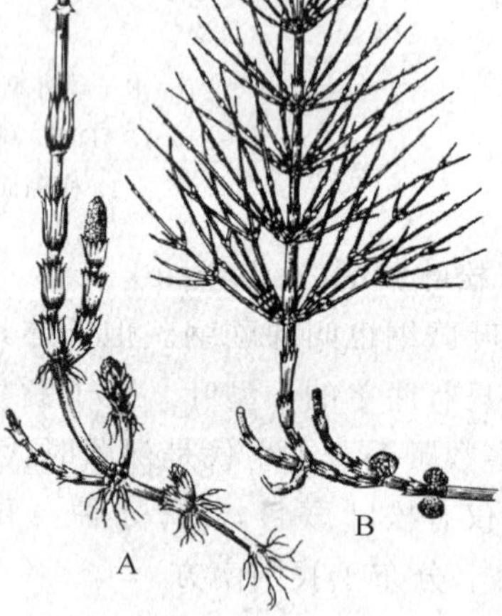

图 9-26　问荆(*Equisetum arvense* L.)的外形

A. 根状茎和生殖枝;B. 营养枝

蕨[*Pteridium aquilinum* (L.) Kuhn var. *latiusculum*(Desv.)Underw.]为多年生草本植物,世界各地均有分布。孢子体高可达1 m,2~3回羽状复叶,幼时拳卷状,成长中渐次伸开。叶的背面边缘具有孢子囊群,孢子囊有一条纵生的环带,环带细胞的内壁和侧壁均木质化增厚,两个不加厚的细胞,称为唇细胞。孢子囊内具孢子母细胞,每一孢子母细胞进行减数分裂形成4个孢子,孢子成熟时,由于环带的反卷作用,使孢子囊从唇细胞处横向裂开,将孢子弹出,成熟的孢子落在潮湿的土壤上面,萌发形成心脏形的配子体(或称原叶体),直径约数毫米至10 mm,具叶绿体,能独立生活。在配子体的腹面生有假根,假根丛中生有很多的精子器,其内产生多鞭毛的精子。颈卵器多生于原叶体顶端凹陷处,颈卵器内有卵。在有水的条件下,精子散出,游到颈卵器内,与卵结合成合子,合子在颈卵器内发育成胚,胚逐渐发育成独立的孢子体(图9-27)。

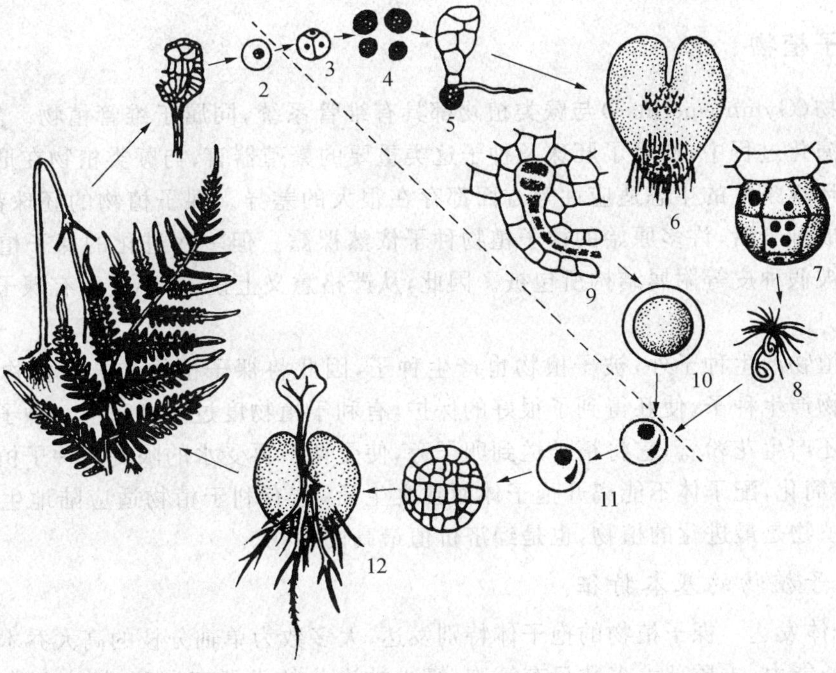

图 9-27　蕨的生活史

1. 成熟的孢子体；2. 孢子母细胞；3. 四分体；4. 孢子；5. 孢子萌发；6. 成熟配子体（具精子器及颈卵器）
7. 精子器；8. 精子；9. 颈卵器；10. 卵；11. 合子；12. 幼孢子体在配子体上

真蕨类植物很多，其他常见的植物还有芒萁[Dicranopteris dichotoma(Thunb.) Bernh]、紫萁（Osmunda japonica Thunb.）、海金沙（Lygodium japonicum Sw.）、井栏边草（Pteris multifida Poir.）、贯众（Cyrtomium fortunei J. Sm.）、中华鳞毛蕨（[Dryopteris chinensis (Bak.) Koidz.]、满江红[Azolla imbricata (Roxb.) Nakai]等。

（三）蕨类植物的经济利用

1. 食用与饲用

蕨、紫萁以及莲座蕨目的部分种类可以作为蔬菜。蕨的根状茎富含淀粉（称为蕨粉），可酿酒。一些蕨类是优质肥料和饲料，满江红由于有与之共生的鱼腥藻进行固氮，既可作为绿肥，同时也是家畜、家禽的饲料。

2. 医药

蕨类植物是重要的中草药资源。海金沙治尿道感染、尿道结石；用卷柏外敷，治刀伤出血；用江南卷柏治湿热黄疸、水肿、吐血等症；用阴地蕨治小儿惊风；骨碎补能坚骨补肾、活血止痛；槲蕨 [*Drynaria fortunei*(Kze.)J. Sm.]能补骨镇痛，治风湿麻木；贯众的根状茎可治虫积腹痛、流感等症，亦用做除虫农药；瓦韦的孢子可止血等。

3. 园艺

目前在温室、庭院或盆景中广泛栽培的蕨类植物有肾蕨、翠云草、卷柏、铁线蕨、鹿角蕨(*Platycerium wallichii* Hook.)等。另外凤尾蕨、乌蕨[*Stenoloma chusanum* (L.)Ching]、瓦韦等均为良好的观赏植物。桫椤[*Alsophila spinulosa* (Hook.)Tryon.]特产我国，为现存蕨类中的木本类型，局限分布在西南地区，为保护植物。

三、裸子植物

裸子植物(Gymnospermae)与蕨类植物都具有维管系统，同属于维管植物。然而，裸子植物在发展和演化过程中，产生了胚珠及种子这类重要的繁殖器官，与蕨类植物在形态与结构以及植物体对环境条件的生态适应性等方面都存在很大的差异。裸子植物的胚珠都是裸露的，胚珠在发育成种子后，许多原始的裸子植物种子依然裸露。但一些进化的裸子植物种子常常不同程度地被假种皮等附属结构所包被。因此，从严格意义上说，并不是所有裸子植物的种子都是裸露的。

除裸子植物产生种子外，被子植物也产生种子，因此将裸子植物和被子植物合称种子植物。种子植物产生种子，使胚得到了很好的保护，有利于植物度过不良环境。种子植物在形成种子的同时还产生花粉管，它将精子送到卵子旁，使受精不再受水的限制。种子植物的孢子体发达，配子体简化，配子体不能离开孢子体而独立生活，这有利于植物适应陆地生活和种族的繁衍。种子植物是最进化的植物，也是经济价值最高的植物。

(一)裸子植物的基本特征

(1)孢子体发达　裸子植物的孢子体特别发达，大多数为单轴分枝的高大乔木。具有形成层和次生生长能力，木质部大多数只有管胞，极少数进化的类群有导管，韧皮部中无伴胞。叶多为针形、条形或鳞形。

(2)具有颈卵器的构造　裸子植物除百岁兰属、买麻藤属外，都具颈卵器，产生于雌配子体的近珠孔端，但结构简单，埋藏于胚乳中，仅有3～4个颈壁细胞露在外面。颈卵器内有1个卵细胞和1个腹沟细胞，无颈沟细胞，较蕨类植物的颈卵器更为退化。

(3)产生花粉粒和裸露的胚珠　裸子植物的孢子叶异型，有大小孢子叶的区别。孢子叶大多数聚生成球状，称孢子叶球，其中小孢子叶球相当于雄球花，大孢子叶球相当于雌球花。小孢子叶可产生小孢子囊，即花粉囊，成熟时释放出小孢子，即花粉粒；大孢子叶可产生内含卵细胞的胚珠，胚珠裸露，可发育为种子。

(4)传粉时花粉粒直达胚珠　裸子植物的花粉粒通常由风力传播，直接到达胚珠的珠孔。大多数裸子植物珠孔可向外分泌出1滴液体，与到达珠孔边的花粉形成传粉滴，花粉在珠心上方萌发，形成花粉管，进入胚囊，释放出精子，与胚囊内颈卵器中的卵细胞受精。与裸子植物传粉过程明显不同的是，被子植物的花粉是先到达柱头，形成花粉管，穿过花柱后，才能接触到胚珠。

(5)具多胚现象　大多数裸子植物都具有多胚现象，这是由于一个雌配子体上的几个或多个颈卵器的卵细胞同时受精，形成多胚，称为简单多胚现象，或者由于一个受精卵，在发育过程中，胚原组织分裂为几个胚，这是裂生多胚现象。

(二)裸子植物的主要类群

裸子植物通常分为5个纲，即苏铁纲、银杏纲、松柏纲、红豆杉纲(紫杉纲)和买麻藤纲。现代裸子植物种类分属于5纲9目12科71属，约900种。我国是世界上裸子植物种类最多的国家，有5纲8目11科41属，约250种。其中不少种类是第三纪的孑遗植物，有“活化石”之称。许多裸子植物种类都具有重要的经济价值、药用价值、生态价值和观赏价值。可作木材、造纸原料、化工原料(松香)、食用(松子)等;药用价值如紫杉醇、银杏内酯、麻黄素、松花粉等天然药物;生态价值如松杉类植物是许多森林植物群落中的优势树种,很多裸子植物树种可为动物提供食物来源和栖息地;很多裸子植物都是常绿性的,且树型优美,具有很高的观赏价值。

1. 苏铁纲(Cycadopsida)

主要特征　常绿木本植物,茎干粗壮,常不分枝。叶近羽状复叶。雌雄异株,大孢子叶球(雌球花)与小孢子叶球(雄球花)均集生于茎干顶端。精子具多数纤毛,有游动能力。

本纲现有 3 科,即苏铁科(Cycadaceae)、托叶铁科(Stangeriaceae)和泽米铁科(Zamiaceae)。中国产苏铁科苏铁属(*Cycas*),约 16 种。

代表植物　苏铁(*C. revolute* Thunb.),又称铁树,树干不分枝,叶羽状深裂或仅羽状复叶,簇生茎顶。雌雄异株,大(小)孢子叶球也集生于茎顶端,小孢子叶球长椭圆形,由鳞片状的小孢子叶螺旋状排列而成,每个小孢子叶的背面生有许多小孢子囊群;大孢子叶球球形,大孢子叶密被淡黄色绒毛,上部羽状分裂,下部成狭长的柄,柄的两侧生有 2～3 枚胚珠。种子成熟时橘红色至红色。苏铁为优美的观赏树种,公园、庭园常见栽培(图 9 - 28)。

图 9 - 28　苏铁(*Cycas revoluta* Thunb.)

A. 植株示意图;B. 小孢子叶及多数小孢子囊;C. 聚生的小孢子囊;D. 大孢子叶及胚珠

2. 银杏纲(Ginkgopsida)

主要特征　落叶乔木,枝条有长枝、短枝之分。叶扇形,先端二裂或波状缺刻,具二叉分枝的脉序;叶在长枝上螺旋状散生,而在短枝上簇生。孢子叶球单性,雌雄异株。小孢子叶球呈柔荑花序状,生于短枝顶端的鳞片腋内。小孢子叶有 1 短柄,柄端通常有 2 个小孢子囊组成的孢子囊群。大孢子叶球组成简单,通常有 1 长柄,柄端具 2 个环状大孢子叶,称为珠领或珠座,大孢子叶上分别生 1 个直生胚珠,但通常只有 1 个胚珠发育为成熟种子。精子具有多纤毛。种子核果状,具 2 层种皮,胚乳丰富。

分类　本纲仅有银杏科(Ginkgoaceae)银杏属(*Ginkgo*)1 种。

代表植物　银杏(*Ginkgo biloba* L.)我国特产树种,著名的孑遗树种,国内外广泛栽培作观赏和绿化树种,其叶秋季可变为金黄色,十分美观(图 9 - 29)。银杏种子去除外种皮后,名为白果,可供食用,但多食会中毒;白果也可入药,用于治疗哮喘、咳痰及尿频等症。银杏的现代药用价值突出地体现在银杏叶上。银杏叶提取物中的内脂类和黄酮类化合物,可用于治疗冠心病、心绞痛和脑血管疾患。

3. 松柏纲(Coniferopsida)

主要特征　乔木,稀为灌木,茎多分枝,常有长枝和短枝之分;木质部主要由管胞组成,无导管,具树脂道。叶为针形、条形、披针形、钻形、鳞形或刺形,螺旋状互生、簇生、交互对生或轮生。孢子叶球单性,雌雄同株或异株,孢子叶常排列成球果状。精子无鞭毛。种子有翅或无翅,胚乳丰富。

图 9-29 银杏(*Ginkgo biloba* L.)(李新华摄)

分类 本纲是裸子植物中种类数目最多,分布最广的大类群,包括松科(Pinaceae)、杉科(Taxodiaceae)、柏科(Cupressaceae)和南洋杉科(Araucariaceae),共约 400 种植物。我国松柏类植物资源十分丰富,共计 30 属约 200 种。

1)松科(Pinaceae)

常绿或落叶乔木,稀为灌木状。枝常有长枝和短枝之分。叶针形或条形,在长枝上螺旋状排列,在短枝上簇生。苞鳞与珠鳞(种鳞)仅基部合生,其余分离。10 属约 235 种,我国有 10 属,113 种。本科许多种类都是世界上具有重要价值的树种。

(1)冷杉属(*Abies*) 常绿乔木,树干直,枝条轮生。叶条形,扁平,脱落后在枝上留下圆形而微凹的叶痕。我国有 19 种,多为耐寒较强树种,常生长在高山地区。常见的秦岭冷杉(*A. chensiensis* Van Tiegh.)、冷杉[*A. fabri* (Mast.)Craib]等。百山祖冷杉(*A. beshanzuensis* M. H. Wu)特产于浙江省南部百山祖海拔 1 700 m 以上地带,为非常稀有的珍贵树种。

(2)雪松属(*Cedrus*) 常见种为雪松[*C. deodara* (Roxb.)G. Don],常绿乔木,叶针形,常呈三棱形,在短枝上多个簇生。雄球花卵状椭圆形,长 2～3 cm,宽约 1 cm;雌球花卵圆形,长近 1 cm。自然分布于阿富汗至印度,我国常引种栽培,为树形优美的绿化树种。

(3)落叶松属(*Larix*) 落叶乔木,我国有 10 种,产东北、华北、西北、西南,为优良的用材树种。常见种有落叶松[*L. gmelini* (Rupr.)Rupr.],为我国东北林区的主要森林树种。华北落叶松(*L. principis-rupprechtii* Mayr),我国特产,为华北地区高山针叶林的主要森林树种。红杉(*L. potaninii* Batalin),为我国特有树种,分布甘肃、四川等地。

(4)云杉属(*Picea*) 常绿乔木,我国有 16 种,另引种栽培 2 种,产于东北、华北、西北、西南及台湾等省区的高山地带,多为造林和林业经营上的主要树种。常见种有云杉(*P. asperata* Mast.),树干可割取松脂;叶为四棱状条形,为我国特有树种,产陕西、甘肃及四川。鱼鳞云杉[*P. jezoensis* Carr. var. *microsperma* (Lindl.)Cheng et L. K. Fu],叶条形,微弯。产我国东北地区,俄罗斯、日本也有分布。

(5)松属(*Pinus*) 常绿乔木,稀为灌木。长枝上叶为膜质鳞叶,鳞叶腋内生极短的短枝;短枝顶端具绿色针叶,针叶通常 2 个、3 个或 5 个一束,短枝基部常常被薄膜质芽鳞组成的叶鞘包被。孢子叶球单性同株。小孢子叶球(雄球花)常多数聚生于当年生长枝的基部,小孢子两侧具气囊,适应于风力传播。大孢子叶球(雌球花)单生,或 2～4 个生于当年生长枝的顶端。大孢子叶可分为珠鳞和苞鳞两种类型,珠鳞腹面基部生有 2 个胚珠,背面基部有 1 个短小的苞鳞。种子具翅或无翅。

松属约 80 种,广布于北半球。我国产 22 种,分布遍及全国。

根据针叶内维管束的数目,本属又可分 2 个亚属:即单维管束松亚属和双维管束松亚属。

单维管束松亚属的常见种类有分布于我国东北地区的红松（*P. koraiensis* Sieb. et Zucc.），小枝密被毛，针叶5针一束，种子大。华山松（*P. armandi* Franch），小枝无毛，针叶常5针一束，种子大。白皮松（*P. bungeana* Zucc. ex Endl.），树皮灰白色，针叶3针一束，我国特有树种。大别山五针松（*P. dabeshanensis* Cheng et Law），针叶5针一束，我国特有树种。双维管束松亚属的常见种类有马尾松（*P. massoniana* Lamb.），针叶2针一束，长12～20 cm，细柔，耐干旱瘠薄的土壤。黑松（*P. thunbergii* Parl.）（图9-30），针叶2针一束，长6～12 cm，粗硬，原产日本及朝鲜半岛南部海岸地区，我国引种栽培。黄山松（*P. taiwanensis* Hayata），针叶2针一束，长7～10 cm，稍硬直，我国特有树种，分布于长江中下游地区海拔700 m以上酸性土的高山上。

图9-30　黑松（*Pinus thunbergii* Parl.）枝叶及大、小孢子叶球（李新华摄）

（6）金钱松属（*Pseudolarix*）　本属为我国特产，仅有金钱松［*P. amabilis*（Nelson）Rehd.］1种，落叶乔木，叶条形，柔软，扁平，在长枝上螺旋状散生，在短枝上簇生，且辐射状排列呈圆盘形，秋季叶呈金黄色。为我国特有属种，产华东和华中及四川西部（图9-31）。

图9-31　金钱松［*Pseudolarix amabilis*（Nelson）Rehd.］枝叶及小孢子叶球（李新华摄）

2)杉科(Taxodiaceae)

常绿或落叶乔木。叶披针形、钻形、条形或鳞状,螺旋状排列,稀为交互对生。孢子叶球单性同株。苞鳞与珠鳞(种鳞)半合生,仅顶端分离。我国产5属,7种,引入栽培47种(图9-32)。

(1)杉木属(*Cunninghamia*) 常绿乔木,枝轮生或不规则轮生。常见种有杉木[*C. lanceolata* (Lamb.) Hook.],叶披针形,呈镰刀状,坚硬,上面深绿色,下面淡绿色,沿中脉两侧各有1条白色气孔带。杉木为我国秦岭以南,长江流域生长快、经济价值高、栽培最广的重要用材树种。

图9-32 杉木[*Cunninghamia lanceolata* (Lamb.) Hook.]
枝条及小孢子叶球

(2)柳杉属(*Cryptomeria*) 常绿乔木,枝近轮生,平展或斜上伸展。本属2种,分布于我国及日本。常见种有柳杉(*C. fortunei* Hooibrenk ex Otto et Dietr.),叶钻形,略向内弯曲,先端内曲,四边有气孔线,长1～1.5 cm。我国特有树种,产于浙江天目山、福建南屏及江西庐山等地,生长在海拔1 100 m以下的地带,有树龄在数百年的大树,浙江西天目山1株高大柳杉高48 m,胸径2.26 m,单株木材高达82 m^3。日本柳杉[*C. japonica* (Linn. F.) D. Don],叶钻形,直伸,先端通常不内曲,长0.4～2 cm。原产日本,我国华东、华中地区栽培作园林树种。

(3)水杉属(*Metasequoia*) 落叶乔木,本属在中生代白垩纪及新生代约有10种,曾广布于北美洲、欧洲和亚洲等地,第四纪冰期过后,几乎全部灭绝,现仅存水杉(*M. glyptostroboides* Hu et Cheng),小枝对生或近对生,叶条形,交互对生,在小枝上排成两列,羽状,冬季与小枝一同脱落,为我国特产,局限分布于重庆东部的石柱县、湖北西部利川县磨刀溪、水杉坝一带,以及湖南西北部龙山、桑植等地,国内外许多地方引种栽培作为绿化观赏树种(图9-33)。

图9-33 水杉(*Metasequoia glyptostroboides* Hu et Cheng)
A. 生雌球果枝;B. 生雄球果枝;C. 枝叶;
D. 球果;E. 种子;F. 小孢子叶球;
G、H. 小孢子叶背、腹面

3)柏科(Cupressaceae)

常绿乔木或灌木。叶交叉对生或3～4片轮生,鳞形或刺形,有时同棵树上兼有刺叶及鳞叶。孢子叶球单性同株或异株。苞鳞与珠鳞合生。球果球形、卵圆形或圆柱形。我国产 8 属 29 种 7 变种，分布几遍全国。另引入栽培 1 属 15 种。

(1)侧柏属(*Platycladus*) 小枝扁平，枝叶排列呈平面状，直展或斜展。叶鳞形，交叉对生。仅有侧柏[*P. orientalis*(Linn.)Franco]1 种，我国特有，大多数省区都有生长与分布(图 9-34)。

图 9-34 侧柏[*Platycladus orientalis*(Linn.)Franco](李新华摄)

(2)柏木属(*Cupressus*) 小枝斜上伸展，枝叶通常不排列呈平面状。叶鳞形，交叉对生，排列成四行。我国产 5 种，分布于秦岭及长江流域以南各省，另引入栽培 4 种。柏木(*C. funebris* Endl.)，小枝细长下垂，生鳞叶小枝扁平，排成呈平面状。我国特有树种，分布很广，可作石灰岩山地的造林树种。

(3)圆柏属(*Sabina*) 乔木或灌木，直立或匍匐。叶刺形或鳞形，有时同棵树上兼有刺叶及鳞叶；刺叶通常三叶轮生，鳞叶则交叉对生。球果多肉质。我国产 15 种，另引入栽培 2 种。常见的有圆柏[*S. chinensis* (Linn.) Ant.]，小枝常斜上伸展。圆柏的栽培变种龙柏 *S. chinensis*(Linn.)Ant. cv. 'Kaizuca' 在我国长江流域和华北地区广泛栽培，树冠圆柱状或柱状塔形，小枝密集，鳞叶排列紧密。

(4)刺柏属(*Juniperus*) 叶全为刺形，三叶轮生，叶基部有关节，不下延生长。我国产 3 种，另引入栽培 1 种。常见有刺柏(*J. formosana* Hayata)，小枝下垂，三棱形。叶条状披针形或条状刺形。我国特有树种。

4. 红豆杉纲(Taxopsida)

主要特征 常绿乔木或灌木。叶为条形、披针形、鳞形或退化，螺旋状散生，近对生或交叉对生。孢子叶球单性异株，稀同株。大孢子叶变态为珠托或套被，胚珠生于珠托上，为囊状或杯状的套被所包围。种子核果状或坚果状，全部或部分被套被发育的假种皮所包被。

本纲植物通常被放在松柏纲中，但根据它们的大孢子叶特化为鳞片状的珠托或套被，不形成球果，以及种子具肉质的假种皮或外种皮等特点，可从松柏纲中分出而单列为 1 纲。

分类 红豆杉纲含罗汉松科、三尖杉科和红豆杉科 3 科，有 14 属，约 160 种。我国有 3

科,7 属,33 种。

1)罗汉松科 (Podocarpaceae)

共 8 属约 130 种,主要分布于南半球。我国产罗汉松属和陆均松属,共 14 种 3 变种,分布于长江以南各省区。

罗汉松属 (*Podocarpus*)　常见种罗汉松[*P. macrophyllus*(Thunb.)D. Don](图 9-35),叶条状披针形,微弯。孢子叶球单生叶腋,有梗。种子卵圆形,径约 1 cm,成熟时呈紫色,颇似一秃顶的头,而其下的肉质种托膨大为近圆柱形,红色或紫红色,仿佛罗汉袈裟,故名罗汉松。产我国南部和西南部。

图 9-35　罗汉松[*Podocarpus macrophyllus*(Thunb.)D. Don]植株(左)、种子及种托(右)(李新华摄)

2)三尖杉科(粗榧科)(Cephalotaxaceae)

仅三尖杉属(粗榧属)(*Cephalotaxus*)1 属 9 种,我国产 7 种 3 变种。

常见种三尖杉(*C. fortunei* Hook. f.)(图 9-36),叶披针状条形,先端渐尖成长尖头,常微弯。种子常椭圆状卵形,长约 2.5 cm,完全包被于肉质假种皮中,顶端有小尖头,呈核果状,假种皮成熟时紫色或红紫色。我国特有树种。

3)红豆杉科(Taxaceae)

我国有 4 属 12 种 1 变种及 1 栽培种。

(1)红豆杉属(*Taxus*)　常绿乔木或灌木,叶条形,螺旋状着生,基部扭转排出 2 列,直或镰刀状,叶上面绿色,下面有 2 条灰绿色或黄绿色的气孔带。种子坚果状,生于杯状肉质的假种皮中,成熟时假种皮红色。我国有喜马拉雅红豆杉(*T. wallichiana* Zucc.)、红豆杉[*T. wallichiana* var. *chinensis*(Pilger) Florin]、南方红豆杉[*T. wallichiana* var. *mairei*(Lemée & H. Léveillé) L. K. Fu & Nan Li](图 9-37)、东北红豆杉(*T. cuspidata* Sieb. et Zucc.)等种类,为重要的用材及庭院观赏树种;红豆杉属树木的树皮及枝叶中含有抗癌活性物质紫杉醇,也是重要的药用植物。

(2)白豆杉属(*Pseudotaxus*)　本属与红豆杉属的主要区别为小枝近对生或近轮生。叶背面有两条白色气孔带。种子成熟时，肉质假种皮白色。仅有白豆杉[*P. Chienii* (Cheng) Cheng]1 种，为我国特有树种，产于浙江、江西、湖南、广东、广西等省区。

图 9-36　三尖杉(*Cephalotaxus fortunei* Hook. f.)枝叶及核果状种子（李新华摄）

图 9-37　南方红豆杉(*Taxus wallichiana* var. *mairei*)

(3)榧树属(*Torreya*)　常绿乔木，小枝近对生或近轮生。叶交叉对生或近对生，条形或条状披针形，质地较硬，先端有刺状尖头。种子核果状，全部包被于肉质假种皮中。榧树(*T. grandis* Fortune ex Lindley)，叶条形，下面淡绿色，中脉两侧各具 1 条褐色的气孔带。种子椭圆形或卵圆形，长 2～4.5 cm，径 1.5～2.5 cm，成熟时肉质假种皮淡紫褐色。我国特有树种，产于江苏南部、浙江、福建、江西北部、安徽南部、湖南等地。榧树为优良的用材树种，种子为著名的干果，亦可榨油食用(图 9-38)。

5. 买麻藤纲(Gnetopsida)

主要特征　灌木或缠绕木质藤本；次生木质部常具导管。单叶对生或轮生，叶片形状多样，绿色扁平似双子叶植物，或呈长带状而似单子叶植物，或退化为细小的膜质鞘状。孢子叶球单性，具膜质囊状或肉质管状的假花被。种子包被于由假花被发育而成的假种皮中。

分类：买麻藤纲含 3 科 3 属约 80 种。我国有 2 科 2 属 19 种及 4 变种。

1)麻黄科(Ephedraceae)

常为灌木，茎直立或匍匐，分枝多，小枝对生或轮生，绿色，圆筒形。叶退化为膜质，2～3 叶合生为鞘状，先端具三角状裂齿，黄褐色或淡黄白色。雌球花的苞片在种子成熟时多发育为肉质，红色或橘红色。假花被发育为革质假种皮。种子具 2 个子叶。本科多数种类含麻黄碱等生物碱，为重要的药用植物；麻黄科植物常生于干旱山地及荒漠中，有固沙保土作用。仅麻黄属 (*Ephedra*)1 属，约 40 种。我国有 12 种及 4 变种。

图 9 - 38 榧树(香榧)(李新华摄)

常见种草麻黄(*E. sinica* Stapf)，草本状灌木，木质茎短或呈匍匐状。叶 2 裂。雌球花卵圆形，具苞片 4 对。生物碱含量丰富，为提取麻黄碱的主要植物种类。主要分布于华北、东北等地。

2)买麻藤科 (Gnetaceae)

常绿木质藤本，稀为灌木或乔木。单叶对生，有叶柄，无托叶；叶片平展，具羽状叶脉，类似双子叶植物。胚珠具两层珠被，外珠被与假花被合生并发育为假种皮。种子核果状，包于红色或橘红色肉质假种皮中；子叶 2 枚。仅买麻藤属(*Gnetum*)1 属，30 余种，我国产 7 种。

买麻藤(*G. montanum* Markgr.)(图 9 - 39)，叶通常矩圆形，长 10～25 cm，宽 4～11 cm。种子卵圆形或矩圆形，长 1.5～2 cm，径 1～1.2 cm，成熟时黄褐色或红褐色。

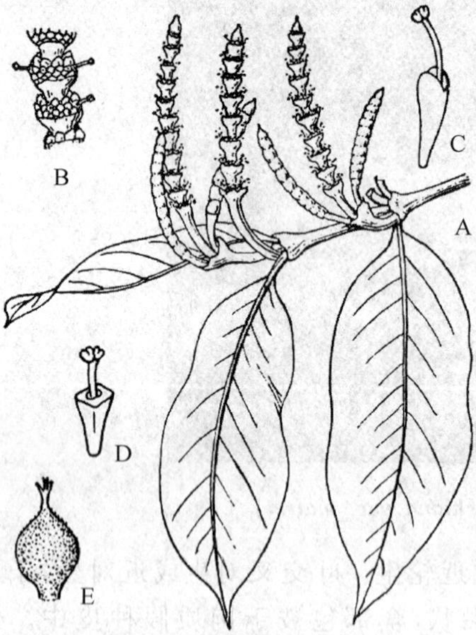

图 9 - 39 买麻藤 (*Gnetum montanum* Markgr.)

A. 小孢子叶球序枝；B. 小孢子叶球序部分放大；C～D. 小孢子叶；E. 大孢子叶

3)百岁兰科 (Welwitschiaceae)

本科仅含百岁兰[*Welwitschia mirabilis* (Hook. f.)](图 9 - 40) 1 种植物，常绿木本植物，茎部粗短，有圆锥根深入地下，成年植物体终生只具有 1 对大型带状叶子，长达 2～3 m。百岁兰叶片顶端受水分缺失及衰老影响会渐渐死亡，叶片基部也受茎端不均匀生长的影响而分裂成数条带状叶片。特产于非洲的纳米比亚和安哥拉，常生长在大西洋沿岸的沙漠中。百岁兰可存活千年以上，国外文献称百岁兰寿命可达 2 000～3 000 年。

图 9-40　百岁兰(*Welwitschia mirabilis* Hook. f.)及其生境

左图：A. 具 2 片大型叶、已经产生孢子叶球的百岁兰；B. 由于截形茎顶端的不均匀生长，导致叶片出现分裂。C. 沙漠中的百岁兰

小　结

植物界遵循由水生到陆生，由简单到复杂，由低等到高等的进化规律，经过漫长的演化，形成了形态各异、丰富多样的植物类群。为了研究问题的方便，必须了解植物的分类方法（人为分类法和自然分类法）、植物的分类单位（界、门、纲、目、科、属、种）、植物的命名法则（采用双名法与三名法）以及植物检索表的编制与应用。

根据植物的形态结构，生活习性和生活史等特征可以将植物界划分为低等植物与高等植物。

低等植物的植物体无根、茎、叶的分化，有性生殖器官是单细胞的，合子不形成胚而直接发育成新个体。低等植物包括藻类植物、菌类植物和地衣植物。

藻类植物常生活在水中，是一群具有光合色素，能独立生活的自养原植体植物，根据其所含色素的种类，细胞结构，贮藏物质和生殖方式可以将藻类植物分为蓝藻门、绿藻门、金藻门、红藻门和褐藻门等。

菌类通常是不具光合色素的异养植物，包括细菌、黏菌和真菌植物。细菌为原核生物，有细胞壁，无真正的细胞核，单细胞，一般无有性生殖。黏菌无细胞壁，有真正的细胞核，生殖时产生具有纤维素细胞壁的孢子囊。真菌一般是多细胞构成的，形成菌丝，有细胞壁和细胞核，生殖方式多样。

地衣植物是藻菌共生体，藻类制造有机物质供给菌类养料，菌类吸收水分及无机盐供给藻类植物利用。

高等植物主要为陆生，植物体有了根、茎、叶的分化，有性生殖器官是多细胞的，合子形成胚而发育成新个体。高等植物包括苔藓植物、蕨类植物、裸子植物和被子植物。

苔藓植物生长在阴湿的环境中，无真正的根和维管组织，生殖器官出现了多细胞组成颈卵器和精子器。生活史中出现胚，在世代交替中配子体占优势，孢子体寄生在配子体上。

蕨类植物出现了原始的输导组织管胞和筛胞，孢子体有了根、茎、叶的分化。在蕨类植物的生活史中配子体和孢子体都能够独立生活，但孢子体占优势。

裸子植物出现胚珠和种子，但种子裸露；生活史中孢子体发达，配子体简化，并寄生在孢子体上，具有退化的颈卵器；产生了花粉管，更加适应陆地生活。

思 考 题

1. 蓝藻的原始特征表现在哪几个方面？
2. 为什么说绿藻是高等植物的祖先？
3. 列表比较藻类植物各门的形态结构和生活史的异同。
4. 低等植物和高等植物的主要区别是什么？它们各分为哪几类？
5. 比较苔藓植物、蕨类植物和裸子植物，说明它们的进化趋势。

第十章　被子植物及其主要分科

植物在长期的演化过程中，维管组织在结构组成上更加复杂，功能上更加完善；在生活型及传粉机制上更加多样；最终形成了具有真正花和果实的被子植物（Angiosperm）。被子植物独特的受精方式，增强了子代对环境的适应能力；花和果实更加有利于种子的保护及其散布。被子植物是植物界最高级、最进化的类群，具有极其丰富的形态多样性与物种多样性。因此，自新生代以来，被子植物就在地球上占据着绝对优势。被子植物对于自然界动物等其他生物类群以及人类社会都具有非常重要的资源价值与生态功能。

第一节　被子植物的一般特征

（1）具有真正的花　被子植物典型的花由花萼、花冠、雄蕊群和雌蕊群四个基本部分组成。被子植物花的各组成部分在形态及其数目上，呈现出极其丰富的变异式样，能够适应于风、昆虫等动物甚至水等不同传粉媒介，具有高度的进化和适应意义。

（2）具有真正的果实　被子植物的果实由受精后的子房发育而来，胚珠位于子房内，得到更好的保护，避免了昆虫的咬噬和水分的丧失。果实在颜色、气味，以及果皮有翅、刺、毛等附属结构，这对保护种子，帮助种子传播起着重要的作用。

（3）具有双受精现象　双受精现象为被子植物所特有。被子植物种子内的胚和胚乳分别为双受精作用的产物，使胚具有更强的生活力和环境适应能力。

（4）孢子体高度发达　被子植物的孢子体在形态、结构和组成上更加发达和完善，如在木质部中常有导管，韧皮部中有筛管，输导作用更强，能够更好地适应不同的环境条件。生活型等方面也具有高度多样性，既有绿色自养的植物，也有寄生和腐生的植物。

（5）配子体更加简化　被子植物的小孢子发育为雄配子体，雄配子体仅具 2 或 3 个细胞。雌配子体一般只有 7 个或 8 个细胞核，形成了被子植物所特有的胚囊，没有颈卵器。配子体寄生在孢子体上。

第二节　被子植物分类原则

经典被子植物的分类主要是根据植物的根、茎、叶、花、果实和种子及其附属物作为分类的标准，特别是花和果实由于性状稳定，用于分类的性状多已成为植物分类学上的重要依据。近年来出现的染色体分类、花粉形态、化学成分、数量分类以及通过对植物遗传系统的核基因组以及叶绿体基因组的研究来探讨植物系统发育和进化问题，对明确某些被子植物在系统演化上有争论的科、属位置，也起了重要的作用。

植物器官形态演化的过程，通常是由简单到复杂、由低级到高级的。被子植物形态构造的变化过程，是植物有机体适应环境的结果，一般公认的形态构造的演化规律和分类原则如表 10－1所示。

表 10-1 被子植物的分类原则

	初生的、原始的性状	次生的、较进化的性状
茎	1. 木本 2. 直立 3. 无导管只有管胞 4. 具环纹、螺纹导管	1. 草本 2. 缠绕 3. 有导管 4. 具网纹、孔纹导管
叶	5. 常绿 6. 单叶全缘 7. 互生(螺旋状排列)	5. 落叶 6. 叶形复杂化 7. 对生或轮生
花	8. 花单生 9. 无限花序 10. 两性花 11. 雌雄同株,虫媒花 12. 花部呈螺旋状排列 13. 花的各部多数而不固定 14. 花被同形,不分化为萼片和花瓣 15. 花部离生(离瓣花、离生雄蕊、离生心皮) 16. 整齐花 17. 子房上位 18. 花粉粒具单沟 19. 胚珠多数 20. 边缘胎座、中轴胎座	8. 花形成花序 9. 有限花序 10. 单性花 11. 雌雄异株,风媒花 12. 花部呈轮状排列 13. 花的各部数目不多,有定数(3,4 或 5) 14. 花被分化为萼片和花瓣,或单被花、无被花 15. 花部合生(合瓣花、具各种形式结合的雄蕊、合生心皮) 16. 不整齐花 17. 子房下位 18. 花粉粒具 3 沟或多孔 19. 胚珠少数 20. 侧膜胎座、特立中央胎座及基底胎座
果实	21. 单果、聚合果 22. 真果	21. 聚花果 22. 假果
种子	23. 种子有发育的胚乳 24. 胚小,直伸,子叶 2	23. 无胚乳,种子萌发所需的营养物质贮藏在子叶中 24. 胚弯曲或卷曲,子叶 1
生活型	25. 多年生 26. 绿色自养植物	25. 一年生 26. 寄生、腐生植物

表中所述各种器官的演化,在多数情况下是互相关联的,因此在讨论发育时不应孤立地强调某一器官的特征。同时在系统发育过程中,各性状的进化不是同步的。一个进化的植物种,并不代表它所有的性状都是进化的,经常能见到其有一些性状因各种原因而保留着原始性。因此,在评价植物的进化与原始的问题上,就不能孤立地强调某一器官的特征,而要全面分析。

现知被子植物共 1 万多属,30 多万种,占植物界的一半,我国有 2 700 多属,约 3 万种。如何将被子植物进行分类,科学家提出了多个分类系统,其中采用最多是美国著名植物学家克朗奎斯特(Arthur Cronquist)的被子植物分类系统,该系统于 1981 年发表在《一个有花植物的整合分类系统》一书中。克朗奎斯特将被子植物划分为 2 个纲,即木兰纲(Magnoliopsida),相当于双子叶植物纲(Dicotyledons),以及百合纲(Liliopsida),相当于单子叶植物纲(Monocotyledons)。这 2 个纲的主要区别见表 10-2。

表 10-2　双子叶植物纲与单子叶植物纲的主要区别

双子叶植物纲(木兰纲)	单子叶植物纲(百合纲)
胚一般具 2 片子叶	胚内仅含 1 个子叶
多为直根系	多为须根系
茎内维管束常呈环状排列,常具形成层叶常为网状脉序	茎内维管束常散生,一般无形成层,叶常为平行脉或弧状脉
花各组成部分通常为 5 或 4 基数,极少 3 基数	花各组成部分通常为 3 基数,极少 4 基数,但绝无 5 基数

克朗奎斯特的被子植物分类系统包含 11 个亚纲,共计 83 目 383 科。其中木兰纲含 6 个亚纲,共计 64 目 318 科;百合纲含 5 个亚纲,共计 19 目 65 科。本书亦遵循克朗奎斯特的被子植物分类系统,由于篇幅有限,本教材仅选择双子叶植物纲的木兰亚纲、金缕梅亚纲、石竹亚纲、五桠果亚纲、蔷薇亚纲、菊亚纲和单子叶植物纲中的泽泻亚纲、槟榔亚纲、鸭跖草亚纲、百合亚纲的一些重要的科进行介绍。

第三节　双子叶植物纲(木兰纲)

一、木兰科(Magnoliaceae)

花程式:⚥ $* P_{6\sim15} A_{\infty} \underline{G}_{\infty}$

主要特征:常绿至落叶乔木或灌木。单叶互生,全缘,稀分裂;托叶大,包被幼芽,脱落后在枝上留有明显的痕迹,称为托叶环痕。花单生,两性,辐射对称;花被无花萼与花冠的明显分化,花被片 3 基数,离生;雄蕊和雌蕊多数,离生,分别螺旋状排列于柱状花托的下部和上部,花托在果实成熟时膨大伸长。子房上位。聚合蓇葖果,稀为聚合翅果。

识别要点:木本,枝条上有环状托叶痕;花萼、花瓣不分,雌、雄蕊多数;聚合蓇葖果。

本科全世界现有 15 属 250 多种;我国有 11 属 130 种,主要分布在华南和西南。

1. 木兰属

花单生于枝的顶端。玉兰(*Magnolia denudata*)(图 10-1),又名白玉兰,为落叶乔木,叶倒卵形。花单生枝顶,先叶开放,白色,芳香,花被片 9。为著名的观赏树种。紫玉兰(*M. liliflora*),又称辛夷,为落叶灌木,花常先叶开放,紫色或紫红色。为著名的观赏树种。花蕾入药,治头痛、鼻窦炎等。荷花玉兰(*M. grandiflora*)(图 10-2),又名洋玉兰、广玉兰,为常绿乔木,叶革质,上面光亮,下面常密被锈色短绒毛,花白色,芳香。原产于美国东南部,我国南部地区广泛栽培作绿化及观赏树种,可耐受零度以下的低温,对二氧化硫、氯气等污染气体也有较强的抗性。

目前,一些学者已经将玉兰、紫玉兰等多数种类从传统的木兰属中分离出来,另置于玉兰属(*Yulania*)中,在英文版的《中国植物志》中,木兰属仅含有荷花玉兰 1 种植物。

2. 含笑属

本属与木兰属的主要区别在于花单生于叶腋,有雌蕊群柄。含笑(*Michelia figo*),为常绿灌木,芽、嫩枝和花梗均密生黄褐色绒毛。叶革质,花单生叶腋,淡黄色,花被片边缘有时红色或紫色，具浓郁的芳香。常栽培供观赏。白兰花(*M. alba*)，常绿乔木或呈灌木状。花白色，芳香，花被片狭窄，披针形。原产印度尼西亚，我国南部地区广泛栽培作观赏树种。

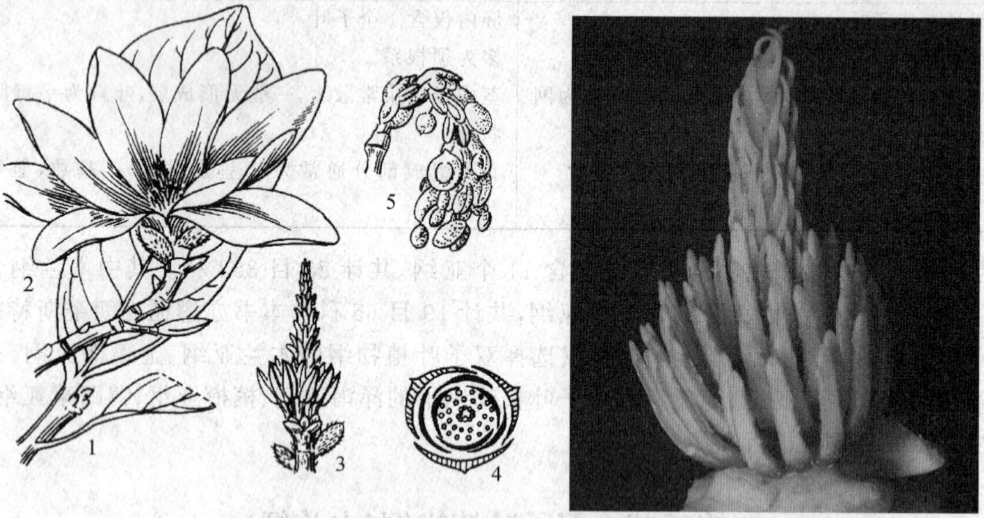

图 10-1 玉兰(左:引自华东师范大学;右:雄蕊和雌蕊的排列 刘琳莉摄)

1. 叶枝;2. 花枝;3. 雄蕊和雌蕊群;4. 木兰科花图式;5. 果实

图 10-2 玉兰和荷花玉兰(刘琳莉摄)

左:玉兰的花;右:荷花玉兰的聚合蓇葖果

3. 鹅掌楸属

叶片分裂，果实为聚合翅果。鹅掌楸(*Liriodendron chinense*)，为高大落叶乔木，叶片分裂，背面粉白色，每边常有 2 个裂片，形似马褂，又名马褂木。花杯状，淡黄绿色至淡绿色，直径 4～7 cm。叶型奇特，秋季可变为金黄色，为优美的行道树。本属另有一种北美鹅掌楸(*L. tulipifera*)，产北美洲，与鹅掌楸的区别主要为叶片每边常有 2～4 个较短的裂片，背面淡绿色。本属植物果实为聚合翅果，而与木兰科常见的聚合蓇葖果明显不同。

木兰科是双子叶植物中最原始的科，其原始性状表现为木本，单叶；花两性，无萼片与花瓣的分化；雄蕊和雌蕊多数，离生，花丝与花药分化不显著；蓇葖果，种子内胚小而胚乳丰富等。

二、莲科(Nelumbonaceae)

花程式:⚥ $* P_{\infty} A_{\infty} \underline{G}_{\infty}$

主要特征:多年生直立水生草本,有白色乳汁。根状茎平伸,粗大。叶盾状,近圆形,常高出水面。花大,单生,花柄长,常高于叶;花被片22～30个,外面4～5个绿色,呈萼片状,较小,向内渐大,呈花瓣状;雄蕊多数,螺旋状着生,早落;心皮多数,常12～40,离生。聚合坚果,每个小坚果都下陷在膨大的海绵质花托内,果皮革质。种子胚大,无外胚乳及胚乳。花粉粒具3个萌发孔。

识别要点:水生草本,花被片多,雄蕊多数,螺旋状着生,心皮多数,离生。聚合坚果着生在下陷的海绵质花托内。

本科仅含莲属1属。莲(*Nelumbo nucifera*)(图10-3),又叫荷花。根状茎白色,粗大,中有孔道,切断后有丝状维管束相连。叶柄及花柄表面具稀疏的细刺,内部有孔道。花颜色为红色、粉红色或白色。莲为重要的水生经济植物及观赏植物,根状茎(藕)、果实(莲子)除供食用外,叶(莲叶)、子叶(莲心)、花托(莲房)等都可供药用。莲的种子寿命很长,在适宜的情况下,在土中埋藏3 000年以上仍具有发芽力。

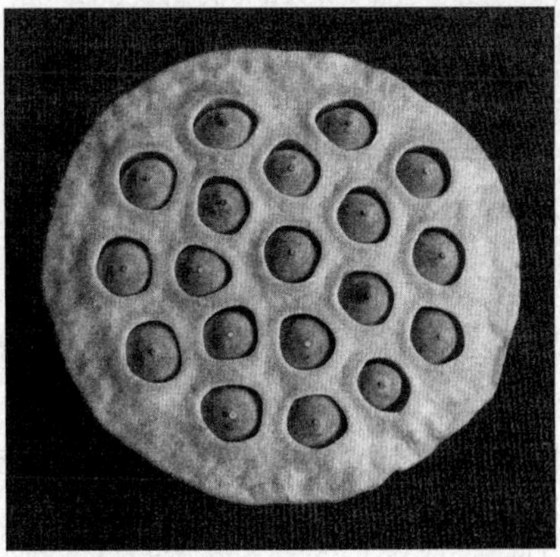

图10-3　莲

左:荷叶及花(李新华摄);右:莲的花托及多个坚果(胡金良摄)

三、睡莲科(Nymphaeaceae)

花程式:⚥ $* K_{4\sim6,14} C_{8\sim\infty,0} A_{\infty} G_{(3\sim\infty)}$

主要特征:水生草本。有根状茎或块状茎。叶片心形至盾状,浮于水面,有时伸出水面或沉于水中。花单生,花梗长。萼片4～6,稀14,有时呈花瓣状;花瓣8至多数,常过渡成雄蕊,稀缺花瓣;雄蕊多数,离生;雌蕊由3至多数心皮合生而成,子房上位、半下位至下位,多室。果实浆果状,至少下部为海绵质。种子多数,常具假种皮,种子胚小,具胚乳及丰富的外胚乳。花粉粒为单萌发孔。

识别要点:水生草本,叶片心形至盾状,雄蕊多数;雌蕊由3至多数心皮合生,果实浆果状。

睡莲科常见的植物介绍如下。

1. 睡莲属

叶片及果实无刺，子房半下位。睡莲(*Nymphaea tetragona*)(图 10-4)，叶近圆形，基部深心形弯缺。花有白、黄、紫红等色，萼片 4。我国各地常见栽培供观赏。

图 10-4 睡莲叶及花(李新华摄)

2. 芡属

植物全体表面有刺，子房下位。芡(*Euryale ferox*)，叶片圆盾状，具刺，直径可达 1.2 m，浮于水面，叶柄细圆柱形，表面具密集的细刺。子房下位。果浆果状，海绵质，内含种子 8～20 粒，种子具肉质假种皮，通称鸡头米或称芡实，可食用或入药。我国各地都有，生于池塘或湖泊中。

3. 王莲属

叶圆形，边缘向上卷起。王莲(*Victoria V. amazonica*)叶圆形，直径可达 2 m，四周卷起，可负重数千克。原产南美洲亚马逊河，我国引种栽培，为著名水生观赏植物。

四、毛茛科(Ranunculaceae)

花程式：⚥ *，↑ $K_{3\sim\infty}\,C_{0\sim\infty}\,A_{\infty}\,\underline{G}_{\infty\sim1}$

主要特征：草本或藤本。叶无托叶，基生或互生，少数对生，常分裂或为复叶。花常两性，辐射对称或两侧对称；萼片 3 至多数，常为 5 个，有时花瓣状或基部变成距；花瓣 3 至多数，常为 5 个，或花瓣缺；雄蕊多数，离生，螺旋状排列于膨大的花托上；雌蕊少数至多数，离生，稀为 1 个。果实多为聚合瘦果或聚合蓇葖果。

识别要点：草本，叶分裂或为复叶；雌、雄蕊多数，离生，螺旋状排列于膨大的花托上；聚合瘦果或聚合蓇葖果。

本科约 50 属 2 000 种，多见于北温带及寒带；我国有 39 属 750 种。

1. 毛茛属

多年生草本。花辐射对称，黄色，花萼、花瓣均 5 枚，雌、雄蕊均多数，离生；聚合瘦果。多为有毒植物，可作土农药。毛茛(*Ranunculus japonicus*)(图 10-5)，全株密被白色长毛，基生叶 3 深裂或 3 全裂，聚合果呈球形。小毛茛(*R. ternatus*)(图 10-5)，高度常在 20 cm 以下。地下部分常具 5～8 个，甚至 10 个以上的卵形或近纺锤形块根；茎叶近光滑。

2. 铁线莲属

多为木质藤本，少数为直立小灌木或草本。复叶，稀单叶，对生。花辐射对称，萼片呈花瓣状，白色，花瓣缺；瘦果集成头状，成熟时花柱伸长呈羽毛状。单叶铁线莲(*Clematis henryi*)，常绿藤本，单叶对生。女萎(*C. appifolia*)，小枝、花序有短柔毛；3 出复叶对生，小叶常 3 浅裂，边缘有缺刻状粗锯齿。

3. 乌头属

多年生或一年生草本。根为直根或块根。茎直立或缠绕。花两侧对称，萼片 5，花瓣 2 片退化成蜜腺。蓇葖果。乌头(*Acotinum carmichaeli*)，块根倒圆锥形；萼片蓝紫色，上萼片高盔状。主根入药叫乌头，侧根叫附子，含乌头碱等生物碱，有剧毒。

毛茛科植物也是双子叶植物中最原始的科之一，但本科多为草本或藤本，部分种类具复叶及两侧对称的花，萼片、花瓣及心皮数目均有减少的趋势，故毛茛科比木兰科更加进化。

图 10-5　毛茛和小毛茛

左：毛茛(引自《江苏植物志》)；右：小毛茛雌、雄蕊群(胡金良摄)

A. 植株；B. 花；C. 花瓣；D. 雄蕊；E. 瘦果；F. 聚合瘦果；G. 花图式

五、金缕梅科(Hamamelidaceae)

花程式：$* K_{(4\sim5)} C_{4\sim6,0} A_{4\sim5,\infty} G_{(2:2)}$

主要特征：常绿或落叶的乔木或灌木，常具星状毛。单叶，互生，多有托叶。头状花序或总状花序；花两性或单性同株；花萼 4～5 裂，萼筒子房合生；花瓣与萼片同数，或缺失；雄蕊 4～5，有时多数；雌蕊由 2 个心皮合生构成，子房下位或半下位，稀上位，2 室，花柱 2，分离，宿存。蒴果，常木质化，有 2 尖喙。

识别要点：木本，具星状毛；萼筒子房合生；子房下位或半下位；花柱宿存；蒴果常木质化。

金缕梅科有 27 属 130 余种，主要分布在亚洲的亚热带地区；我国有 17 属 80 余种。常见的介绍如下。

1. 枫香属

枫香(*Liquidambar formosana*)(图10-6)，落叶大乔木。叶常掌状 3 裂。花单性同株，头状花序。头状果序成熟时球形，直径 2.5～4.5 cm，下垂，宿存花柱及萼片木质化，呈针刺状。入秋叶可变为红色。我国黄河以南地区

图 10-6　枫香叶及头状花序(李新华摄)

常见分布。

2. 檵木属

檵木(*Loropetalum chinense*),落叶灌木,稀为小乔木,有锈色星状毛。花瓣白色,线形,产长江以南地区。红花檵木(*L. chinense* var. *rubrum*),叶片紫红色或暗红色,花瓣紫红色。我国各地园林中普遍栽培。

六、榆科(Ulmaceae)

花程式:$*\ K_{4\sim9}C_0A_{4\sim9}\underline{G}_{(2:1)}$

主要特征:落叶乔木或灌木,稀常绿。单叶,互生,叶缘常有锯齿,基部常不对称。花小,两性或单性同株,单生或集成聚伞花序;单花被,萼片4~9,多为5个;雄蕊4~9,多为5个,有时为萼片数目的两倍;雌蕊由2个心皮合生构成,子房上位,每室1胚珠,花柱2。翅果、坚果或核果。本科有18属150余种,广泛分布于热带及温带地区,尤其在北半球很常见。

识别要点:木本;单叶,叶缘常有锯齿,基部常不对称;单花被,雌蕊由2个心皮构成。

本科有18属150余种,主要分布在北温带。我国约有8属50余种,常见的介绍如下。

1. 榆属

叶片羽状脉显著,翅果扁平。榆树(*Ulmus pumila* L.),落叶乔木,树皮粗糙、纵裂。叶缘有单锯齿。花在春季先叶开放。翅果近圆形,长1~2 cm。我国大部分地区都有分布,常见于村落的房前屋后。幼叶和嫩果可食用或作饲料。榔榆(*U. parvifolia*)(图10-7),落叶乔木,树皮呈圆片状剥落。叶缘有单锯齿。秋季开花,翅果椭圆形,我国大部分地区都有分布。

2. 榉属

叶片羽状脉显著,核果。榉树(*Zelkova schneideriana*),落叶乔木,树皮灰色或红棕色。叶片边缘具钝锯齿,表面粗糙,表面密生柔毛。雄花簇生,雌花单生。核果上部歪斜,直径2.5~4 mm。产黄河流域以南。

图10-7 榔榆枝叶及果实(李新华摄)

3. 朴属

叶基部脉3出,核果。朴树(*Celtis sinensis*),叶宽卵形至狭卵形,长4~7 cm,宽3~4 cm,叶缘中上部有锯齿。核果单生叶腋,成熟时红褐色,直径4~5 mm,果柄与叶柄近等长。产黄河流域以南。大叶朴(*C. koraiensis*),叶宽卵形至卵圆形,先端伸出1~3个尾状长尖,叶缘有粗大锯齿。核果卵球形,暗黄色,直径1~1.2 cm。主产淮河以北地区。

4. 青檀属

叶基部脉3出,具翅的坚果。青檀(*Pteroceltis tatarinowii*)落叶乔木,树皮淡灰色,薄片状脱落。叶卵形,边缘有锐锯齿。花单性同株。坚果两侧具翅,近方形或近圆形,先端凹缺,果熟时翅木质化。我国特产树种,分布广泛,茎皮纤维为宣纸的原料。

七、桑科(Moraceae)

花程式：$♀ * K_{4\sim5} C_0 \underline{G}_{(2:1)}$；$♂ * K_{4\sim5} C_0 A_{4\sim5}$

主要特征：乔木、灌木、藤本，稀为草本，常有乳汁。单叶互生，少对生，托叶早落。花小，单性，雌、雄同株或异株，排列成密集的葇荑花序、头状花序、隐头花序或复聚伞花序；单被花，萼片1～8，常为4～5个，分离或基部联合；雄蕊常与萼片同数，并与之对生；雌蕊常由2合生心皮构成，子房上位，1室。果实为多个小瘦果组成的聚花果，每个瘦果附着膨大的肉质花被，有时多个瘦果包被于凹陷的花序轴内，形成隐头果或隐花果。

识别要点：木本，常有乳汁。花单性，单被；雄蕊与萼片同数对生；聚花果。

桑科约69属1 400多种，主产热带和亚热带；我国有18属164种，常见的介绍如下。

1. 桑属

葇荑花序，聚花果。桑(*Morus alba.*)(图10-8和图10-9)，落叶乔木或灌木，树皮灰黄色或黄褐色。叶基部掌状3～5出脉，边缘有锯齿或多种分裂，表面无毛。原产我国，桑叶为蚕的主要饲料；果实称桑葚，可生食。

图10-8　桑

左：引自《江苏植物志》；右：桑的聚花果　(刘琳莉摄)

A. 雌枝；B. 雄花序；C. 雌花序；D. 雄花；E. 雌花；

F. 雄花花图式；G. 雌花花图式

2. 构属

雄花集聚为葇荑花序，雌花排列为头状花序，聚花果。构树(*Broussonetia papyrifera*)，落叶乔木或灌木。叶阔卵形，两面密生柔毛。聚花果红色。

3. 榕属

常绿或落叶的乔木、灌木或攀缘的藤本。托叶合生，包围顶芽，脱落后在枝上留有环状托叶痕。隐头花序，隐花果。无花果(*Ficus carica*)，落叶小乔木。掌状叶脉，表面粗糙，背面有短毛。隐头花序单生叶腋，梨形。原产地中海地区，我国南部地区广泛栽培。薜荔(*F. pumila*)，常绿攀缘藤本。叶异型，在不育枝上叶小，心状卵形，长度多在2.5 cm以下，宽度在1.5 cm以下；而在生花序的枝上的叶大，长3～9 cm，宽2～6 cm。隐头花序单生叶腋，隐花果梨形或倒卵形。我国南部地区有生长。成熟果实可制作凉粉食用。印度胶树(*F. elastica*),又名橡皮树。常绿乔木,含丰富的白色乳汁,可作橡胶原料。叶厚革质,长椭圆形,全缘,侧脉平行。原产印度,我国引种栽培供观赏。菩提树(*F. religiosa*),又称思维树。叶三角状卵形,顶端骤尖,延长为线状尾尖。在我国南亚热带地区有栽培。

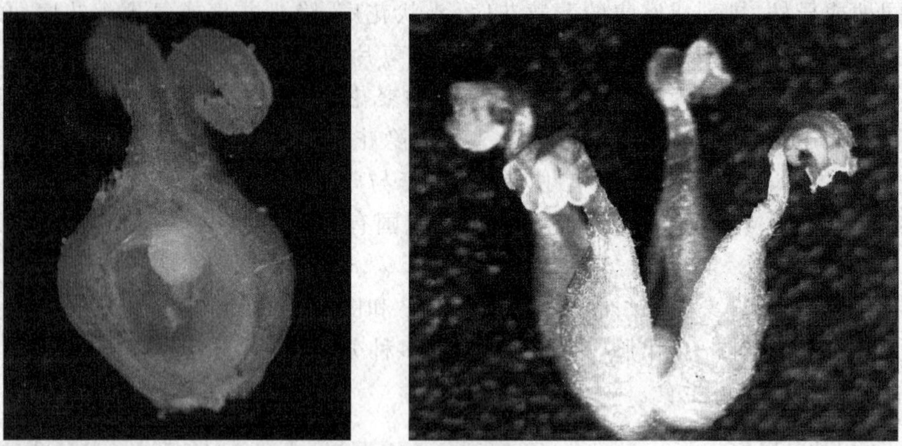

图 10-9 桑花

左:桑的雌花(刘琳莉摄);右:桑的雄花(胡金良摄)

八、胡桃科(Juglandaceae)

花程式:♀:$K_{(3\sim5)}\overline{G}_{(2:1)}$;♂:$K_{(3\sim6)}A_{3\sim\infty}$

落叶乔木,稀灌木;奇数羽状复叶互生,无托叶。花单性,雌雄同株;雄花成下垂的葇荑花序,花萼 3~6 裂,雄蕊 3 至多个;雌花单生或组成穗状花序,花萼与子房连生,3~5 浅裂,子房下位,1 室 1 胚珠。核果或翅果;种子无胚乳,子叶常皱折,含油脂。染色体:$X=16$。

识别要点:落叶乔木,羽状复叶;花单性,单被;雄花成葇荑花序;子房下位;核果或翅果。

胡桃科约 8 属 60 种,分布于北半球;我国有 7 属 25 种。

1. 胡桃属

乔木;雌雄异株,雌花序直立,雄花序侧生下垂;核果,果实成熟后,肉质外果皮干后成纤维状,不规则开裂。核桃(*Juglans regia*)(图 10-10)原产欧洲和西亚,由张骞出使西域时引入,故称“胡桃”,为重要的木本油料作物。野核桃(*J. cathayensis*)为野生果树,果壳厚,仁小,可食;树皮可取纤维;实生苗可作嫁接核桃的砧木。

2. 山核桃属

小枝髓坚实;核果,外果皮不规则 4 裂。约 30 种,我国有 5 种。山核桃(*Carya cathayensis*)俗称“小核桃”,为华东地区常见的油料作物和著名干果,果实可食。薄壳山核桃(*C. illinoensis*)核果长椭圆形,原产北美,常栽培作行道树。

本科常见的植物还有:枫杨(*Pterocarya stenoptera*)枝条髓部薄片状;雌雄同株,雌花序和雄花序均为葇荑花序;翅果,南北均产,各地广泛栽培作行道树。叶有毒,能消灭血吸虫的中间寄主钉螺,也可杀虫。化香(*Platycarya strobilacea*)树皮含单宁,可提栲胶,为我国华东、华南、华中和西南地区的常见种。青钱柳(*Cyclocarya paliurus*)果翅连成圆盘状;广布于长江以南各省区，供观赏。

图 10-10　核桃

左：核桃（引自胡宝忠，2002）；右：核桃的雌花（刘琳莉摄）

A. 雄花枝；B. 雄花；C. 雄花背面观；D. 雄蕊；E. 雌花枝；F. 雌蕊；

G. 果枝；H. 果核；I. 果核纵切；J. 雄花花图式；K. 雌花花图式

九、壳斗科（山毛榉科）（Fagaceae）

花程式：♀：$K_{(6,4\sim9)}C_0\overline{G}_{(3\sim6:3\sim6)}$；♂：$K_{(6,4\sim9)}C_0A_{6\sim12,4\sim90}$

主要特征：常绿或落叶的乔木或灌木。单叶互生，全缘或分裂，羽状脉直达叶缘，托叶早落。花单性，常雌雄同株，无花瓣；雄花成葇荑花序，花萼 4～9 裂，常具 6 个萼片；雄蕊和萼裂片同数或为其倍数；雌花单生或簇生，雌蕊群常由 3～6 个合生心皮构成，子房下位，花柱数目同心皮数目。果实为坚果，单生或 1～3 个生于总苞中，总苞在果实成熟时常木质化，呈杯状或囊状，部分或全部包围坚果，称为壳斗。

识别要点：木本。花单性，雌雄同株，无花瓣；雄花成葇荑花序。坚果外有壳斗。

本科约 8 属 900 种，我国有 6 属 300 种，常见的介绍如下。

1. 栗属

落叶乔木，少为灌木；小枝无顶芽。雄花为直立葇荑花序。壳斗完全包住坚果，外面密生针状长刺。板栗（*Castanea mollissima*）（图 10-11），叶背面有星状短绒毛或长单毛。壳斗内坚果 2～3 个，常为 2 个，坚果扁球形，暗褐色，直径 2～3 cm。我国多数地区栽培，为重要经济树种。茅栗（*C. sequinii*），叶背面有多数鳞片状腺点。壳斗内常有坚果 3 个，坚果扁球形，较板栗小，直径 1～1.5 cm。主产黄河以南地区。坚果可食用或酿酒，幼树可作嫁接板栗的砧木。

2. 石栎属

常绿乔木，小枝有顶芽。叶革质，常全缘。雄花为直立葇荑花序。壳斗部分包住坚果。石栎（*Lithocarpus glaber*），叶椭圆形。坚果单生，壳斗浅杯状，包住坚果的 1/4 左右，总苞片鳞片状。

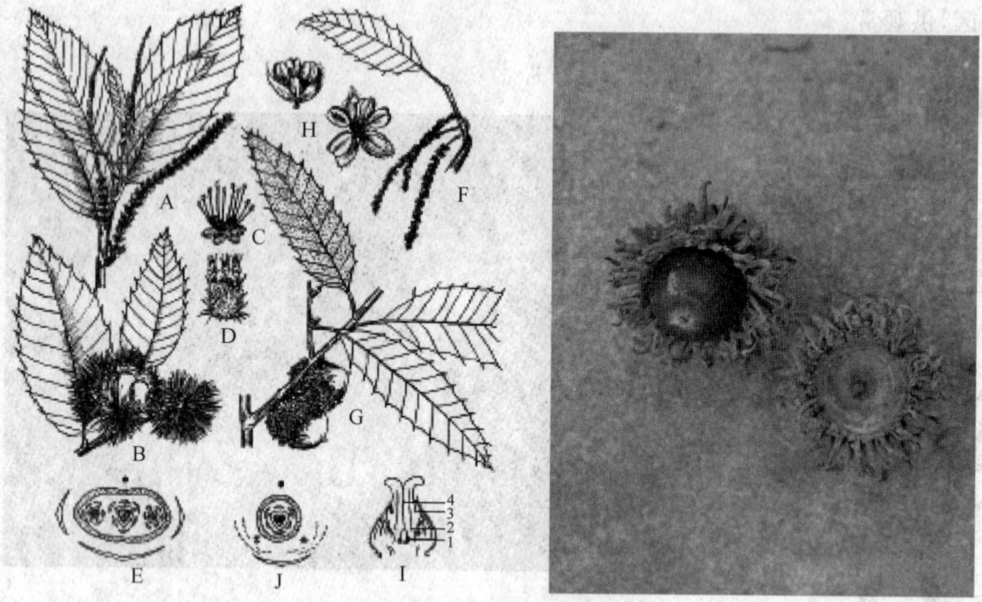

图 10-11　板栗和栓皮栎

左：板栗和栓皮栎(引自周云龙，1999)；右：栓皮栎的坚果及壳斗(李新华摄)

A～E：板栗(A. 花枝；B. 果枝；C. 雄花；D. 雌花；E. 雌花花图式)；F～J：栓皮栎(F. 花枝；G. 果枝；H. 雄花；I. 雌花纵剖(1. 胚珠；2. 总苞；3. 花被；4. 花柱)；J. 雌花花图式)

3. 青冈属

常绿乔木。叶全缘或有锯齿。雄葇荑花序下垂。壳斗上总苞片排列成同心环带。青冈(*Cyclobalanopsis glauca*)，叶边缘中上部有锯齿，背面灰白色。壳斗杯状，包住坚果的 1/3～1/2，总苞片排列成 5～8 条同心环带。主产长江以南地区，为常绿阔叶林的重要组成树种。

4. 栎属

落叶或常绿的乔木或灌木。叶边缘有锯齿，稀全缘。雄葇荑花序下垂。壳斗上总苞片螺旋状排列。栓皮栎(*Quercus variabilis*)(图 10-11)，树皮木栓层厚而软。叶椭圆状披针形，边缘有尖锯齿，齿端呈刺芒状，背面有灰白色星状细绒毛。壳斗杯状，包住坚果的 2/3 以上，总苞片锥形，粗刺状，反曲。产辽宁、河北、山西、陕西、甘肃以南各省区。树皮为优良的软木原料。麻栎(*Q. acutissima*)(图 10-12)，与栓皮栎的主要区别为树皮木栓层薄或无，叶背无星状毛。槲树(*Q. dentata*)，叶倒卵形或倒卵状椭圆形，叶边缘有 4～10 个波状钝齿。壳斗杯状，披针形，柔软反曲。

十、藜科(Chenopodiaceae)

花程式：$*K_{5\sim3}C_0A_{5\sim3}\underline{G}_{(2\sim3:1)}$

主要特征：草本，有时灌木，稀为小乔木，常常附着有粉状或皮屑状物。单叶，互生，稀对生，多全缘，有时边缘具齿或分裂，多少肉质，有时退化。花小，两性或单性；萼片常 5，草绿色或灰绿色，花后常增大宿存；花瓣缺；雄蕊与萼片同数而对生；雌蕊常由 2～3 心皮结合而成，1 室，有 1 弯生胚珠着生于子房基底。果实多为胞果(果皮薄，囊状，不开裂。内含 1 粒种子)，常附着在宿存的花萼或小苞片中。

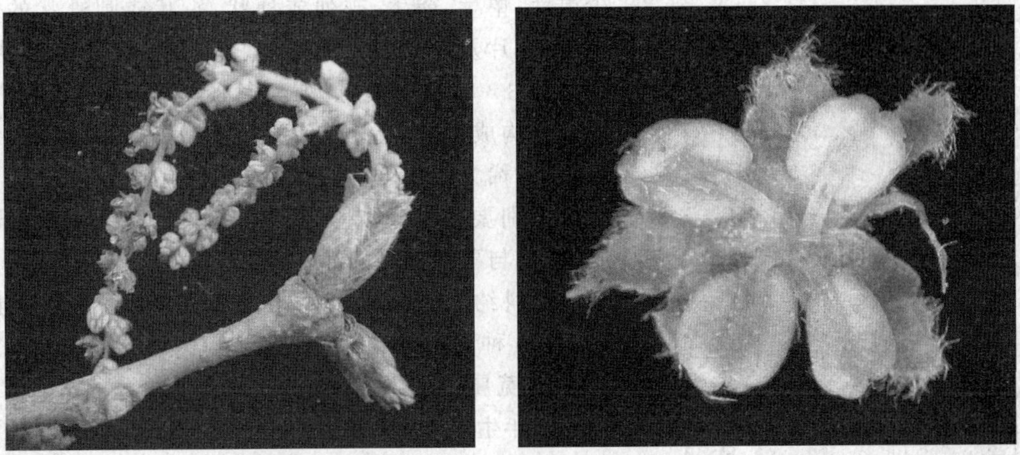

图 10-12　麻栎（刘琳莉摄）

左：麻栎的雄花序；右：雄花

识别要点：草本，常有粉粒；花小，单被；雄蕊与萼片同数对生；胞果，胚环形。

本科约 102 属1 400多种，多生海边和荒漠地区；我国有 39 属 188 种，常见的有以下 3 个属。

1. 菠菜属

一年生草本，全株光滑。花单性，雌雄异株。菠菜（*Spinacia oleracea*），叶片卵形或戟形。萼片 4，雄蕊 4。原产伊朗，世界各地普遍栽培作蔬菜。

2. 甜菜属

一年生至多年生草本，全株无毛。花两性。甜菜（*Beta vulgaris*），多年生草本，叶片长卵形，全缘或波状卷曲。根肥厚、纺锤形，多汁。萼片 4，雄蕊 4。原产地中海地区及欧洲，现各国普遍栽培，根含甜菜碱等天然有机化合物，为制糖原料。

3. 藜属

一年生至多年生草本，多有粉粒及腺状毛。花两性。藜（*Chenopodium album*）（图 10-13），茎有沟纹或绿色条纹，常红紫色。叶菱状卵形，边缘有不规则牙齿或浅齿。我国广布的杂草。土荆芥（*C. ambrosioides*），叶长椭圆形至披针形，边缘有钝齿或波状疏齿，背面有黄褐色腺点，有强烈的芳香气味。原产热带美洲，我国南部地区比较常见。全草含土荆芥油，能够杀虫止痒。

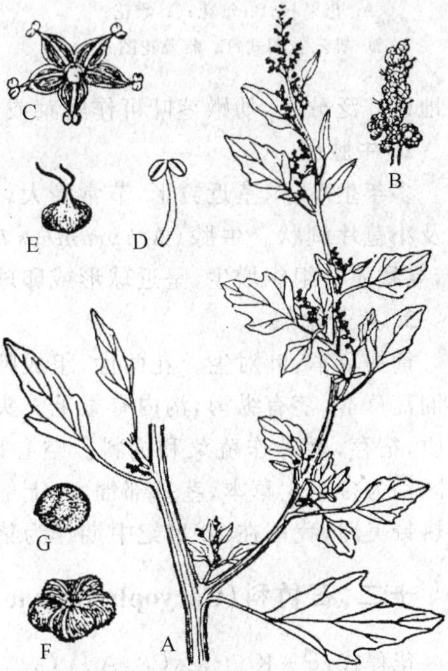

图 10-13　藜

A. 植株；B. 花序；C. 花；D. 雄蕊；E. 雌蕊；F. 胞果；G. 种子

十一、苋科（Amaranthaceae）

花程式：$⚥ * K_{3\sim5}\,C_0\,A_{3\sim5}\,\underline{G}_{(1\sim3:1)}$

主要特征：多为草本，少为灌木或藤本，稀为乔木。单叶互生或对生，无托叶。花小，两性，

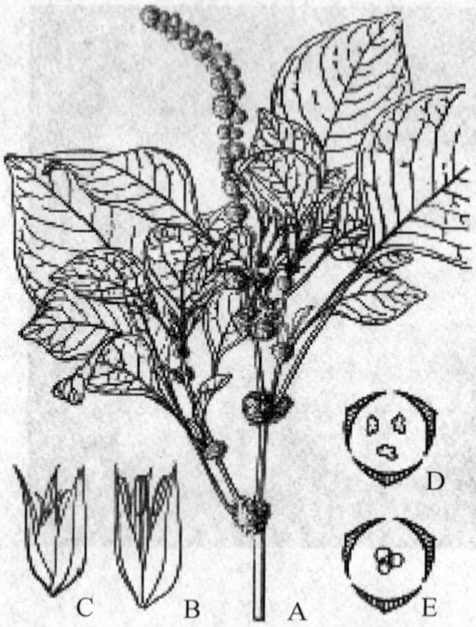

图 10-14 苋菜（重修自《江苏植物志》）
A. 花果枝；B. 雄花；C. 雌花；
D. 雄蕊花图式；E. 雌蕊花图式

少单性；单生、簇生、排列成穗状、头状或圆锥状的聚伞花序；苞片及小苞片干膜质，小苞片有时呈刺芒状；萼片多为3～5，常干膜质；雄蕊多3～5；雌蕊由1～3个心皮合生构成；子房上位，稀半下位。果实为胞果、瘦果或蒴果，稀为浆果，常被宿存的花萼包被。

识别要点：草本；无托叶。花小，单被，萼片干膜质；雄蕊与萼片同数对生。胞果，盖裂。

苋科约65属850种，分布于热带和温带；我国有13属50种，常见的介绍如下。

1. 苋属

一年生草本，叶互生，有长柄。花小，雌雄同株。苋（*Amaranthus tricolor*）（图10-14），叶卵形或椭圆状披针形，具绿色、红色、紫色等颜色变化。萼片3，边缘透明；雄花雄蕊3；雌花花柱2～3。胞果。全国各地广泛栽培作蔬菜。刺苋（*A. spinosus*），叶柄两侧各有1个针刺。雄花雄蕊5；雌花花柱2～3。原产热带美洲，我国黄河以南地区广泛分布，幼嫩茎叶可作野菜或饲料。

2. 牛膝属

多年生草本，茎近方形，节常膨大。叶对生，全缘。花两性，穗状花序，在果期向下反折，苞片及小苞片刺状。牛膝（*Achyranthes bidentata*），茎节膨大，有时节部受螨虫等昆虫寄生影响，导致薄壁组织增生，呈近球形或卵球形。萼片5，绿色；雄蕊5。广布全国，根入药。

3. 莲子草属

匍匐草本，叶对生。花两性，组成腋生的头状花序。莲子草（*Alternanthera sessilis*），一年生匍匐草本，茎有纵沟，沟内有柔毛。头状花序1～4个，腋生，无花序梗。苞片及萼片白色，干膜质，宿存，嫩叶作蔬菜和饲料。空心莲子草（*A. philoxeroides*），又名水花生，与莲子草的主要区别为多年生草本，茎基部匍匐，上部伸展。头状花序单生叶腋，具花序梗，长1～6 cm。原产热带美洲，我国在20世纪中期作为猪饲料引种，目前已成为一种外来入侵杂草。

十二、石竹科（Caryophyllaceae）

花程式：$⚥ * K_{4\sim5,(4\sim5)} C_{4\sim5} A_{5\sim10} \underline{G}_{(2\sim5:1:\infty)}$

主要特征：草本，稀为灌木。节膨大，单叶，全缘，对生。花辐射对称，两性，单生或组成二歧聚伞花序；萼片4～5枚，分离或结合成筒状，宿存；花瓣4～5枚，常有爪；雄蕊5～10个；雌蕊群由2～5枚合生心皮组成，子房上位，1室，特立中央胎座或基底胎座，胚珠常多数。蒴果。

识别要点：草本，节膨大；单叶对生；雄蕊5个或为花瓣的2倍；特立中央胎座；蒴果。

石竹科约70属2 000种，主产温带和寒带；我国有27属300种，常见的介绍如下。

1. 牛繁缕属

萼片离生；花瓣2深裂；心皮5，花柱5。牛繁缕（*Malachium aquaticum*），多年生草本，茎叶光滑，无毛。叶卵形或阔卵形。萼片5，宿存，果期增大，外面有短柔毛；花瓣白色。全国分布，全草可作野菜和饲料。

2. 繁缕属

萼片离生；花瓣 2 裂或 2 深裂；心皮 3，花柱 3。繁缕（*Stellaria media*）（图 10 - 15），一年生草本。茎上有 1 纵行短柔毛。叶卵形，叶缘常有毛。花瓣白色。广布全国，生于路旁、田间及沟边，为常见的田间杂草，也可作野菜。

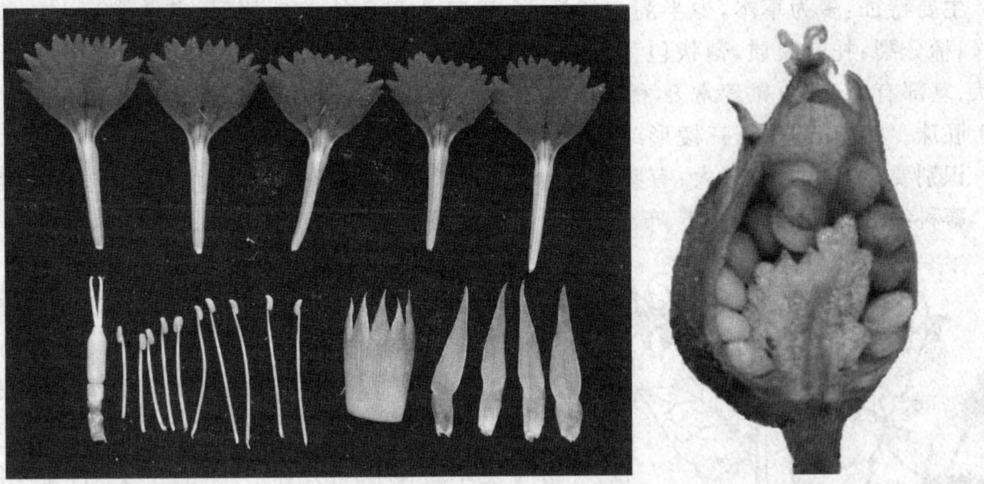

图 10 - 15　石竹和繁缕

左：石竹花的离解（刘琳莉摄）；右：繁缕的特立中央胎座（胡金良摄）

3. 石竹属

多年生草本。萼片合生，花萼呈长筒状，顶端 5 齿裂；花瓣 5，全缘、顶端齿裂或呈丝毛状，基部有长爪。石竹（*Dianthus chinensis*）（图 10 - 15和图 10 - 16），茎丛生，无毛。叶条形或线状披针形。花单生，或数朵组成聚伞花序，苞片 4～6 个，阔卵形，长度约为萼筒的 1/2；花瓣红色、粉红色或白色，顶端边缘有不整齐的浅锯齿。广布全国，生于山地旷野，常栽培作观赏花卉。须苞石竹（*D. barbatus*），又名什样锦，茎近四棱形，无毛。叶具平行脉。花多数组成密集的聚伞花序，状如头状花序；苞片 4 个，有须状长尖，与花萼近等长；花瓣红色、紫色或白色，顶端有细齿。常栽培作观赏花卉，有重瓣品种。麝香石竹（*D. caryophyllus*），又叫康乃馨（Carnation），茎与叶有白粉，叶长线形，具 5 个平行的主脉，中脉发达。花单生，或 2～5 朵组成聚伞花序，有浓郁的香气；苞片 4 个，菱状卵形，长度约为萼筒的 1/4；花瓣紫色、淡红色、白色或杂色，顶端齿状浅裂。常栽培作观赏花卉或作插花用。

图 10 - 16　石竹（引自徐汉卿，1995）

A. 花枝；B. 种子；C. 花瓣；D. 带有萼下苞及萼的果实；E. 花图式

十三、蓼科(Polygonaceae)

蓼科(Polygonaceae)

花程式:⚥ * $K_{5\sim6}C_0A_{6\sim9}\underline{G}_{(2\sim4:1)}$

主要特征:多为草本,少半灌木或灌木,茎直立或缠绕,有时平卧,茎节常膨大。单叶互生,全缘,稀分裂;托叶膜质,鞘状包茎,称托叶鞘。花两性,少单性,辐射对称;萼片常为5～6,花瓣状,基部有时连合;雄蕊常8,稀6～9或更少;雌蕊常由3心皮合生构成,子房上位,1室,内含1胚珠。瘦果或坚果,三棱形或凸镜形,部分或全体包于宿存的花萼内。

识别要点:草本,节膨大;有膜质托叶鞘;花单被,萼片呈花瓣状;瘦果,常包于宿存花被中。

蓼科约32属1 200种,广布全世界,主产北温带;我国有12属200种。常见的介绍如下。

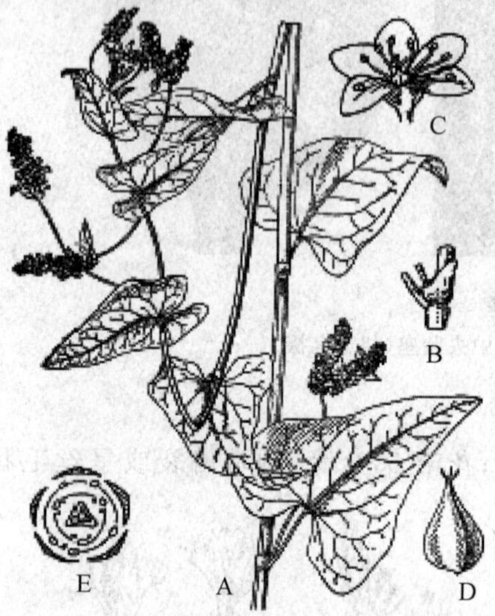

图 10-17　荞麦(引自《江苏植物志》)
A. 花果枝;B. 托叶鞘;C. 花;
D. 瘦果;E. 花图式

1. 蓼属

萼片常5,基部联合,花后膨大;雄蕊常5～8;坚果与宿存花萼近等长。萹蓄(*Polygonum aviculare*),平卧草本,花1～5朵簇生叶腋,露出托叶鞘之外。坚果卵形,有3棱。广布全国,全草药用。何首乌(*P. multiflorum*),多年生草质藤本,叶片卵形,基部心形。圆锥花序大而开展。坚果3棱形,包于翅状花萼内。广布全国,块根入药名"何首乌",为滋补、强壮剂。蓼蓝(*P. tinctorium*),一年生草本,叶卵形或椭圆形,灰绿色,干后变成暗蓝色。蓼蓝的叶可加工成靛青,作天然蓝色染料。

2. 荞麦属

萼片常5,基部联合,花后不膨大;雄蕊8;坚果伸出花萼,长度达花萼的2倍。荞麦(*Fagopyrum esculentum*)(图10-17),一年生直立草本,茎无毛,淡绿色或红褐色。叶卵状三角形,基部心形。花白色或淡红色,排列成密集的总状花序或圆锥花序。坚果卵形,有3锐棱。我国各地栽培,荒地或路旁偶见野生,种子磨粉供食用。金荞麦(*F. cymosum*),与荞麦的主要区别为:多年生草本,块根粗大,横走,黄褐色。花排列成疏松的伞房花序。

3. 酸模属

花两性,少单性异株;萼片6,2轮排列,果熟时外轮3片不增大,内轮3片膨大成翅。雄蕊6;花柱3;坚果具3棱,包于膨大的宿存花萼内。酸模(*Rumex acetosa*),叶椭圆形,叶基箭形。花单性异株。嫩叶和嫩茎可作野菜或饲料。羊蹄(*R. japonicus*),叶长椭圆形,叶基心形。内轮宿存萼片边缘有不整齐的牙齿。长江以南地区比较常见,根可入药。

十四、芍药科(Paeoniaceae)

花程式:⚥ * $K_{5\sim6}C_0A_{6\sim9}\underline{G}_{2\sim5}$

主要特征:多为草本,少为亚灌木或小灌木。叶互生,2回3出复叶或羽状复叶。花大,两性,1朵或几朵顶生;萼片3～5个,宿存;花瓣5至多数;雄蕊多数,离生;雌蕊群常由3～5个离生心皮构成,常被肉质的盘状蜜腺所包围。聚合蓇葖果。本科仅含芍药属1属。

芍药(*Paeonia lactiflora*)(图 10-18),多年生草本。萼片常 4 个;花瓣白色或粉红色,单瓣或重瓣;心皮 3～5 个,无毛。原产我国,多栽培观赏,根可入药。

牡丹(*P. suffruticosa*),落叶小灌木,花大而美丽,为著名花卉。花单独顶生,直径 10～20 cm,萼片 5;花瓣白色、淡红色至深红色或紫色;心皮 5,密生柔毛。原产我国,现世界各地广泛栽培,尤其以河南洛阳和山东菏泽的栽培牡丹享誉世界。牡丹根皮可入药,称丹皮。

在恩格勒等被子植物分类系统中,不存在单独的芍药科,而芍药属都被置于毛茛科中。

图 10-18　芍药植株(胡金良摄)

十五、山茶科(Theaceae)

花程式:$* K_{4\sim\infty} C_5 A_\infty \underline{G}_{(2\sim8:2\sim8)}$

主要特征:常绿乔木或灌木;单叶互生,叶革质,无托叶。花两性或单性,整齐,5 基数,单生叶腋;萼片 4 至多数,覆瓦状排列;花瓣 5 枚,分离或略连生;雄蕊多数,多轮,分离或稍结合成五体;子房上位,中轴胎座。蒴果或浆果;种子往往含有油质。

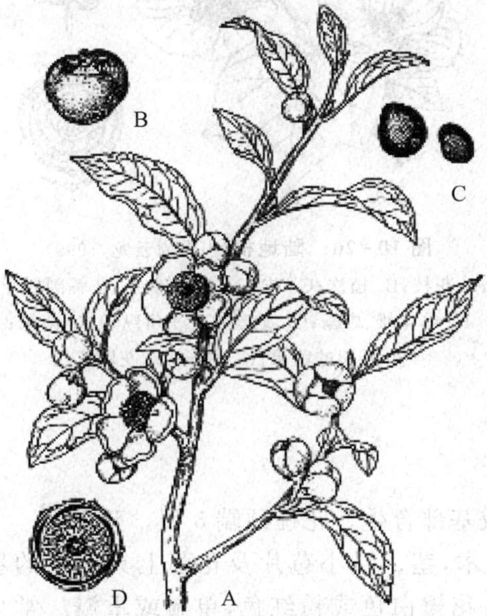

图 10-19　茶(引自华东师范大学等)

A. 花枝;B. 蒴果;C. 种子;D. 花图式

识别要点:常绿木本;叶革质。花两性或单性,整齐,5 基数;雄蕊多数;子房上位,中轴胎座。蒴果或浆果。

山茶科约 28 属 700 种。我国有 15 属 400 种,广泛分布于长江流域及南部各省的常绿林中。

山茶属:常绿灌木或小乔木,叶革质,有锯齿;花两性,花萼、花瓣均为 5 枚,雌蕊由 2～8 个心皮组成;蒴果。茶(*Camellia sinensis*)(图 10-19)为常绿灌木,花白色,有花柄,萼片宿存,果瓣不脱落,原产我国,栽培和制茶已有 2500 年历史;茶叶内含 1%～5%的咖啡碱、茶碱、可可碱和挥发油等,具有兴奋神经中枢和利尿的作用。油茶(*C. oleifera*)花白色无柄,萼果期脱落,果瓣与中轴一起脱落;种子含油,供食用和工业用,是重要的木本油料作物,也是培育茶花新品种的优良种质资源。山茶(*C. japonica*)花红色无柄,萼片脱落,子房光滑,著名花卉,栽培供观赏。金花茶(*C. chrysantha*)花金黄色,是广西南部新发现的珍稀种,已被列为国家一级保护植物,栽培供观赏。

十六、锦葵科(Malvaceae)

花程式：⚥ $* K_5 C_5 A_{(\infty)} \underline{G}_{(2\sim\infty:2\sim\infty)}$

主要特征：草本、灌木，少为小乔木。体表常有星状毛。单叶互生，掌状脉，有托叶。花两性，稀单性，辐射对称，单生或排列成聚伞花序；萼片 5，分离或基部连合，花萼外常具小苞片形成的副萼；花瓣 5；雄蕊常多数，花丝连成管状，单体雄蕊；雌蕊群由 2 至多个心皮合生构成，常为 5 个心皮，子房上位，中轴胎座。蒴果或分果。

识别要点：草本或灌木，体表常有星状毛；掌状叶脉。花常有副萼，单体雄蕊，花药一室。蒴果或分果。

本科约 75 属1 000种，主要分布于温带和热带；我国有 16 属 81 种，常见的介绍如下。

1. 锦葵属

草本。雌蕊群由 9～15 个心皮构成。果实由 9～15 个小分果组成。

锦葵(*Malva cathayensis*)，二年生草本，叶心状圆形或肾形，常 5～7 浅裂，边缘有不规则钝齿。花淡紫红色。小分果 9～11 个，有毛。原产印度，我国普遍栽培。欧洲锦葵(*M. sylvestris*)，与锦葵近似，但果实无毛。

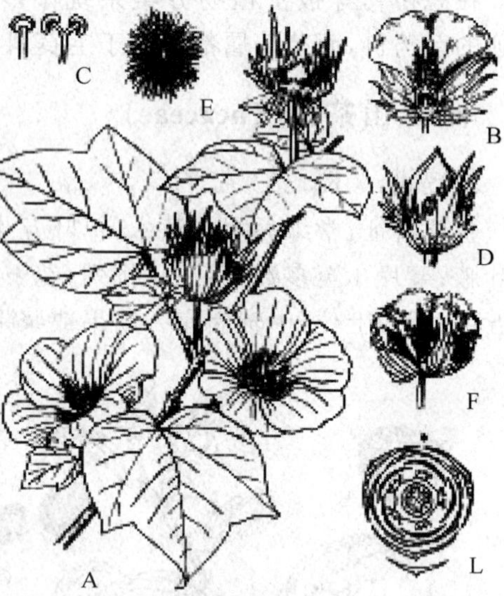

图 10 - 20　陆地棉(引自周云龙，1999)

A. 花枝；B. 植株；C. 花；D. 花纵剖；E. 花解剖展开；F. 单体雌、雄蕊；G. 雄蕊；H. 子房纵切；I. 蒴果；J. 开裂的蒴果；K. 种子；L. 花图式

2. 棉属

草本，植物体常有黑褐色腺点。叶掌状分裂。小苞片 3，叶状，宿存。蒴果成熟时 3～5 裂；种子密生白色长绵毛，是优良的植物纤维，为世界纺织工业最主要原料。

陆地棉(*Gossypium hirsutum*)(图 10 - 20)，一年生草本。小苞片边缘有 7～13 个细长的齿裂。原产中美洲，我国各产棉区普遍栽培。中棉(*G. arboreum*)(图 10 - 21)，一年生或多年生草本，有时呈灌木状。小苞片近全缘，或 3～4 齿裂。本种棉纤维较陆地棉短。

3. 木槿属

草本、灌木或小乔木。小苞片 5 至多数，离生或基部合生。花柱顶端 5 裂。蒴果。

木芙蓉(*Hibiscus mutabilis*)，落叶灌木或小乔木，茎、叶、小苞片及花萼上具密集的星状毛和短柔毛。叶大，卵圆状心形，5～7 掌状分裂。花瓣白色或粉红色，单瓣或重瓣。常见栽培供观赏。木槿(*H. syriacus*)，落叶灌木。叶卵形至菱状卵形。不分裂或中部以上 3 裂，边缘有钝齿。花瓣白色、红色或淡紫色，常重瓣。常见栽培供观赏或作树篱。洋麻(*H. cannabinus*)，茎疏生小刺，上部叶 3～5 掌状深裂，裂片披针形。花瓣黄色，基部红色。各地多有栽培，是重要的麻类植物之一，茎皮纤维长而韧，供织麻袋及绳索等。

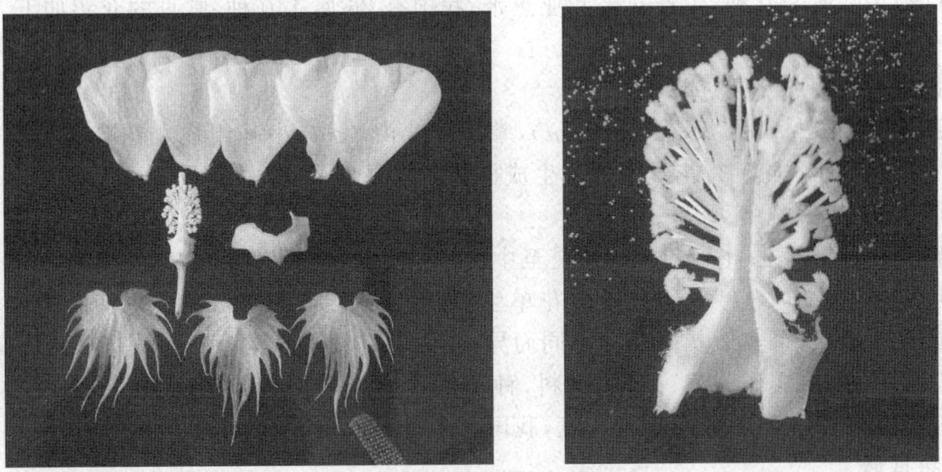

图 10-21　中棉(刘琳莉摄)

左:花的离解图;右:单体雄蕊

十七、葫芦科(Cucurbitaceae)

花程式:♀:* $K_{(5)}C_{(5)}\overline{G}_{(3:1)}$;♂:* $K_{(5)}C_{(5)}A_{1(2)(2)}$

主要特征:草质藤本,常具茎卷须。单叶互生,常掌状分裂,有时为复叶。花单性,雌雄同株或异株。萼片 5,分离或合生;花瓣 5,合生;雄蕊 3～5 枚,离生、合生,花丝两两结合一个分离;雌蕊常由 3 心皮合生组成,花柱 1～3 个,子房下位,侧膜胎座,胚珠多数。果实多为瓠果,少数浆果或蒴果,种子多数(图 10-22 和图 10-23)。

图 10-22　南瓜

左:南瓜的雌花(胡金良摄);右:南瓜的雄蕊(胡金良、刘琳莉摄)

识别要点:草质藤本,常具茎卷须,叶掌状分裂。花单性,雌雄异株或同株,聚药雄蕊;下位子房;瓠果。

本科约 100 属 800 种，主产热带和亚热带；我国有 26 属 140 种，常见的介绍如下。

1. 绞股蓝属

茎卷须不分枝或 2 裂。掌状复叶。

绞股蓝（*Gynostemma pentaphyllum*），掌状复叶由 5～7 小叶组成。花雌雄异株，常排列成疏松的圆锥花序；雄蕊 5，花丝基部合生成柱状。浆果球形，直径 6～8 mm。

2. 南瓜属

茎卷须 2～4 分枝；花冠钟状，5 裂至中部；雄蕊 3。南瓜（*Cucurbita moschata*）（图 10 - 22），一年生蔓生草本，茎叶具长硬毛。花单生，黄色；雄蕊 3，药室弯曲。果柄有槽和棱，顶端（瓜蒂）膨大成盘状，果实形状因品种不同而异，表面常有数条纵沟，种子灰白色，阔椭圆形。我国各地广泛栽培，果实作蔬菜、杂粮、饲料，种子供食用或药用。笋瓜（*C. maxima*），果柄圆柱形，无棱槽，瓜蒂膨大不明显。原产印度，我国各地普遍栽培，果实作蔬菜。

3. 甜瓜属

茎卷须不分枝。花黄色，单生，常雌雄同株；花药药室常弯曲或呈“S”形。甜瓜（*Cucumis melo*），瓠果卵圆形，果皮光滑，为著名水果，有哈密瓜、白兰瓜、黄金瓜等品种。变种菜瓜（*C. melo* var. *conomon*），瓠果长椭圆形或近圆柱形，长度可达 60 cm，直径达 15 cm，表面淡绿色，间有深色的长条纹，果实作蔬菜或腌制酱菜。黄瓜（*C. sativus*）（图 10 - 23），瓠果近圆柱形，表面具刺瘤状突起。

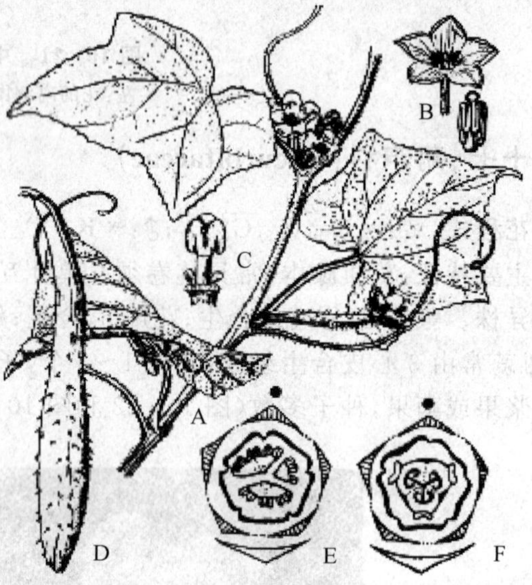

图 10 - 23 黄瓜（引自周云龙，1999）

A. 花枝；B. 雄花及雄蕊；C. 柱头及花柱；D. 果实；E. 雄花花图式；F. 雌花花图式

4. 丝瓜属

茎卷须 2～4 分枝；花黄色，雌雄同株；花冠 5 深裂；雄花排列成总状花序，雌花单生。果实长圆柱形，成熟时顶端开裂。丝瓜（*Luffa cylindrica*），叶常掌状 5 裂，两面无毛。果实长圆柱形，长 20～60 cm，直或略弯，成熟时黄绿色至褐色，果皮干燥，薄纸质，果肉中维管组织含丰富的韧性纤维，呈网络状，称丝瓜络。我国各地普遍栽培，果实嫩时可作蔬菜，丝瓜络可作洗涤用具或药用。

本科盛产多种瓜类果品、蔬菜及药用植物，其他重要种类还有葫芦（*Lagenaria siceraria*）、瓠子（*L. siceraria* var. *hispida*）、冬瓜（*Benincasa hispida*）、苦瓜（*Momordica charantia*）、佛手瓜（*Sechium edule*）、栝楼（*Trichosanthes kirilowii*）及喷瓜（*Ecballium elaterium*）等。

十八、杨柳科（Salicaceae）

花程式：♀：↑ $P_0\ \underline{G}_{(2:1)}$；♂：↑ $P_0\ A_{2\sim\infty}$

主要特征：落叶乔木或灌木。单叶互生，有托叶。花单性，雌雄异株，葇荑花序；无花被，有花盘或腺体；雄花有雄蕊 2 至多数，离生；雌花的雌蕊由 2 心皮合生构成，侧膜胎座。蒴果；种子小，基部有长毛。

识别要点：木本；花单性，葇荑花序；无花被，有花盘或腺体；蒴果；种子有长毛。

杨柳科约 3 属 450 种，主产北温带；我国有 3 属 225 种，全国分布，常见的有以下 2 属。

1. 杨属

乔木，顶芽发达。葇荑花序下垂，花具花盘；雄蕊 4 至多数。毛白杨（*Populus tomentosa*）（图 10-24），叶三角状卵形或卵形，边缘有不规则波状齿，背面幼时密生灰白色绒毛。雄花雄蕊 7～10。我国特有的优良速生树种之一。银白杨（*P. alba*），叶卵形至宽卵形，3～5 掌状分裂或不裂，边缘有粗齿缺，背面密生银白色绒毛。雄花雄蕊 6～10。分布于东北、华北、西北及西藏等地。胡杨（*P. euphratica*），叶形多变化，苗期和萌枝上的叶披针形或线状披针形，全缘或不规则的疏波状齿牙缘；普通枝条上叶卵圆形、卵圆状披针形、三角状卵圆形或肾形，先端有粗牙齿。雄花雄蕊 15～25，花药紫红色。胡杨主要分布于我国西北、内蒙古和新疆等地。

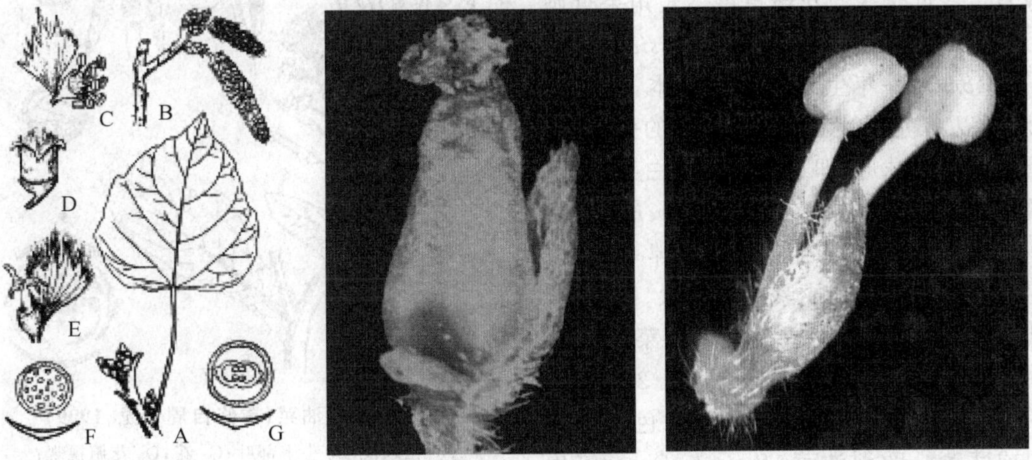

图 10-24　毛白杨和垂柳

左：毛白杨，引自周云龙，1999；中：垂柳雌花；右：垂柳雄花（胡金良摄）

A～G 毛白杨：A. 叶与芽；B. 雄花枝；C. 苞片和雄花；D. 果实

E. 苞片和雌花；F. 雄花图式；G. 雌花图式

2. 柳属

乔木或灌木，无顶芽。葇荑花序通常直立，花具 1～2 个腺体，无花盘；雄蕊常 2～7 个。垂柳（*Salix babylonica*）（图 10-24），落叶乔木，枝条细长，下垂。叶狭披针形或线状披针形，边缘有细锯齿。雄花苞片长圆形，背面具较密的柔毛，雄蕊 2。我国各地栽培供观赏，也可作行道树。旱柳（*S. matsudana*），落叶乔木，叶披针形，边缘有具腺锯齿。雄花苞片卵形，背面仅基部有疏柔毛，雄蕊 2。主要分布长江流域以北各省。常栽培作观赏树种。杞柳（*S. purpurea*），丛生灌木，小枝细韧，绿色或紫红色。叶互生或近对生，倒披针形或线状披针形。雄花雄蕊 2，花药淡红色，花丝全部合生。我国除西南和华南地区外都有分布，枝条可用于编织柳条筐、篮等用具。

十九、十字花科（Cruciferae）

花程式：$⚥ * K_4 C_4 A_{2+4} \underline{G}_{(2:1)}$

科的特征：草本，常有辛辣味；单叶，互生，叶片常羽状分裂，基生叶常排列成莲座状。花两性，辐射对称，组成总状花序；萼片4，排成2轮；花瓣4，每轮2，十字状排列，花瓣基部常具爪，很少无花瓣；雄蕊6，2轮排列，外轮2个较短，内轮4个较长，为四强雄蕊，花丝基部有蜜腺；雌蕊由2个合生心皮组成，子房上位，被假隔膜分成二室，侧膜胎座。长角果或短角果，成熟时开裂，少不裂。

识别要点：草本；常有辛辣味；总状花序；十字花冠；四强雄蕊；角果，具假隔膜。

本科约有375属3 000种，主产北温带；我国有96属410种，常见的介绍如下。

1. 芸薹属

基生叶与茎下部叶多大头羽裂，上部叶边缘具齿或近全缘。花瓣黄色。长角果近圆柱形，果实顶端有喙。白菜（*Brassica rapa* var. *glabra*），一年生或二年生草本，基生叶常20个以上，莲座状，排列成紧凑的头状，呈矩圆形或倒卵球形，即通常的结球白菜，为重要的蔬菜。青菜（*B. rapa* var. *chinensis*），常为一年生草本，稀二年生。基生叶常20个以上，莲座状，但不排列成紧凑的头状。各地普遍栽培，可作油料作物或蔬菜。油菜（芸薹）（*B. rapa* var. *deifera*）（图10-25和图10-26），植物体不被白粉，花金黄色。可作油料或蔬菜。欧洲油菜（*B. napus*），一年生或二年生草本，灰绿色，常被蜡质白粉。基生叶和茎下部叶具长达15 cm的叶柄，叶片卵形、长圆形或披针形，羽状分裂或大头羽裂；茎上部叶无叶柄，叶缘全缘或浅波状。原产欧洲，

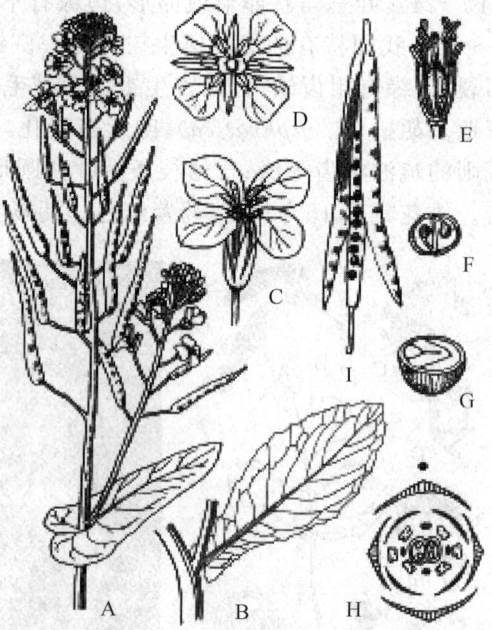

图10-25 油菜（重修自周云龙，1999）

A. 花果枝；B. 中下部叶；C. 花；D. 花俯视观；E. 雄蕊和雌蕊；F. 子房横切面观；G. 种子横切示子叶对折；H. 花图式；I. 开裂的角果

图10-26 油菜（胡金良摄）

左：油菜的总状花序；中：油菜的四强雄蕊；右：油菜子房横切

我国各地广泛栽培，是最重要的油料作物之一，嫩茎叶可作蔬菜。甘蓝(*B. oleracea* var. *capitata*)，又名包菜或卷心菜，茎高度短缩；基生叶多，肉质而肥厚，灰绿色，互相紧密包叠成近球形或扁球形。原产欧洲，我国各地广泛栽培作蔬菜。花椰菜(*B. oleracea* var. *botrytis*)，基生叶仅有少数几个；花序密集呈头状，乳白色，花序梗、花序轴、花柄和花均肉质。原产欧洲，我国各地广泛栽培作蔬菜。绿花菜(*B. oleracea* var. *italica*)，与花椰菜的主要区别为花序绿色，较疏松。羽衣甘蓝(*B. oleracea* var. *acephala*)，基生叶和茎生叶黄色、粉红色、紫色或红色，稀绿色，为冬季和早春的观赏植物。芥菜(*B. juncea*)，我国各地广泛栽培，嫩茎叶可作蔬菜，种子可榨油，种子有强烈辛辣味，磨成粉可作调味品，称"芥末粉"。榨菜(*B. juncea* var. *tumida*)，主根块状或近圆柱形，质地嫩，是制作榨菜的原料。主产四川和云南。

2. 萝卜属

叶大；花淡紫红色或白色；长角果圆筒状，果瓣在种子间缢缩成串珠状，顶端有长喙，不开裂。萝卜(*Raphanus sativus*)，具肉质直根。原产欧洲，我国各地广泛栽培作蔬菜。

3. 荠属

有单毛或星状毛。花白色。短角果。荠菜(*Capsella bursa-pastoris*)，一年生或二年生草本；短角果倒三角状心形。广布全国，野生或栽培。嫩株可食用，为著名的野菜之一。

二十、蔷薇科(Rosaceae)

科的特征：草本、灌木或乔木，落叶或常绿，有刺或无刺。单叶或复叶，常互生，稀对生，托叶常附生于叶柄基部。花两性，辐射对称，花托隆起或凹陷；花萼常5个，离生；花瓣常5个，离生；雄蕊多数，花丝分离；雌蕊群由1至多个心皮构成，心皮分离或合生，子房上位或下位。核果、梨果、蓇葖果或瘦果，少数为蒴果，既有单果，也有聚合果。

根据花托、花筒、雌蕊群和果实等特征，蔷薇科可分为4个亚科。

1. 绣线菊亚科(Spiraeoideae)

花程式：$\text{⚥} * K_5 C_5 A_\infty \underline{G}_{1\sim5}$

灌木，常无托叶；心皮多1～5个分离，子房上位；多蓇葖果，少蒴果(图10-27和图10-28)。

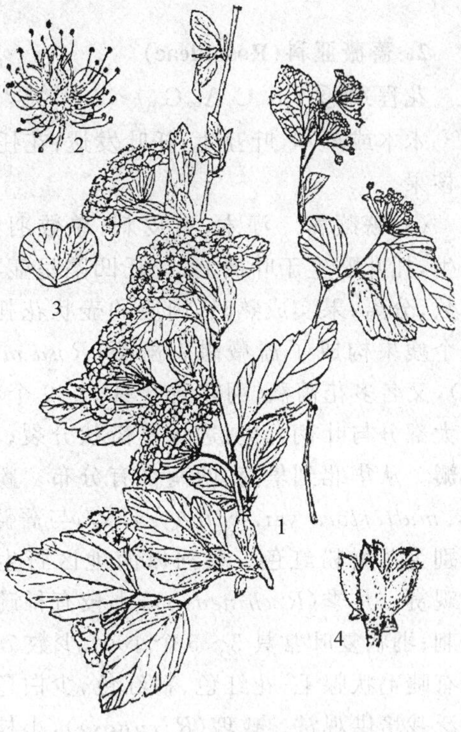

图10-27　中华绣线菊

1. 植株；2. 花；3. 花瓣；4. 聚合蓇葖果

(1)绣线菊属　单叶，心皮5。光叶绣线菊(*Spiraea japonica*)，落叶小灌木，叶片椭圆状披针形至宽披针形；复伞房花序，花淡红色至深红色。常栽培供观赏。中华绣线菊(*S. chinensis*)(图10-27)叶菱状卵形至倒卵形，伞形花序，花白色。野生或栽培供观赏。此外，本属常见的观赏植物还有麻叶绣线菊(*S. cantoniensis*)和笑靥花(*S. prunifolia antoniensis* var. *plena*)(图10-28)。

(2)珍珠梅属　羽状复叶，心皮5。珍珠梅(*Sorbaria kirilowii*)，奇数羽状复叶互生；大型圆锥花序，花白色。产华北各地，亦有栽培供观赏。

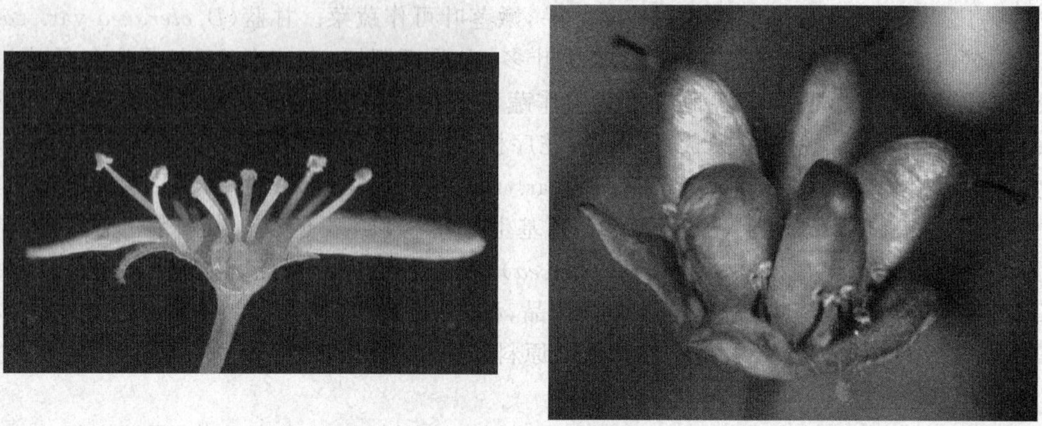

图 10-28 麻叶绣线菊和笑靥花

左：麻叶绣线菊花的纵切（刘琳莉摄）；右：笑靥花的聚合蓇葖果（胡金良摄）

2. 蔷薇亚科(Rosoideae)

花程式：⚥ $* K_5 C_5 A_{\infty} \underline{G}_{\infty}$

木本或草本，叶互生，托叶发达；花托凹陷或突出；心皮常多数，分离，子房上位；聚合瘦果或核果。

(1)蔷薇属　灌木，有皮刺；单数羽状复叶，互生，托叶贴生于叶柄上；花托凹陷呈壶状；心皮多数，分离；果实成熟时，肉质的壶状花托及内部多个瘦果构成了蔷薇果。蔷薇(*Rosa multiflora*)，又名多花蔷薇，羽状复叶具5～9个小叶，托叶大部分与叶柄合生，边缘篦齿状分裂；花白色，单瓣。从华北到华南、西南都有分布。粉团蔷薇(*R. multiflora* var. *cathayensis*)，与蔷薇的主要区别为花瓣粉红色。黄河以南地区野生或栽培供观赏。月季(*R. chinensis*)，小枝有稀疏的钩状皮刺；羽状复叶常具3～5个小叶，少数7，托叶边缘有睫毛状腺毛；花红色、粉红色，少白色。各地广泛栽培供观赏。玫瑰(*R. rugosa*)，小枝有较密皮刺，并密生柔毛；羽状复叶具5～9个小叶，叶片背面有柔毛和腺体；花梗及萼片有柔毛及腺体；花紫红色、红色至白色，单瓣或重瓣，芳香。原产我国北部，各地多栽培，是著名的观赏植物和经济植物。

(2)草莓属　多年生草本，花托凸起；聚合果。草莓(*Fragaria ananassa*)(图10-29和图10-30)，匍匐草本；聚合瘦果肉质，红色。原产南美，我国各地普遍栽培。

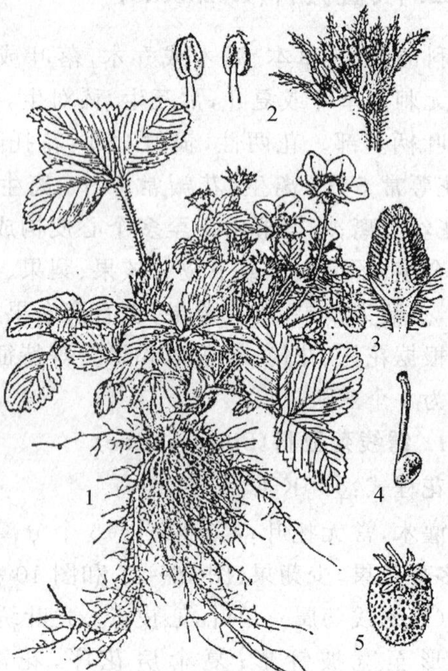

图 10-29 草莓

1. 植株；2. 雄蕊和着生在花托上雄蕊；3. 着生在花托上雄蕊；4. 离生单雄蕊；5. 聚合瘦果

图 10-30　草莓花纵切(刘琳莉摄)

3. 苹果亚科(Maloideae)

花程式：⚥ $* K_5 C_5 A_\infty \overline{G}_{(2\sim5)}$

木本，单叶互生；子房下位；梨果。

(1)山楂属　有枝刺。山楂(*Crataegus pinnatifida*)，叶片羽状深裂，果实深红色，近球形，表面有斑点。分布东北、华北及山东、河南、陕西等地。野山楂(*C. cuneata*)，叶片顶端常 3 浅裂，少 5～7 浅裂。主产黄河以南地区。

(2)苹果属　花柱 3～5，基部合生，子房下位；梨果通常石细胞。苹果(*Malus pumila*)(图 10-31)，落叶乔木，嫩枝密生柔毛；果柄长 1～2.5 cm，果实直径在 4 cm 以上。原产欧洲及亚洲中部，我国北部和西部等地区引种栽培。海棠(*M. spectabilis*)，落叶乔木。花白色，果柄长达 5 cm，果实直径常在 2 cm 以下。华北、华东等地常栽培，有很多栽培类型，是著名的观赏树种。

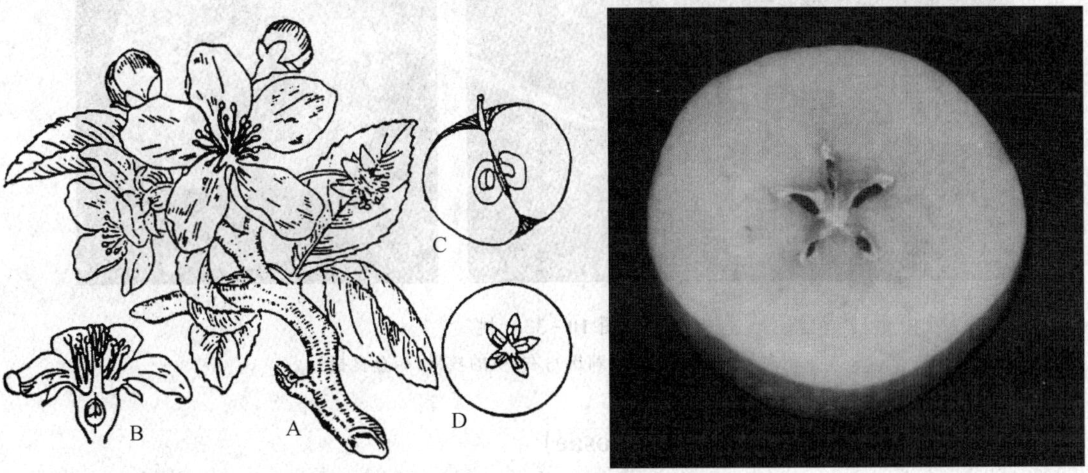

图 10-31　苹果

左：花枝和果实示意图；右：苹果横切(胡金良摄)

A. 花枝；B. 花纵切面；C. 果纵切面；D. 果横切面

(3)梨属　花柱 2～5，离生，子房下位；梨果有石细胞。沙梨(*Pyrus pyrifolia*)，叶边缘有刺芒状锐锯齿；花柱 5 或 4；梨果近球形，褐色，直径多在 3 cm 以上。有许多优良栽培品种。

杜梨(*P. betulaefolia pashia*),又名棠梨,常有枝刺。嫩枝、幼叶两面、花序梗及花柄、萼片都密生灰白色绒毛。叶边缘锐锯齿;花柱 2 或 3;梨果近球形,褐色。野生树种,可作栽培梨树的砧木。

4. 李亚科(Prunoideae)

花程式:⚥ $* K_5 C_5 A_\infty \underline{G}_1$

木本,单叶互生,有托叶,叶基常有腺体;心皮 1 个,子房上位;核果。李属,又名梅属。乔木或灌木,枝条髓部坚实,花柱顶生,胚珠下垂,核果。约 200 种,我国有 140 种,有许多是重要果树和观赏植物。桃(*Prunus persica*)(图 10 - 32 和图 10 - 33),叶片卵状披针形或椭圆状披针形,叶缘单锯齿钝;花粉红色,心皮及果实有毛。李(*P. salicina*),花白色,心皮及果实无毛,核果表面有白粉。梅(*P. mume*),叶片宽卵形至卵形;花有白色、粉红色等颜色,萼片花后不反折;核果绿色至黄色,有短柔毛,直径 2～3 cm。杏(*P. armeniaca*),萼片花后反折;核果直径一般 2.2～5 cm。樱桃(*P. pseudocerasus*),叶柄上部常有 2 个紫红色腺体,叶缘有重锯齿;核果近球形,红色。

图 10 - 32 桃

A. 花枝;B. 果枝;C. 花纵切;D. 花药;E. 核

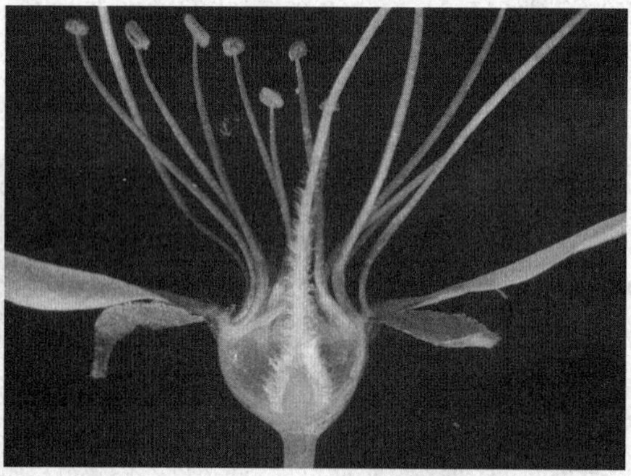

图 10 - 33 桃

左:桃花纵切(刘琳莉摄);右:桃的核果(胡金良摄)

二十一、豆科(Fabaceae,Legaminosae)

在不同的被子植物分类系统中,豆科的分类范畴存在一定的差别。如在恩格勒系统中,豆科的范围广,包括 3 个亚科,含羞草亚科、云实亚科和蝶形花亚科。而在克朗奎斯特等分类系统中,上述广义的豆科被提升为豆目,3 个亚科则分成了科,即含羞草科、云实科和豆科。鉴于国内多数植物学教材都采用了广义的豆科,这里也沿袭这一用法。

主要特征:草本、灌木、乔木或藤本。叶互生,常为各式复叶,稀单叶,叶柄基部有叶枕,具托叶。花两性,少单性,常两侧对称,少辐射对称;萼片常 5 枚,合生或离生;花瓣常 5,常离生;

雄蕊 5,10 或多个,花丝分离或连合;心皮 1 个,子房上位。果为荚果。

根据花冠和雄蕊群等特征,豆科分为下面 3 个亚科。

1. 含羞草亚科

花程式:$⚥ * K_{(5)} C_5 A_{\infty} \underline{G}_{1:1}$

整齐花,花瓣 5,分离或基部合生,雄蕊多数。

(1)合欢属　合欢(*Albizzia julibrissin*)(图 10 - 34),落叶乔木,二回羽状复叶。头状花序排列呈伞房状,花淡红色,雄蕊多于 10 个。为庭院观赏树种。

(2)含羞草属　含羞草(*Mimosa pudica*),多年生草本,全株具倒刺毛和锐刺;二回羽状复叶,小叶触及即闭合下垂。原产南美洲,我国普遍栽培供观赏。

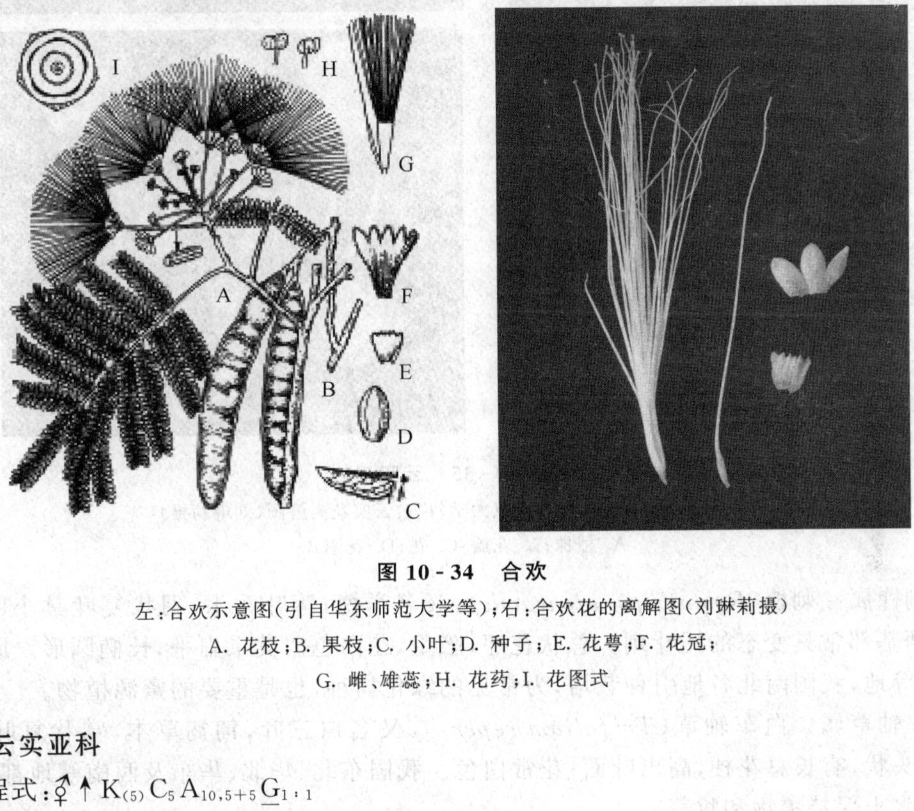

图 10 - 34　合欢

左:合欢示意图(引自华东师范大学等);右:合欢花的离解图(刘琳莉摄)

A. 花枝;B. 果枝;C. 小叶;D. 种子;E. 花萼;F. 花冠;

G. 雌、雄蕊;H. 花药;I. 花图式

2. 云实亚科

花程式:$⚥ \uparrow K_{(5)} C_5 A_{10,5+5} \underline{G}_{1:1}$

花两侧对称;花冠假蝶形;雄蕊常 10 个。

(1)云实属　云实(*Caesalpinia sepiaria*)(图 10 - 35),有刺,蔓状灌木,二回偶数羽状复叶。大型总状花序顶生,花黄色。

(2)紫荆属　紫荆(*Cercis chinensis*),落叶灌木。单叶,近圆形,基部心形。花簇生,紫红色。

3. 蝶形花亚科

花程式:$⚥ \uparrow K_{(5)} C_5 A_{(9)+1,10} \underline{G}_{1:1}$

花两侧对称,蝶形花冠;雄蕊 10 个,离生或二体雄蕊。

(1)槐属　槐树(*Sorphora japonica*),落叶乔木,羽状复叶具小叶 9~15 个。顶生圆锥花序,花乳白色。荚果圆柱形或稍扁,在种子间缢缩呈串珠状。我国各地普遍栽培供观赏。可作行道树，为优良的蜜源植物；花蕾可食，也可入药。

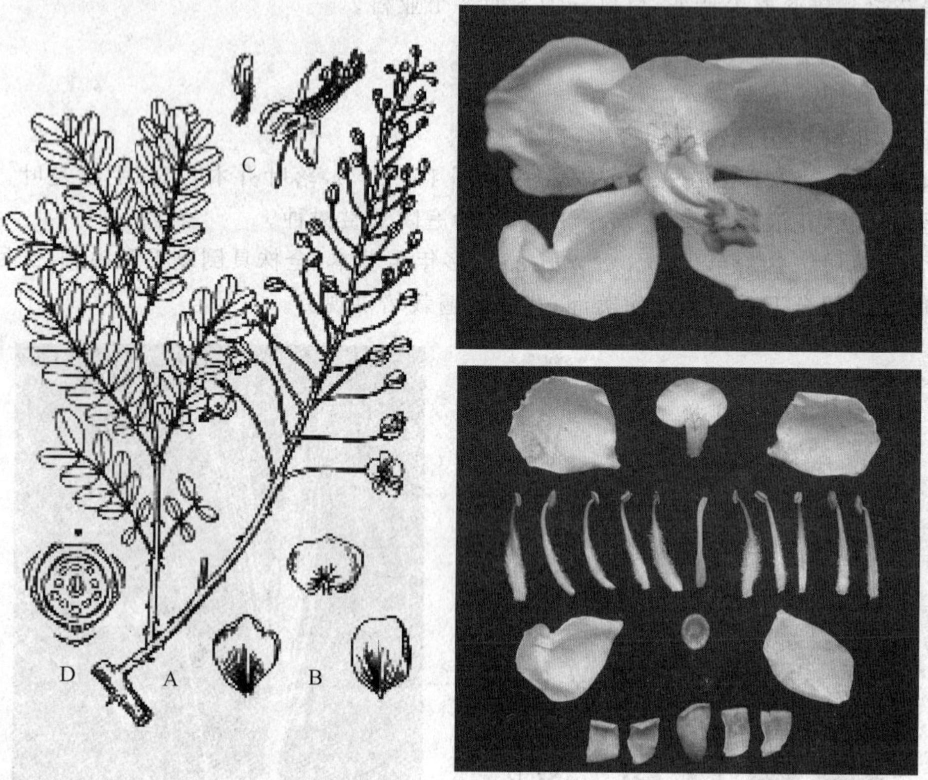

图 10 - 35 云实

左：云实示意图（引自华东师范大学）；右：云实花离解图（刘琳莉摄）

A. 植株；B. 花瓣；C. 花；D. 花图式

（2）刺槐属　刺槐（*Robinia pseudoacacia*），又名洋槐，落叶乔木，羽状复叶具小叶 7～25 个，总叶柄基部常具变态的托叶刺。总状花序，腋生，花白色。荚果扁平，长椭圆形。原产北美洲及欧洲等地，我国南北各地引种栽培，为常见的绿化树种，也是重要的蜜源植物。

（3）车轴草属　白车轴草（*Trifolium repens*），又名白三叶，匍匐草本，掌状复叶具 3 小叶。花序头状，有长总花梗，高出叶面；花常白色。我国东北、华北、华东及西南等地都有栽培，为优良的水土保持植物和牧草。

（4）大豆属　大豆（*Glycine max*）（图 10 - 36），一年生直立草本，茎密生褐色长硬毛；复叶具 3 小叶；短总状花序，花冠紫红色。荚果密生黄色硬毛，种子 2～5 个。我国各地普遍栽培，为重要的油料作物，种子嫩时可作蔬菜，成熟种子可制作豆腐等豆制品。野大豆（*G. soja*），与大豆的主要区别为：一年生缠绕草本。各地野生于山坡路边、林缘等荒地中，从东北至华南都有分布。为大豆育种和品种改良的重要遗传资源。

（5）野豌豆属　蚕豆（*Vicia faba*），茎具显著的棱角，羽状复叶，无叶卷须。花瓣白色带红，紫褐色斑块。荚果肥厚，近椭圆形，种子卵圆形。各地广泛栽培，种子可食用。广布野豌豆（*V. cracca*），蔓性草本，羽状复叶，具叶卷须。总状花序，花冠紫红色或蓝紫色。荚果长圆形。全株为优良饲料，嫩茎叶及果实可食用。

本亚科还有很多其他重要的经济植物种类。落花生（*Arachis hypogaea*），又名花生，一年生草本，羽状复叶，小叶 4 个。花黄色。荚果不开裂。豌豆（*Pisum sativum*），一年生缠绕草本，羽状复叶，叶轴末端具叶卷须，托叶叶状。紫苜蓿（*Medicago sativa.*），花紫色，荚果螺旋状，无刺，原产伊朗，我国普遍栽培。南苜蓿（*M. hispida*），花黄色，荚果螺旋状，边缘有软钩刺，全草可作绿肥和饲料，嫩茎叶可作蔬菜。紫云英（*Astragalus sinicus*），小叶 7～11 个，花紫色，簇生于长总花梗的顶端，为重要的绿肥。甘草（*Glycyrrhiza uralensis*）、黄芪（*Astragalus membranaceus*）都是重要的药材。

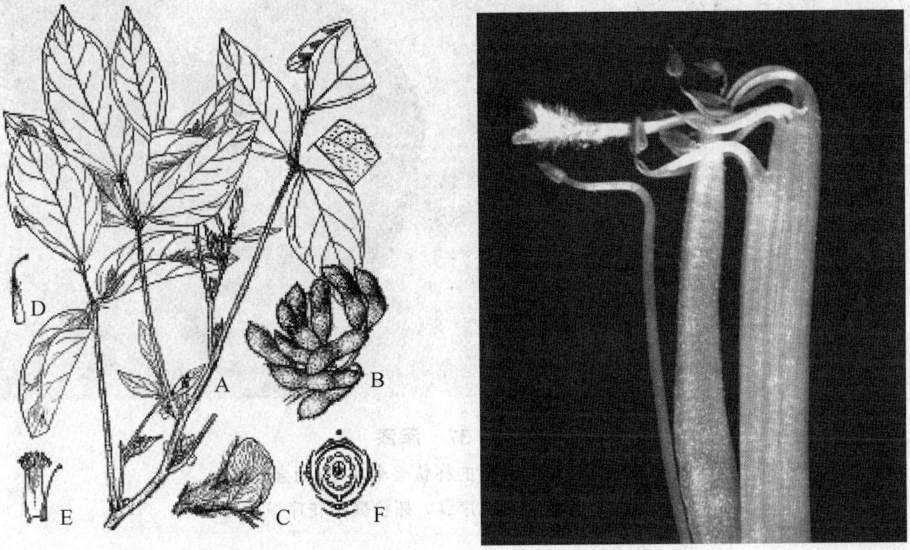

图 10-36　大豆和蚕豆

左：大豆（引自《江苏植物志》）；右：蚕豆雌雄蕊（胡金良摄）

A. 植株；B. 果枝；C. 花；D. 雌蕊；E. 二体雄蕊；F. 花图式

二十二、大戟科（Euphorbiaceae）

花程式：$♂ * K_{0\sim5} C_{0\sim5} A_{1\sim\infty}$；$♀ * K_{0\sim5} C_{0\sim5} \underline{G}_{(3:3:1\sim2)}$

主要特征：草木、灌木和乔木，多含乳汁。单叶，少掌状复叶，互生，具托叶。花单性，雌雄同株或异株，常为聚伞花序、穗状花序、总状花序或圆锥花序。花双被、单被或无花被，有花盘或腺体；萼片 2～5；花瓣 2～5；雄蕊 1 至多数，花丝分离或连合；雌蕊常由 3 心皮合生，子房上位，中轴胎座。果实多为蒴果，少为浆果或核果。

识别要点：常具乳汁；叶基部常有 2 个腺体；花单性，聚伞花序；蒴果 3 室。

本科约有 300 属，8 000多种，主要分布于热带。我国有 66 多属，360 多种。

1. 大戟属

草本植物，常含有白色乳汁。总苞杯状，顶端有 4～5 个萼片状裂片，与肉质的腺体互生，总苞内有 1 朵无花被的雌花，及数朵雄花，每个雄花仅有 1 个雄蕊构成。这种特殊的花序类型称为杯状聚伞花序。泽漆（*Euphorbia helioscopia*）（图 10-37），茎顶端有 5 个轮生的苞片，杯状聚伞花序排列成顶生的多歧聚伞花序，杯状总苞顶端有 4 个肉质腺体。种子卵形，表面有凸起的网纹。除西藏、新疆外，遍布全国，为路旁常见杂草，全草可做土农药。乳浆大戟（*E. esula*），短枝或营养枝上叶线形或线状倒披针形；种子表面光滑。从东北、华北到西南都有分布。

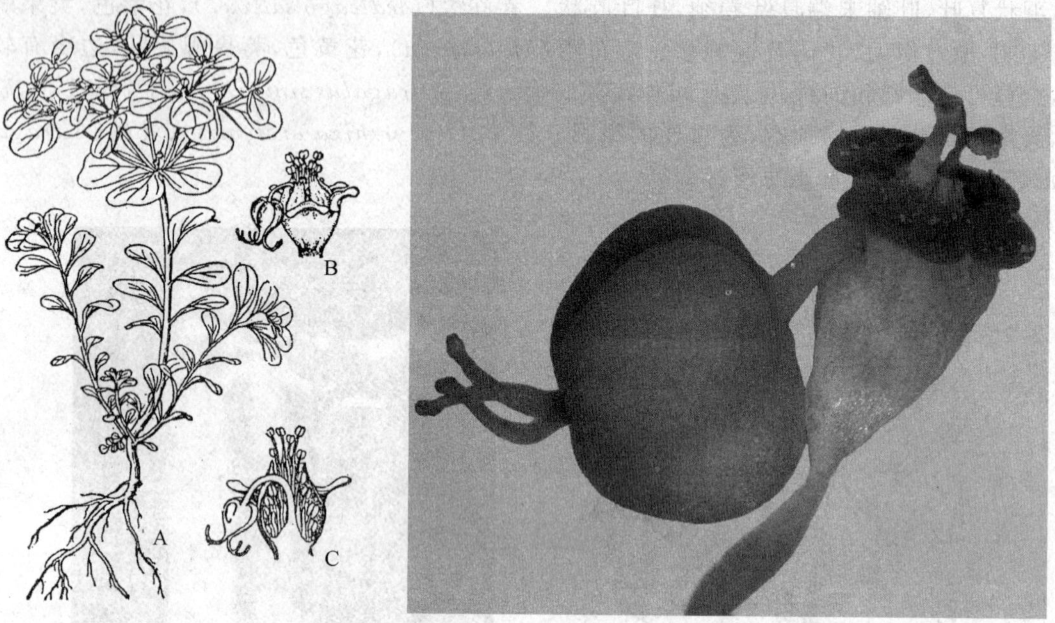

图 10 - 37 泽漆

左：泽漆示意图；右：泽漆的杯状聚伞花序（胡金良摄）

A. 植株；B. 杯状聚伞花序；C. 杯状聚伞花序纵切面

2. 油桐属

油桐（*Aleurites fordii*），落叶乔木。叶卵圆形，叶柄长，顶端有 2 个腺体。圆锥状聚伞花序，顶生；花瓣 5，白色，有淡红色条纹。核果近球形，直径 4～6 cm。我国特产的重要木本油料树种，种子可榨制桐油，是油漆和涂料工业的重要原料。

3. 乌桕属

乌桕（*Sapium sebiferum*），落叶乔木，叶菱状卵形。穗状花序，顶生，雄花位于花序轴上部，雌花位于基部。蒴果木质，卵球形，种子表面具白色蜡质层。黄河以南地区比较常见，种子制取蜡及榨油，也是重要的绿化树种，秋季叶变为橙黄或红色。

本科还有巴西橡胶树（*Hevea brasiliensis*）、木薯（*Manihot esculenta*）、蓖麻（*Ricinus communis*）、一品红（*Euphorbia pulcherrima*）等重要经济植物及观赏植物。

二十三、葡萄科（Vitaceae）

花程式：⚥ $* K_{5\sim4} C_{5\sim4} A_{5\sim4} \underline{G}_{(2:2:2)}$

藤本，具与叶对生的卷须。叶互生，有托叶，单叶或复叶。花两性或单性异株，或杂性，整齐，排成聚伞花序或圆锥花序，常与叶对生；花萼 4～5 齿裂；花瓣 4～5，镊合状排列，分离或顶部粘合成帽状；雄蕊 4～5，着生在下位花盘基部，与花瓣对生；花盘环形；子房上位，2 心皮组成，2 室，每室 2 个胚珠。浆果。

识别要点：藤本，具与叶对生的卷须。花小，聚伞花序，雄蕊与花瓣同数对生，花盘杯状或分裂；浆果。

葡萄科有 12 属，700 余种。我国有 7 属，106 种，南北均有分布。

葡萄（*Vitis vinifera*）（图 10 - 38）木质藤本，茎皮呈片状剥落。叶 3～5 裂，基部心形。花瓣粘合成帽状脱落；圆锥花序，果实为重要果品，还可制葡萄干和酿酒。刺葡萄（*V. davidi*）茎密生短刺，叶阔卵形，基部心脏形，有时有不明显的 3 浅裂，背面灰白色，果实黑色。果酿制葡萄酒。

爬山虎（*Parthenocissus tricuspidata*）卷须顶端有吸盘。通常 3 裂，幼枝叶不裂。秋叶色转红色。垂直绿化材料，观赏价值高。

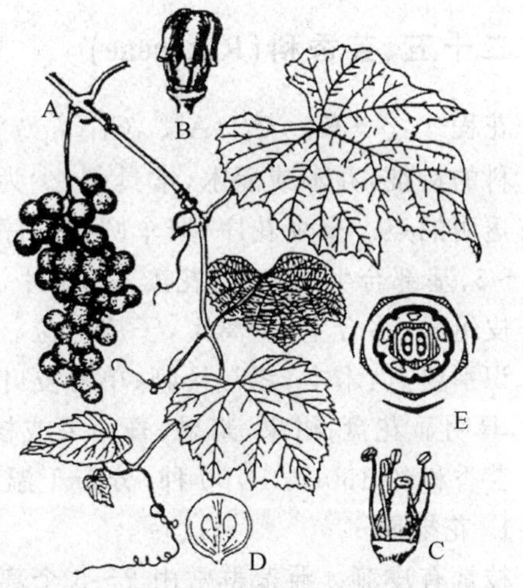

图 10 - 38　葡萄（引自《江苏植物志》）

A. 果枝；B. 将开放的花；C. 花冠脱落后见雌雄蕊、花盘及雄蕊间的蜜腺；D. 果实纵剖面；E. 花图式

二十四、无患子科（Sapindaceae）

花程式：$⚥ * , \uparrow K_{5\sim4} C_{5\sim4,0} A_{10\sim8} \underline{G}_{(3:3)}$

乔木或灌木，稀攀缘草本；叶互生，常为羽状复叶，稀单叶或掌状复叶，无托叶。花两性、单性或杂性，辐射对称或两侧对称，常集成总状、圆锥状或聚伞花序；萼片 4～5 枚；花瓣 4～5 枚，有时缺；花盘发达；雄蕊 8～10 枚；雌蕊由 3 心皮构成，子房上位，通常 3 室，每室有 1～2 颗胚珠。蒴果、核果、浆果、坚果或翅果；种子无胚乳，常有假种皮。

图 10 - 39　荔枝

A. 果枝；B. 两性花；C. 雄花；D. 果实；E. 假种皮；F. 果实纵切；G. 种子；H. 花图式

识别要点：木本，常为羽状复叶。花 4～5 基数，花盘发达。种子具假种皮，无胚乳。

本科约 150 属 2 000 种，分布于亚热带和热带；我国有 24 属 40 种。常见的植物介绍如下。

荔枝（*Litchi chinensis*）（图 10 - 39）　乔木，偶数羽状复叶；花小，杂性；核果球形，外果皮革质并有瘤状突起；假种皮白色。为著名热带水果，原产华南，在广东、福建、广西、海南、四川、云南、台湾等省有栽培。

龙眼（*Dimocarpus longan*）　主产广东、广西、福建、海南、四川等省，为著名水果，假种皮白色，味甜；干果称桂圆，为滋补品，有滋补强壮之功效。

无患子（*Sapindus mukorossi*）　又名肥皂果，乔木，偶数羽状复叶；核果；种子无假种皮。分布于长江流域以南各省区，可作行道树及绿化树种；其果皮含无患子皂素，可代肥皂用；其根、果入药，能清热解毒、止咳化痰；木材可制器具；种核油供制皂或作润滑油。

二十五、芸香科(Rutaceae)

花程式:⚥ $* K_{4\sim5} C_{4\sim5} A_{8\sim10} \underline{G}_{(4\sim5)}$

科的特征:乔木或灌木,常具刺,少为草本。叶多互生,很少对生,复叶,稀为单叶,叶片上常有透明油点。聚伞花序、聚伞圆锥花序或总状花序;花常两性,辐射对称,具明显的花盘;萼片 4～5,基部合生或离生;花瓣 4～5 片,离生或合生;雄蕊 8～10 个,或多数;雌蕊常由 4～5 个心皮组成,多合生,少离生,子房上位。蒴果、核果、浆果或柑果。

识别要点:木本,茎常具刺;单身复叶或羽状复叶,叶片上常有透明油点;萼片、花瓣常 4～5 片,具明显花盘;柑果、浆果、蓇葖果或核果。

芸香科约 150 属 1 700 种,分布于温带和热带。我国有 29 属 150 余种,常见的介绍如下。

1. 花椒属

枝常有皮刺。雌蕊群常由 2～5 个离生心皮组成。蒴果,开裂时呈蓇葖果状。花椒(*Zanthoxylum bungeanum*),落叶灌木或小乔木,枝干密生基部膨大的皮刺。奇数羽状复叶,小叶 7～11,卵形至椭圆形,叶片背面中脉基部有褐色柔毛。雌蕊由 3～4 离生心皮构成。果实为调味香料。竹叶椒(*Z. armatum*)(图 10-40),常绿灌木,枝上皮刺对生。奇数羽状复叶,小叶3～5,或 7 个,叶轴及总叶柄具叶片状翅,叶轴、叶柄及中脉上具皮刺。果皮可作调味香料。

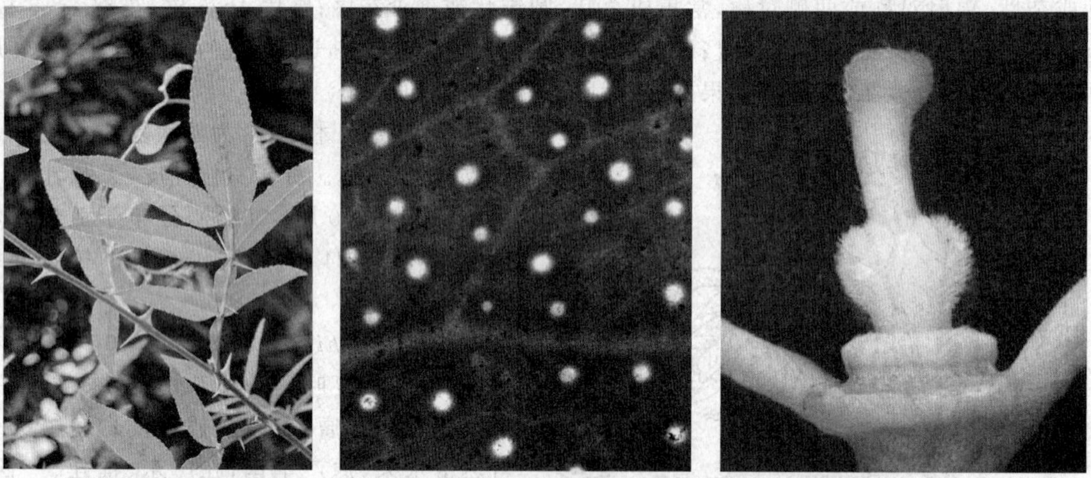

图 10-40 竹叶椒、酸橙和枳

左:竹叶椒羽状复叶及皮刺(李新华摄);中:酸橙叶上的透明油点(胡金良摄);右:枳的雌蕊和花盘(胡金良摄)

2. 枳属

具枝刺;3 出复叶;雌蕊由 6～8 合生心皮构成。柑果球形,密被细柔毛。枳(*Poncirus trifoliata*)(图 10-41),又名枸橘,落叶灌木或乔木,枝条常为绿色或灰绿色。常栽培作绿篱,也可作嫁接柑橘类果树的砧木。

注:在《中国植物志》英文版,《Flora of China》中,枳属被归并至柑橘属中,枳的学名也相应地变为 *Citrus trifoliata*。

3. 柑橘属

常绿灌木或乔木,常有枝刺。单身复叶,互生。雌蕊由 8～18 合生心皮构成。柑果球形或卵球形。柑橘(*Citrus reticulata*),小乔木。叶片披针形、椭圆形或阔卵形。花单生或 3 个簇生，雄蕊 20～25。果实淡黄色、橘红色、红色或深红色；果皮薄至厚，容易剥离，内果皮常具 7～14 个瓤囊，品种很多。柚（*C. maxima*），叶片阔卵形或椭圆形，质地厚，暗绿色，基部圆形。花单生或排列成总状花序，雄蕊 25～35。柑果淡黄色至黄绿色，球形、梨形或阔倒圆锥形，直径常在 10 cm 以上；外果皮海绵质，内果皮常具 10～15 个瓤囊，白色、粉红色、淡红色或稀乳黄色。甜橙（*C. sinensis*）又名广柑、黄果，果皮难剥离，果实可鲜食或加工制汁；果皮可入药或作食品调料，也可提香精。酸橙（*C. aurantium*）（图 10-40 和图 10-41），叶两面具半透明的腺点，花瓣 5，白色。

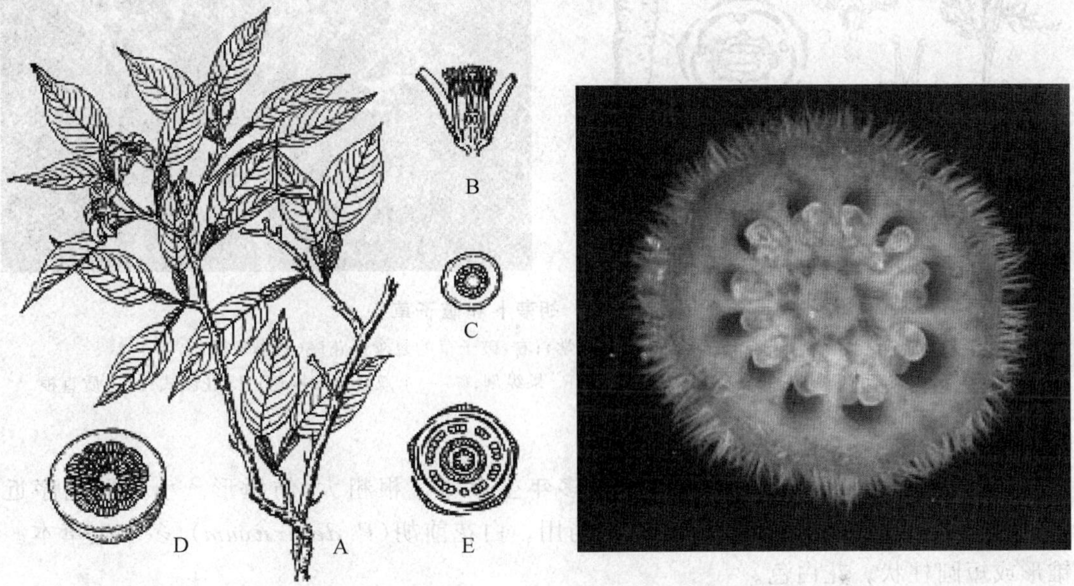

图 10-41　酸橙和枳

左：酸橙（引自徐汉卿，1995）；右：枳子房横切（胡金良摄）

A. 花枝；B. 花纵切；C. 子房横切；D. 果实横切；E. 花图式

二十六、伞形科（Umbelliferae，Apiaceae）

花程式：⚥ * $K_5C_5A_5\overline{G}_{(2:2)}$

主要特征：一年生至多年生草本。茎常中空。叶互生或基生，常多裂或为复叶，很少为单叶，叶柄基部常膨大成鞘状抱茎。单伞形或复伞形花序，复伞形花序基部有 1 至多个总苞片构成的总苞。花两性，花多为辐射对称，伞形花序外围花有时呈两侧对称；萼片 5，小或退化；花瓣 5，分离；雄蕊 5；雌蕊由 2 合生心皮构成，子房下位，花柱为 2，花柱基部有花盘。果实成熟时自心皮的合生面分离成 2 个分果，每个分果由心皮柄与果柄相连，称双悬果。

识别要点：草本，叶柄基部成鞘状抱茎，伞形、复伞形花序，下位子房，双悬果。

本科约 300 属，3 000 余种，多产于北温带。我国约 90 属，600 余种，常见的介绍如下。

1. 胡萝卜属

总苞片羽状分裂或不裂。果实表面有 5 条具刚毛的线状主棱，及 4 条具翅的次棱，翅上具短刺。野胡萝卜（*Daucus carota*），二年生草本，高达 1.5 m。茎具粗糙硬毛。叶 2 回至 3 回羽状深裂。复伞形花序发达，果实成熟时外缘的小伞形花序向内弯折，伞梗具糙硬毛，总苞有多数羽状分裂的总苞片。花白色或略带红色。胡萝卜(*D. carota* var. *sativa*)(图 10-42),与野胡萝卜的主要区别为具肉质直根,长圆柱形或棒状,红色、红黄色或黄色。各地普遍栽培,根作蔬菜。

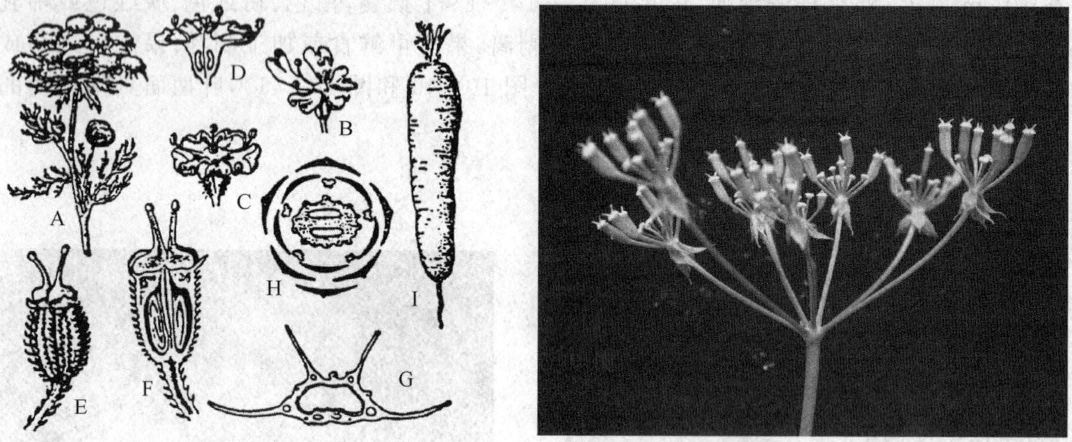

图 10-42 胡萝卜和破子草

左:胡萝卜(部分引自华东师范大学);右:破子草的复伞形花序(刘琳莉摄)

A. 花序枝;B. 边花;C. 中心花;D. 花纵剖;E. 果;F. 果纵剖;G. 一个双悬果的横切;H. 花图式;I. 肉质直根

2. 前胡属

紫花前胡(*Peucedanum decursivum*),多年生草本。根粗大,纺锤形。小伞形花序近球形,花深紫色。我国南北各省都有分布,根药用。白花前胡(*P. decursivum*),多年生草本。根圆锥形或短圆柱状。花白色。

3. 柴胡属

一年生至多年生草本,很少为灌木。主根常木质化。单叶,全缘,平行脉。北柴胡(*Bulplerum chinense*),根褐色。茎及分枝常细弱、曲折。基生叶倒披针形或狭椭圆形。总苞片2～3,或缺失。分布于东北、华北、西北、华东和华中各地。红柴胡(*B. scorzonerifolium*),主根暗红棕色。基生叶线形。北柴胡和红柴胡都是传统中药柴胡的主要药材来源,根为解热要药。

本科还有很多药用植物和经济植物。如当归(*Angelica sinensis*)、明党参(*Changium smyrnioides*)、川芎(*Ligusticum chuanxiong*)、茴香(*Foeniculum vulgare*)、芹菜(旱芹)(*Apium graveolens*)、水芹(*Oenanthe javanica*)、芫荽(*Coriandrum sativum*)、破子草(*Torilis japonica*)(图 10-42)等。

二十七、茄科(Solanaceae)

花程式:⚥ $* K_{(5)} C_{(5)} A_5 \underline{G}_{(2)}$

主要特征:草本、少灌木、小乔木或藤本。叶互生,常单叶,无托叶。花单生或聚生成聚伞花序,花两性,常辐射对称;花萼 5 裂,宿存,有时在果实成熟时膨大;花瓣合生,花冠常 5 裂;雄蕊常 5,着生在花冠筒上;雌蕊由 2 个合生心皮构成,子房上位,中轴胎座。浆果或蒴果。

识别要点:花萼宿存,花冠轮状,雄蕊 5 个,着生于花冠基部,花药常孔裂。

本科约 85 属,3 000 种,广布温带、亚热带和热带。中国 24 属约 115 种,常见的介绍如下。

1. 茄属

雄蕊的花药彼此贴合成一圆锥体，顶端或近顶端孔裂。浆果。马铃薯（*Solanum tuberosum*）多年生草本，块茎扁球状或椭圆状。单数羽状复叶，小叶不等大。花白色或淡紫色。块茎富含淀粉，可作粮食作物或蔬菜。茄（*S. melongena*）（图 10-43），草本至半灌木，幼枝、叶片及花萼被星状毛。花单生；花萼钟状，有小皮刺；浆果近圆柱状或卵球形，紫色或白色。各地普遍栽培，果实为蔬菜。龙葵（*S. nigrum*）（图 10-44），一年生草本，花序为短蝎尾状聚伞花序或近伞状；花白色。浆果熟时黑色。我国各地都有分布。

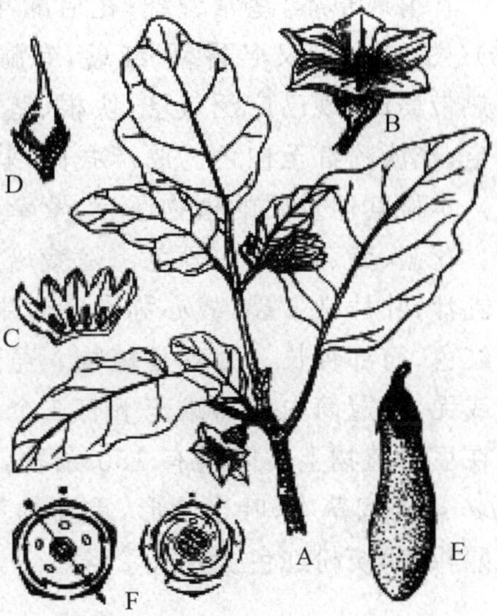

图 10-43　茄（引自周云龙，1999）

A. 植株上部；B. 花；C. 花解剖；D. 雌蕊；E. 果实；F. 花图式

2. 枸杞属

灌木，有棘刺。枸杞（*Lycium chinense*），落叶小灌木。花冠紫色至紫红色。浆果长椭圆状卵形或卵形，成熟时红色。根皮、果实可入药，嫩叶可作蔬菜。

本科还有很多重要的经济植物。如烟草（*Nicotiana tabacum*）、番茄（西红柿）（*Lycopersicon esculentum*）、辣椒（*Capsicum annuum*）、曼陀罗（*Datura stramonium*）等。

图 10-44　龙葵（胡金良摄）

左：龙葵的花；右：龙葵的冠生雄蕊和花药孔裂

二十八、旋花科（Convolvulaceae）

花程式：$⚥ * K_5 C_{(5)} A_5 \underline{G}_{(2:2\sim4)}$

多为缠绕草本，常具乳汁。单叶互生，无托叶。花两性，辐射对称，常单生或数朵集成聚伞花序；具苞片；萼片 5，常宿存；花冠常漏斗状，芽中常旋转折扇状或内向镊合状排列；雄蕊 5 个，插生于花冠基部，与花瓣互生；花盘环状或杯状；雌蕊多为 2 个心皮合生，中轴胎座，子房上位，2 或 4 室。果实多为蒴果，少有浆果。

识别要点：茎缠绕，具乳汁，花冠漏斗状，蒴果。

本科约有 50 属，1 500余种，多产于美洲和亚洲的热带和亚热带。我国有 22 属，125 种。

甘薯属草本，茎常缠绕；花冠漏斗状或钟状，子房 2～4 室，胚珠 4。甘薯（*Ipomoea. Batatas*）（图 10 - 45）又名番薯、红薯，有膨大块根，为蔓生草本，叶心形阔卵形，花紫色或白色。原产热带美洲，现已广泛栽培，块根、茎、叶可食用。蕹菜（*I. aquatica*）水生或陆生草本，茎蔓生，中空；花淡粉红至白色。原产我国，栽培作蔬菜。亦称“空心菜”。

本科其他重要的植物还有：紫牵牛（*Pharbitis purpurea*）叶为广心形，全缘，故又称圆叶牵牛。花蓝、紫、粉红、白等色。除栽培观赏外，种子称牵牛子，供药用。牵牛（*P. nil*）与前者均不具乳汁；叶片常 3 裂，故亦称裂叶牵牛。茑萝（*Quamoclit pennata* ）叶羽状分裂，裂片丝状，花冠红色，筒部神长。为观赏植物。菟丝子（*Cuscuea chinensis*）茎为黄色或红色，叶退化成小鳞片或无，花冠筒内基部雄蕊下有 5 个流苏状的鳞片。为杂草，种子可药用。为寄生植物，常寄生在豆类植物上。同属有 150 余种，多为杂草，我国将其列为检疫对象。马蹄金（*Dichondra repens*）匍匐草本，叶半圆形，重要的草坪植物。打碗花（*Calystegia hederacea*）（图 10 - 45），花冠漏斗状，淡粉红色。柱头 2 裂。

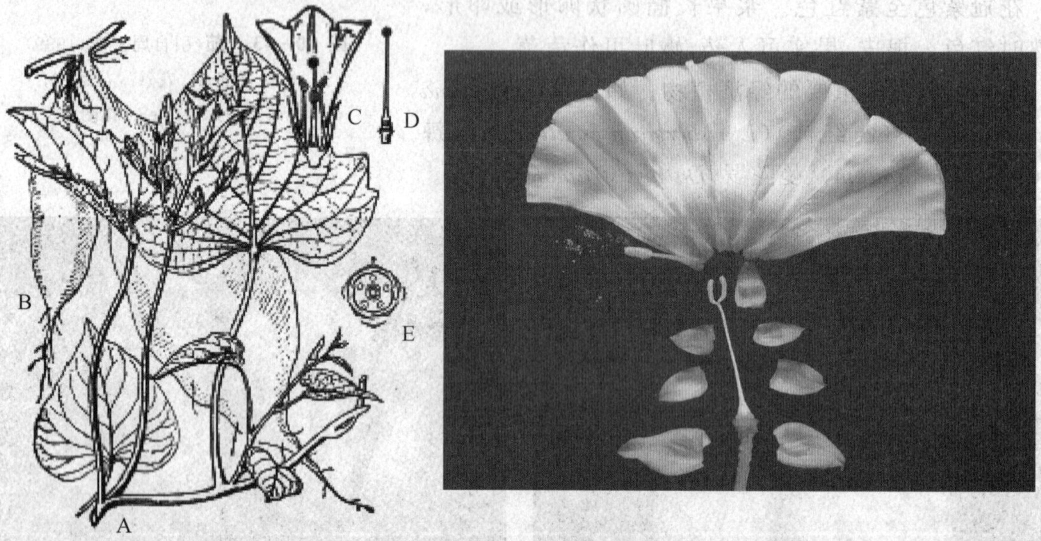

图 10 - 45 甘薯和打碗花

左：甘薯（引自《高等植物图鉴》）；右：打碗花离解图（刘琳莉摄）

A. 植株；B. 块根；C. 花；D. 雌蕊；E. 花图式

二十九、唇形科（Lamiaceae，Labiatae）

花程式：⚥ $\uparrow K_{(5)} C_{(5\sim4)} A_{4,2} \underline{G}_{(2:4:1)}$

主要特征：草本植物，少灌木，稀为乔木。茎四棱形。单叶，少为羽状复叶，对生，少轮生，常含芳香油。轮状聚伞花序或聚伞圆锥花序，或少数花腋生；花两性，两侧对称，花萼常 5 裂，常 2 唇状，宿存；花冠 4～5 裂，2 唇形；雄蕊 4 枚，2 长 2 短，为二强雄蕊，有时退化为 2 个，着生在花冠筒上；雌蕊由 2 合生心皮构成，子房上位，常 4 深裂。花盘明显。果实常为 4 个小坚果组成的分裂果。

识别要点：茎四棱，单叶对生，花冠唇形，二强雄蕊，心皮 2 个，4 个小坚果。

本科约220属，3 500余种。我国约有99属800余种，全国均有分布，常见的介绍如下。

1. 黄芩属

黄芩（*Scutellaria baicalensis*），多年生草本，主根粗壮，黄色。单叶对生，叶片披针形，全缘。总状花序顶生；花冠紫色、紫红色或蓝紫色。根入药。分布于北方各省区。

2. 益母草属

益母草（*Leonurus japonicus*）（图10-46和图10-47），一年生或二年生草本。茎下部叶卵形，掌状3全裂，裂片再羽状分裂；花序上叶线状披针形或线形。轮状聚伞花序下有针刺状苞片；花冠淡红色或紫红色。全国各地都有分布，全草入药，活血调经，为妇科常用药。

3. 野芝麻属

野芝麻（*Lamium baratum*）（图10-47），多年生草本，高25～100 cm。叶卵状心形至卵状披针形，边缘有锯齿。轮状聚伞花序生于茎上部叶腋；花冠白色。东北、华北至西南都有分布，生于阴湿的路旁、林下。宝盖草（*L. amplexicaule*），矮小草本，茎高10～30 cm，常带紫色。叶圆形或肾形，边缘

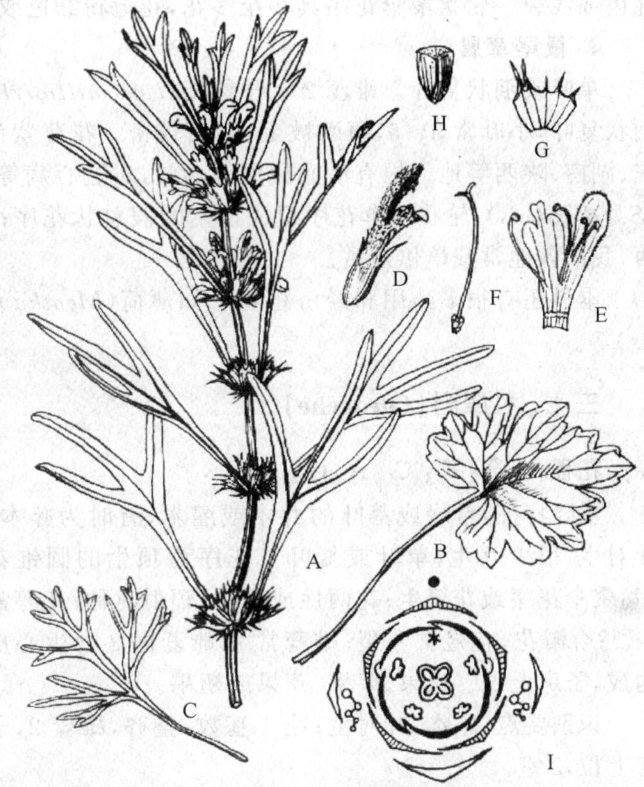

图10-46 益母草

A. 植株上部；B. 基生叶；C. 茎下部叶；D. 花；E. 花冠展开，示雄蕊；F. 雌蕊；G. 花萼展开、内面观；H. 小坚果；I. 花图式

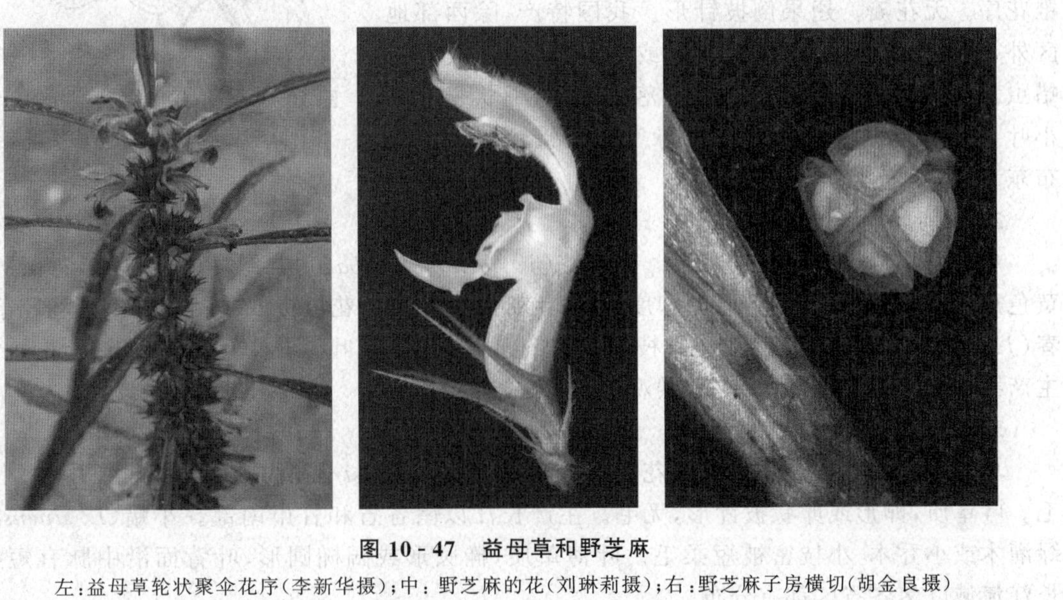

图10-47 益母草和野芝麻

左：益母草轮状聚伞花序（李新华摄）；中：野芝麻的花（刘琳莉摄）；右：野芝麻子房横切（胡金良摄）

钝齿或浅裂。轮状聚伞花序具2至多花，花冠粉红色或紫红色。为南方各省常见路边杂草。

4. 鼠尾草属

单叶或羽状复叶。雄蕊2。丹参(*Salvia miltiorrhiza*)，多年生草本，根肥厚，外面红色。羽状复叶，小叶常3～5，两面被毛，下面较密。花萼紫色；花冠蓝紫色。分布于辽宁、华北、华东、湖南、陕西等地。根有活血化瘀等功效，对冠心病等心脑血管疾病有较好的疗效。一串红(*S. splendens*)，轮状聚伞花序组成顶生的假总状花序；花萼钟形，绯红色；花冠红色。原产巴西，我国各地常栽培供观赏。

本科还有很多药用和经济植物。如薄荷(*Mentha haplocalyx*)、夏枯草(*Prunella vulgaris*)等。

三十、木犀科(Oleaceae)

花程式：⚥ $* K_{(4)} C_{(4)} A_2 \underline{G}_{(2)}$

主要特征：常绿或落叶的乔木或灌木，有时为藤本。叶对生，很少互生，单叶或复叶。花序为顶生的圆锥花序、聚伞花序或花簇生；花两性或单性，辐射对称；花萼常4裂；合瓣花，花冠常4裂；雄蕊常2；雌蕊由2合生心皮构成，子房上位。核果、浆果、蒴果或翅果。

识别要点：木本；叶对生；花4基数，整齐，雄蕊2，子房上位，2室。

木犀科约30属，600种。我国有12属，200种，南北各省均有分布，常见的介绍如下。

1. 白蜡树属

羽状复叶。翅果。白蜡树(梣)(*Fraxinus chinensis*)(图10-48)，落叶乔木。羽状复叶具小叶5～9。圆锥花序。无花瓣。翅果倒披针形。我国特产，除西部地区外，分布几遍全国，可作行道树或护堤树，枝叶放养白蜡虫。水曲柳(*F. mandshurica*)，落叶乔木，羽状复叶具小叶7～11，叶片基部及背面叶脉密生黄褐色绒毛。分布东北、华北等地。

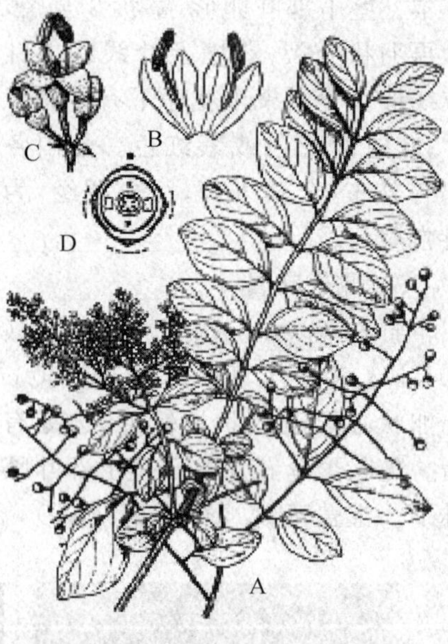

图10-48 小蜡(引自《江苏植物志》)

A. 植株上部；B. 花冠展开，示雄蕊；C. 花；D. 花图式

2. 茉莉属

单数羽状复叶或单叶。浆果。茉莉花(*Jasminum sambac*)，常绿灌木。单叶，背面脉腋有黄色簇毛。花白色，芳香。原产印度，我国南部普遍栽培。花可提取香精和制作茉莉花茶。迎春(*J. nudiflorum*)，落叶灌木，小枝绿色，四棱形。三出复叶。花单生，先叶开放，花冠黄色。主产我国北部和中东部，常栽培供观赏。

3. 女贞属

单叶，全缘，对生。顶生圆锥花序。核果。女贞(*Ligustrum lucidum*)，常绿乔木，小枝无毛。叶革质，卵形或卵状披针形，无毛。主产长江以南各省和甘肃南部。小蜡(*L. sinense*)，常绿灌木或小乔木，小枝密被短柔毛。叶薄革质，椭圆形或阔椭圆形，叶背面沿中脉有短柔毛。长江流域以南各省区都有分布。

本科还有其他一些经济植物、园林绿化和观赏植物。如桂花(*Osmanthus fragrans*)、紫丁香(*Syringa oblate*)、连翘(*Forsythia suspensa*)、金钟花(*F. viridissima*)等树种。

三十一、忍冬科(Caprifoliaceae)

花程式：⚥ *，↑$K_{(4\sim5)}\,C_{(4\sim5)}\,A_{4\sim5}\,\overline{G}_{(2\sim5)}$

主要特征：灌木、乔木、藤本或草本。叶对生，单叶，稀为奇数羽状复叶。常为聚伞花序，或由聚伞花序构成各式花序，有时花簇生或单生。花两性，辐射对称或两侧对称，花萼 4～5 裂；花冠 4～5 裂，有时 2 唇形；雄蕊与花冠裂片同数而互生，着生于花冠筒上；雌蕊由 2～5 个合生心皮构成，子房下位。核果、浆果或蒴果。

识别要点：叶对生，无托叶。花 5 基数，辐射或两侧对称，子房下位，常 3 室。

忍冬科约 14 属，400 余种，主产北半球。我国有 12 属，200 余种，常见的介绍如下。

1. 荚蒾属

灌木或小乔木。圆锥状或伞状复聚伞花序，有时花序边缘的花为不孕花。花冠钟状或管状。核果。荚蒾(*Viburnum dilatatum*)，落叶灌木，幼枝有星状毛。叶宽倒卵形至椭圆形，背面近基部有多数小腺点及状毛。核果卵球形，深红色。主要分布秦岭以南地区。日本珊瑚树(*V. awabuki*)，常绿灌木或小乔木。叶卵状矩圆形至矩圆形。圆锥状聚伞花序顶生；花冠白色。核果先红后黑。产浙江舟山和台湾，长江流域各省常栽培作园林树种。

2. 忍冬属

直立或缠绕灌木。单叶全缘。花常成对生于叶腋。花冠多为 2 唇形，雄蕊 5。浆果。忍冬(*Lonicera japonica*)(图 10-49)，半常绿藤本，茎向右缠绕。花双生于叶腋，花冠 2 唇形，先白色，后期为黄色，故又称“金银花”。浆果黑色。我国各地都有野生或栽培，花蕾入药，有清热解毒等功效。金银木(*L. maackii*)，落叶灌木，髓心中空。浆果球形，熟时暗红色。华北、华东、华中及西南地区都有分布。

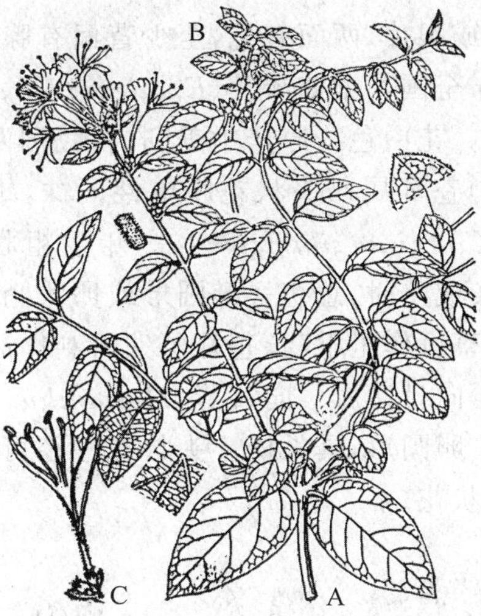

图 10-49　忍冬

A. 花枝；B. 果枝；C. 剖开的花，示雄蕊及雌蕊的一部分

3. 接骨木属

多为木本，少为多年生草本。奇数羽状复叶，小叶边缘有锯齿。核果。接骨木(*Sambucus williamsii*)，落叶灌木或小乔木，小枝具黄褐色髓。圆锥状聚伞花序顶生，无不育花腺点。各地都有分布。接骨草(*S. chinensis*)，多年生草本或亚灌木，小枝具白色髓。复伞房状聚伞花序，杂有不育花发育而来的黄色倒杯状腺体。主产长江流域以南各省区。全草药用。

三十二、菊科(Compositae, Asteraceae)

花程式：⚥ *，↑$K_{0\sim\infty}\,C_{(5)}\,A_{(5)}\,\overline{G}_{(2:1:1)}$

科的特征：常为草本，少为灌木、小乔木或藤本，部分种类具乳汁。单叶或复叶，多互生，少对生或轮生，无托叶。头状花序单生，或再排列成各式花，基部有1至数层总苞片。花两性，单性或中性；花萼退化为2至多个冠毛或鳞片，有时缺；花冠常5裂，管状、舌状或2唇形；雄蕊常5，花药联合成筒状，称聚药雄蕊；雌蕊由2个合生心皮构成，柱头2，子房下位。瘦果，顶端常着生冠毛或鳞片。

识别要点：草本，头状花序，聚药雄蕊，瘦果顶端带冠毛或鳞片。

菊科是被子植物种类数目最多的一个科，有1 500多属，约2 300种，广布于全世界。我国有200多属，2 000余种。

菊科是被子植物种类数目最多的一个大科，有1 500多属，约23 000种，广布于全世界。根据头状花序花冠类型的不同，以及植物体有无乳状汁液，菊科常被分成两个亚科，即管状花亚科(Carduoideae)和舌状花亚科(Cichorioideae)。

1. 管状花亚科

头状花序全为筒状花，或头状花序的盘花为筒状花，而边缘花为假舌状、漏斗状。植物体不含乳汁。

(1)泽兰属　草本或亚灌木。叶常对生或有时茎上部叶互生，边缘有齿或分裂。头状花序常排列成伞房状。泽兰(*Eupatorium japonicum*)，叶对生，卵圆形至宽披针形，边缘有不规则的裂齿或裂片，两面有毛，至少背面有腺点。头状花序有5个管状花。花白色、带紫色或粉红色，广布全国。紫茎泽兰(*E. adenophorum*)，茎常紫褐色。叶三角状卵形，基部3出脉，边缘有粗锯齿。花白色。原产中美洲，在我国西南地区已经成为一种危害严重的外来入侵杂草。

(2)苍耳属　头状花序单性同株，雄性头状花序密集生于枝顶，雌性头状花序生于叶腋。苍耳(*Xanthium sibiricum*)，一年生粗壮草本。叶阔卵状三角形。雌头状花序卵形，具2小花，果实成熟时，总苞呈椭圆形或卵状椭圆形的囊状结构，质地硬，表面密生钩刺。全国各地广布。全草可作土农药，苍耳子油可制作油漆、油墨及肥皂硬化油等。苍耳幼苗有毒。

(3)向日葵属　向日葵(*Helianthus annuus*)(图10-50)，一年生高大草本，茎常不分枝。叶大，广卵圆形，具长柄。头状花序径可达40 cm，花黄色，盘花为两性的筒状花，边缘花为中性的舌状花。

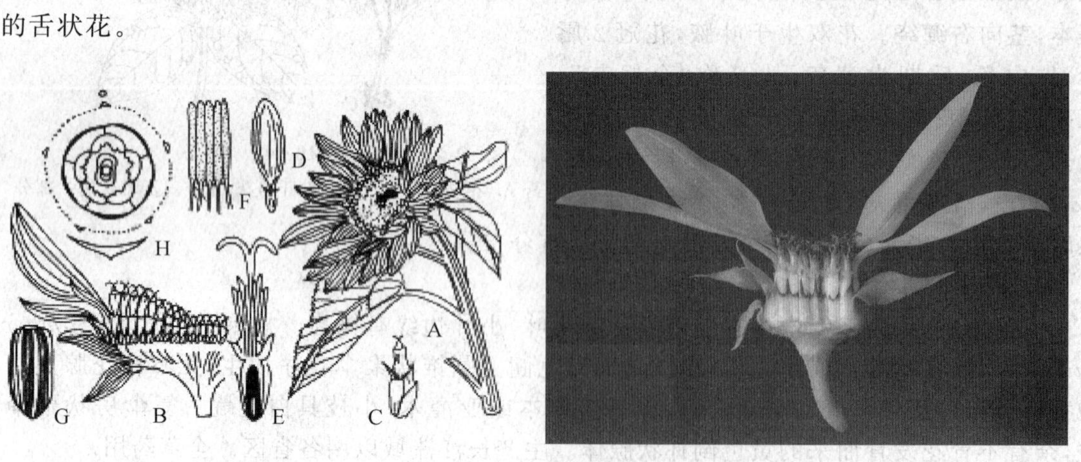

图10-50　向日葵

左：向日葵(引自李扬汉，1984)；右：向日葵头状花序纵切(刘琳莉摄)

A. 植株上部；B. 头状花序纵切；C. 管状花；D. 假舌状花；E. 管状花纵切；F. 聚药雄蕊；G. 瘦果；H. 花图式

(4)菊属 多年生至一年生草本。花序托突出，半球形，总苞片边缘膜质；管状花多数，黄色；舌状花颜色多样，黄色、白色、淡红色等。菊花(*Dendranthema morifolium*)，多年生草本，茎下部木质化。叶卵形至阔披针形，边缘有粗大锯齿或分裂，背面有白色柔毛。头状花序直径2.5～20 cm，单生枝顶，或排列成伞房状；管状花黄色，舌状花的颜色与形态多样，因品种而异。原产中国，品种繁多，是著名的观赏植物，花亦可药用。野菊(*D. indicum*)，叶卵形至长圆状卵形，羽状深裂。头状花序直径2.5～4 cm，在枝顶排列成伞房状圆锥花序或伞房花序；花黄色。除新疆外，广布全国各地，野生或栽培。

(5)蒿属 草本或小灌木，枝叶揉搓后有芳香味。头状花序小，多数，常排列成圆锥状，少数为穗状或总状；总苞半球形至卵形；全为筒状花。艾蒿(*Artemisia argyi*)，多年生草本，有根状茎。茎直立，高60～120 cm，表面有白色细软毛。茎中下部叶3～5深裂或羽状深裂，叶背面密生白色毡毛。头状花序钟形，直径3～4 mm。从东北、华北至西南各省都有分布。全草含芳香油。黄花蒿(*A. annua* L.)一年生草本，茎无毛，高50～170 cm，有浓烈气味。叶2～3回羽状深裂，裂片细短。头状花序球形，淡红色，直径约2毫米，排列成圆锥状，分布几遍全国。

2. 舌状花亚科

头状花序全为舌状花。植物体含乳汁。

(1)蒲公英属 蒲公英(*Taraxacum mongolicum*)(图10-51)，多年生草本。叶全部基生，呈莲座状，羽状分裂或大头羽状分裂。花茎从基部抽出，顶生1头状花序，舌状花黄色，先端有红色细条纹。瘦果表面有细瘤状凸起，具长喙及灰白色伞状冠毛。广布全国，全草入药，嫩苗可作野菜。

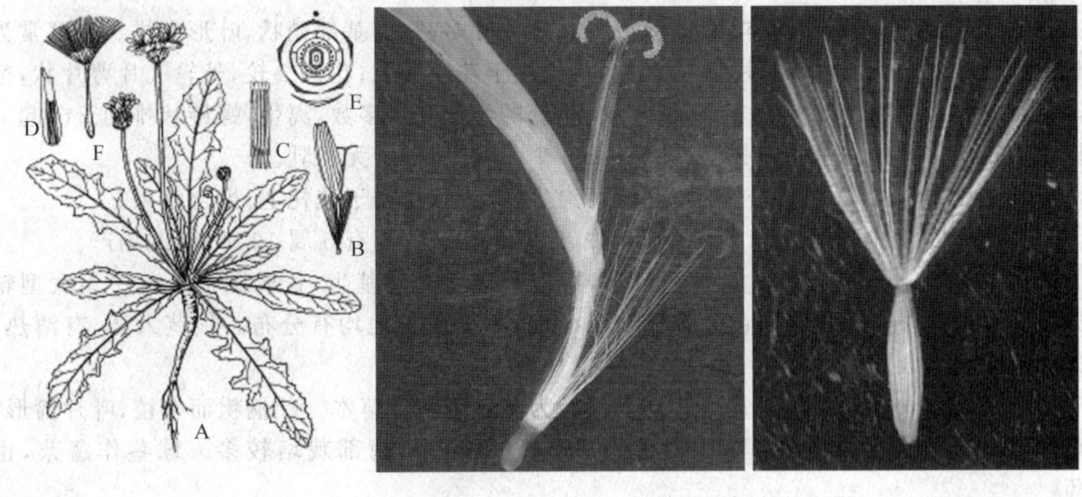

图10-51 蒲公英和黄鹌菜

左：蒲公英；中：黄鹌菜的舌状花(胡金良摄)；右：黄鹌菜带冠毛的瘦果(胡金良摄)

A. 植株；B. 舌状花；C. 聚药雄蕊；D. 总苞片；E. 花图式；F. 带冠毛的瘦果

(2)莴苣属 莴苣(*Lactuca sativa*)，一年或二年生草本。基生叶呈莲座状，茎生叶互生，无叶柄，倒披针形、椭圆形或椭圆状倒披针形，边缘全缘、波状或有微齿。头状花序多数，聚生成圆锥状。原产地中海地区，我国普遍栽培作蔬菜。莴笋(*L. sativa* var. *angustata*)茎近圆柱状，肉质肥厚，可作蔬菜。生菜(*L. sativa* var. *romana*)叶片长倒卵形，密集成叶球。可作蔬菜。

菊科是一个比较年轻的大科，化石仅出现于第三纪的渐新世。在双子叶植物中，菊科植物分布广泛，属种数目最多。菊科能够在进化上取得成功的原因，与其特殊的生物学特性具有密切联系。如一些种类具块茎、块根、匍匐茎或根状茎，有利于进行营养繁殖；花序的构造和花对虫媒传粉的高度适应性，有利于进行有性生殖和产生新的遗传变异；瘦果不仅体积小、重量轻，而且顶端常着生冠毛，有利于果实随风进行远距离散布，不断占据新的环境类型。这些因素都促进了该科植物的发展和分化。

第四节　单子叶植物纲

单子叶植物纲(Monocoty ledoneae)种子的胚具 1 枚顶生子叶；根系的主根不发达，多为须根系；茎内的维管束星散排列，无形成层；叶子的为平行或弧形叶脉；花部基数常为 3；花粉粒只有单个萌发孔。单子叶植物中的低等类型是泽泻类，随后主要朝三个方向发展：①朝花被简化、花密集、适应风媒传粉演化，禾本科是其发展的顶点；②朝花大型、花被显著的方向发展，百合科是其代表，兰科是虫媒传粉最进化的类群；③朝单性花、具有肉穗花序的槟榔类演化，而槟榔类则是单子叶植物演化过程的旁支。

一般认为单子叶植物起源于双子叶的睡莲类，也有人认为起源于毛茛类。

一、泽泻科(Alismataceae)

花程式：$* K_3 C_3 A_{6\sim\infty} \underline{G}_{6\sim\infty:1:1\sim2}$

科的特征：水生或沼生草本，有球茎或根状茎。叶多基生，基部鞘状，叶形多样。花序常为总状或圆锥花序；花两性或单性，辐射对称，常轮生于花序轴上；花被 2 轮，外轮 3 片萼片状，宿存，内轮 3 片花瓣状；雄蕊 6 至多数，稀 3 枚；雌蕊的心皮 6 至多数，离生，螺旋状排列于凸起的花托上或轮状排列于扁平的花托上，胚珠 1～2 个。瘦果，种子无胚乳。

识别要点：水生或沼生草本；雄蕊和雌蕊离生，螺旋状排列于花托上；聚合瘦果。

分类及代表植物：本科有 13 属，约 90 种，广布全球。我国有 5 属 13 种，南北均产。

泽泻(*Alisma orientale*)为多年生草本，具地下球茎。叶基生，长椭圆形。花序为大型轮状分枝的圆锥花序，花两性，白色。生长在沼泽地，于全国各地均有分布。根茎入药，有清热、利尿和渗湿之功效。

慈姑(*Sagittaria sagittifolia*)(图 10 - 52)为多年生水生草本。叶柄粗而有棱，叶片箭形。花单性，夏季开花，花瓣白色，基部常紫色。原产中国，中、南部栽培较多。球茎作蔬菜，也入药。

泽泻科是单子叶植物中原始的类型，主要表现为雌雄蕊多数分离，并螺旋状排列于花托上。

二、棕榈科(Palmae)

花程式：♂ $* P_{3+3} A_{3+3}$；♀ $* P_{3+3} \underline{G}_{3,(3)}$；⚥ $* P_{3+3} A_{3+3} \underline{G}_{3,(3)}$

科的特征：乔木，稀为藤本。叶为大型的常绿叶，掌状分裂或为羽状复叶，多集生于不分枝的树干顶部，形成“棕榈型”树冠；叶柄基部常扩大成纤维状的鞘。肉穗花序，外包 1 至数枚大型的佛焰状总苞；花小，两性或单性，同株或异株，花被片 6，排成 2 轮，分离或合生；雄蕊 6，2 轮，花丝分离或基部连合成环；心皮 3，子房上位，每室有 1 胚珠。果为核果或浆果。

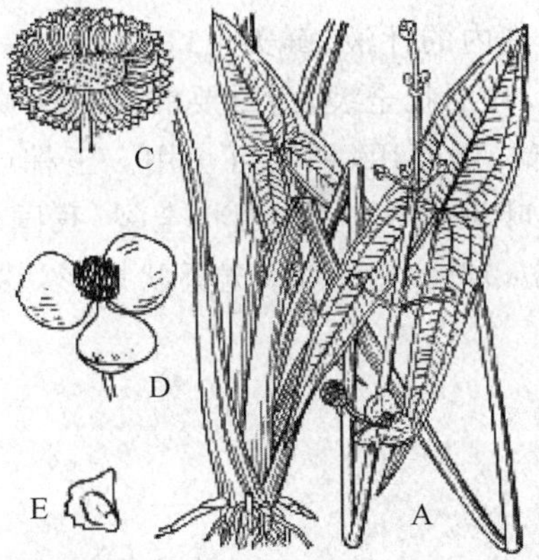

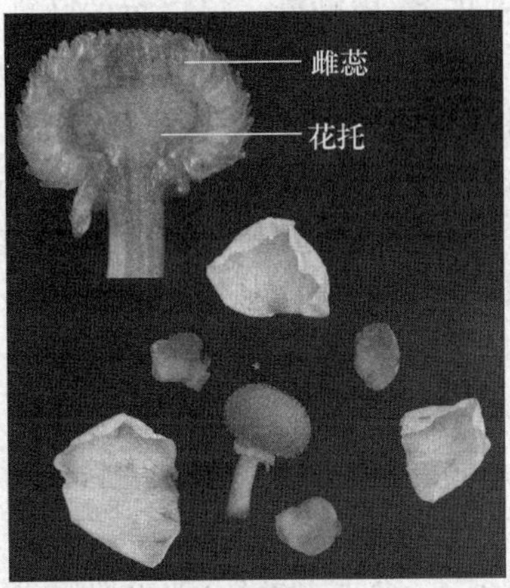

图 10-52　慈姑

左：慈姑示意图(引自华东师范大学等)；右：慈姑雌花(刘琳莉摄)

A. 植株；B 球茎；C. 花托及雌蕊群；D. 花；E. 瘦果；F. 花图式

识别要点：木本，大型叶丛生于不分枝的树干顶部，肉穗花序具佛焰状总苞。

分类及代表植物：棕榈科约 215 属，2 500余种，我国有 22 属，约 60 余种。分布于热带和亚热带。

棕榈(*Trachycapus fortunei*)(图 10-53)常绿乔木，干直立，不分枝，为叶鞘形成的棕衣包。叶大，掌状分裂，裂片多数顶端浅 2 裂，集生树干的顶端；花常单性，异株，多分枝的肉穗状或圆锥状花序，佛焰苞显著。广泛栽培于长江以南各省区，叶鞘纤维为棕，可制绳索、床垫、蓑衣、刷子等。

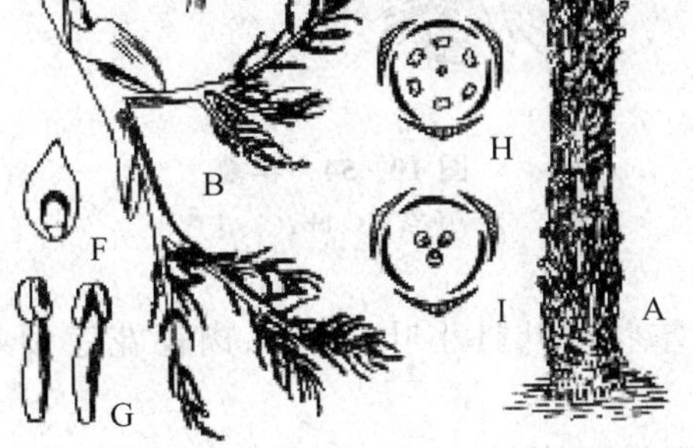

图 10-53　棕榈

左：棕榈示意图(引自华东师范大学等)；右：棕榈的花(刘琳莉摄)

A. 植株；B. 雌花序；C. 果枝；D. 雌花；E. 雄花；F. 雌花解剖；G. 雄蕊；H. 雄花花图式；I. 雌花花图式

椰子(*Cocos nucifera* L.)叶羽状全裂或为羽状复叶;花雌雄同株,成分枝肉穗花序;核果大型,圆形或椭圆形,成熟时褐色;外果皮较薄,中果皮为厚纤维层,内果皮(椰壳)骨质坚硬;种子1颗,种皮薄,内贴着一层白色的胚乳(椰肉),胚乳内有一大空腔,贮藏乳状汁液,椰子果的结构,利于在海上漂浮传播。椰子的果实为著名果品,其内的汁液,鲜美可口。

本科常见的植物还有油棕(*Elaeis guineesis*)乔木,叶羽状全裂,为重要的油料植物。槟榔(*Areca cathecu*)叶羽状全裂,种子含单宁和多种生物碱,供药用,果实可食用。王棕(*Roystonea regia*)乔木,茎幼时基部明显膨大,老时中部膨大,叶聚生于茎顶,羽状全裂,我国广东、广西和台湾通常作行道树栽培。蒲葵(*Livistona chinensis*)叶大达1 m,宽肾状扇形,深裂至中部,嫩叶制蒲扇,种子入药。

三、天南星科(Araceae)

花程式:$* P_{0,4\sim6} A_{4,6} \underline{G}_{(3)}$

科的特征:多年生草本,稀木质藤本,具根状茎或块茎,常有乳汁液。单叶或复叶,多基生,具膜质鞘。花小,排列成肉穗花序,下包一彩色佛焰苞片;花两性或单性,花单性时,多数雌雄同株,少数雌雄异株。雌雄同株时,雄花通常生于肉穗花序上部,雌花生于下部,中部为不育的花;单性花常无花被;雄蕊4或6(8),分离或合生;雌蕊由3(稀2～15)心皮组成,子房上位,有1至多室。果实通常为浆果。

识别要点:多年生草本,肉穗花序,花序外或花序下具有1片佛焰苞。

分类及代表植物:约115属,1 800种,我国有35属,206种,主要分布于热带和亚热带。

芋(*Colocasia esculenta*) 多年生草本,一年生栽培;地下有肉质球茎;叶盾状,基部2裂;肉穗花序,外有大型佛焰苞,花单性。球茎含多量淀粉,可充杂粮,我国南方多栽培。

大漂(*Pistia stratiotes*) 又称水浮莲,浮水草本,主茎短缩而叶呈莲座状;叶倒卵楔形,叶腋间向四周分出匍匐茎顶端发出新株进行繁殖。分布于南方各省,常栽培作猪饲料。

半夏(*Pinellia ternate*)(图10-54) 多年生草本,一年生的叶为单叶,2～3年生的叶为3小叶的复叶;佛焰苞绿色,上部呈紫红色;果实为浆果。块茎扁球形,有毒,炮制后入药,因仲夏采其入药,故名"半夏",有治慢性气管炎、咳嗽、痰多等作用。

图10-54 半夏
A. 块茎;B. 叶;C. 花序

天南星(*Arisaema consanguineum*) 多年生草本,掌状复叶具小叶7～23;肉穗花序顶端附属体近棍棒状。块茎供药用,祛痰、解痉、消肿散结。

马蹄莲(*Zantedeschia aethiopica*) 多年生草本,地下具块茎;叶基生,心状卵形,初夏抽肉穗花序,外有漏斗状的佛焰苞,白色或乳色,为常见花卉。

天南星科观赏植物较多,经常见到的还有:龟背竹(*Monstera deliciosa*)、广东万年青

(*Aglaonema modestum*)、麒麟尾(*Epipremnum pinnatum*)、红鹤芋(红掌)(*Anthurium andraenum*)、白鹤芋(白掌)(*Spathiphyllum kochii*)等。

四、莎草科(Cyperaceae)

花程式：$P_0 A_{1\sim3} \underline{G}_{(2\sim3:1:1)}$

科的特征：多年生草本，稀为一年生。多数具有根状茎，块茎或球茎；茎常三棱形，多实心。叶常3列，狭长，叶鞘闭合。花小，数朵排列成很小的穗状花序，称为小穗，再由小穗排成各种花序。每花具1苞片(鳞片或颖片)，花被完全退化或成刚毛状。花多两性，雄蕊多为3；雌蕊由3或2心皮组成，子房上位。坚果。

识别要点：草本，茎常三棱形，实心，叶常3列，叶鞘闭合；花被退化，小穗组成各种花序；小坚果。

代表植物：本科约96属，9 000多种，多分布于阴湿或沼泽环境中。我国有31属，670多种。

荸(*Eleocharis tuberosa*)　多年生草本；地下有匍匐茎，先端膨大为球茎，地上茎丛生直立，管状，节上生膜状退化叶；水生经济作物，球茎食用。

蒲草(*Lepironia articulata*)　又称席草，原产亚洲及非洲热带，现广东等地有栽培，其茎秆用于编席。

香附子(*Cyperus rotundus*)(图10-55和图10-56)　多年生草本；地下有纺锤形块茎，茎直立；叶线形；穗状花序成指状排列，夏季开花；常见旱地杂草。

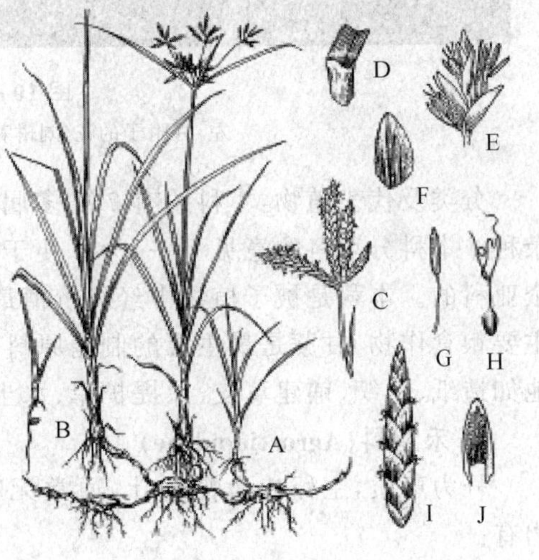

图10-55　香附子

A. 植株；B. 幼苗；C. 花序；D. 叶鞘口；E. 小穗解剖
F. 鳞片背面；G. 雄蕊；H. 雌蕊；I. 小穗；J. 鳞片腹面

本科植物中，有许多是农田杂草，常见的有：牛毛毡(*Eleocharis yokoscensis*)根状茎纤细，秆多数丛生，如牛毛，高2～12 cm。异型莎草(*Cyperus difformis*)叶状苞常2枚，长于花序，辐射枝端，由多数小穗密集成球形头状花序。

五、禾本科(Gramineae)

花程式：⚥ $P_{2\sim3} A_{3,6} \underline{G}_{(2\sim3:1:1)}$

科的特征：草本，少为木本(竹类)。茎常称为秆，圆柱形，节与节间区别明显，节间常中空。单叶互生，成2列，叶大多由叶片和叶鞘组成，叶鞘包围秆，边缘常开裂，叶片狭长，纵向平行脉。在叶片与叶鞘交接处的内侧生有叶舌，叶鞘顶端的两侧常各具1叶耳。花序是以小穗为基本单位，构成穗状、总状、圆锥状或指形花序；小穗是一个缩短的简单花序，由小穗轴、2个颖片、1至数朵小花组成。小花常两性，由稃片、雄蕊、雌蕊和浆片构成，稃片(相当于苞片)有2片，即有具芒的外稃和无芒的内稃；浆片(相当于花被)有2～3个，透明而肉质，位于子房基部；雄蕊常为3，少有6个，雌蕊1，2～3心皮构成，花柱多羽毛状，子房上位，1室，内有1胚珠。果实为颖果。

识别要点：秆圆柱形，节间常中空。叶2列，叶鞘常开裂。由小穗组成种花序。颖果。

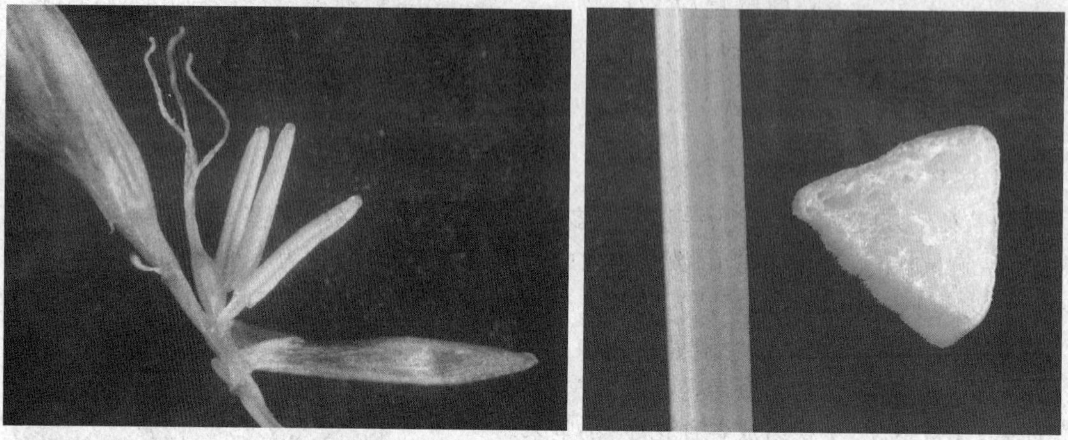

图 10-56　香附子花和茎

左：香附子的花（刘琳莉摄）；右：香附子茎及横切（胡金良摄）

分类及代表植物：本科约有 750 多属，12 000 多种，遍布全世界。我国有 220 余属，1 200 余种。本科分亚科的意见不一，为了便于教学，通常分为禾亚科和竹亚科，也有分为 3，5 或 7 个亚科的。本科是被子植物中经济价值最高的科之一，稻、麦、玉米、粟（小米）、高粱等人类的主要粮食作物，甘蔗是最主要的制糖原料，畜牧业使用牧草的大部分、竹类等均属禾本科。其他如造纸、纺织、铺建草皮、保提护岸、水土保持等方面，禾本科植物也占有重要的地位。

1. 禾亚科(Agrostidoideae)

秆为草质，主秆叶为普通叶，通常无叶柄，叶片与叶鞘相连处无关节。本亚科重要的植物有：

小麦属（*Triticum* L.）　顶生穗状花序，小穗单生于穗轴各节，由 2～5 朵小花组成，顶端一小花不孕。小麦（*T. aestivum* L.）（图 10-57 至图 10-59）叶片条状披针形，叶舌、叶耳较小，穗状花序由 10～20 个小穗组成，颖果椭圆形，腹面有深纵沟，不与稃片粘合。小麦品种繁多，主产北方，最重要的粮食作物之一。

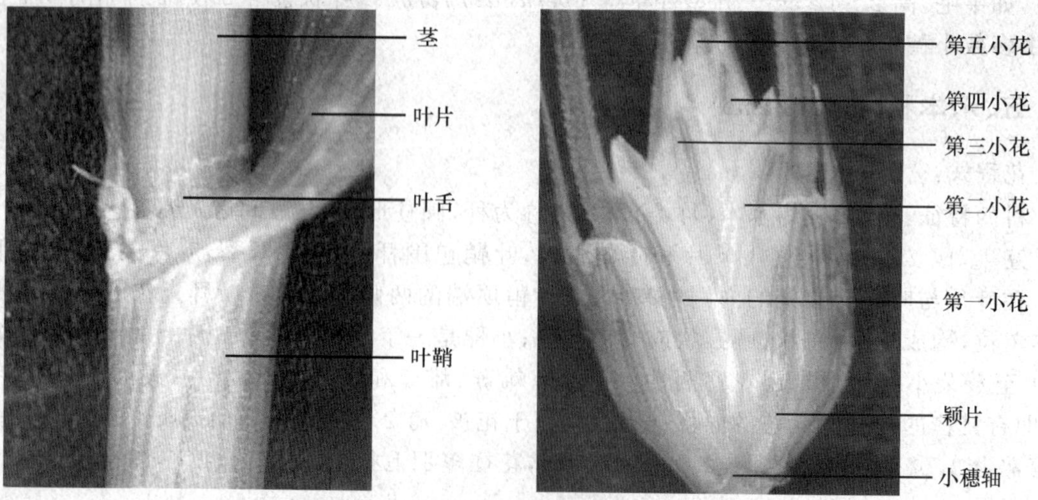

图 10-57　小麦茎、叶和小穗（胡金良摄）

左：小麦茎、叶；右：小麦小穗

大麦属　小穗背腹压扁，含1朵小花，3个小穗聚生于穗轴节上，颖极狭，外稃有芒。大麦(*Hordeum vulgare*)叶舌、叶耳较大，穗轴各节着生3个小花，每小穗生小花1朵，颖果不易与稃分离；啤酒和麦芽糖的主要原料。稞麦(青稞)(*H. vulgare* var. *nudum*)颖果易与稃分离；为西部高原地区主要粮食作物之一。

玉蜀黍属　一年生高大草本，秆中实；花单性同株，雄花序圆锥状，雌花序肉穗状，单生叶腋。玉米(*Zea mays*)有支柱根，杆粗壮，叶宽大，花单性，雌雄同株，雌花序，为多数鞘状苞片所包藏。玉米为重要的粮食及饲料作物，品种多，原产美洲。

粟属　圆锥花序，呈棒状；小穗背腹压扁，下托以刚毛(不孕枝)1至多条，小穗脱落时刚毛仍宿存；第一内稃小形，第二外稃革质，背部隆起包卷同质的第二内稃。粟(小米)(*Setaria italica*)圆锥花序粗壮下垂；杂粮；原产中国。

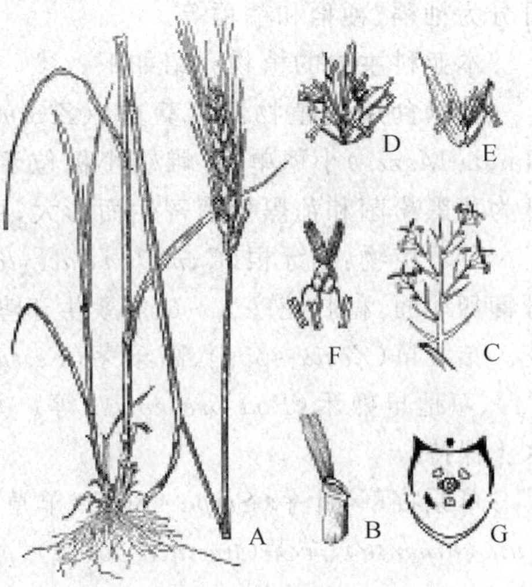

图 10-58　小麦(重修自华东师范大学等)
A. 植株；B. 叶鞘口；C. 花序；D. 小穗；
E. 小花；F. 小花解剖；G. 花图式

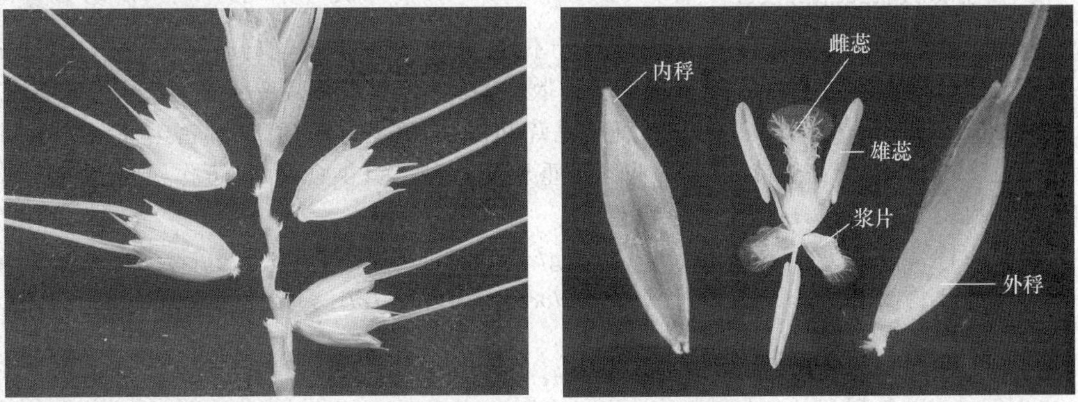

图 10-59　小麦小穗和小花(刘琳莉摄)
左：小麦的穗轴和小穗；右：小麦的小花

甘蔗属　多年生高大草本；顶生圆锥花序，小穗均为两性，孪生，1无柄，1有柄，第一外稃先端无芒或具一小尖头。甘蔗(*Saccharum officinarum*)秆较高，紫红色。竹蔗(*S. sinense*)秆较细，节间较长，淡绿色或淡紫色。均为制糖原料。

高粱属(蜀黍属)　秆中实；圆锥花序；小穗孪生，背腹压扁，1有柄，1无柄，有柄的不孕，无柄的结实。高粱(*Sorghum vulgare*)第一颖背部凸起或扁平，成熟后变硬，边缘内卷；第二颖舟形，具脊；粮食作物及酿酒工业原料。

稻属　疏散圆锥花序，小穗两侧压扁，2朵不孕花仅存极少外稃；结实花的外稃硬纸质，有5条脉，有时有芒，内稃有3条脉，浆片2个，雄蕊6枚。水稻(*Oryza sativa*)(图10-60)叶片线形，叶鞘有茸毛，成熟时圆锥花序下垂。水稻品种或品系很多，原产我国，根据黏性由小到大可分为籼稻、粳稻和糯稻等。

本亚科主要的植物介绍如下。

可以食用的植物：菰（茭白）（*Zizania caduciflora* Hand.-Mazz.）小穗单性，雌雄小穗位于同一花序上，秆为菰黑粉菌和菰黑穗菌寄生而膨大，用做蔬菜。

草坪植物：狗牙根（*Cynodon dactylon*）具根状茎，秆匍匐地面，穗状花序3～6个簇生于茎顶，小穗有1花。结缕草（*Zosia* spp.）、高羊茅（*Festuca arundinacea*）、草地早熟禾（*Poa pratensis*）等。并用以固堤和水土保持。

草原牧草：针茅（*Stipa* spp.）、羊草（*Aneurolepidium chinense*）、羊茅（*Festuca ovina*）、冰草（*Agropyron critatum*）、黑麦草（*Lolium. perenne*）和多花黑麦草（*L. multiflorum*）重要的牧草，亦可作短期草坪等。

常见的杂草：狗尾草（*Setaria viridis*）、金狗尾草（*S. glauca*）和大狗尾草（*S. faberii*）、野燕麦（*Avena. fatua*）等。

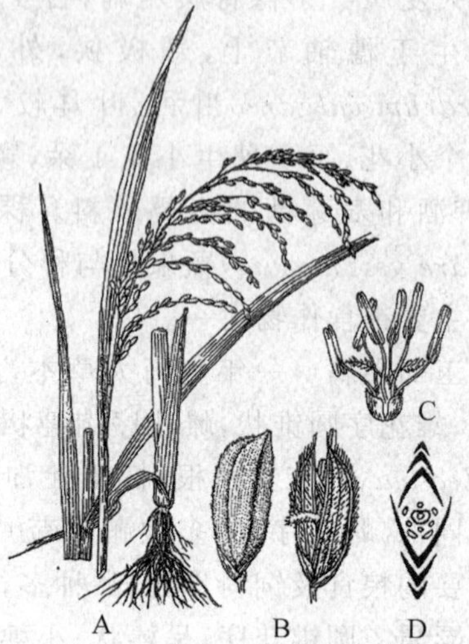

图10-60 水稻

A. 植株上部；B. 小穗；C. 雌、雄蕊；D 花图式

2. 竹亚科(Bambusoideae)

秆为木质，主秆叶为秆箨（笋壳）与普通叶不同，普通叶具短柄，与叶鞘相连处有1关节。

刚竹属（毛竹属）约50种，分布东亚。秆散生，在分枝的一侧扁平或有沟槽，每节有2分枝。毛竹（*Phyllostachys pubescens*）新秆被毛茸和白粉；箨鞘厚革质，背部密生棕紫色小刺毛及棕黑色晕斑；广布于亚热带地区，为我国最重要的竹种。笋供食用；秆可作建筑、竹板、编织和造纸原料。紫竹（*P. nigra*）老秆紫黑色。

重要的竹类植物还有：凤凰竹（*Bambusa glaucescens*）、凤尾竹（*B. glaucescens* var. *rivierierum*）、大佛肚竹（*B. vulgaris*）、阔叶箬竹（*Indocajamus latifolius*）栽培供观赏。

六、百合科(Liliaceae)

花程式：⚥ $* P_{3+3} A_{3+3} \underline{G}_{(3:3)}$

科的特征：多年生草本，少为木本。茎直立或攀缘；常具根状茎、鳞茎或块根。叶为单叶互生、基生，少有轮生，叶有时退化为膜质鳞片，以枝行使叶的作用。花两性，少单性。花序种种，花被花瓣状，排列为两轮，通常6片，辐射对称；雄蕊6枚，与花被片对生。花药纵裂。雄蕊3心皮构成，子房3室，子房上位、下位或半下位。果实为蒴果或浆果。

识别要点：单叶；花被片6片，排列成两轮，雄蕊6枚与之对生，子房3室；果实为蒴果或浆果。

分类及代表植物：本科有200多属，2 800多种，广布于世界各地，尤以温带和亚热带最多。

百合科主要的属有葱属、百合属等。

葱属有刺激性葱蒜气味；鳞茎被有鳞被；伞形花序。约500种。

葱属植物中多种著名蔬菜，常见的有：葱（*Allium. fistulosum*）（图10-61）叶为管状，中空；花葶粗壮中空，中部膨大；作蔬菜或调料。洋葱（*A. cepa* L.）鳞茎较大呈球形；为蔬菜。蒜

（*A. satium* L.）鳞茎分为数瓣，封闭在白色或淡紫色膜内的叫蒜头；花葶圆柱状叫蒜薹，作蔬菜或调料，幼株也可食用。韭菜（*A. tuberosum Rottler*）叶带状，花葶（花序梗）三棱形；叶、花葶供菜用。

百合属 100 余种，鳞茎无鳞被；花单生或排列成总状花序，花被漏斗状。

百合（*Lilium. brownni* var. *colchesteris*）（图 10－61）具鳞茎，花白色，栽培品种繁多，花供观赏；鳞茎供食用。山丹（*L. pumilum*）叶条形，狭长；花橘红色，腹面具紫色斑点。卷丹（*L. lancifolium*）叶披针形，叶腋常生珠芽，花橘红色，可作花卉等。

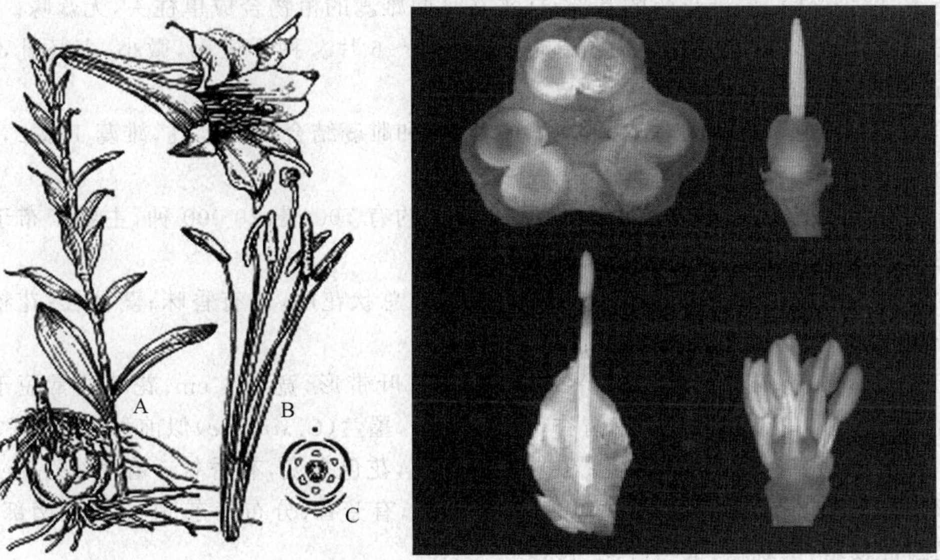

图 10－61　百合和葱

左：百合（自艾铁民《药用植物学》）；右：葱花的各部分（胡金良摄）

A. 植株；B. 雌、雄蕊；C. 花图式

百合科有重要经济价值，主要表现在食用、观赏和药用等方面。

可供食用的百合科植物还有金针菜、石刁柏等。金针菜（黄花菜）（*Hemerocallis. liloaphodelus*）花鲜黄色，长 7.5～14.0 cm，芳香，花蕾晒干供作蔬菜。石刁柏（*Asparagus officinalis*）多年生宿根草本，春季自地下茎上抽生嫩茎，可作蔬菜食用。

观赏植物常见的有：郁金香（*Tulipa gesneriana*）著名花卉，主产荷兰。玉簪（*Hosta plantagina*）、吊兰（*Chlorophytum comosum*）、土麦冬（*Liriope spicata*）。

药用或美容价值的有：黄精（*Polygonatum . sibiricum*）叶 4～6 片轮生，先端钩状卷曲，浆果；根状茎为常用中药“黄精”。玉竹（*P. odoratum*）叶长椭圆形，互生，花 1～2 朵腋生；入药。川贝母（*Fritillaria cirrhosa*）、知母（*Anemarrhena asphodeloides*）、麦冬（*Ophiopogon japonicus*）。芦荟（*Aloe vera* var. *chinensis*）叶莲座状，肥厚，多汁等。

七、兰科（Orchidaceae）

花程式：$⚥ \uparrow P_{3+3} A_{2-1} \overline{G}_{(3:1)}$

科的特征：多年生草本，陆生、附生或腐生；常具根状茎或块茎；附生的具有肥厚根被的气生根。单叶互生，二列，基部叶鞘抱茎。单花或排列成总状、穗状或圆锥花序；花两性，两侧对称；花被片 6，2 轮，外轮 3 片为花瓣状萼片，中央的 1 片称中萼片，并与花瓣靠合成盔；内轮为花瓣，中央的 1 片特化而称唇瓣，常因子房呈 180°角扭转、弯曲而使唇瓣位于下方，有时由于中部缢缩而分成上唇和下唇，基部具囊或距，有蜜腺；雄蕊与花柱合生成合蕊柱，呈半圆柱形，基部有时延伸为蕊柱脚，顶端通常有药床；雄蕊 1 或 2 枚（极少为 3 枚），前者为外轮中央雄蕊，生于蕊柱顶端背面，后者为内轮侧生雄蕊，生于蕊柱两侧；花药通常 2 室，花粉常结成花粉块，花粉块 2～8 个，具花粉块柄、蕊喙柄和粘盘或缺；雌蕊 3 心皮构成，子房下位，1 室，侧膜胎座；柱头在具单雄蕊的植物为 3，2 个发育，常多少相互粘合，位于唇瓣基部稍上处，第 3 个常不发育，成小凸体，称为蕊喙，位于花药的基部；柱头在具两雄蕊的植物合成单柱头，无蕊喙。蒴果三棱状圆柱形或纺锤形，成熟时开裂为顶部仍相连的 3～6 片。种子极多，微小，多胚乳，胚小而未分化，通常具膜质或呈翅状扩张的种皮，易于风传。

识别要点：草本，花两侧对称，形成唇瓣，雄蕊和雌蕊结合成合蕊柱，雄蕊 1 或 2，花粉结合成花粉块，子房下位，种子微小。

分类及代表植物：兰科为种子植物第二大科，约有 700 属，20 000 种，主要广布于热带、亚热带地区；我国约有 150 属，1 000 余种。

兰属　茎极短或变态为假鳞茎；叶革质，带状；总状花序，花有香味；蕊柱长；花粉块 2 个；蒴果长椭圆形。本属常见的植物有：

建兰（*Cymbidium ensyifolium*）（图 10-62）　叶带形，宽约 1 cm；花葶通常短于叶；总状花序有花 3～7 朵；花浅黄绿色，有清香，夏秋开花。墨兰（*C. sinense*）似前种，但叶宽常 2～3.5 cm；花葶通常高出叶外，具 10 余花；冬末春初开花，花色多变，有香气。春兰（*C. goeringii*）叶狭带形，宽6～10 mm；花单生，淡黄绿色；春季开花，有芳香；分布华东、中部和西南部等。上述各地庭园常栽培，供观赏；根与叶均可入药。

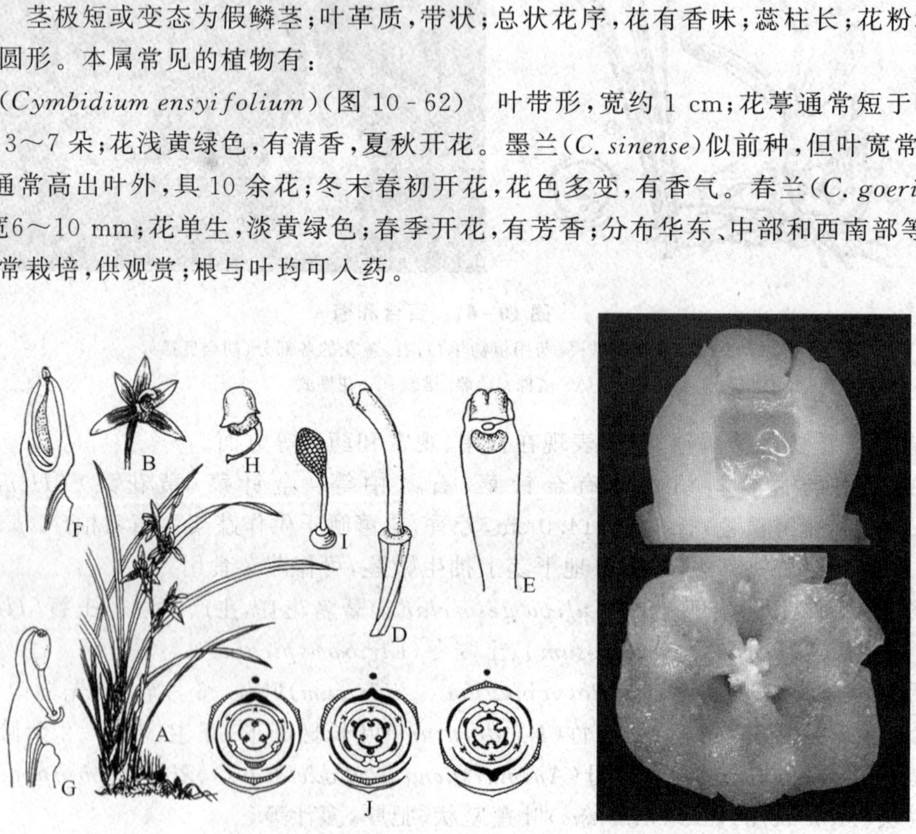

图 10-62　建兰和石斛兰

左：建兰；右：石斛兰的合蕊柱和子房横切（胡金良摄）

A. 植株；B. 花；C. 花解剖；D. 子房和合蕊柱；E. 合蕊柱；F. 兰花的基盘部；

G. 兰花的顶盘部；H. 花药；I. 花粉块；J. 花图式

兰科著名的观赏植物还有石斛（*Dendrobium nobile*）（图 10-62），多年生常绿草本，附生在树干上，茎丛生，黄绿色；叶顶端钝有凹缺，叶鞘紧抱节间；夏季开花，花白色，微带紫红，花大而美丽；分布于华南、西南和台湾等地。常室内盆栽为观赏植物；中医上以茎供药用，能滋阴清热，养胃生津。蝴蝶兰（*Phalaenopsis amabilis*）、大花万带兰（*Vanda coerulea*）等。

除观赏植物外，兰科也有一些药用植物，如天麻（*Gastrodta elata*）多年生腐生草本，根状茎肥厚肉质，长椭圆形，表面有均匀的环节；茎直立，黄褐色，节上具鞘状鳞片；总状花序顶生，花黄褐色，萼片与花瓣合生成斜歪筒，顶端 5 裂；分布于我国东北、西南、华东等地；根状茎入药，称"天麻"。白芨（*Bletilla striata*）多年生草本，地下有指状分歧肥厚块茎，上面具荸荠似的环纹；花红紫色；生于山谷地带林下湿地；块茎药用，功能补肺、止血等。

兰科是单子叶植物最进化的类群，主要表现在本科植物为草本；附生或腐生；花具有多种形态、大小和颜色，两侧对称，形成具蜜腺的囊或距，高度适应虫媒传粉；雄蕊与花柱合生成合蕊柱；子房下位等。兰科植物的花高度特化，是高度适应虫媒传粉而形成的。兰花常大型而美丽，有香气，易引诱昆虫，花的蜜液多藏于唇瓣基部的距内或蕊柱的基部，昆虫进入花内采蜜时，头部恰好触到花粉块基部的粘盘上，到另一花采蜜离开时，就能将花粉块触到有黏液的柱头上。

小 结

被子植物依据类型根系、维管排列、叶脉类型、花基数和子叶数量分为双子叶植物纲和单子叶植物纲。

被子植物系统演化过程中木兰科是双子叶植物中原始类型。其原始形状主要表现为：木本，萼、瓣不分，雌、雄蕊多数且离生，聚合蓇葖果，种子多胚乳等。菊科是被子植物中最大科，具有多样的适应能力和进化形状，如头状花序、花瓣连合、聚药雄蕊、下位子房和带冠毛瘦果等。

单子叶植物以泽泻科为原始。禾本科植物的花高度简化，如花被退化、花粉松散、干燥适于风媒传粉，是进化类型。百合科是单子叶植物花 3 基数的典型代表，花被片 6 片，排列成两轮，雄蕊 6 枚与之对生，子房 3 室。兰科是本纲适应虫媒传粉发展到最高级的类群，花两侧对称，形成唇瓣，雄蕊和雌蕊结合成合蕊柱，花粉结合成花粉块，子房下位，种子微小。

一些重要科有亚科分类单位，其中最重要的有：蔷薇科常被分为绣线菊、蔷薇、苹果科和李 4 个亚科。豆科常分为含羞草、云实和蝶形花 3 个亚科。菊科分为管状花亚科和舌状花亚科。禾本科分为竹亚科和禾亚科，但也可分为 3 个或 5 个亚科。

对于经济价值高的分科要重点掌握科的特征和识别要点，在学习分类时，对于易于混淆的科要对科的特征进行比较，才能对它们有所区别，如木兰科与毛茛科、茄科与旋花科、禾本科与莎草科与禾本科等。

思 考 题

1. 为什么说木兰科是被子植物中最原始的科？
2. 简述唇形科植物花对昆虫传粉的适应性。
3. 为什么说菊科是双子叶植物最进化的类群，兰科是单子叶植物为进化最高等的类型？
4. 比较木兰科与毛茛科、茄科与旋花科、禾本科与莎草科与禾本科的异同点。
5. 说明蔷薇科和豆科各亚科的不同点。

第十一章　植物起源与系统演化

一般认为地球的年龄约为46亿年，地球在形成初期并无生命，经过约10亿年漫长的化学演化阶段，大约在35亿年前诞生了原始生命。原始的生命进一步分化为植物和动物。原始的植物经过从简单到复杂，从水生到陆生，从无性生殖到有性生殖的长期演化形成了现今地上地球上丰富多样的植物。生物这种从无到有、从简单到复杂、从低级到高级的变化过程称为系统发育(phylogeny)。植物的演化主要经历了藻类、裸蕨植物、蕨类植物、裸子植物，最后发育为最进化的一类——被子植物。

表11-1　地质年代与植物发展的主要阶段

地质年代	纪		同位素年龄/亿年	植物进化情况	各类植物繁盛时期
新生代	第四纪		0.025～0	被子植物占绝对优势	被子植物时代
	第三纪		0.65～0.025	被子植物进一步发展	
中生代	白垩纪	晚	1.0～0.65	被子植物得到发展	
		早	1.36～1.0	裸子植物衰退，被子植物兴起	裸子植物时代（约1.4亿年）
	侏罗纪		1.9～1.36	裸子植物占优势，被子植物出现	
	三叠纪		2.25～1.9	乔木蕨类继续衰退，真蕨类繁茂；裸子植物继续发展	
古生代	二叠纪	晚	2.4～2.25	裸子植物的苏铁、银杏类繁茂	
		早	2.8～2.4	乔木蕨类开始衰退	蕨类植物时代（约1.6亿年）
	石炭纪		3.45～2.8	乔木蕨类繁茂，种子蕨发展	
	泥盆纪	晚	3.6～3.45	裸蕨类消逝	
		中	3.7～3.6	裸蕨类繁盛，苔藓出现	裸蕨植物时代（约0.3亿年）
		早	3.9～3.7	植物由水生向陆生演化，陆地上出现了裸蕨类植物；藻类植物仍占优势	
	志留纪		4.3～3.9		
	奥陶纪		5.0～4.3	海产藻类占优势	藻类时代（约28亿年）
	寒武纪		5.7～5.0	初期出现真核藻类，后期出现与现代藻类相似的藻类类群	
元古代	前寒武纪		25～5.7		
太古代			32～25	蓝藻繁茂	
			35～32	原核生物出现	
			37～35	生命起源	
			38～35	化学进化	
			46～38	地壳形成，大气圈、水圈形成	

第一节 植物的起源与主要类群的演化历程

一、原核藻类的产生

一般认为最初的原始生物是以环境中的氨基酸、糖、脂肪为食的厌氧生物，如细菌类，以后再由含卟啉类化合物的原始生命演化出蓝藻。最早的蓝藻化石发现于非洲东南部的32亿年前的炭质页岩中，状如现代蓝藻中的隐球藻；在距今15亿年前地球上的光合放氧生物只有蓝藻。蓝藻的出现具有重大意义，它们通过光合作用，不仅增加了水中的溶解氧，也使大气中的氧气不断积累，而且逐渐在高空形成臭氧层，为其他植物的产生创造了条件。

二、真核藻类的产生和发育

真核藻类在14亿～15亿年前出现，可靠的真核细胞化石发现于我国河北蓟县的12亿年前的洪水庄组地层和澳大利亚北部10亿年前的苦泉组地层，前者经鉴定属于绿藻门管藻目多毛藻科，定名为震旦塔藻化石。1975年，美国藻类学家柳文(R. A. Lewin)在一种海鞘的泄殖腔沟纹处发现了一种原绿藻，它是含有叶绿素a和叶绿素b的原核藻类，于是许多学者认为真核藻类是由原绿藻演化而来的，原绿藻的发现被看做是藻类进化史上的一件大事，原绿藻因而也被称为活化石。以后，由单细胞真核藻类又逐渐演化出丝状、群体和多细胞的类型。自真核生物出现至4亿年前的近10亿年时间是藻类急剧分化、发展和繁盛的时期，化石记录表明现代藻类中的主要门类在那时几乎均已产生，故把该时期称为藻类植物时代。

三、裸蕨植物的起源

藻类植物进行光合作用不断释放出氧气，一部分氧气在大气上层形成了臭氧层，阻挡了杀伤力甚强的紫外线辐射，使植物从水体登上陆地生活成为可能。在志留纪晚期，一批生于水中的裸蕨类植物逐渐登上陆地，这是植物进化史上的一次重大飞跃。裸蕨类植物是最古老的陆生维管植物，其共同特点是无叶、只有假根、地上具有二叉分枝的主轴，原生中柱，孢子囊单生枝顶。最早的裸蕨类化石发现于4亿年前的志留纪晚期，定名为光蕨(*Cooksonia*)或顶囊蕨，后来在泥盆纪的早、中期又先后发现了莱尼蕨(*Rhynia*)、裸蕨(*Psilophyton*)等。

多数人认为裸蕨类植物是由绿藻演化而来，因为裸蕨类与绿藻之间有很多相似之处，如它们具有相同的光合色素和光合产物，鞭毛均属尾鞭型等，但裸蕨类究竟起源于哪类绿藻尚无直接证据。在印度、非洲和日本发现的佛氏藻(*Fritshiella tuberosa Iyengar*)属胶毛藻科，有直立枝和匍匐枝分化，匍匐枝生于地下，直立枝穿过薄土层而在土表形成丛枝状，外表有角质层，有世代交替现象，能适应陆地生活，鲍尔(Bower)认为高等植物可能从该类绿藻发展形成。

四、苔藓植物的起源与演化

在泥盆纪的中期，苔藓植物开始出现在陆地上，并以其独特的生活方式成功地适应着陆生生活。可靠的苔藓植物化石为发现于3亿多年前的泥盆纪中期的带叶苔(*Pallavicinites devonicus*)，到石炭纪时已分化出苔类和藓类。关于苔藓植物的起源，目前尚无一致意见，主要有两种假设：一种假设认为苔藓植物是从原始的裸蕨类植物演化而来，依据是裸蕨类中的有些个体很似苔藓植物，没有真正的叶和根，孢子囊内也有中轴构造，输导组织也有退化消失的情况等；而且从地质年代记载来看，裸蕨类出现于志留纪，而苔藓发现于泥盆纪中期，晚出现了数千万年，从年代上也可说明其进化顺序。另一种假设认为苔藓植物起源于古代绿藻，其理由是：它们所含的色素及贮藏的淀粉相同；它们的游动细胞均具有2条顶生、等长的鞭毛；苔藓的孢子萌发时须经过原丝体阶段，原丝体很似分枝的丝状绿藻；1985年以来先后在日本和中国发现了一种外形类似藻类，但具颈卵器的称为藻苔（*Takakia lepidozioides*）的植物，似乎为苔藓起源于绿藻的假设提供了例证。

苔藓植物构造简单，孢子体不能独立生活，须寄生在配子体上；没有真根和输导组织，有性生殖时必须借助于水，尚不能像其他高等植物那样充分适应陆生生活。因此，多数学者认为苔藓植物在植物界系统演化中的一个盲枝。

五、蕨类植物的起源与演化

一般认为蕨类起源于裸蕨类，蕨类是由裸蕨类沿3条进化路线通过趋异演化发展而来的。

第一支为石松类，这是蕨类植物中最古老的一个类群。在泥盆纪早期出现了草本类型的刺石松（*Baragwanathia*）；在泥盆纪中期至石炭纪时出现了高大乔木类的石松植物，如鳞木属（*Lepidodendron*）等；二叠纪时石松类逐渐衰退；现存的石松类仅为小型草本。刺石松是最原始的石松类植物，它是裸蕨植物和典型的石松类植物之间的过渡类型。

第二支为木贼类（楔叶类），也在泥盆纪出现，最古老的类型是海尼属（*Hyenia*）和古芦木属（*Calamophyton*），其特征与裸蕨类和木贼类均相似，被认为是裸蕨类与典型木贼植物之间的过渡类型。石炭纪时木本和草本种类均有，到了二叠纪时芦木属（*Calamites*）等乔木类绝灭，后来仅剩下一些较小的草本类。

第三支为真蕨类，最早出现于泥盆纪的早、中期，著名化石为小原始蕨（*Protopteridium*）。泥盆纪至石炭纪时的真蕨多为大型树蕨，但到了二叠纪时这些古代的真蕨类大多已绝灭，仅有部分小型蕨类延续下来，到三叠纪和侏罗纪时又演化发展出一系列新类群，现代生存的真蕨多为三叠纪和侏罗纪时的发展产物。从泥盆纪晚期到二叠纪早期约1.6亿年的时间内，蕨类植物种类多，分布广，成为当时地球植被的主角，这一段地质年代被称为蕨类植物时代。

六、裸子植物的起源与演化

从二叠纪开始地球上出现了明显的气候带，许多地区变得不适于蕨类植物生长，多数蕨类开始走向衰亡，而裸子植物开始兴起并逐渐取代了蕨类的优势，故把从二叠纪末期到白垩纪早期的这一段长达1.4亿年的时期称为裸子植物时代。

多数学者认为，裸子植物是由裸蕨类植物演化而来，裸蕨类植物先产生出前裸子植物，再由前裸子植物逐渐演化出裸子植物和被子植物。前裸子植物均为乔木，兼有蕨类和裸子植物的特征：外形似蕨类，尚未形成种子，仍以孢子繁殖，但次生木质部中的管胞有具缘纹孔。最早的前裸子植物是发现于泥盆纪中期的无脉树（*Aneurophyton*）和古蕨（*Archaeopteris*）。由前裸子植物首先演化出柯得狄类和原始的裸子植物种子蕨。柯得狄类（*Cordaitinae*）再进一步发展成为银杏类和松柏类，现存的裸子植物大多来自此支。红豆杉纲植物与银杏和柯得狄有很多相似之处，显然它们是由柯得狄类进化而来。种子蕨（*Pteridospermae*）再进一步发展成拟苏铁类（*Cycadeoideinae*，本内苏铁类 *Bennettitinae*）和苏铁类（*cycads*）。盖子植物类（买麻藤纲）的起源和演化地位尚无有力证据，故难以确定，从它们的孢子叶球的结构来看，其祖先曾具有两性孢子叶球，因此推测盖子植物类很可能是强烈退化和特化了的拟苏铁植物的后裔。

第二节　被子植物的起源与演化

一、被子植物的起源

到了白垩纪晚期，地球上气候带分带现象更趋明显，在第三纪时又出现了几次冰川时期，气温大幅度下降，裸子植物中的多数种类不能适应气候的变化而逐渐消逝，在这种严酷的气候环境下催生出崭新的被子植物类群，到了第四纪被子植物就在地球上取得了绝对优势。因此，可以把从白垩纪晚期至今的这一段地质年代称为被子植物时代。

（一）起源的时间

被子植物的起源时间主要依赖于化石证据的支持，由于目前所发现的化石证据有限，最能表明被子植物特征的花和果实因质地原因不易形成化石，因此被子植物起源的时间尚无定论，归纳起来有古生代起源学说和中生代起源学说两种不同的观点。

1. 古生代起源学说

该学说认为被子植物起源于古生代，但起源的具体时间则有不同观点。

坎普（Camp）等学者主张被子植物起源于古生代的二叠纪，理由是 Plumstead 在南非二叠纪地层中发现的舌羊齿（*Glossopleris*）具有两性结实器官，有可能是被子植物的祖先。

Ramshaw 等研究了被子植物细胞色素 C 中的氨基酸顺序，发现凡是系统上亲缘关系近的其氨基酸排列顺序也相似，关系远的其氨基酸排列顺序相差很大，并提出被子植物起源于 4 亿～5 亿年前的古生代的奥陶纪到志留纪。

2. 中生代起源学说

许多学者认为被子植物起源于中生代的白垩纪或晚侏罗纪，也有一些学者认为是三叠纪。

在美国加利福尼亚州早白垩纪欧特里夫期（距今约 1.3 亿年）地层中发现的加州洞核（*Onoana California*）曾经被认为是最早的较为可靠的被子植物果实化石；我国的孙革等人在辽宁西部晚侏罗纪（距今约 1.45 亿年）地层中发现了辽宁古果的果枝化石，被国际学术界认定是迄今发现的有确切证据的、世界上最早的被子植物，该果枝化石由主枝及侧枝组成，其上螺旋状着生数十枚蓇葖果，果实由心皮对折闭合形成，含 2～5 枚种子，这比以往国际公认的"最早"的被子植物化石加州洞核早 1 500 万年左右。因此，被子植物起源的时间至少在侏罗纪晚期。

图 11-1　辽宁古果的果枝化石

张宏达教授以大陆漂移和板块学说为研究前提，从现代有花植物的区系研究出发，兼顾古植物的研究，提出了被子植物起源于三叠纪的观点。根据大陆漂移和板块学说，距今 2.25 亿年前地球上存在一个名为泛古大陆的联合古陆，到了三叠纪晚期（约1.95亿年前）联合古陆逐渐解体。现已发现，古生代蕨类及种子蕨的地理分布在全世界各大陆是一个统一的整体，拥有共有的成分。因此，被子植物起源应该在三叠纪，被子植物的祖先只能产生在统一的联合古陆，否则就不能解释现今各大陆被子植物的亲缘关系和共有成分。

（二）发源地

被子植物究竟是在什么地方起源的，古植物学家和植物系统学家提出了高纬度、中纬度和低纬度3种主要的学说。

1. 高纬度起源说

本学说是由希尔（Heer）在分析北极化石植物区系的基础上提出的，他认为被子植物是在北半球的高纬度地区（北极）首先出现，沿着三个方向向全球扩散：①由欧洲向非洲南进；②从欧亚大陆向南发展到中国和日本，再向南伸展到马来西亚、澳大利亚；③由加拿大经美国进入拉丁美洲，最后扩散到全球。这一学说曾得到不少古植物学家和植物地理学家的支持，但后来的化石证据表明最早的被子植物化石不是出现在北极，而是出现在低纬度地区，因此近年来已极少有人再坚持北极起源的观点。

2. 中、低纬度起源学说

这是一个首先由前苏联学者塔赫他间（Takhtajan）提出，目前大多数学者支持的学说。最近几十年来在中、低纬度发现的被子植物化石出现的时间要早于高纬度，再加上现存的400余科被子植物中，有半数以上的科依然集中分布于中、低纬度，特别是被子植物中的那些较原始的科，如木兰科、八角科、连香树科等更是如此，因此认为中、低纬度是被子植物的发源地。关于被子植物起源于中、低纬度的具体地点有不同的看法。

有的学者认为，西南太平洋的斐济发现了其心皮在受精前处于开放状态的德坚勒木属（*Degeneria*）植物，以及从印度阿萨姆到斐济的广大地区含有丰富的被子植物种类，所以这里是被子植物的起源地。史密斯（Smith）则认为被子植物的起源中心位于日本到新西兰之间，也是着眼于这一地区存在德坚勒木属。坎普提出南美亚马逊河流域平原地区的植物十分丰富，并有许多接近于原始类型的被子植物，被子植物可能起源于这一区域热带平原四周的山区。

我国学者吴征镒、张宏达认为，华夏植物区系中的被子植物区系有许多古老的类群，包括木兰目、毛茛目、睡莲目、金缕梅目等，还有大量在系统发育过程各个阶段具有关键性作用的科和目以及它们的原始代表，它们是藤黄目、蔷薇目、堇菜目、芸香目、卫矛目、沼生目、百合目等，组成了系统发育完整的体系，这种是任何其他大陆都不能比拟的，因此有花植物应起源于中国的亚热带地区，有花植物起源的年代久远，而当今的太平洋沿岸地区在有花植物可能的起源年代尚是一片茫茫大海，况且当今地理上同一地区的地方也可能是由不同的板块组成的，过去它们并不在同一位置，因此承认有花植物的单元和同地起源就不能相信有花植物的热带起源。

（三）可能的祖先

被子植物的祖先是哪类植物目前还不清楚，不少学者提出了多种假说，其中主张起源于原被子植物、本内苏铁和种子蕨居多。

1. 多元论（Polyphyletic Theory）

该学说认为被子植物来自许多不相亲近的类群，彼此是平行发展的。

维兰德于1929年提出了被子植物多元起源的观点，他认为被子植物发生于遥远的二叠纪与三叠纪之间，与科达树、银杏类、松杉类、苏铁类等裸子植物都有联系。胡先骕于1950年在《中国科学》上发表了一个被子植物多元起源的新系统，他认为双子叶植物从多元的半被子植物起源；单子叶植物不可能出自毛茛科，须上溯至半被子植物，而其中的肉穗花区直接出自种子蕨部髓木类，与其他单子叶植物不同源。米塞认为被子植物至少从四个不同的祖先类型发生：单子叶植物通过露兜树属（Pandanus）由五柱木目（Pentexulo1es）起源；双子叶植物可分为三个亚纲，各自从不同的本内苏铁类起源。浅间一男认为被子植物存在四个系统，即双子叶植物中的有花被类和无花被类及单子叶植物中的有节类（竹类）和无节类，它们是平行演化的。

2. 二元论（Diphyletic Theory）

该学说认为被子植物来自两个不同的祖先类群，二者不存在直接的关系，而是平行发展的。

恩格勒认为，葇荑花序类的木麻黄目及荨麻目等无花被类与多心皮类的木兰目间缺乏直接的关系，二者是平行发展的。

兰姆从被子植物形态的多样性出发，认为被子植物至少是二元起源的，他把被子植物分为轴生孢子类（Stachyosporae）和叶生孢子类（Phyllosporae）两大类：前者的心皮是假心皮，并非来源于叶性器官，大孢子囊直接起源于轴性器官，包括单花被类（大戟科）、部分合瓣类（报春花科）以及部分单子叶植物（露兜树科），这一类起源于盖子植物（买麻藤目）的祖先；后者的心皮是叶起源，具有真正的孢子叶，孢子囊着生于孢子叶上，雄蕊经常有转变为花瓣的趋势，这一类包括多心皮类及其后裔以及大部分单子叶植物，起源于苏铁类。

3. 单元论（Monophyletic Theory）

哈钦松（Hutchinson）等认为现代被子植物来自于前被子植物（Proangiospermae），多心皮类（Polycarpicae）的木兰目比较接近前被子植物，有可能就是它们的直接后裔。现代多数植物学家主张被子植物单元起源，主要依据是各种被子植物共同地具有了许多独特和高度特化的特征：雄蕊都有四个孢子囊和特有的药室内壁；均存在大孢子叶（心皮）和柱头；均有双受精现象和三倍体的胚乳；花粉萌发，花粉管通过蜕化的助细胞进入胚囊；均存在筛管和伴胞。

被子植物如确属单元起源，它又究竟发生于哪一类植物呢？目前比较流行的是本内苏铁和种子蕨这两种假说。

莱米斯尔（Lemesle）主张被子植物起源于本内苏铁，因为本内苏铁的两性孢子叶球、种子无胚乳、次生木质部构造等特征与木兰目植物相似。

塔赫他间认为，被子植物起源于本内苏铁的可能性较小，被子植物同本内苏铁目很可能有一个共同的祖先，都由原始的种子蕨起源。本内苏铁的孢子叶球和木兰的花的相似是表面的，木兰属的小孢子叶像其他原始被子植物的小孢子叶一样分离、螺旋状排列，而本内苏铁的小孢子叶为轮状排列，且在近基部合生，小孢子囊合生成聚合囊；本内苏铁目的大孢子叶退化为一个小轴，顶生一个直生胚珠，并且在这种轴状大孢子叶之间还存在有种子间鳞，要想象这种简化的大孢子叶转化为被子植物的心皮是很困难的。

二、被子植物的系统演化及其分类系统

（一）被子植物系统演化的两大学派

在被子植物起源问题上，花的起源是核心问题。由于花的产生，就有果实的形成，种子被果实包被。关于花的起源存在着两大学派的两种假说。

1. 假花学说和恩格勒学派(葇荑花序学派)

奥地利学者韦特斯坦(Wettstein)提出了假花学说(图 11-2),他认为被子植物的花和裸子植物的花完全一致,每一个雄蕊和心皮分别相当于 1 个极端退化的雄花和雌花,因而设想被子植物来自于裸子植物的麻黄类中的弯柄麻黄(*Ephedra campylopoda*),此种植物具有雌雄单性花序。以后的演化是,雄花的苞片变为花被,雌花的苞片变为心皮,每个雄花的小苞片消失,只剩下 1 个雄蕊,雌花的小苞片退化后只剩下胚珠,着生在子房基部。由于裸子植物,尤其是麻黄和买麻藤等都是以单性花为主,所以原始的被子植物也必然是单性花。

图 11-2 真花学说与假花学说示意图

A→B. 真花学说示意图;C→D. 假花学说示意图

恩格勒学派以假花学说的理论为基础,认为现代被子植物的原始类群是具有单性花的葇荑花序类植物。这种观点所依据的理由是:①化石及现代的被子植物都是木本的,葇荑花序植物大都亦是木本的;②裸子植物是雌雄异株、风媒传粉的单性花,葇荑花序类植物也大都如此;③裸子植物的胚珠仅有一层珠被,葇荑花序类植物也是如此;④裸子植物是合点受精的,这也和大多数葇荑花序植物是一致的;⑤花的演化趋势是由单被花进化到双被花,由风媒进化到虫媒类型。

2. 真花学说和毛茛学派(多心皮学派)

美国植物学家柏施(Bessey)提出了真花学说,他认为被子植物的花是一个简单的孢子叶穗,它是由裸子植物中早已灭绝的本内苏铁目,特别是准苏铁(*Cycadeoidea*)具两性孢子叶的球进化而来的:准苏铁孢子叶球上的覆瓦状排列的苞片可以演变为被子植物的花被,羽状分裂或不分裂的小孢子叶可发展成雄蕊,大孢子叶发展成雌蕊,孢子叶球的轴则可以缩短成花轴。

毛茛学派是以真花学说的原理为基础的,他们认为现代被子植物中的多心皮类,尤其是木兰目植物是现代被子植物的较原始的类群,因为:①本内苏铁目的孢子叶球是两性的虫媒花,孢子叶的数目很多,胚有两枚子叶,木兰目植物也大都如此;②本内苏铁目的小孢子是舟状的,中央有一条明显的单沟,木兰目中的木兰科的花粉也是单沟型的舟形粉;③本内苏铁目着生孢子叶的轴很长,木兰目的花轴也是伸长的。哈钦松、塔赫他间、克朗奎斯特等人均赞成真花学说。

(二)被子植物的主要分类系统

科学家按照植物之间的亲缘关系对被子植物进行分类,建立自然分类系统以说明被子植物之间的演化关系。自 19 世纪后半期以来,许多植物分类学家根据各自的系统发育理念提出了许多不同的被子植物分类系统,当前较为流行的有 4 个分类系统。

1. 恩格勒系统

恩格勒系统(图 11-3)是由德国植物学家恩格勒(A. Engler)和柏兰特(K. Prantl)于 1897 年公布的,是植物分类学史上第一个比较完整的自然分类系统。

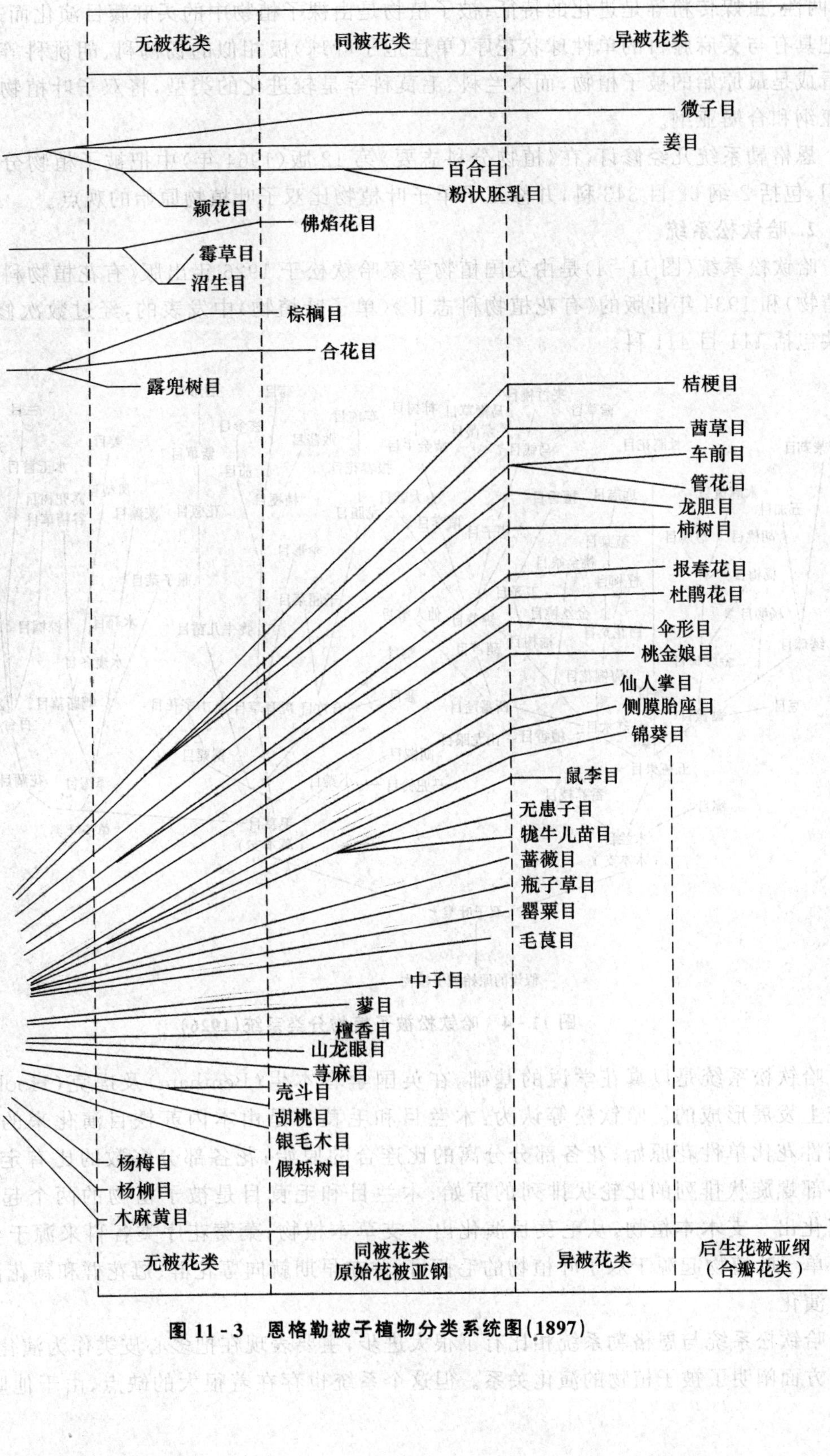

图 11-3　恩格勒被子植物分类系统图(1897)

恩格勒系统以假花学说为基础，认为无花瓣、单性、木本、风媒传粉等为原始性状，而有花瓣、两性、虫媒传粉等是进化的特征；被子植物是由裸子植物中的买麻藤目演化而来的，为此他们把具有与买麻藤目的单性球状花序（单性孢子叶球）极相似的杨柳科、胡桃科等葇荑花序植物看成是最原始的被子植物，而木兰科、毛茛科等是较进化的类型，将双子叶植物分为古生花被亚纲和合瓣亚纲。

恩格勒系统几经修订，在《植物分科志要》第 12 版（1964 年）中把被子植物分为独立的一个门，包括 2 纲 62 目 343 科，并修正了单子叶植物比双子叶植物原始的观点。

2. 哈钦松系统

哈钦松系统（图 11 - 4）是由英国植物学家哈钦松于 1926 年出版《有花植物科志 Ⅰ》（双子叶植物）和 1934 年出版的《有花植物科志 Ⅱ》（单子叶植物）中发表的，经过数次修订，1973 年版共包括 111 目 411 科。

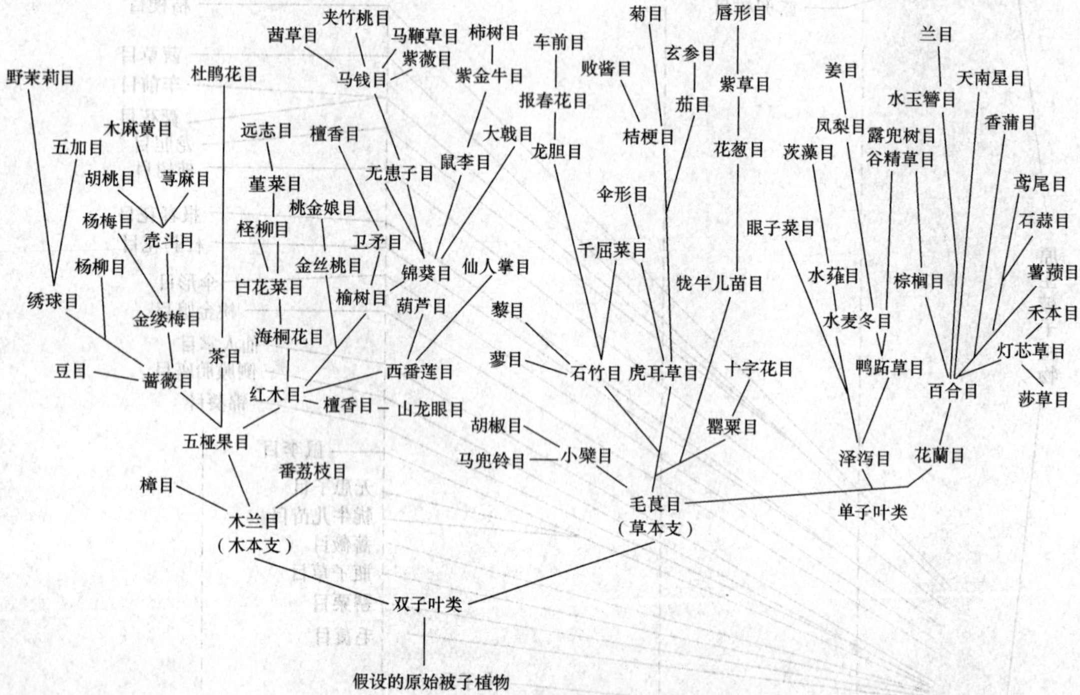

图 11 - 4 哈钦松被子植物分类系统（1926）

哈钦松系统是以真花学说的基础，在英国学者本生（Bentham）及虎克（Hooker）的分类系统上发展形成的。哈钦松等认为：木兰目和毛茛目是由本内苏铁目演化来的；被子植物中两性花比单性花原始；花各部分分离的比连合的原始；花各部分多数的比有定数的原始；花各部螺旋状排列的比轮状排列的原始；木兰目和毛茛目是被子植物的两个起点，从木兰目演化出一支木本植物，从毛茛目演化出一支草本植物；葇荑花序类各科来源于金缕梅目。

单子叶植物起源于双子叶植物的毛茛目，并在早期就向萼花群、冠花群和颖花群三个方向进行演化。

哈钦松系统与恩格勒系统相比有了很大进步，主要表现在把多心皮类作为演化的起点，在不少方面阐明了被子植物的演化关系。但这个系统也存在着很大的缺点，由于他坚持将木本和草本作为第一级区分，导致许多亲缘关系很近的科被分开，如草本的伞形科与木本的五加科分开，草本的唇形科与木本的马鞭草科分开。这个系统发表后，在世界上较少使用，但后来的塔赫他间系统和克朗奎斯特系统都是在这个系统基础上发展起来的。

3. 塔赫他间系统

塔赫他间系统（图 11-5）是俄国植物分类学家塔赫他间于 1954 年公布的，经过几次修订，1997 年版包括了 2 纲 17 亚纲 71 超目 232 目 591 科。

塔赫他间赞成真花学说，主张单元起源，被子植物起源于种子蕨；认为木本、两性花、双被花、虫媒花是原始性状，木兰目是最原始的被子植物，由木兰目演化出毛茛目和睡莲目；单子叶植物起源于水生双子叶植物的睡莲目，由睡莲目演化出百合目，再演化出全部草本的单子叶植物；葇荑花序类植物（壳斗科、胡桃科等）各自起源于金缕梅目。

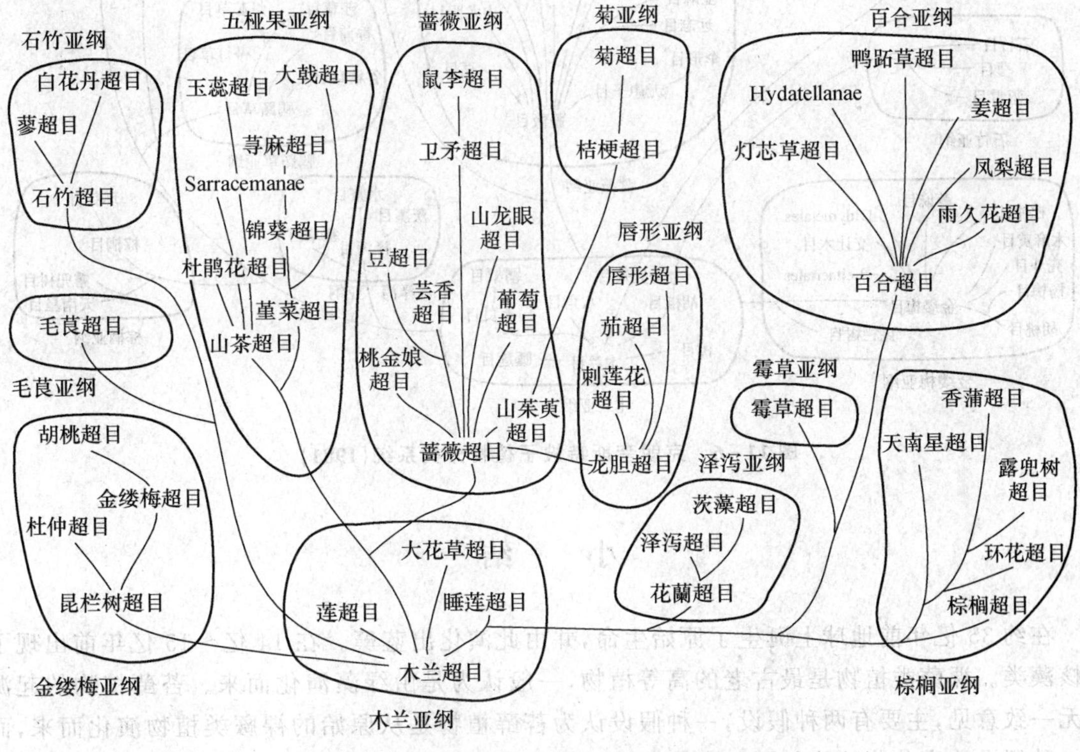

图 11-5　塔赫他间被子植物分类系统（1980）

塔赫他间系统打破了传统的把双子叶植物纲分为离瓣花和合瓣花亚纲的概念，增加了亚纲的数目。但该系统在分类等级上增加了"超目"，科的数量达到了 591 个，不利于教学中应用。

4. 克朗奎斯特系统

克朗奎斯特系统（图 11-6）是由美国植物分类学家克朗奎斯特于 1957 年在《双子叶植物目、科新系统纲要》一文中发表，经过修订 1981 年版将被子植物分为 2 纲 11 亚纲 83 目 383 科。

该系统也采用真花说和单元起源的观点，认为有花植物起源于已经灭绝的种子蕨；木兰亚纲是被子植物的基础复合群，木兰目是最原始的代表；葇荑花序类植物起源于金缕梅目；单子叶植物来自于类似现代睡莲目的祖先，泽泻亚纲是百合亚纲进化线上的近基部的1个侧枝。

克朗奎斯特系统接近于塔赫他间系统，但个别分类单元的安排仍有较大差异，未设“超目”，科的数目也有所压缩，范围较适中，美国高等院校的植物分类学教学多采用该系统。

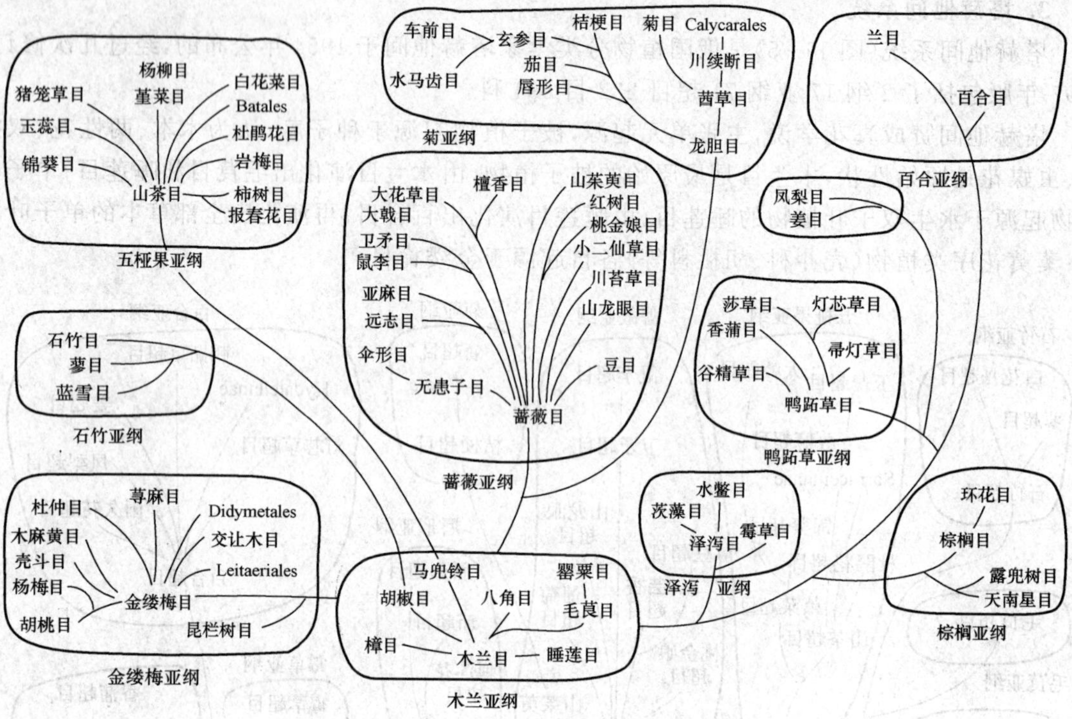

图 11-6 克朗奎斯特被子植物分类系统(1981)

小 结

在约35亿年前地球上诞生了原始生命，并由此演化出蓝藻。在14亿～15亿年前出现了真核藻类。裸蕨类植物是最古老的高等植物，一般认为是由绿藻演化而来。苔藓植物的起源尚无一致意见，主要有两种假设，一种假设认为苔藓植物是从原始的裸蕨类植物演化而来，而另一种假设认为苔藓植物起源于古代绿藻。蕨类植物由裸蕨类植物演化而来。种子植物也是由裸蕨类植物起源的，裸蕨类植物先产生出前裸子植物，再由前裸子植物逐渐演化出裸子植物和被子植物。

被子植物起源的时间一般认为在白垩纪之前。被子植物的发源地，存在高纬度，中、低纬度纬度起源学说。被子植物可能的祖先，现代多数植物学家主张被子植物单元起源，但具体祖先又有本内苏铁、种子蕨等不同看法。

关于花的起源存在着两种假说。一是柔荑花序学派的假花学说；另一个是多心皮学派的真花学说。被子植物的分类系统主要的有恩格勒系统、哈钦松系统、塔赫他间系统和克朗奎斯特系统。

思 考 题

1. 简述植物界进化的基本规律和基本历程。
2. 说明真化学说和假花学说的主要观点。
3. 目前有影响的被子植物分类系统有哪些？你认为哪一个更合理。

参考文献

1 高信曾.植物学(形态、解剖部分).北京:高等教育出版社,1987.

2 胡适宜.被子植物胚胎学.北京:高等教育出版社,1982.

3 李扬汉.植物学.上海:上海科学教育出版社,1984.

4 李正理,张新英.植物解剖学.北京:高等教育出版社,1996.

5 陆时万,徐祥生,沈敏键.植物学.北京:高等教育出版社,1991.

6 汪劲武.种子植物分类学.北京:高等教育出版社,1985.

7 徐汉卿.植物学.北京:中国农业大学出版社,2000.

8 徐汉卿.植物学.北京:中国农业出版社,1995.

9 中山大学,南京大学生物系.植物学(系统、分类部分).北京:人民教育出版社,1978.

10 辞海(生物分册).上海:上海辞书出版社,1978.

11 谷安根,陆静梅,王立军.维管植物演化形态学.长春:吉林科学技术出版社,1993.

12 北京大学,兰州大学,南京大学,等.植物地理学(第一部分 植物学基础).北京:人民教育出版社,1980.

13 吴国芳,冯志坚,马炜梁,等.植物学.北京:高等教育出版社,1992.

14 顾德兴,彩庆生.植物学与植物生理学.南京:南京大学出版社,2000.

15 张宪省,贺学礼.植物学.北京:中国农业大学出版社,2003.

16 强胜.植物学.北京:高等教育出版社,2006.

17 周云龙.植物生物学.北京:高等教育出版社,1999.

18 K.伊稍.种子植物解剖学.李正理,译.上海:上海科学教育出版社,1982.

19 杨世杰.植物生物学.北京:科学出版社,2002.

20 中国科学院植物研究所.中国高等植物图鉴.北京:科学出版社,2002.

21 刘穆.种子植物形态解剖学导论.北京:人民教育出版社,2001.

22 江苏植物研究所.江苏植物志.南京:江苏人民出版社,1982.

23 张宏达,黄云晖,等.种子植物系统学.北京:科学出版社,2004.

24 C.A.斯特斯.植物分类学与生物系统学.韦仲新,等译.北京:科学出版社,1986.

25 Rowen P H, Eert R F. Biology of Plants. 4th ed. Worth Publishers Inc., 1986.

26 Thoms L. Rost. Botany. 2nd edition. Canada: Published simultaneosly.

27 Stern K R, et al. Introductory Plant Biology. Boston: The McGraw-Hill Companies, Inc., 2003.

28 Ravan P H, Evert R F, Eichhorn S E. Biology of Plants. 6th edition. New York: Worth Publishers, 1992.